Planungseffizienz und -effektivität durch Plattformbasierte Fabrikplanung

Planning Efficiency and Effectiveness through Platform-Based Factory Planning

Von der Fakultät für Maschinenwesen
der Rheinisch-Westfälischen Technischen Hochschule Aachen
zur Erlangung des akademischen Grades eines
Doktors der Ingenieurwissenschaften
genehmigte Dissertation

vorgelegt von

Jonas Dackweiler

Berichter/in:

Univ.-Prof. Dr.-Ing. Dipl.-Wirt. Ing. Günther Schuh
Univ.-Prof. Dr.-Ing. Peter Burggräf, MBA

Tag der mündlichen Prüfung: 29. April 2024

Diese Dissertation ist auf den Internetseiten der Universitätsbibliothek online verfügbar.

ERGEBNISSE AUS DER PRODUKTIONSTECHNIK

Jonas Dackweiler

Planungseffizienz und -effektivität durch Plattformbasierte Fabrikplanung

Herausgeber:
Prof. Dr.-Ing. T. Bergs
Prof. Dr.-Ing. Dipl.-Wirt. Ing. G. Schuh
Prof. Dr.-Ing. C. Brecher
Prof. Dr.-Ing. R. H. Schmitt

Band 17/2024

WZL | RWTH AACHEN UNIVERSITY

Fraunhofer IPT

Bibliografische Information der Deutschen Nationalbibliothek
Die Deutsche Nationalbibliothek verzeichnet diese Publikation in der Deutschen Nationalbibliografie; detaillierte bibliografische Daten sind im Internet über https://portal.dnb.de abrufbar.

Jonas Dackweiler:

Planungseffizienz und -effektivität durch Plattformbasierte Fabrikplanung

1. Auflage, 2024

Gedruckt auf holz- und säurefreiem Papier, 100% chlorfrei gebleicht.

Wissenschaftsverlag des Instituts für Industriekommunikation und Fachmedien
an der RWTH Aachen
Steinbachstr. 25, 52074 Aachen
Internet: www.apprimus-verlag.de, E-Mail: info@apprimus-verlag.de

Druck: CPI Druckdienstleistungen GmbH, Ferdinand-Jühlke-Straße 7 I 99095 Erfurt

ISBN 978-3-98555-220-7

D 82 (Diss. RWTH Aachen University, 2024)

Vorwort

Die vorliegende Dissertation entstand während meiner Tätigkeit als wissenschaftlicher Mitarbeiter am Lehrstuhl für Produktionssystematik des Werkzeugmaschinenlabors WZL der Rheinisch-Westfälischen Technischen Hochschule (RWTH) Aachen.

Mein besonderer Dank gilt Herrn Professor Günther Schuh für die Möglichkeit zur Promotion. Weiter danke ich Herrn Professor Peter Burggräf für die Übernahme des Koreferats, Herrn Professor Peter Jeschke für die Übernahme des Prüfungsvorsitzes und Herrn Professor Detlef Stolten für die Übernahme des Prüfungsbeisitzes.

Bedanken möchte ich mich zudem bei allen Kolleginnen und Kollegen der Abteilung Fabrikplanung für die unvergessliche Zeit sowie das spannende und freundschaftliche Zusammenarbeiten. Mein Dank gilt den ehemaligen und aktuellen Abteilungsleitern für die vorbildliche Führung der Abteilung: Dr. Matthias Dannapfel, Tobias Adlon und Dr. Esben Schukat. Besonders Tobias Adlon danke ich für die inhaltliche Betreuung dieser Arbeit und das konstruktive Feedback. Zudem gilt ein besonderer Dank den aktuellen und ehemaligen Mitgliedern der Gruppe Werksstrukturplanung für all die vielen Erlebnisse in den letzten Jahren: Dr. Dennis Schneidermann, Dr. Jérôme Henkel, Dr. Matthias Ebade Esfahani, Tingni Xu, Steffen Schupp, Jan Salzwedel, Carsten Engeln, Alexander Obladen, Siyuan Wang und Felix Paßlick. Nicht zuletzt danke ich all meinen Abschlussarbeitern - insbesondere Lars Steuer, Calvin Kuhn und Armin Meulenberg - für die vielfältige Unterstützung und den Beitrag zum Gelingen dieser Arbeit.

Mein größter Dank gebührt meiner Familie für die stetige Unterstützung. Ich danke meinen Geschwistern Thomas, Marius und Alexandra, meiner Großmutter Helga und ganz besonders meinen Eltern Petra und Günter. Ihr habt mir Vertrauen und Freiheiten geschenkt, mich als Vorbilder in Entscheidungen bestärkt und mir ermöglicht, meinen eigenen Weg zu gehen. Euch widme ich diese Arbeit in großer Dankbarkeit.

Zuletzt danke ich meiner Freundin Alina für die vorbehaltlose Unterstützung und stetige Motivation besonders auf der Zielgeraden meiner Promotion. Ich freue mich sehr auf unsere gemeinsame Zukunft und die zahlreichen kommenden Abenteuer.

Aachen, im April 2024 Jonas Dackweiler

Zusammenfassung

Die zunehmende Bedeutung des produzierenden Gewerbes in der Weltwirtschaft unterstreicht die Relevanz der Fabrikplanung. Bei der Planung und Realisierung von Fabriken werden beträchtliche Ressourcen eingesetzt, um individuellen Kundenanforderungen gerecht zu werden. Hochkomplexe, wiederkehrende Planungsprozesse mit vielen Schnittstellen führen unter anderem oft dazu, dass Zeit- und Kostenziele in der Praxis verfehlt werden. Vor diesem Hintergrund stellt sich die Frage, ob ein Planungsansatz, welcher weniger auf die individuelle Kundeneinbeziehung ausgerichtet ist, Vorteile in Bezug auf Zeit, Kosten und Produktivität bieten kann, ohne dabei Kundenanforderungen zu vernachlässigen. Indem diese Arbeit die Fabrik als ein Produkt und die Fabrikplanung als Produktentwicklungsprozess versteht, orientiert sie sich an bewährten Ansätzen aus der klassischen Produktentwicklung.

Um die beschriebenen Herausforderungen zu adressieren, wird ein Planungsvorgehen entworfen, das eine einzelkundenentkoppelte Planung ermöglicht. In Anlehnung an die Produktentwicklung wird die Plattformstrategie vorgeschlagen, um einen Perspektivwechsel in der Fabrikplanung zu initiieren. Der Einzelkundenbezug wird durch die Einführung einer Planungsfallcharakterisierung aufgelöst, mit dem Ziel die Homogenisierung von Anforderungen zu erreichen. Dies ermöglicht die Zusammenstellung von typenspezifischen Plattformen, die situationsabhängig in Umfang und Inhalt variieren können. Standardisierte Fabrikmerkmale (z.B. Hallenhöhe) als Plattforminhalt bilden somit die Grundlage für weitere Planungsaktivitäten. Mit den auf Erfahrungswissen basierten Plattformen werden die Gemeinsamkeiten von Fabriken erhöht, Zeit und Kosten in Planung und Realisierung gespart und gleichzeitig der langfristige Wert durch gezielte, wirtschaftliche Überdimensionierung erhalten.

Das methodische Vorgehen gliedert sich in fünf Teilmodelle, die von der Erfassung der Anforderungen über die Entwicklung einer Produktarchitektur bis zur Definition und Eingrenzung von Fabrikmerkmalen reichen. Eine Wirkbeziehungsanalyse verknüpft die Anforderungen mit den Fabrikmerkmalen. Abschließend wird für jedes Fabrikmerkmal eine Definition sinnvoller, standardisierter Ausprägungen vorgenommen, gefolgt von normativen Aussagen über deren Gültigkeit in Abhängigkeit von vorliegenden Planungsfallcharakteristiken.

Summary

The increasing importance of manufacturing in the global economy underlines the relevance of factory planning. Considerable resources are employed in the planning and realisation of factories in order to meet individual customer requirements. Highly complex, recurring planning processes with many interfaces often lead, among other things, to time and cost targets being missed in practice. Against this background, the question arises whether a planning approach that is less focused on individual customer involvement might offer advantages in terms of time, costs and productivity without neglecting customer requirements. By understanding the factory as a product and factory planning as a product development process, this work aligns with proven approaches from classical product development.

In order to address the challenges described, a planning procedure is designed that enables planning decoupled from individual customers. Based on product development the platform strategy is proposed to initiate a change of perspective in factory planning. The reference to individual customers is dissolved by the introduction of a planning case characterisation, with the aim of achieving the homogenisation of requirements. This allows for the compilation of type-specific platforms that can vary in scope and content depending on the situation. Standardised factory characteristics (e.g. hall height) as platform content thus form the basis for further planning activities. Using these platforms based on empirical knowledge, the commonalities of factories are increased, saving time and costs while simultaneously the long-term value can be preserved through targeted, economic oversizing.

The methodological procedure is divided into five sub-models, ranging from capturing of requirements to the development of a product architecture to definition and delimitation of factory characteristics. An impact analysis links the requirements to the factory characteristics. Finally, a definition of appropriate, standardised characteristics is made for each factory characteristic, followed by normative statements about their validity depending on the present planning case characteristics.

Inhaltsverzeichnis

Verzeichnis der Abbildungen

Verzeichnis der Abkürzungen

%	Prozent
2D	zweidimensional
3D	dreidimensional
AM	Anforderungsmerkmal
ATO	Assemble-to-Order
bspw.	beispielsweise
bzw.	beziehungsweise
ca.	circa
CI	Coupling Index
cm	Zentimeter
d.h.	das heißt
DFMC	Design for Mass-Customisation
DFPV	Design for Product Variation
DfV	Design for Variety
DIN	Deutsches Institut für Normung e.V.
DSM	Design Structure Matrix
EG	Erdgeschoss
ETO	Engineer-to-Order
FA	Freie Aufstellung
FE	Flächeneinheit

FFS	Fertigungssystem
FFZ	Flurförderfahrzeug
FM	Fabrikmerkmal
FS	Fertigungsstraße
FZ	Fertigungszelle
GE	Gewichtseinheit
ggf.	gegebenenfalls
GmbH	Gesellschaft mit beschränkter Haftung
GVI	Generation Variety Index
Hrsg.	Herausgeber
i.a.A.	in Anlehnung an
IGFA	integrierte gegenstandsspezialisierte Fertigungsabschnitte
Jg.	Jahrgang
Kap.	Kapitel
kg	Kilogramm
KMU	Kleine und mittlere Unternehmen
LE	Längeneinheit
m	Meter
m^2	Quadratmeter
MTO	Make-to-Order
MTS	Make-to-Stock
OE	Open Engineering Systems
OEM	Erstausrüster
OG	Obergeschoss
QFD	Quality Function Deployment

ROP	Return on Planning
S.	Seite
Stk.	Stück
t	Tonnen
TGA	Technische Gebäudeausrüstung
TWZ	Tragwerkszone
UG	Untergeschoss
VE	Volumeneinheit
vgl.	vergleiche
VMEA	Variant Mode and Effects Analysis
WZL	Werkzeugmaschinenlabor
ZWG	Zwischengeschoss

1 Einführung

Planung ersetzt den Zufall durch Irrtum.

(Albert Einstein)

1.1 Motivation und Zielsetzung der Forschungsarbeit

Um den spezifischen Anforderungen und Wünschen von Auftraggebern in der Fabrikplanung individuell gerecht zu werden, wird häufig ein umfassendes, stets von Grund auf wiederkehrendes Planungsvorgehen angewandt. Dieses zeichnet sich durch zahlreiche Schnittstellen zwischen der Produktions- und Industriebauplanung sowie einer Vielzahl an Beteiligten mit einer hohen Komplexität aus. Die Individualität in den Projekten führt zu Fabriken mit Prototypencharakter, die erhebliche Zeitaufwände sowie finanzielle Investitionen in Planung und Realisierung erfordern. Das Planungsvorgehen birgt zudem zahlreiche Risiken, wie z.B. zu hohe Personalaufwände in der Planung, das Verfehlen von Markteinführungsterminen oder kostspielige Umbauten, die zu Verzögerungen und Budgetüberschreitungen führen können.

Im Zentrum dieser Arbeit steht daher die Frage, ob ein Planungsvorgehen realisierbar ist, das weniger stark auf die individuellen Kundenbedürfnisse ausgerichtet ist, sondern sich stattdessen auf Standardisierung konzentriert, ohne dabei die Kundenbedürfnisse wahrnehmbar zu vernachlässigen. Das Ziel besteht zugleich darin, einen Mehrwert in Bezug auf Zeit, Kosten und Produktivität zu generieren.

Mit der Realisierung eines solchen Fabrikplanungsvorgehens soll dazu beigetragen werden, das Spannungsfeld zu lösen, dem der Fabrikplaner heutzutage gegenübersteht. Einerseits verlangt die Individualisierung, dass der Fabrikplaner ausführliche Informationen und Wünsche jedes einzelnen Kunden erfasst, um diese anschließend adressieren zu können. Die Kundenanforderung sind jedoch in der Praxis oft mit hoher Unsicherheit behaftet, bedingt durch ein sich schnell veränderndes Marktumfeld, und bieten somit nur eingeschränkte Qualität hinsichtlich grundlegender Planungsprämissen und zukünftiger Rahmenbedingungen für den Fabrikplaner.

Andererseits erzeugt das „Maßschneidern" durch individuelle Konzeption, Koordination, Ausdetaillierung sowie Bewertung und Entscheidung aller Fabrikrelevanten Aspekte hohe Ressourcenbedarfe und Aufwände. Dies steht jedoch im Widerspruch zur Erwartung der Kunden, dass Fabriken schnell und wirtschaftlich geplant sowie realisiert werden. Ebenso kann das „Maßschneidern" auf Basis unsicherer Anforderungen dazu führen, dass die erforderliche langfristige Wandlungsfähigkeit zur Begegnung sich ändernden Produktionsbedingungen möglicherweise nicht hinreichend vorhanden ist. An dieser Stelle muss der Fabrikplaner selbstkritisch hinterfragen, welchen Mehrwert die intensive Fokussierung der Individualität bei gleichzeitig unsicheren Rahmenbedingungen in der Planung erzeugt.

Die Notwendigkeit der individuellen Einbeziehung des Einzelkunden im heute gelebten und gelehrten Prozess der Fabrikplanung ist daher zu untersuchen und die Fabrikplanung neu zu denken. Für die praktische und wissenschaftliche Weiterentwicklung der Fabrikplanung ist ein Planungsvorgehen, das eine einzelkundenentkoppelte Planung von Fabriken ermöglicht, von Interesse. Aus diesem Grund beruht die vorliegende Arbeit auf der Theorie der Fabrikplanung und untersucht, ob ein einzelkundenentkoppeltes Planungsvorgehen, das ein ideales Verhältnis aus standardisierten Planungsgrundlagen und individueller Folgeplanung bietet, geschaffen werden kann. Das Vorgehen zielt darauf ab, einen zeitlichen, kostentechnischen und produktiven Mehrwert im aktuellen und zukünftigen Produktionsunternehmen zu erzeugen.

Neben den rein wissenschaftlichen Erkenntnissen ist bei der Frage nach einem einzelkundenentkoppelten Planungsvorgehen in der Fabrikplanung auch die gesellschaftliche Relevanz von Interesse. Aktuellen Forschungsberichten zufolge wird die Bedeutung des verarbeitenden Gewerbes in der Weltwirtschaft auch im 21. Jahrhundert weiter zunehmen. Die globale Mittelschicht – auch als Konsumentenklasse bezeichnet - wird Prognosen der Europäischen Kommission zufolge bis 2030 etwa 4,8 Milliarden Menschen umfassen.[1] Das bedeutet, dass etwa 1,3 Milliarden Menschen mehr über eine höhere Kaufkraft als heute verfügen werden. Der Aufstieg der Mittelschicht in den Schwellenländern sowie die Zunahme von Geschäftsmodellen, die auf untere Einkom-

[1] vgl. European Commission (23.05.2023) Growing consumption.

menssegmente ausgerichtet sind, führen dazu, dass das Konsumverhalten zu einer immer wichtigeren Kraft wird.[2] Diese beeinflusst maßgeblich die Gestaltung der weltweiten Produktionssysteme. Historisch lässt sich dieser Trend bereits für Deutschland mit der Entwicklung des Produktionsindexes bestätigen, welcher in den letzten Jahren mit Ausnahme der Weltwirtschaftskrise 2007 und der COVID-19-Pandemie kontinuierlich anstieg.[3] Der Produktionsindex ist eine Kennzahl für die Wirtschaftsleistung des verarbeitenden Gewerbes und dient als wichtiger Indikator für konjunkturelle Entwicklung.[4] Besonders die deutsche Produktion verfügt über eine Schlüsselrolle hinsichtlich der entstehenden Arbeitsplätze, der weltweiten Vorbildfunktion, der Teilhabe am Weltwirtschaftsgeschehen und Resilienz aufgrund des hohen Exportanteils deutscher Waren. Mit dieser Entwicklung und dem resultierenden Bedarf an Produktionskapazitäten gewinnt das Thema Fabrikplanung durch die zunehmende Anzahl an Planungsprojekten insgesamt an Bedeutung. Für Unternehmen des verarbeitenden Gewerbes gewinnt die Fabrikplanung demnach eine höhere Relevanz in dem zunehmend volatil geprägten Unternehmensumfeld. Die Märkte werden turbulenter, die Produktlebenszyklen werden kürzer und der Kostendruck steigt wettbewerbsbedingt. Die fortschreitende Globalisierung, Automatisierung und Digitalisierung steigert den Veränderungsdruck in der Produktion. Aus diesem Grund sind Produktionsstandorte zudem wandlungsfähiger auszulegen, um schneller und gleichzeitig effizienter auf das Umfeld reagieren zu können.

Um die Fabrikplanung neu zu denken und den heute gelebten und gelehrten Prozess zu verändern, bedarf es eines Perspektivwechsels. Es gilt die etablierten Vorgehensweisen in der Fabrikplanung von einer prozessorientierten Sichtweise in eine produktorientierte Sichtweise zu verwandeln. Der produktorientierte Ansatz soll die Ziele der Fabrikplanung, welche sich auf die Qualität, Konzept, Kosten, Zeit und Nachhaltigkeit beziehen, adressieren. Betrachtet man die klassische Produktentwicklung, so lässt sich dieser Perspektivwechsel – mit Erfolg – bereits identifizieren. Die klassische Produktentwicklung weist eine Vielzahl von Beispielen zur Verbesserung der Zielerreichung durch den Einsatz von Methoden der Standardisierung auf.

Auch wenn die Planung und Realisierung einer Vielzahl von Fabriken erfolgreich erfolgte, lässt sich aus Sicht der Praxis ein Bedarf zur Übertragung von produktbezogenen Methoden in die Fabrikplanung identifizieren. Durch diese Übertragung soll die Planungs- und Realisierungszeit von Fabriken verkürzt sowie Planungsaufwand reduziert

[2] vgl. European Commission (23.05.2023) Growing consumption.

[3] vgl. Statistisches Bundesamt (23.05.2023) Produktionsindex, Industrie.

[4] vgl. Springer Fachmedien (2011) Gabler Kompakt-Lexikon Wirtschaft, S. 353.

werden. Dabei sollte für wiederkehrende Projekte weniger neues Wissen erarbeitet werden müssen. Gleichzeitig soll die Zukunftsfähigkeit der Fabrik trotz unsicherer Rahmenbedingungen gewährleistet werden, sodass deren Produktivität möglichst langfristig erhalten bleibt, unabhängig vom ihrem Nutzungszweck.

Vor dem Hintergrund der beschriebenen Ausgangssituation lässt sich die Zielsetzung der vorliegenden Arbeit demnach wie folgt formulieren:

> Das Ziel dieser Forschungsarbeit besteht in der Entwicklung eines einzelkundenentkoppelten Planungsvorgehens zur Fabrikplanung.
>
> Dieser Ansatz ermöglicht die Integration etablierter Standards als Planungsgrundlage für wiederkehrende Projekte. Der methodische Ansatz zielt darauf ab, eine effiziente und effektive Planung zukunftsorientierter Fabriken zu ermöglichen.

Für die Weiterentwicklung eines Fabrikplanungsvorgehens werden, auf Basis der bestehenden Theorie zum Betrachtungsbereich der Fabrikplanung, weitere existierende Ansätze aus der Produktentwicklung als Vorbilder untersucht. In der klassischen Produktentwicklung vereinfachen Ansätze der Modularität wie zum Beispiel Baukasten- und Plattformstrategien die Produktentwicklung. Plattformen ermöglichen das Zusammenstellen von Elementen wie z.B. Komponenten oder Baugruppen zur erneuten Verwendung bei unterschiedlichen Produktentwicklungsprojekten. Gleichzeitig bieten diese Plattformen einen Mehrwert z.B. durch Zeit- und Kostenersparnisse bei gleichzeitiger Sicherstellung der Adressierung und Befriedigung der Kundenbedürfnisse. Aus diesem Grund wird in dieser Arbeit die Übertragung wesentlicher Grundideen einer Plattformstrategie auf die Fabrikplanung untersucht.

Um den Betrachtungsbereich einzugrenzen und den Forschungsprozess zu strukturieren, empfiehlt KUBICEK die Formulierung von Forschungsfragen. Die vorliegende Arbeit beantwortet daher die folgende Forschungsfrage:

> Wie lassen sich Standards als Planungsgrundlage in einem Plattformbasierten Fabrikplanungsvorgehen etablieren, um die Planungseffizienz und -effektivität von Fabrikplanungsprojekten zu erhöhen?

Von der zentralen Fragestellung ausgehend leiten sich weitere Unterforschungsfragen ab. Die jeweiligen Unterforschungsfragen dienen der Adressierung von Themenbereichen der Produktentwicklung sowie der Fabrikplanung und tragen zur Beantwortung der übergeordneten Forschungsfrage bei. Fünf Unterforschungsfragen strukturieren den Forschungsprozess und lassen sich wie folgt formulieren:

- Wie können die heterogenen Kundenanforderungen beschrieben und in homogenen Gruppen zusammengefasst werden?
- Wie kann die Struktur einer Fabrik in Anlehnung an eine Produktarchitektur modular definiert werden?
- Wie lässt sich die modulare Fabrikarchitektur mittels Fabrikmerkmalen spezifizieren und welche davon eignen sich für die Integration in Plattformen?
- Welche Zusammenhänge existieren zwischen den Anforderungen und Fabrikmerkmalen?
- Welche Fabrikmerkmale lassen sich mit welchen standardisierten Ausprägungen bei welchen Anforderungen in einer Plattform integrieren?

1.2 Forschungskonzeption

Ein Forschungsprozess erfordert die Darstellung der grundlegenden Erkenntnisperspektive und des methodologischen Vorgehens. Dies stellt sicher, dass die erlangten Erkenntnisse und erarbeiteten Ergebnisse für Dritte gleichermaßen erkennbar und nachvollziehbar dargestellt werden.[5] Der Forschende besitzt durch die Wahl der Erkenntnisperspektive und das gewählte Vorgehen einen entscheidenden Einfluss auf den Erkenntnisprozess.[6] Entsprechend ist im Rahmen dieser Dissertation zunächst eine wissenschaftstheoretische Einordnung erforderlich.

1.2.1 Wissenschaftstheoretischer Bezugsrahmen

CARNAP differenziert die Wissenschaften in Formal- und Realwissenschaften.[7] Die Wissenschaften unterscheidet der Wirklichkeitsausschnitt, welcher mittels Theorien und Modellen beschrieben und erklärt wird (vgl. Abbildung 1-1).[8] Die Formalwissenschaften (z.B. Philosophie, Logik, Mathematik) verfolgen die Konstruktion von Sprachen, d.h. die Art, Weise und Verwendung darin enthaltener Zeichen.[9] Generierte Aussagen sind rein analytischer Natur. Die Prüfung der Aussagen in Bezug auf Richtigkeit wird aufgrund des fehlenden Realitätsbezugs lediglich durch logische Widerspruchsfreiheit vollzogen.[10] Realwissenschaften umfassen die „Beschreibung, Erklä-

[5] vgl. Binder, V. et al. (1996) Technologiepotentiale, S. 3.
[6] vgl. Binder, V. et al. (1996) Technologiepotentiale, S. 3 f.
[7] vgl. Carnap, R. (1935) Formalwissenschaft und Realwissenschaft., S. 30.
[8] vgl. Ulrich, P. et al. (1976) Betriebswirtschaftslehre (Teil1), S. 305.
[9] vgl. Ulrich, P. et al. (1976) Betriebswirtschaftslehre (Teil1), S. 305.
[10] vgl. Ulrich, P. et al. (1976) Betriebswirtschaftslehre (Teil1), S. 305.

rung und Gestaltung empirisch (sinnlich) wahrnehmbarer Wirklichkeitsausschnitte“[11]. Neben der logischen Widerspruchsfreiheit erfordert die Überprüfung der Aussagen entsprechend auch eine Faktenanalyse.[12] ULRICH UND HILL unterscheiden in den Realwissenschaften die reinen Grundlagenwissenschaften (z.B. Physik, Chemie, Biologie) und die angewandten Handlungswissenschaften (z.B. Soziologie, Psychologie). Die reinen Grundlagenwissenschaften zielen auf Theorien zur Erklärung von Wirklichkeitsausschnitten ab. Bei den angewandten Handlungswissenschaften steht die Analyse menschlicher Handlungsalternativen zur Gestaltung sozialer und technischer Systeme durch die Entwicklung von Entscheidungsmodellen und -prozessen im Vordergrund.[13] Die vorliegende Dissertation entstand im Zusammenhang konkreter Industrieprojekte sowie dem Austausch mit Fabrikplanungsexperten und ist folglich im ingenieurwissenschaftlichen Forschungsbereich einzuordnen. Diese Arbeit verfolgt das Ziel der Reduktion von individuell zu leistenden Planungsumfängen in Fabrikplanungsprojekten. Zur Gestaltung eines einzelkundenentkoppelten Fabrikplanungsvorgehens wird eine praxisbegründete Fragestellung durch eine Ursache-Wirkbeziehungsanalysen beantwortet. Hieraus ergibt sich die Einordnung der vorliegenden Dissertation in die Handlungswissenschaften.[14]

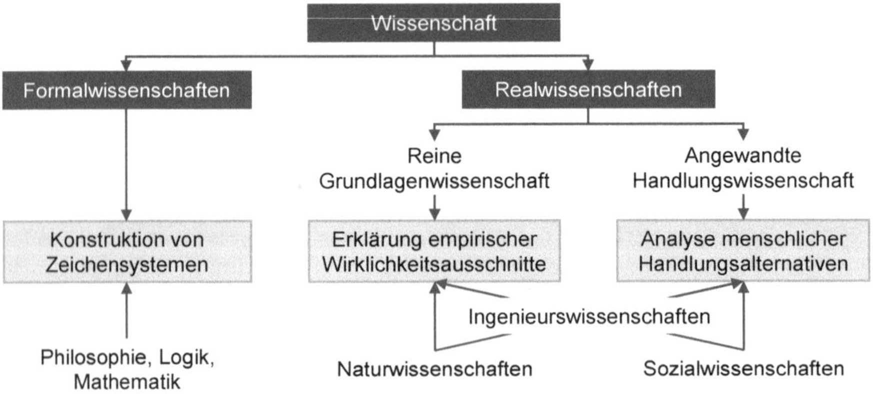

Abbildung 1-1: Wissenschaftssystematik [15]

---

[11] vgl. Ulrich, P. et al. (1976) Betriebswirtschaftslehre (Teil1), S. 305.

[12] vgl. Ulrich, P. et al. (1976) Betriebswirtschaftslehre (Teil1), S. 305; vgl. Schanz, G. (1995) Führungsforschung, S. 2190.

[13] vgl. Ulrich, P. et al. (1976) Betriebswirtschaftslehre (Teil1), S. 305 f.

[14] vgl. Ulrich, P. et al. (1976) Betriebswirtschaftslehre (Teil1), S. 347.

[15] vgl. Ulrich, P. et al. (1976) Betriebswirtschaftslehre (Teil1), S. 305.

1.2.2 Forschungsmethodologisches Vorgehen

Die wissenschaftstheoretische Einordnung und der gewählte Forschungsansatz manifestieren das forschungsmethodologische Vorgehen. Durch die erfolgte Einordnung in die angewandten Handlungswissenschaften und den ausgewählten systemtheoretischen Forschungsansatz knüpft das Forschungsvorgehen dieser Arbeit an die Methodologie der explorativen Forschung nach KUBICEK an. Das explorative Forschungsvorgehen sieht vor, „die Konstruktion wissenschaftlicher Aussagen als einen von theoretischen Absichten geleiteten und auf systematischem Erfahrungswissen basierenden Lernprozess zu begreifen, der sowohl die Gewinnung von Erfahrungswissen als auch seine kreative Umsetzung in theoretische Aussagen problematisiert“[16]. TOMCZAK entwickelt basierend auf diesem Verständnis einen iterativen Lernprozess, auf welchem die vorliegende Arbeit ausgerichtet ist.[17] In diesem Forschungszyklus bildet ein heuristischer Bezugsrahmen, respektive ein provisorisches Erklärungsmodell, das zentrale Element. Es dient der Steuerung des Forschungsprozesses und bietet Unterstützungen zur Lösung realer Problemstellungen (vgl. Abbildung 1-2).[18]

Den Ausganspunkt bildet ein theoretisches Problem, welchem ungenügendes Verständnis und unzureichende Beherrschung zu Grunde liegt. Den Erfahrungen des Forschenden folgend wird die theoretische Perspektive konsequent ausdetailliert. Die ständige Interaktion zwischen Fragen an die Realität, der Sammlung von Daten, kritische Reflexion und theoretische Verarbeitung kennzeichnen das Forschungsvorgehen. Als Ergebnis des Forschungszyklus liegt ein heuristischer Bezugsrahmen umfassend einer klaren Problemdefinition, weitergehenden Erklärungen und Hinweisen auf potentielle Lösungen vor.[19] Eine hohe Relevanz weisen das Wissen und das Vorverständnis des Forschenden im Forschungsprozess auf. Daher fordert KUBICEK, dass der Forschende „[...] seinen Objektbereich durch gezielte Erfahrungsgewinnung selbst kennenlernen [muss]“.[20]

---

[16] vgl. Kubicek, H. (1977) Heuristische Bezugsrahmen., S. 13.

[17] vgl. Tomczak, T. (1992) Forschungsmethoden, S. 83 f.

[18] vgl. Kubicek, H. (1977) Heuristische Bezugsrahmen, S. 15 f.; vgl. Tomczak, T. (1992) Forschungsmethoden, S. 84.

[19] vgl. Tomczak, T. (1992) Forschungsmethoden, S. 84.

[20] vgl. Kubicek, H. (1977) Heuristische Bezugsrahmen, S.11.

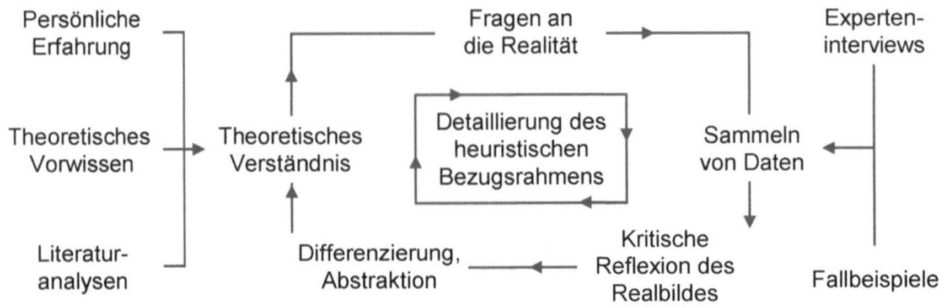

Abbildung 1-2: Explorativer Forschungszyklus [21]

Kapitel 1.1 erläuterte die Problemstellung der vorliegenden Arbeit, entsprechend wird nachfolgend der heuristische Bezugsrahmen beschrieben. Den heuristischen Bezugsrahmen bildet die mehrjährige Tätigkeit des Autors als wissenschaftlicher Mitarbeiter in der Abteilung Fabrikplanung am Werkzeugmaschinenlabor (WZL) der RWTH Aachen University. Im Rahmen der Tätigkeit erfolgte die praktische Durchführung einer Vielzahl von Beratungsprojekten in unterschiedlichsten Industrien. Durch Forschungsprojekte und Lehrtätigkeiten erfolgte der Aufbau von theoretischem Verständnis anhand praxisrelevanter Problemstellungen. Unterschiedliche Arbeitskreise und Veranstaltungen förderten den Erfahrungsgewinn, die Herauskristallisierung von Fragestellungen und Anregung von Diskussionen mit der Praxis und anderen Wissenschaftlern. Das wesentliche Kernelement des Bezugsrahmens ist die Fabrikplanung. Die wesentliche Grundlage bildet das Verständnis einer Fabrik als Produkt und die Fabrikplanung als Produktentwicklungsprozess. Dem iterativen Lernprozess zu Grunde liegend, resultiert in dieser Arbeit die folgende Sichtweise auf die Fabrikplanung: Entgegen bestehender Literatur wird der Fabrikplanung und deren resultierenden Planungsergebnissen eine höhere Standardisierungseignung zugetraut, als der heutige Stand der Technik der Fabrikplanung vorweist. Der Autor distanziert sich explizit davon, den aktuellen Stand der Technik für irrelevant zu erklären. Gemäß LAKATOS's Interpretation von Forschungsvorhaben sind aktuell geltende Thesen zu hinterfragen, neue Theorien und Thesen zur möglichen Ablösung von Bestehenden aufzustellen, um einen wissensexpandierenden Beitrag im Forschungsfeld Fabrikplanung zu erzielen.[22] Die Ergebnisse dieser Arbeit unterliegen selbst der Überprüfung und Widerlegung und hierdurch der Falsifizierbarkeit nach POPPER, aufgrund des

[21] In Anlehnung anvgl. Kubicek, H. (1977) Heuristische Bezugsrahmen, S. 14; vgl. Tomczak, T. (1992) Forschungsmethoden, S. 84.

[22] vgl. Lakatos, I. et al. (1970) Knowledge, S. 132.

nicht vorliegenden Anspruchs auf Allgemeingültigkeit.[23] Die wissenschaftliche Gemeinschaft verfügt zuletzt über die Bewertung der Ergebnisqualität und der möglichen Auslösung einer wissenschaftlichen Revolution im Sinne KUHNS[24] in der Fabrikplanung. Das wesentliche Anliegen des Autors besteht in der Anregung inhaltlicher Diskussionen über die gewonnenen Erkenntnisse dieser Arbeit. Aufgrund des iterativen Charakters des explorativen Forschungsprozesses erfährt der Forschungsprozess kein klar definiertes Ende. Folglich ist diese Dissertation als Dokumentation des bisherigen Forschungsprozesses und bisher gewonnener Erkenntnisse, welche vollumfänglich zur Lösung der beschrieben Problemstellung beitragen, zu verstehen.

1.3 Struktureller Aufbau der Arbeit

Der strukturelle Aufbau der Arbeit orientiert sich an der „Strategie angewandter Forschung" nach ULRICH.[25] Im Fokus des Forschungsprozesses steht der Praxisbezug, analog zum explorativen Ansatz nach KUBICEK.[26] Der Zusammenhang zur Anwendung wird verdeutlicht durch die Identifikation eines praktischen Problems zu Beginn des Forschungsprozesses und dem Abschluss des Forschungsvorhabens mit der Implementierung der entwickelten Lösung in der Praxis.[27] Der Aufbau der vorliegenden Arbeit ist in Abbildung 1-3 gemäß dem Vorgehen nach ULRICH abgebildet.

Das erste Kapitel der Arbeit stellt die Motivation und Problemstellung sowie die Zielsetzung und das Forschungskonzept dar. In Kapitel zwei werden die Grundlagen der Produktenwicklung und der Fabrikplanung beschrieben und dadurch wird ein einheitliches Verständnis der Fabrikplanung als Produktentstehungsprozess geschaffen. Weiter werden die Herausforderungen der Fabrikplanung identifiziert und anhand einer empirischen Studie belegt. Eine Ableitung von Handlungsbedarfen aus Sicht der Praxis schließt das Kapitel ab. Die identifizierten Handlungsbedarfe werden verdeutlichen, dass eine erfolgreiche Fabrikplanung im wettbewerbsintensiven Umfeld mit einem einzelkundenentkoppelten Planungsvorgehen und der Betrachtung der Fabrik als Produkt denkbar ist. Die neue Perspektive der Fabrikplanung wird in Kapitel drei eingeführt. Zunächst werden die generelle Gestaltung und Strukturierung von Pro-

---

[23] vgl. Popper, K. (1935) Logik der Forschung, S. 6 f.

[24] vgl. Kuhn, T. (2009) Scientific Revolutions.

[25] vgl. Ulrich, H. et al. (1984) Management, S. 192 f.

[26] vgl. Kubicek, H. (1977) Heuristische Bezugsrahmen, S. 12 ff.

[27] vgl. Ulrich, H. et al. (1984) Management, S. 192.

dukten sowie die Möglichkeiten zum Erzeugen produktübergreifender Kommunalitäten untersucht. Analysen zum strategischen Umgang mit dem Produktindividualisierungszeitpunkt, dem Anforderungs- und Lösungsraummanagement zur Einzelkundenentkopplung sowie bestehende Ansätze mit fabrikplanerischem Bezug bilden die Grundlage für den Entwurf der Planungsmethodik. Im vierten Kapitel werden zunächst die Anforderungen an eine derartige Methodik aus Sicht der Praxis sowie Anforderungen aus dem Theoriezusammenhang zusammengefasst. Der Lösungsansatz entsteht aus der Zusammenführung der Anforderungen aus dem zweiten Kapitel, sowie aus den erlangten Ansätzen zur Verschiebung des Individualisierungszeitpunkts aus dem dritten Kapitel. Das Ergebnis der Zusammenführung ist das Konzept der Plattformbasierten Fabrikplanung. Basierend auf der Konzeptionierung eines einzelkundenentkoppelten Fabrikplanungsvorgehens mit Hilfe von typenspezifischen Plattformen erfolgt im fünften Kapitel eine Aufteilung des geplanten Vorgehens in verschiedene Teilmodelle. Anschließend wird eine Detaillierung der Teilmodelle zur Beantwortung der Teilforschungsfragen vorgenommen. Abschließend werden die Teilmodelle zu einer Gesamtmethodik integriert und die Anwendung des einzelkundenentkoppelten Planungsvorgehens im Gesamtzusammenhang beschrieben. In Kapitel sechs erfolgt eine Validierung des entwickelten Planungsvorgehens im Anwendungszusammenhang. Anhand eines Fallbeispiels erfolgt eine praktische Überprüfung und kritische Reflexion des Planungsvorgehens. Das siebte und letzte Kapitel fasst die Ergebnisse der vorliegenden Arbeit zusammen und schließt mit einem Ausblick auf den weiteren Forschungsbedarf zur Gestaltung von standardisierten Lösungen in der Fabrikplanung.

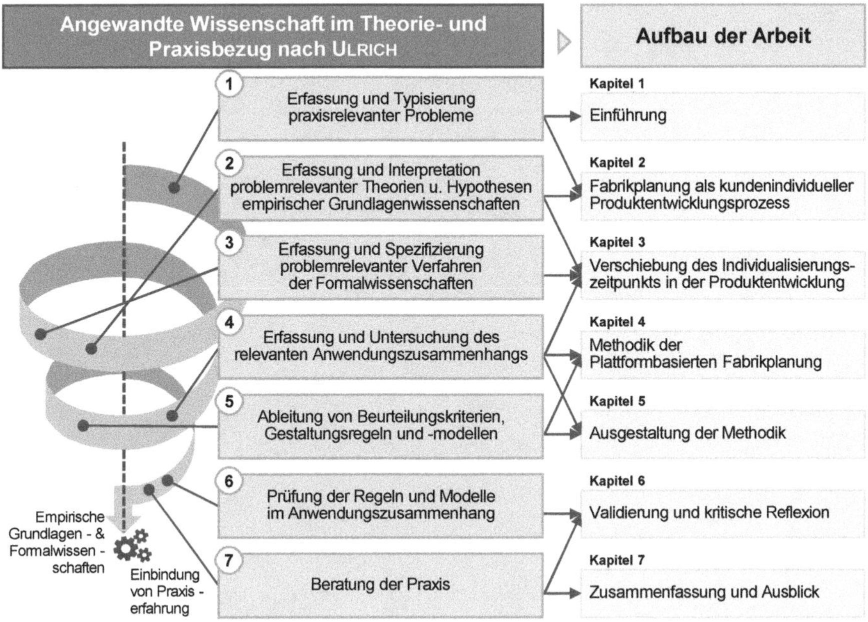

Abbildung 1-3: Aufbau der Arbeit [28]

[28] i.A.a. Ulrich, H. et al. (1984) Management, S. 192.

2 Fabrikplanung als kundenindividueller Produktentwicklungsprozess

Im ersten Kapitel dieser Arbeit wurde der Bedarf nach einer Methodik zur Reduzierung individueller Planungsleistungen in Fabrikplanungsprojekten sowie der grundlegende Aufbau der vorliegenden Arbeit hergeleitet. Dieses Kapitel beschreibt den Betrachtungsbereich der Fabrik als kundenindividueller Produktentwicklungsprozess. Hierfür wird zunächst das notwendige Grundverständnis aus den Bereichen der Produktentwicklung (Kapitel 2.1) und der Fabrikplanung erläutert, um anschließend den Zusammenhang zwischen Produktentstehung und Fabrikplanung zu erschließen (Kapitel 2.2). Das abschließende Kapitel präsentiert eine zusammenfassende Analyse der Herausforderungen, die Ergebnisse einer vom Autor dieser Arbeit durchgeführten Studie und diskutiert den resultierenden Handlungsbedarf aus Sicht der Praxis (Kapitel 2.3).

2.1 Grundlagen der Produktentwicklung

Im Folgenden werden Begrifflichkeiten im Zusammenhang mit Produkten definiert und der Produktentwicklungsprozess erläutert. Zudem werden Anforderungen als relevante Grundlage der Produktentwicklung eingeführt und auf die Produktstandardisierung sowie -individualisierung als besonderer Teilbereich der Produktgestaltung eingegangen.

2.1.1 Definition relevanter Begrifflichkeiten

Der Begriff Produkt leitet sich vom lateinischen Wort „productum“ ab. Es existiert eine allgemeine und eine technische Sichtweise auf den Begriff. Allgemein wird ein Produkt als physisches Erzeugnis der Fertigung verstanden. Der Duden definiert es als das Ergebnis menschlicher Arbeit, welches aus bestimmten Stoffen hergestellt wurde.[29] Es

[29] vgl. Bibliographisches Institut (2015) Duden Universalwörterbuch, S. 1386.

existieren zudem Definitionen, die ein Produkt nicht zwingend auf die physische Natur festlegen. HERMANN & HUBER sehen ein Produkt als eine Lösung zur Befriedigung von Kundenbedürfnissen.[30] Das GABLER WIRTSCHAFTSLEXIKON versteht ein Produkt als Ergebnis der Produktion und Sachziel eins Unternehmens, das verwendet wird, um Kundenbedürfnisse zu befriedigen. Hierbei wird zwischen materiellen Sachgütern und immateriellen Dienstleistungen sowie Energieleistungen unterschieden.[31] LINDEMANN sieht bei der Produktdefinition ebenfalls den Trend vom rein physischen bzw. materiellen Erzeugnis hin zur immateriellen Dienst- und Energieleistung als Produkt.[32] VAJNA versteht unter materiellen Produkten diskrete stückweise Erzeugnisse (z.B. Maschinen) oder kontinuierliche stetige Erzeugnisse (z.B. Brennstoffe). Als immaterielle Produkte sind beispielsweise Softwaresysteme, Forschungsergebnisse, Prozessmodelle oder Lehrleistungen zu nennen.[33] Laut LINDEMANN wächst der Trend zur Vermischung bzw. Hybridisierung materieller und immaterieller Produkte mit unterschiedlichen Hard- und Softwareanteilen (z.B. mechatronische Produkte).[34] EPPINGER betrachtet ein Produkt im wirtschaftlichen Bezug als etwas, das von einem Unternehmen an seine Kunden verkauft wird.[35] Auch ENGELN definiert das Produkt als alle angebotenen Leistungen materieller und immaterieller Art durch das Unternehmen im Markt, um Unternehmensziele zu erreichen.[36] KOTLER UND KELLER beschreiben das Produkt als alles im Markt befindliche zum Zwecke der Aufmerksamkeitsgenerierung angebotene. Produkte dienen der Adressierung und Befriedigung von Kundenbedürfnissen und umfassen konkrete Objekte, Dienstleistungen, Personen, Orte, Organisationen und Ideen.[37]

Laut RENNER bezeichnet der Begriff „Varianten" Produkte, Bauteile oder Baugruppen auf dem Markt, die einen hohen Anteil identischer Komponenten aufweisen und Ähnlichkeiten in Bezug auf ihre Geometrie, Materialität oder Technologie teilen.[38] Die Variantenvielfalt eines Produkts, Bauteils oder einer Baugruppe hängt von der Anzahl und Unterschiedlichkeit der Varianten ab.[39] Die interne Vielfalt an Bauteil-, Baugruppen- und Prozessvarianten unterscheidet sich von der externen Vielfalt, welche die für

---

[30] vgl. Herrmann, A. et al. (2013) Produktmanagement, S. 3 f.
[31] vgl. Springer Fachmedien (2011) Gabler Kompakt-Lexikon Wirtschaft, S. 351.
[32] vgl. Lindemann, U. (2016) Handbuch Produktentwicklung, S. 3.
[33] vgl. Vajna, S. (2022) Integrated Design Engineering, S. 96 f.
[34] vgl. Lindemann, U. (2016) Handbuch Produktentwicklung, S. 3.
[35] vgl. Ulrich, K. et al. (2016) Product design and development, S. 2.
[36] vgl. Engeln, W. (2006) Methoden der Produktentwicklung, S. 4.
[37] vgl. Kotler, P. et al. (2021) Marketing, S. 364.
[38] vgl. Renner, I. (2006) Funktionsorientierte Baukastenentwicklung, S. 11.
[39] vgl. Firchau, N. et al. (2002) Variantenmanagement, S. 12.

den Kunden wahrnehmbare Vielfalt der angebotenen Produktvarianten ist.[40] Produktarchitekturen eigenen sich, um die interne Variantenvielfalt eines einzelnen Produkts systematisch zu strukturieren.[41] Zur systematischen Strukturierung von Produkten in Architekturen ist das produktseitige Komplexitätsmanagement im Fokus. Der Begriff Komplexität wird verwendet, um ein betrachtetes System zu beschreiben und ist häufig synonym für Vielfalt und Varietät.[42] SCHUH beschreibt Komplexität als eine Kombination einer hohen Vielzahl und Vielfalt sowie hoher Veränderlichkeit und Dynamik.[43] Der Umgang mit Komplexität erfolgt im Komplexitätsmanagement durch Gestaltung, Steuerung und Entwicklung der Vielfalt des Leistungsspektrums.[44] Eine hohe interne Vielfalt entsteht oft um Marktanforderungen zu erfüllen und Nischenmärkte zu bedienen. Die resultierende Komplexität durch Produktvielfalt zu bewältigen bezeichnet das Variantenmanagement.[45] Im produktbezogenen Kontext des Komplexitäts- und Variantenmanagements wird häufig von Kommunalität gesprochen, welche produktübergreifend zu erzeugen ist.[46] Kommunalität beschreibt „Gemeinsamkeiten" oder „dem Teilen gemeinsamer" Eigenschaften.[47] Im Zuge der Produktgestaltung entspricht die Kommunalität Gemeinsamkeiten zwischen Produkten, Prozessen oder anderen Objekten.[48] Es ist sinnvoll Kommunalitäten nicht nur auf physischer Ebene, sondern auch bei Funktionen, Technologien und Produktionsprozessen zu gestalten.[49]

2.1.2 Produktentwicklungsprozess und -anforderungen

Die Produktentstehung umfasst den gesamten Prozess von der Idee bis zum fertigen Produkt mit dem Ziel, ein marktfähiges Produkt zu entwickeln. Dieser Prozess ist ein untergeordneter Teil des Produktlebenszyklus, der von der Anforderungsaufnahme über die Produktentwicklung und Produktion bis zur Nutzung und dem Recycling reicht.[50] Produkte entstehen nicht in einem großen Schritt, sondern in vielen kleinen

[40] vgl. Heina, J. (1999) Variantenmanagement, S. 6 f.; Lösch, J. (2001) Controlling der Variantenvielfalt, S. 16.
[41] vgl. Ulrich, K. (1995) Product Architecture, S. 420.
[42] vgl. Schuh, G. (2005) Produktkomplexität managen, S. 34.
[43] vgl. Schuh, G. (2005) Produktkomplexität managen, S. 6.
[44] vgl. Schuh, G. (2005) Produktkomplexität managen, S. 36.
[45] vgl. Menge, M. (2001) Variantenvielfalt, S. 8.
[46] vgl. Arnoscht, J. (2011) Beherrschung von Komplexität, S. 22.
[47] vgl. Dellanoi, R. (2006) Variantenreiche Produktfamilien, S. 30 f.
[48] vgl. Renner, I. (2006) Funktionsorientierte Baukastenentwicklung, S. 67.
[49] vgl. Jiao, J. et al. (2000) Product family architecture, S. 473 f.; Rudolf, S. (2013) Produktionsgerechte Baukastengestaltung, S. 94 ff.
[50] vgl. Eigner, M. et al. (2009) Product-lifecycle-Management, S. 9 f.

Schritten mit klar definierten Schnittstellen im Rahmen des Produktentstehungsprozesses.[51] Die Produktentwicklung bildet den Kernprozess der Produktentstehung und stellt das Zusammenspiel der produktbeeinflussenden Bereiche dar (vgl. Abbildung 2-1).[52] Die Entwicklungsergebnisse durchlaufen vom Prozess der Marktanforderungen bis zur Abnahme durch den Auftraggeber sämtliche Unternehmensbereiche.[53] BÜRGEL beschreibt die Produktentwicklung als Nutzung wissenschaftlicher und technischer Erkenntnisse zur Entwicklung und Herstellung neuer Materialien, Systeme, Prozesse, Produkte oder Dienstleistungen.[54] FELDHUSEN fasst die Tätigkeiten der Produktentwicklung als einen Prozess der Analyse zum methodischen Umsetzen von Informationen zusammen.[55] Die Produktentwicklung als Teil der Produktentstehung wird von verschiedenen Faktoren beeinflusst, wie beispielsweise marktseitigen, ökonomischen oder technisch konstruktiven Unsicherheiten und Risiken.[56]

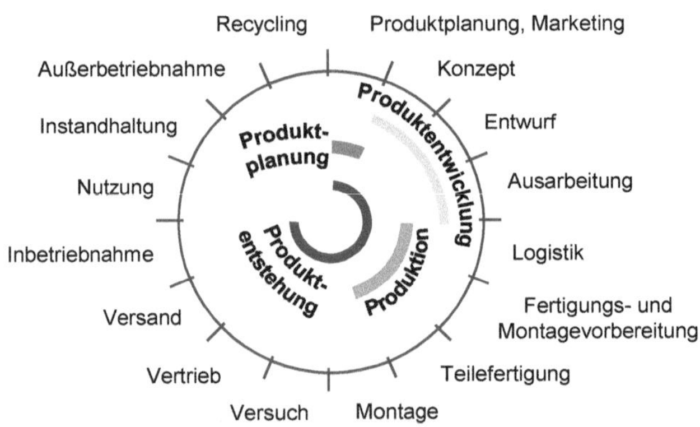

Abbildung 2-1: Produktentwicklung im Lebenszyklus eines Produkts[57]

Ein Projekt ist ein „einmaliger Prozess, der aus einem Satz von abgestimmten und gesteuerten Tätigkeiten (...) durchgeführt wird, um (...) ein Ziel zu erreichen, das spezifische Anforderungen erfüllt".[58] Projekte sind durch Komplexität und Einmaligkeit

[51] vgl. Feldhusen, J. et al. (2013) Der Produktentstehungsprozess, S. 11.
[52] vgl. Ehrlenspiel, K. et al. (2013) Integrierte Produktentwicklung, S. 1 f.
[53] vgl. Lindemann, U. (2009) Entwicklung technischer Produkte, S. 330.
[54] vgl. Bürgel, H. et al. (1996) F-&-E-Management, S. 11.
[55] vgl. Feldhusen, J. et al. (2013) Lösungsfindung, S. 285.
[56] vgl. Brockhoff, K. (1999) Produktpolitik, S. 49 ff.
[57] i.A.a. Ehrlenspiel, K. et al. (2013) Integrierte Produktentwicklung, S. 163.
[58] vgl. DIN Deutsches Institut für Normung e.V. (2015) DIN EN ISO 9000, S. 34.

charakterisiert und unterscheiden sich daher von Routinetätigkeiten.[59] Entwicklungsprojekte werden durch einen genau festgelegten zeitlichen Horizont mit Anfangs- und Endtermin begrenzt. Projekte sind in ihren Ressourcen (z.B. finanzielle, personelle) begrenzt und bestehen aus multifunktionalen Teammitgliedern verschiedener Disziplinen. Einzelne Teilziele und Unteraufgaben sowie das Projektumfeld weisen starke Abhängigkeiten auf, wodurch das Projekt ständig Veränderungen erfährt.[60] Im Gegensatz zu älteren Literaturwerken, in denen die Aufgabenstellung in detailliert beschriebenen Phasen konstant über den Projektverlauf abgewickelt wird, stellen moderne Werke die detaillierte Planung eher in den Hintergrund, da die Dynamik im heutigen Umfeld einen flexibleren Projektverlauf mit nachträglichen Änderungen erfordert.[61] Entsprechend erfolgte ein Wandel von klassischen, plangetriebenen, phasenorientierten Planungsvorgehen (z.B. Stage-Gate-Prozess, VDI 2221, Phasenmodell, V-Modell, Simultaneous Engineering) hin zur agilen Produktentwicklung (z.B. Spiral-Modell, Scrum) oder hybriden Produktentwicklung als Kombination beider Vorgehensweisen mit spezifischen Anteilen.

Anforderungen in der Produktentwicklung

Anforderungen sind Initiatoren neuer Entwicklungsprojekte.[62] Der DUDEN beschreibt eine Anforderung als einen Anspruch bzw. eine Forderung einer Leistung an eine Person oder einen Gegenstand.[63] Nach SCHUH UND LINDEMANN erfolgt anhand von Anforderungen die qualitative und quantitative Festlegung von Eigenschaften eines Produktes.[64] Merkmale (hier synonym zu Eigenschaften) und Ausprägungen werden verwendet, um Anforderungen zu beschreiben.[65] Merkmale (z.B. Länge, Breite) sind Bezugsobjekte von Anforderungen, während die Ausprägung den Sollwert (z.B. 10m) für das jeweilige Anforderungsmerkmal darstellt.[66] Ein Merkmal kann sowohl auf kundensei-

[59] vgl. Litke, H.-D. (2007) Projektmanagement, S. 9.

[60] vgl. Fiedler, R. (2013) Controlling von Projekten, S. 2; Jakoby, W. (2015) Projektmanagement, S. 10; Patzak, G. et al. (2018) Projektmanagement, S. 20.

[61] vgl. Schwaber, K. (2007) Agiles Projektmanagement; Verein deutscher Ingenieure (2019) VDI 2221.

[62] vgl. Negele, H. (2014) Modellierung Produktentwicklung, S. 22.

[63] vgl. Bibliographisches Institut (2015) Duden Universalwörterbuch, S. 144.

[64] vgl. Lindemann, U. (2009) Entwicklung technischer Produkte, S. 109; Schuh, G. (2012) Innovationsmanagement, S. 177.

[65] vgl. Ponn, J. et al. (2008) Konzeptentwicklung und Gestaltung, S. 39; Hahn, J. (2017) Eigenschaftsbasierte Fahrzeugkonzeption, S. 25.

[66] vgl. Ahrens, G. (2000) Produktanforderungen, S. 5; Ponn, J. et al. (2008) Konzeptentwicklung und Gestaltung, S. 39.

tiger Ebene von Anforderungen (Kunden-/Funktionsmerkmal) als auch auf technischer Lösungsebene (Sach-/Technikmerkmal) existieren.[67] Ein Ziel in der Produktentwicklung besteht darin, die Merkmale möglichst quantitativ zu erfassen. Viele Anforderungen sind allerdings nicht quantifizierbar und sind daher qualitativ zu beschreiben. Die DIN 55350[68] empfiehlt die qualitative Formulierung eines Merkmals (zB. Geschwindigkeit), wobei die Definition von Ausprägungen qualitativ (z.B. schnell) oder quantitativ (z.B. 180 km/h) erfolgt.[69] Merkmale mit qualitativen Ausprägungen besitzen entsprechend kennzeichnenden oder klassifikatorischen Charakter.[70] Die Ausprägung eines Merkmals stellt dementsprechend eine Spezifikation dar. Aus der Marktperspektive betrachtet entspricht die Ausprägung einer Konfigurationsmöglichkeit, aus der technischen Perspektive eine konkrete Ausgestaltung.[71] Die Summe aller Anforderungen bezogen auf ein Produkt führt zur Entwicklung von Eigenschaften, Funktionalitäten und Qualitäten.[72] Bei der systematischen Ermittlung von Anforderungen werden die Anforderungsquellen betrachtet.[73] Die Quellen für Anforderungen entstehen entlang des gesamten Produktlebenszyklus und Anforderungen resultieren aus den Bedürfnissen der Benutzer, welche in unterschiedlichsten Phasen in Interaktion stehen.[74] Häufig wird der Anforderungsbegriff mit den Erwartungen des Kunden gleichgesetzt. In der Realität entstammen die Erwartungen allerdings aus dem unmittelbaren Unternehmensumfeld.[75] Es existiert eine Unterscheidung zwischen externen und internen Anforderungsquellen, die aus einer Vielzahl einzelner Quellen stammen können.[76] Interne Quellen umfassen z.B. die Bereiche der Entwicklung, Produktion, Vertrieb, Marketing, Einkauf, bestehende Technologien und Vorgängerprodukte. Externe Quellen beinhalten z.B. Gesetze, Normen und Konkurrenzprodukte (vgl. Abbildung 2-2).

---

[67] vgl. Baldwin, C. et al. (2000) Design Rules, S. 2 ff.

[68] vgl. DIN Deutsches Institut für Normung e.V. (2021) DIN 55350.

[69] vgl. Jung, C. (2006) Anforderungsklärung, S. 68; Hahn, J. (2017) Eigenschaftsbasierte Fahrzeugkonzeption, S. 25.

[70] vgl. DIN Deutsches Institut für Normung e.V. (2021) DIN 55350.

[71] vgl. Baldwin, C. et al. (2000) Design Rules, S. 2 ff.

[72] vgl. Grande, M. (2014) Anforderungsmanagement, S. 5.

[73] vgl. Lindemann, U. (2009) Entwicklung technischer Produkte, S. 114.

[74] vgl. Ponn, J. et al. (2008) Konzeptentwicklung und Gestaltung, S. 40.

[75] vgl. Aichele, C. (2014) IT-Projektmanagement, S. 22.

[76] vgl. Kessler, E. et al. (2002) Innovation speed, S. 2; Lindemann, U. (2009) Entwicklung technischer Produkte, S. 7.

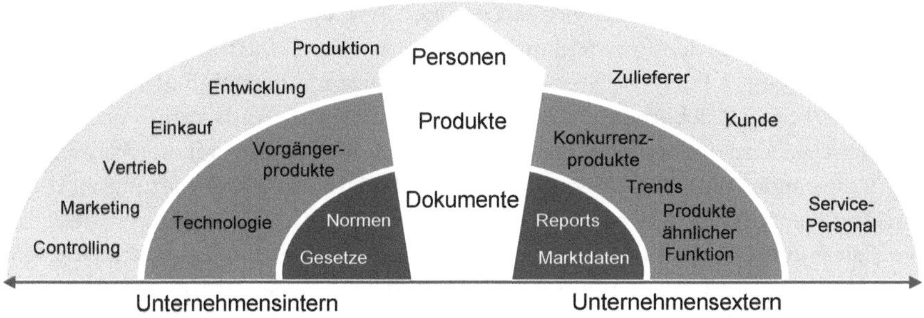

Abbildung 2-2: Übersicht von Anforderungsquellen in der Produktentwicklung[77]

Ein Kunde wird als externe Quelle eingeordnet. Es besteht die Möglichkeit den Kunden als Individuum oder als Teil eines gesamthaften Kundenmarkts wie z.B. der Finanz- oder Zuliefermarkt zu betrachten.[78] Kunden können dabei auch anonym verbleiben wie z.B. in der Konsumgüterbranche. Die Anforderungen resultieren in diesem Fall aus den Tätigkeiten des Produktmanagements.[79] Die Literatur betont die zentrale Rolle des Kunden als Anforderungsquelle.[80] Eine ausführliche Kundenbefragung und kontinuierliche Kundeneinbindung ist daher wichtig, um eine markt- und kundengerechte Produktentwicklung zu gewährleisten zur Sicherstellung des Produkterfolgs.[81] Um eine zielgerichtete Kundenanforderungsaufnahme und -bewertung zu ermöglichen, empfiehlt sich ein zweistufiger Prozess aus Anforderungserhebung und Anforderungsmanagement.[82] Die Anforderungserhebung umfasst die Anforderungsaufnahme, -spezifikation, -analyse und -bewertung. Das Anforderungsmanagement unterstützt die Steuerung, Kontrolle, Planung und Umsetzung der erhobenen Anforderungen.[83] Die Anforderungen stellen konkrete Ziele innerhalb eines Entwicklungsprojekts dar, die durch die Umsetzung in Produktmerkmale und -ausprägungen erreicht werden können.[84] Eine Herausforderung besteht allerdings darin, dass Anforderungen

[77] i.A.a. Feldhusen, J. et al. (2013) Produktentstehungsprozess, S. 328.

[78] vgl. Lindemann, U. (2009) Entwicklung technischer Produkte, S. 7.

[79] vgl. Feldhusen, J. et al. (2013) Produktentstehungsprozess, S. 328.

[80] vgl. Reinhart, G. (1996) Qualitätsmanagement, S. 46; Ponn, J. et al. (2008) Konzeptentwicklung und Gestaltung, S. 60; Ehrlenspiel, K. (2013) Entwickeln und Konstruieren, S. 58.

[81] vgl. Ponn, J. et al. (2008) Konzeptentwicklung und Gestaltung, S. 43.

[82] vgl. Hood, C. (2008) Requirements management, S. 2 f.

[83] vgl. Hood, C. (2008) Requirements management, S. 3; Landgraf, K. (2011) Requirements Management & Engineering, S. 18.

[84] vgl. Lindemann, U. (2016) Handbuch Produktentwicklung, S. 759.

zu Projektbeginn oft nur unzureichend definiert und über den gesamten Projektverlauf volatil sind, was den Entwicklungsprozess erschwert.[85] In frühen Phasen des Entwicklungsprozesses besteht oft eine mangelnde Informationsstabilität im Unternehmen.[86] Die hohe Unsicherheit mündet in einer erschwerten Antizipation und Vorhersage künftiger Entwicklungen.[87] Die Verwendung von Annahmen in der Planung sind die resultierende Folge.[88] Das Kerndilemma besteht darin, dass Anforderungsmerkmale festgelegt werden ohne alle relevanten Produkteigenschaften vollständig ermittelt und spezifiziert zu haben.[89] Es entsteht eine Unsicherheit aufgrund der Diskrepanz zwischen dem aktuellen Wissen und dem erforderlichen Wissen für eine richtige Entscheidung.[90] Die Ursache für die Unvollständigkeit von Anforderungen und resultierender Unsicherheit liegt in der Komplexität der Situation, Zielunklarheit, Neuartigkeit und Dynamik des Entwicklungsprozesses. Aufgrund der hohen Anzahl von Produktanforderungen können einzelne Anforderungen nicht mehr ausreichend überblickt werden. Die genaue Zielstellung wird erst im Verlauf des Entwicklungsprozesses konkretisiert. Dem Entwickler fehlt das notwendige Lösungswissen und die Kenntnis der Produktanforderungen, um diese umzusetzen. Darüber hinaus ist die Produktarchitektur in sich veränderlich.[91] Anforderungen sind außerdem selten vollständig unabhängig voneinander, sondern beeinflussen sich gegenseitig oder stehen im Konflikt.[92]

2.1.3 Produktstandardisierung und -individualisierung

Um Kosteneinsparungen in der Produktentstehung und Wettbewerbsvorteile zu erzielen, kann ein hoher Anteil kommunaler Umfänge verwendet werden.[93] Der Prozess zur Vereinheitlichung von Merkmalen oder Merkmalsausprägungen eines Objekts wird als Standardisierung bezeichnet. Dies steigert den Kommunalitätsgrad und er-

[85] vgl. Lindemann, U. (2009) Entwicklung technischer Produkte, S. 107 ff.; Grande, M. (2014) Anforderungsmanagement, S. 7.

[86] vgl. Engelhardt, R. et al. (2009) Uncertainty-Mode- and Effects-Analysis, S. 191.

[87] vgl. Ramsauer, C. et al. (2016) Agile Produktion, S. 64.

[88] vgl. Lenders, M. (2009) Beschleunigung der Produktentwicklung, S. 2.

[89] vgl. Lindemann, U. (2009) Entwicklung technischer Produkte, S. 8.

[90] vgl. Mack, R. (1971) Planning on uncertainty, S. 1.

[91] vgl. Picot, A. et al. (1988) Entwicklungsgestaltung, S. 199 f.

[92] vgl. Ponn, J. et al. (2008) Konzeptentwicklung und Gestaltung, S. 60.

[93] vgl. Rudolf, S. (2013) Produktionsgerechte Baukastengestaltung, S. 30.

möglicht eine Mehrfachverwendung von Komponenten und Prozessen über ein breites Produktspektrum.[94] Die regressiven Stückkosten bei gleichbleibenden Randbedingungen bezeichnet der Skaleneffekt (Economies of Scale). Dieser resultiert aus Lerneffekten, Fixkostendegressionseffekten oder Effekten gesteigerter Technisierung durch Verwendung von Gleichteilen.[95] Der Verbundeffekt (Economies of Scope) führt zu weiteren Kostenvorteilen, da die Ausweitung des Produktspektrums es ermöglicht, einzelne Aktivitäten auf mehrere Produkte zu beziehen. Diversifizierte Unternehmen erzielen so einen höheren Nutzen pro Produkt.[96] VIETOR versteht die Reduktion der Produktentwicklungszeit und -risiken, Markteintrittsbarrieren und die Verbesserung der Kundeneinbindung durch die Steigerung der Produktqualität als Vorteile der Standardisierung.[97] Bei einer hohen Standardisierung erfolgt die Produktgestaltung auf Basis von Durchschnittsanforderungen eines größeren Kreises von Nachfragern, also einer anonymen Abnehmerschaft. Die Produktherstellung erfolgt auftragsunabhängig und die Anforderungsquelle ist eine Marktforschung. Es entsteht ein Massenprodukt ohne Leistungsvielfalt (Abbildung 2-3). Im Gegensatz zur Standardisierung ermöglicht die Produktindividualisierung die Erfüllung heterogener Kundenanforderungen und den Zugang zu fragmentierten Märkten, da die individuelle Bedürfnisanpassung zunimmt.[98] Bei der Produktindividualisierung erfolgt die Produktgestaltung auftragsbezogen für einen einzelnen Nachfrager, der als Anforderungsquelle dient und intensiv in die Produktgestaltung eingebunden wird. Es entsteht ein maßgeschneidertes Produkt (Losgröße 1) bei sehr hoher Leistungsvielfalt.

[94] vgl. Czaya, A. (2007) Europäisches Normungssystem, S. 70; Stegemann, P. (2010) Integrierte Komplexitätsbeherrschung, S. 20; Gebhart, N. et al. (2016) Gleichteile-, Modul- und Plattformstrategie, S. 128.

[95] vgl. Rudolf, S. (2013) Produktionsgerechte Baukastengestaltung, S. 29.

[96] vgl. Vietor, T. et al. (2013) Produktarten zur Rationalisierung, S. 858.

[97] vgl. Vietor, T. et al. (2013) Produktarten zur Rationalisierung, S. 858.

[98] vgl. Bohl, A. (2015) Produkt- und Produktionskomplexität, S. 25.

Merkmale	Individualisierung	Standardisierung
Leistungsgestaltung	Einzelkundenbezug	Kundengruppenbezug
Kundenquantität	Einzeln	Viele
Kundenintegration	Eng	Kaum (Anonyme Abnehmerschaft)
Leistungserstellung	Nach Beauftragung	Vor Beauftragung
Informationsquelle	Kunde	Marktforschung
Kommunalitätsgrad	Maßgeschneidert (Losgröße 1)	Homogenes Massenprodukt
Leistungsvielfalt	Sehr groß	Singuläre Leistung

Abbildung 2-3: Merkmale der Individualisierung und Standardisierung [99]

Erfolgreiches Kommunalitätsmanagement zeichnet sich durch die Berücksichtigung differenzierter Kundenbedürfnisse unter Verwendung von Kommualitäten auf Standardbasis aus.[100] Um die Komplexität, die durch Variantenvielfalt entsteht, zu reduzieren und gleichzeitig Skaleneffekte zu nutzen wird versucht, den sogenannte Individualisierungszeitpunkt bei Produkten (auch Decoupling Point, Order Penetration Point, Freeze Point, Variantenbestimmungspunkt, Entkopplungspunkt) so spät wie möglich in der Wertschöpfungskette zu positionieren. Der Individualisierungszeitpunkt bezeichnet die Wertschöpfungsstufe, in der die Individualisierung des Produkts erfolgt und der Übergang von kundenauftragsneutraler (angebotsorientierter, push-gesteuerter, prognosegetriebener) zu kundenauftragsbezogener (nachfrageorientierter, pull-gesteuerter, auftragsgetriebener) Leistungserstellung stattfindet. [101] Auf der Prozessebene wird der Wertschöpfungsprozess in der Produktentwicklung in kundenunabhängige, standardisierte oder kundenspezifische, individuelle Teile unterteilt. [102] Abbildung 2-4 zeigt verschiedene Möglichkeiten, den Individualisierungszeitpunkt zu positionieren.

Beim Engineer-to-Order (ETO) Ansatz erfolgt die Produktentwicklung nach Eingang eines konkreten Kundenauftrags oder aufgrund von konstruktionstechnischen Anpassungen an Kundenwünsche. Dieser Ansatz entspricht einer reinen Individualisierung beziehungsweise Einzelfertigung und ist vorwiegend bei komplexen Produkten sinnvoll. Es findet eine direkte Kundenintegration in der Produktentwicklung statt. Beim Make-to-Order (MTO) Ansatz löst der Kundenauftrag den Produktionsprozess zu einem unbekannten Zeitpunkt aus. Die Entwicklung und Konstruktion findet hierbei

[99] i.A.a. Piller, F. (2008) Mass Customization, S. 116.

[100] vgl. Dellanoi, R. (2006) Variantenreiche Produktfamilien, S. 31; Arnoscht, J. (2011) Beherrschung von Komplexität, S. 22.

[101] vgl. Piller, F. (2008) Mass Customization, S. 201 f.

[102] vgl. Haupt, R. (2000) Industriebetriebslehre, S. 113; Piller, F. (2008) Mass Customization, S. 201.

vorab prognosegetrieben und kundenunabhängig statt. Entsprechend liegt eine eingegrenzte und vordefinierte Produktvielfalt vor. Beim Assemble-to-Order (ATO, auch Configure-to-Order) Ansatz werden Produkte vorentwickelt, vorkonstruiert, beschafft und teilweise vorproduziert. Die Endmontage erfolgt auf individuellen Kundenwunsch, bevor abschließend die Distribution stattfindet. Der Make-to-Stock (MTS) Ansatz verfolgt eine Auftragsabwicklung auf Nachfrageprognose. Die Produktion erfolgt kundenunabhängig auf Lager. Lediglich die Distribution erfolgt kundenbezogen, weshalb der Ansatz bevorzugt bei standardisierten Produkten angewendet wird.[103]

Zusammenfassend ist festzustellen, dass Standardisierung und Individualisierung keine unüberbrückbaren Gegensätze mehr darstellen. Die Prinzipien der Einzel- und Massenfertigung nähern sich einander an und die Differenzierung wird mit der Uniformierung kompatibel. Die Überwindung dieses Konflikts erfolgt durch innovative Ansätze in der Produktentwicklung. [104]

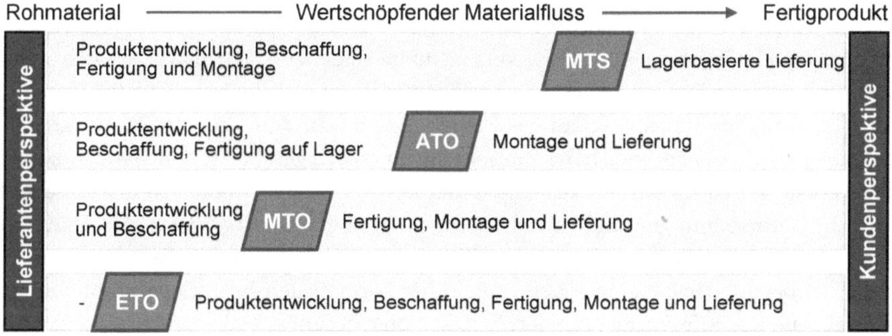

Abbildung 2-4: Positionierungen des Individualisierungszeitpunkts [105]

2.2 Fabrikplanung als Produktentwicklungsprozess

Kapitel 2.1 beschäftigt sich mit den Grundlagen zur Entwicklung klassischer Produkte. Im folgenden Kapitel liegt der Fokus auf dem Entwicklungsprozess von Fabriken. Dazu werden die Grundlagen der Fabrikplanung erläutert, das Planungsobjekt Fabrik und das Planungssubjekt Mensch in der Fabrikplanung beschrieben sowie bestehende Planungsvorgehen und Methoden für die Fabrikplanung dargestellt. Abschließend erfolgt

[103] vgl. Heuer, T. et al. (2020) Auftragsabwicklungsstrategie, S. 399 f.
[104] vgl. Haupt, R. (2000) Industriebetriebslehre, S. 114.
[105] i.A.a. Rudberg, M. et al. (2004) CODP, S. 447.

die Erläuterung von Herausforderungen der Fabrikplanung und die Analogie zwischen der Fabrikplanung und der Produktentwicklung wird hergestellt.

2.2.1 Grundlagen der Fabrikplanung

Der Begriff Fabrik besitzt eine historische Entwicklung, die bis ins 18. Jahrhundert zurückreicht. Handwerksbetriebe wurden im Laufe der Zeit zunehmend industrialisiert, was die Entstehung von „Fabriken" als Kern der industriellen Revolution zur Folge hatte.[106] Aus etymologischer Sicht entstammt der Begriff dem lateinischen fabrica (=Werkstätte). Die Fabrik ist ein industrieller Produktionsbetrieb mit dem Ziel der Gewinnung, Veredelung oder Verarbeitung von Stoffen zur Erzeugung von Konsumgütern oder Produktionsmitteln. [107] Die wissenschaftliche Geschichte der Fabrikplanung geht bis ins 19. Jahrhundert zurück. Im Werk von BABBAGE aus dem Jahr 1832 wird die Separation von Arbeitsprozessen als Prinzip zur Reduktion von Kosten für Löhne beschrieben.[108] Dieses Werk legt den Grundstein für viele Forscher und Praktiker zur Entwicklung und Weiterentwicklung von Ansätzen und Methoden der Fabrikplanung. Es existiert allerdings kein gemeinsames Verständnis dafür, was genau Fabrikplanung bedeutet. AGGTELEKY beschreibt 1970 die „Fabrikplanung (als) ein vielseitiges, komplexes und weitläufiges Planungsgebiet, in dem die verschiedenen Teilaufgaben durch eine einheitliche Zielsetzung zu einem geschlossenen Ganzen zusammengefasst (wird). Es besteht aus einem hierarchisch aufgebauten System von Ermittlungen, Untersuchungen und Entscheidungen, bei dem die Ergebnisse der Teiluntersuchungen weitgehend die Aufgabenstellung der nachfolgenden Teilarbeiten bestimmen, die benachbarte Gebiete sich gegenseitig beträchtlich beeinflussen können und eine genaue Koordinierung erfordern" [109]. KETTNER definiert 1984 die Aufgabe der Fabrikplanung als „Berücksichtigung zahlreicher, spezifischer Randbedingungen, die die Voraussetzungen zur Erfüllung der betrieblichen Ziele sowie der sozialen und volkswirtschaftlichen Funktion einer Fabrik (schaffen)" [110]. Gemäß VDI-RICHTLINIE aus dem Jahre 2009 ist die Fabrikplanung der „systematische, zielorientierte in aufeinander aufbauenden Phasen strukturierte und unter Zuhilfenahme von Methoden und Werkezeugen durchgeführte Prozess zur Planung einer Fabrik von der ersten Idee bis zum Aufbau der Produktion" [111]. Bei den Definitionen der Fabrik wird ein in die Zukunft

[106] vgl. Landes, D. (1973) Entfesselter Prometheus, S. 14 f.; vgl. Uhl, K. (2015) Räume der Arbeit.

[107] vgl. Kettner, H. et al. (1984) Systematische Fabrikplanung, S. 1.

[108] vgl. Babbage, C. (1832) Machinery and Manufactures, S. 131 f.

[109] vgl. Aggteleky, B. (1987) Fabrikplanung, S. 26.

[110] vgl. Kettner, H. et al. (1984) Systematische Fabrikplanung, S. 3.

[111] vgl. VDI - Gesellschaft für Produktionstechnik (2009) VDI 5200, S. 3.

gerichteter Projektcharakter sowie ein Bedarf nach einer strukturierten und methodischen Vorgehensweise deutlich und das Vorhandensein von Interdisziplinarität. Außerdem sind die Einmaligkeit, Neuartigkeit, Komplexität sowie zeitliche und finanzielle Restriktionen wichtige Eigenschaften des Projektcharakters. [112] In einer Unternehmensorganisation ist die Fabrikplanung Bestandteil der Unternehmensplanung und stellt aufgrund der zielgerichteten, aktiven Zukunftsgestaltung einen wichtigen Baustein für das Unternehmen dar.[113]

Fabrikplanung als Teil der Unternehmensplanung

Die Unternehmensplanung ist eine wesentliche Kernaufgabe um sicherzustellen, dass gesamtunternehmerische Ziele durch die Koordination aller Unternehmensbereiche erreicht werden. [114] Die strategische Unternehmensplanung definiert Leitlinien, Randbedingungen und Ziele für die Fabrikplanung. [115] Die Fabrikplanung bildet die Schnittstelle zwischen der grundsatzbasierten Unternehmensstrategie, der projektorientierten Detailplanung und Umsetzung auf technischer Ebene. Dabei werden strategische, taktische und operative Planungen durchgeführt.[116]

Auf der strategischen Ebene werden Zielvorgaben und Richtlinien für die Fabrikplanung zur Erreichung langfristiger Unternehmensziele (> 5 Jahre) festgelegt.[117] Die Festlegung globaler Absatz- und Beschaffungsstrategien beeinflusst die Entscheidung und Planung neuer Standorte sowie die langfristige Standortentwicklung in Bezug auf die Fabrikplanung. [118] Die taktische Ebene umfasst einen Planungshorizont von 2-3 Jahren und konkretisiert strategische Planungen in einzelnen Unternehmensbereichen. [119] Durch die Fokussierung auf einzelne Unternehmensbereiche wird die Anpassung einzelner Strukturen, nicht jedoch der Fabrik als Ganzes angestrebt.[120] Resultierende Anpassungen sind z.B. der Auf- oder Abbau von Maschinen und Anlagen aufgrund der Planung von Maschinen- und Anlagenkapazitäten.[121] Die operative Ebene betrachtet

---

[112] vgl. Grundig, C.-G. (2015) Fabrikplanung, S. 20 f.

[113] vgl. Aggteleky, B. (1987) Fabrikplanung, S. 20 f.; vgl. Felix, H. (1998) Unternehmens- und Fabrikplanung S.56; vgl. Grundig, C.-G. (2015) Fabrikplanung, S.11; vgl. Pawellek, G. (2014) Ganzheitliche Fabrikplanung, S.19.

[114] vgl. Wiendahl, H.-P. (2014) Betriebsorganisation für Ingenieure, S. 63.

[115] vgl. Hernández Morales, R. (2003) Systematik der Wandlungsfähigkeit, S. 12

[116] vgl. Hernández Morales, R. (2003) Systematik der Wandlungsfähigkeit S. 13.

[117] vgl. Schmigalla, H. (1995) Fabrikplanung, S. 15.

[118] vgl. Koch, H. (1977) Unternehmensplanung, S. 69; Hernández Morales, R. (2003) Systematik der Wandlungsfähigkeit, S. 13.

[119] vgl. Bergholz, M. (2006) Objektorientierte Fabrikplanung, S. 24.

[120] vgl. Aggteleky, B. (1987) Fabrikplanung, S. 29.

[121] vgl. Hernández Morales, R. (2003) Systematik der Wandlungsfähigkeit, S. 13.

einen einjährigen Planungshorizont zur Umsetzung der strategischen und taktischen Planung.[122] Beispiele sind die Anpassung der Produktionssteuerung oder logistischer Prozesse.[123] Die Fabrikplanung weist eine direkte Schnittstelle zu anderen Komponenten der Unternehmensplanung wie beispielsweise der Entwicklung, technische Investitionsplanung, Produktionsprogramm- und Produktionsplanung sowie der Personalplanung auf (vgl. Abbildung 2-5).[124]

Abbildung 2-5: Wirkbereich der Fabrikplanung in Unternehmen [125]

Im Folgenden werden die Anlässe der Fabrikplanung sowie deren Ziele und Grundfälle erläutert.

Anlässe, Grundfälle und Ziele der Fabrikplanung

Der Bedarf zur Initiierung von Fabrikplanungsprojekten entsteht in der Regel dann, wenn der aktuelle IST-Zustand der Fabrik von dem angestrebten SOLL-Zustand auf Basis der Unternehmensstrategie abweicht.[126] Diese Zustandsabweichung kann durch interne Veränderungen in der Fabrik, wie beispielsweise produktionsorganisatorischen Änderungen, die Erneuerung veralteter Fabrikausstattung oder die Verfügbarkeit neuer Produktionstechnologien, verursacht werden. Auch strategische Entscheidungen des Unternehmens wie die Unternehmenserweiterung, die Standortschlie-

[122] vgl. Götze, U. (1993) Szenario-Technik, S. 12.
[123] vgl. Bergholz, M. (2006) Objektorientierte Fabrikplanung, S. 25; Götze, U. (1993) Szenario-Technik, S. 12.
[124] vgl. Aggteleky, B. (1987) Fabrikplanung, S. 29; Hernández Morales, R. (2003) Systematik der Wandlungsfähigkeit, S. 13.
[125] i.A.a. Hernández Morales, R. (2003) Systematik der Wandlungsfähigkeit, S. 13.
[126] vgl. REFA (1985) Planung und Steuerung, S. 152 f.

ßung oder Produktportfolioänderungen können der Auslöser für Fabrikplanungsprojekte sein. [127] Darüber hinaus können auch externe Faktoren wie Veränderungen der Markt- und Wettbewerbssituation, neue gesetzliche Vorgaben, global politische Einflüsse, abweichende Kundenwünsche oder steigende Produktanforderungen den Bedarf für Fabrikplanungsprojekte hervorrufen.[128] Fabrikplanungsprojekte unterscheiden sich neben dem Planungsanlass deutlich in Bezug auf Art und Umfang des Projekts. Grundig unterscheidet fünf Grundfälle, die sich hinsichtlich Aufgabencharakter, Problemumfang, Schwierigkeitsgrad, Lösungskonzepte und Freiräume sowie Planungsinhalte unterscheiden (vgl. Abbildung 2-6). Sogenannte Greenfield-Projekte beschreiben die Planung und Umsetzung eines neuen Fabriksystems auf der „grünen Wiese“. [129] Im Gegensatz dazu stehen Brownfield-Projekte, die sich auf die Umplanung und Umgestaltung bestehender Fabriken konzentrieren.[130] Aufgrund bestehender Strukturen und Restriktionen liegt bei diesen Projekten allerdings ein geringerer Lösungsraum für die Planer vor. [131] Unterschieden wird bei diesem in der Praxis häufiger auftretenden Planungsfall von bestehenden Fabriken zwischen der Um- und Neugestaltung, der Erweiterung, dem Rückbau oder der Revitalisierung.[132] Laut Burggräf erfordern die sich immer schneller ändernden internen und externen Einflussfaktoren eine konsequente Adaption der Planungsaufgaben. Dies erschwert in der Praxis die Einordung von Projekten in Planungsgrundfälle, so dass die Aufgabenstellung oftmals eine Kombination mehrerer Planungsfälle einschließt.[133]

[127] vgl. Baumeister, M. (2003) Fabrikplanung im turbulenten Umfeld, S. 55; vgl. Burggräf, P. (2013) Wertorientierte Fabrikplanung, S. 23.

[128] vgl. Baumeister, M. (2003) Fabrikplanung im turbulenten Umfeld, S. 55; vgl. Burggräf, P. (2013) Wertorientierte Fabrikplanung, S. 24 f.; vgl. VDI - Gesellschaft für Produktionstechnik (2009) VDI 5200, S. 4 f.

[129] vgl. Grundig, C.-G. (2015) Fabrikplanung, S. 18 f.

[130] vgl. Burggräf, P. et al. (2021) Fabrikplanung, S. 4.

[131] vgl. Grundig, C.-G. (2015) Fabrikplanung S. 18 f.

[132] vgl. REFA - Verband für Arbeitsstudien und Betriebsorganisation (1985) Planung und Steuerung, S. 149; Grundig, C.-G. (2015) Fabrikplanung S. 18 f.

[133] vgl. Burggräf, P. (2013) Wertorientierte Fabrikplanung, S. 15.

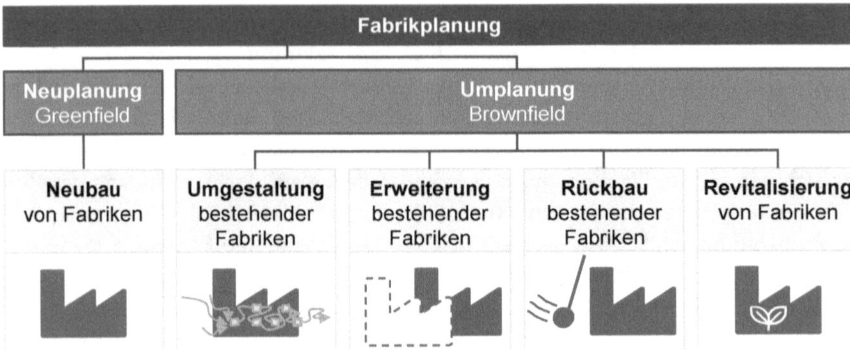

Abbildung 2-6: Grundfälle der Fabrikplanung [134]

Fabrikplanungsprojekte verfolgen in Analogie zu anderen Projekten die Erreichung von Zielen. In der Literatur werden verschiedene Ziele beschrieben, an denen sich die Fabrikplanung orientiert. Eines der Hauptziele ist die Wirtschaftlichkeit, die zur Wettbewerbsfähigkeit des Unternehmens beiträgt. Die Ziele werden aus der Unternehmensstrategie und den Randbedingungen abgeleitet. Die Systematisierung der Planungsziele erfolgt jedoch von verschiedenen Autoren auf unterschiedliche Weise. PAWELLEK strukturiert die Ziele der Fabrikplanung zeitlicher Natur durch eine kurz-, mittel- und langfristige Orientierung.[135] HERNANDEZ betrachtet die Merkmale einer zu planenden Fabrik in den vier Dimensionen Wirtschaftlichkeit, Attraktivität, Flexibilität und Wandlungsfähigkeit.[136] Der VDI greift diesen Ansatz ähnlich auf, indem er die Ziele für die Fabrik und deren Planung formuliert: Flexibilität und Wandlungsfähigkeit, Produkt- und Prozessqualität, Planungsgeschwindigkeit, Wirtschaftlichkeit, Mitarbeiterorientierung, Nachhaltigkeit sowie Transparenz.[137] Es ist darüber hinaus zu erkennen, dass Fabrikplanungsprojekte im klassischen Zieldreieck aus Kosten, Zeit und Qualität zu verorten sind. [138] BURGGRÄF verwendet eine lebenszyklus- und zahlungsstromorientierte Zielbeschreibung für die Fabrikplanung als Ergebnis eines wertorientierten Ansatzes. [139] Das übergeordnete Ziel besteht darin, den Nutzen durch die Beeinflussung der positiven und negativen Zahlungsströme im Fabriklebenszyklus zu maximieren (vgl. Abbildung 2-7). Zur Erreichung dieses Ziels wurden vier Teilziele

[134] i.A.a. Grundig, C.-G. (2015) Fabrikplanung, S. 18 f.

[135] vgl. Pawellek, G. (2014) Ganzheitliche Fabrikplanung, S. 10.

[136] vgl. Hernández Morales, R. (2003) Systematik der Wandlungsfähigkeit, S. 14.

[137] vgl. VDI - Gesellschaft für Produktionstechnik (2009) VDI 5200, S. 5.

[138] vgl. VDI - Gesellschaft für Produktionstechnik (2009) VDI 5200, S. 10.

[139] vgl. Burggräf, P. (2013) Wertorientierte Fabrikplanung, S. 135.

formuliert: Maximierung der Anlaufgeschwindigkeit und Minimierung der Investitionskosten zur Verringerung der negativen Zahlungsströme sowie die Maximierung der Produktivität und Anpassungsfähigkeit zur Erhöhung der positiven Zahlungsströme.[140] Aufgrund der gegenseitigen Beeinflussung der vier Größen, ist eine integrierte Betrachtung allerdings erforderlich.[141]

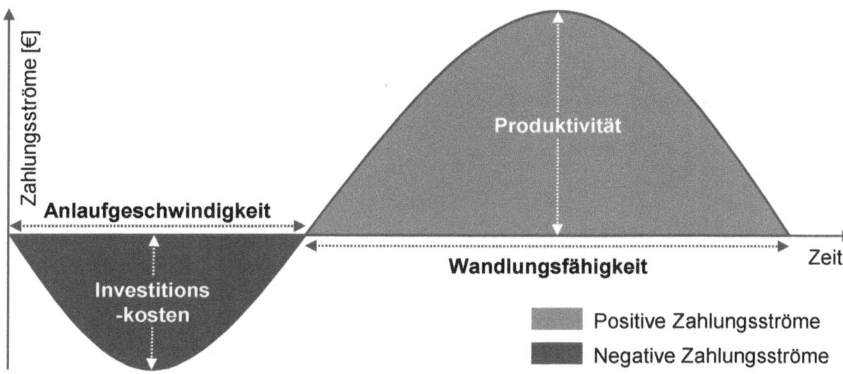

Abbildung 2-7: Nutzenpotentiale der Fabrikplanung[142]

2.2.2 Die Fabrik als Planungsobjekt

Die Definition der VDI RICHTLINIE 5200 versteht die Fabrik als einen „Ort, an dem Wertschöpfung durch arbeitsteilige Produktion industrieller Güter unter Einsatz von Produktionsfaktoren stattfindet“[143]. Als zentraler Ort in der Wertschöpfungskette eines produzierenden Unternehmens übernimmt die Fabrik die Tätigkeiten der Beschaffung, der Eingangs- und Ausgangslogistik sowie der Produktion. Die Produktion kann nach WESTKÄMPER als Prozesskette dargestellt werden und dient der Umwandlung von Inputs wie beispielsweise Energie, Informationen und Rohmaterial in Endprodukte, Teile und Abfälle unter Zuhilfenahme von Technik, Organisation und Personal.[144] Die Systemtheorie ermöglicht eine ganzheitliche Betrachtung aller Elemente einer Fabrik

[140] vgl. Burggräf, P. (2013) Wertorientierte Fabrikplanung, S. 100 ff.
[141] vgl. Burggräf, P. (2013) Wertorientierte Fabrikplanung, S. 136, S. 166.
[142] i.A.a. Burggräf, P. (2013) Wertorientierte Fabrikplanung, S. 101.
[143] vgl. VDI - Gesellschaft für Produktionstechnik (2009) VDI 5200, S. 3.
[144] vgl. Westkämper, E. (2006) Organisation der Produktion, S. 195 f.

und deren Beziehungen untereinander.[145] Gegebenheiten wie z.B. Fabrikbereiche oder Produktionsprozesse werden dabei als (Produktions-)System betrachtet.[146] SCHMIGALLA und SCHENK UND WIRTH beschreiben ein Produktionssystem durch die drei Größen Produktionsprozesse, Elementmengen und Strukturen.[147] BERGHOLZ entwickelt ein objektorientiertes Klassifizierungsmodell, um sämtliche (Produktions-)Elemente einer Fabrik anhand der drei Hauptdimensionen Kategorie, Funktion und hierarchische Einordnung darzustellen (vgl. Abbildung 2-8).[148]

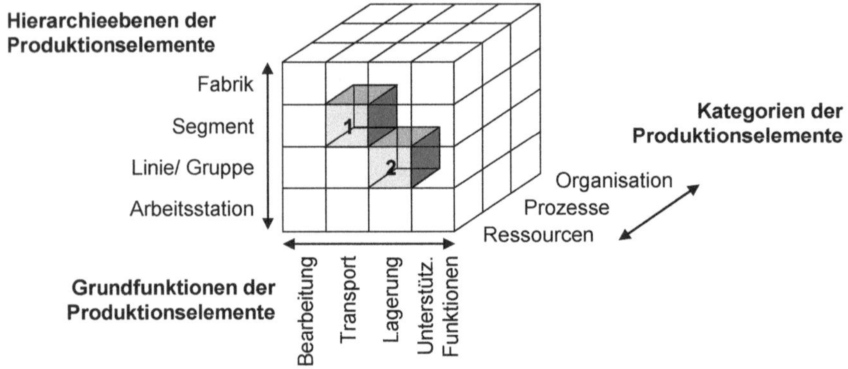

Abbildung 2-8: Klassifikationsmodell der Fabrikplanungsobjekte[149]

Die erste Dimension teilt die Produktionselemente der Fabrik in Ressourcen, Prozesse und Organisation ein (strukturelle Gliederung). Die zweite Dimension unterteilt die Objekte aufgrund ihrer Funktion im Produktionssystem in Verarbeitung, Transport, Lagerung und Unterstützung (funktionale Gliederung). In der dritten Dimension findet die Abbildung der Fabrikstruktur durch verschiedene Produktionsebenen statt. Differenziert wird zwischen den vier Produktionsebenen: Arbeitsplatz und Station, Linie oder Gruppe. Bereich oder Segment sowie Fabrik.[150] Grundsätzlich beschreibt Systemabbildung und Klassifizierung von BERGHOLZ Fabriken sinnvoll. Für ausführlichere

[145] vgl. Schenk, M. (2014) Fabrikplanung und Fabrikbetrieb, S. 121; vgl. Schmigalla, H. (1995) Fabrikplanung, S. 81 f.

[146] vgl. Pawellek, G. (2014) Ganzheitliche Fabrikplanung; S. 28 f.

[147] vgl. Schenk, M. (2014) Fabrikplanung und Fabrikbetrieb, S. 121; vgl. Schmigalla, H. (1995) Fabrikplanung, S. 81 f.

[148] vgl. Bergholz, M. (2006) Objektorientierte Fabrikplanung, S. 123 f.

[149] i.A.a. Bergholz, M. (2006) Objektorientierte Fabrikplanung, S. 139.

[150] vgl. Bergholz, M. (2006) Objektorientierte Fabrikplanung, S. 128 f.

Detaillierungen sei an dieser Stelle auf die Arbeiten von BERGHOLZ und BURGGRÄF verwiesen.[151] HERNANDEZ MORALES betrachtet die Fabrik als sozio-technisches System mit besonderem Fokus auf die Komplexität. Basierend auf dem systemtheoretischen Gedanken von ULRICH charakterisiert er Fabriksysteme anhand von acht Merkmalen. Dazu zählen die Ganzheit und Teile, Vernetztheit, Offenheit, Komplexität, Dynamik, Lenkbarkeit, Entwicklungsfähigkeit sowie die Zweck- und Zielorientierung. Erfolgt eine Analyse der Fabrik entlang dieser Merkmale offenbart sich die Komplexität eines Fabriksystems.

2.2.3 Der Mensch als Planungssubjekt

Um Fabrikplanungsprojekte erfolgreich durchzuführen, stellt der Mensch eine wichtige Ressource dar.[152] Um die Planungsaufgaben zu bewältigen und den Projekterfolg sicherzustellen ist die Integration einer hohen Anzahl an Planungsbeteiligten verschiedenster Disziplinen erforderlich. Laut FELIX können mehr als 100 verschiedene Fachrichtungen involviert sein. [153] Eine Schlüsselaufgabe besteht in der Aufstellung und Koordination der interdisziplinären Teams. Um die involvierten Subjekte der Planung zu beschreiben existieren unterschiedliche Perspektiven: der Planer als Individuum, das Planungsteam und die Anspruchsgruppen aus dem Umfeld.[154]

Der Begriff des Fabrikplaners erfährt weder in der Praxis noch der Wissenschaft eine klare Definition. Aufgrund der Komplexität und Vielfältigkeit der interdisziplinären Teams, ist allerdings ein umfassendes Kompetenzprofil als Fabrikplaner erforderlich.[155] AGGTELEKY sieht die Hauptaufgabe eines Fabrikplaners in der Durchführung und Koordination von Planungsaktivitäten, was im Wesentlichen der Rolle eines Projektleiters entspricht.[156] Um eine inhaltliche Koordination Spezialisten-basierter Planungsteams sicherzustellen und eine effektive Entscheidungsfähigkeit zu gewährleisten, benötigt ein Fabrikplaner neben Erfahrungswissen auch Kompetenzen im Projektmanagement sowie Grundlagenwissen in sämtlichen Gewerken (z.B. Technologie-, Kapazitäts-, Layout-, Gebäude-, Logistik-, Fertigungsmittelplanung etc.). Aus diesem bezeichnet LANDWEHR Fabrikplaner auch als Generalplaner.[157] Der Fabrikplaner verfügt

---

[151] vgl. Bergholz, M. (2006) Objektorientierte Fabrikplanung; Burggräf, P. (2013) Wertorientierte Fabrikplanung.

[152] vgl. Burggräf, P. (2013) Wertorientierte Fabrikplanung S. 32.

[153] vgl. Felix, H. (1998) Unternehmens- und Fabrikplanung S. 789 f.

[154] vgl. Meckelnborg, A. (2015) Integrative Fabrikplanung, S. 23.

[155] vgl. Landwehr, R. (2007) Berufsbild Fabrikplaner, S. 175.

[156] vgl. Aggteleky, B. (1987) Fabrikplanung, S. 70 f.

[157] vgl. Landwehr, R. (2007) Berufsbild Fabrikplaner, S. 176.

über kein klar definiertes Berufsbild mit einem Ausbildungskonzept. Erforderliche Fähigkeiten fußen auf einer technischen Grundausbildung mit Produktionsbezug sowie projektbasierten Erfahrungen.[158] Neben dem technischen Grundwissen sind soziale Kompetenzen von Bedeutung um eine Führungsrolle einzunehmen, Konflikte zu vermeiden oder aufzulösen, das Team zu motivieren und Entscheidungen durchzusetzen.[159] Laut BURGGRÄF sind außerdem unternehmerische Kompetenzen erforderlich, um im Planungsverlauf Entscheidungen unternehmerisch sinnvoll treffen zu können.[160] Für den Projekterfolg spielt zudem die Motivation jedes einzelnen Planers eine signifikante Rolle. Die Motivation wird durch die Bereitschaft ausgedrückt, Wissen und Fähigkeiten einzubringen.[161] Der Fabrikplaner bedarf einer notwendigen Legitimation, um über ausreichenden Handlungs- und Entscheidungsspielraum sowie Ressourcen in Bezug auf Zeit und Budget zu verfügen.[162]

Das Planungsteam setzt sich aus Spezialisten unterschiedlichster Fachdisziplinen zusammen. Unter diesen Umständen ist eine teamorientierte Zusammenarbeit unerlässlich, um die Planung effizient und effektiv zu gestalten.[163] In der Praxis bewährt sich die Differenzierung zwischen einem Kernteam und einem erweiterten Team.[164] Das Kernteam setzt sich aus einem kleinen Personenkreis zusammen, der unter anderem aus dem Fabrikplaner als Projektleiter, Architekten, Bauingenieuren, Produktions- und Logistikplanern sowie Betriebswirten besteht. Dieses Team führt Erkenntnisse und Ergebnisse zusammen und koordiniert Planungsaktivitäten.[165] Das erweiterte Planungsteam ergänzt die Kompetenzen des Kernteams durch die Konzentration auf bestimme Planungsaufgaben und -themen.[166] Die Teammitglieder werden bedarfsweise hinzugezogen und kehren nach Abschluss der Planungsaufgabe zu ihren ursprünglichen Funktionen zurück.[167] Sowohl interne als auch externe Planer können Teil des erweiterten Teams sein. Die Heterogenität im Planungsteam kann dazu führen, dass Ziele und Gesamtzusammenhänge aus den Augen verloren werden. Aus diesem Grund sind nach WIENDAHL Regeln erforderlich, die die Zusammenarbeit im Team regeln.

[158] vgl. Aggteleky, B. (1987) Fabrikplanung S. 74; vgl. Dannapfel, M. (2019) Systematisches Management-Modell, S. 21; vgl. Landwehr, R. (2007) Berufsbild Fabrikplaner, S. 175 f.

[159] vgl. Aggteleky, B. (1987) Fabrikplanung S. 71.

[160] vgl. Burggräf, P. (2013) Wertorientierte Fabrikplanung.

[161] vgl. Burggräf, P. (2013) Wertorientierte Fabrikplanung, S. 32 f.

[162] vgl. Burggräf, P. (2013) Wertorientierte Fabrikplanung, S. 32 f.

[163] vgl. Grundig, C.-G. (2015) Fabrikplanung, S. 20.

[164] vgl. Brecher, C. (2011) Integrative Produktionstechnik, S. 334.

[165] vgl. Pawellek, G. (2014) Ganzheitliche Fabrikplanung. S. 77.

[166] vgl. Meckelnborg, A. (2015) Integrative Fabrikplanung, S. 23.

[167] vgl. Aggteleky, B. (1987) Fabrikplanung, S. 83.

Hierzu gehören Verhaltensregeln, methodische Regeln, Vorgehens- und Dokumentationsregeln sowie das Bewusstsein zur Übernahme von Verantwortung in eigenen Bereichen.[168]

Betrachtet man das Projektumfeld existieren neben dem Planungsteam verschiedene Anspruchsgruppen, auch Stakeholder genannt, die direkt oder indirekt mit dem Projekt in Verbindung stehen und Einfluss darauf ausüben (vgl. Abbildung 2-9).[169]

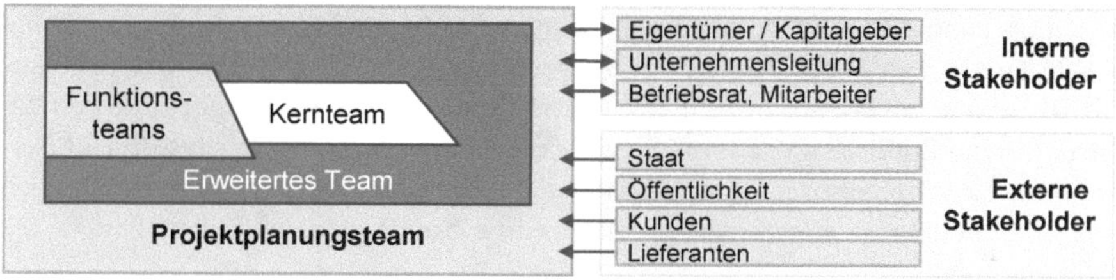

Abbildung 2-9: Übersicht Beteiligter im Fabrikplanungsprojekt [170]

Der Begriff Stakeholder umfasst dabei interne und externe Individuen oder Gruppen, die Ansprüche und Erwartungen an das Unternehmen besitzen und somit Einfluss auf das Unternehmen generieren.[171] Interne Anspruchsgruppen sind z.B. Eigentümer, die Unternehmensleitung sowie Mitarbeiter. Externe Anspruchsgruppen sind z.B. Konkurrenten, Lieferanten, der Staat, die Öffentlichkeit oder Kunden.[172] Der Staat kann auf Bundes-, Landesebene oder kommunaler Ebene den Planungsprozess durch Steuern, Gesetze, Vorschriften und Richtlinien beeinflussen. In Abhängigkeit des Fabrikstrandorts resultiert dies in einer regionalen Varianz der Fabriken. Während Kunden insbesondere qualitativ hochwertige Produkte bei einem angemessenen Preis-Leistungs-Verhältnis fordern, erwartet die Öffentlichkeit eine umwelt- und sozialverträgliche Produktion.[173]

Im Projektumfeld sind die Auftraggeber laut BURGGRÄF die relevantesten Personen. Sie stellen das notwendige Kapital für Planung und Realisierung bereit und fungieren folglich als Risikoträger. Entsprechend ist die Kernaufgabe der Auftraggeber vor Projektbeginn Vorgaben, Erwartungen und notwendige Zielsetzung für das Planungsprojekt

[168] vgl. Wiendahl, H.-P. (2014) Betriebsorganisation für Ingenieure, S. 543 f.
[169] vgl. Hilchner, R. (2012) Typenorientiertes Lösungsraum-Management, S. 22.
[170] i.A.a. Hilchner, R. (2012) Typenorientiertes Lösungsraum-Management, S. 22.
[171] vgl. Freeman, R. (1984) Strategic Management, S. 25.
[172] vgl. Rüegg-Stürm, J. (2005) St. Galler Management-Modell, S. 28 f.
[173] vgl. Bergholz, M. (2006) Objektorientierte Fabrikplanung, S. 36.

zu definieren.[174] Die Praxis zeigt allerdings, dass Auftraggeber die Komplexität von Fabrikplanungsprojekten unterschätzen aufgrund mangelnder Vertrautheit. Die Folge ist die Formulierung unrealistischer Ziele.[175] Es besteht die Notwendigkeit den Fortschritt und den Stand der Zielerreichung im regelmäßigen Austausch der Planer und Auftraggeber mitzuteilen. Bei vorliegender Diskrepanz des Ist- zum Soll-Zustand sind gegensteuernde Maßnahmen zu definieren und einzuleiten.[176] Gegenüber eigenen Mitarbeitern ist eine transparente Informationspolitik und Kommunikation über den Planungsstand erforderlich, da aus der Planung resultierende Veränderungen oftmals die Mitarbeiter am Standort betreffen. Außerdem steigert dies die Akzeptanz hinsichtlich künftiger Veränderungen.[177] Die offene Kommunikation ermöglicht zudem das strukturierte Einfließen von implizitem Detailwissen der Mitarbeiter ins Projekt. Neben den internen Anspruchsgruppen sind auch externe Anspruchsgruppen außerhalb der Unternehmensgrenzen (z.B. Anwohner und Kommunen) in frühen Phasen der Planung einzubinden.

2.2.4 Vorgehen und Methoden in der Fabrikplanung

In der Literatur werden klassische Ansätze der Fabrikplanung in Form von phasenorientierten Fabrikplanungsansätzen beschrieben. Der Problemlösungsablauf wird durch die einzelnen Planungsphasen systematisierst. Durch diese werden definierte Planungsinhalte inhaltlich-methodisch abgegrenzt und logisch strukturiert. Im Planungsverlauf werden die Planungsphasen zeitlich sequentiell durchlaufen, um die Fabrik vom Groben ins Feine zu detaillieren.[178] Die Anzahl zu verwendender Planungsphasen, die Benennung und Reihenfolge unterscheidet sich von Autor zu Autor in der Theorie. Abbildung 2-10 fasst als Überblick die phasenorientierten Planungsvorgehen nach ROCKSTROH, KETTNER, REFA, AGGTELEKY, WIENDAHL, FELIX und GRUNDIG zusammen. [179]

[174] vgl. Burggräf, P. (2013) Wertorientierte Fabrikplanung, S. 35.

[175] vgl. Wiendahl, H.-P. (2014) Betriebsorganisation für Ingenieure, S. 539.

[176] vgl. Meckelnborg, A. (2015) Integrative Fabrikplanung, S. 26.

[177] vgl. Pawellek, G. (2014) Ganzheitliche Fabrikplanung, S. 133.

[178] vgl. Grundig, C.-G. (2015) Fabrikplanung, S. 37, S. 48.

[179] vgl. Rockstroh, W. (1980) Technologische Betriebsprojektierung vgl. Kettner, H. et al. (1984) Systematische Fabrikplanung; REFA (1985) Planung und Steuerung; vgl. Aggteleky, B. (1987) Fabrikplanung; vgl. Wiendahl, H.-P. (2014) Betriebsorganisation für Ingenieure; vgl. Felix, H. (1998) Unternehmens- und Fabrikplanung; vgl. Grundig, C.-G. (2015) Fabrikplanung.

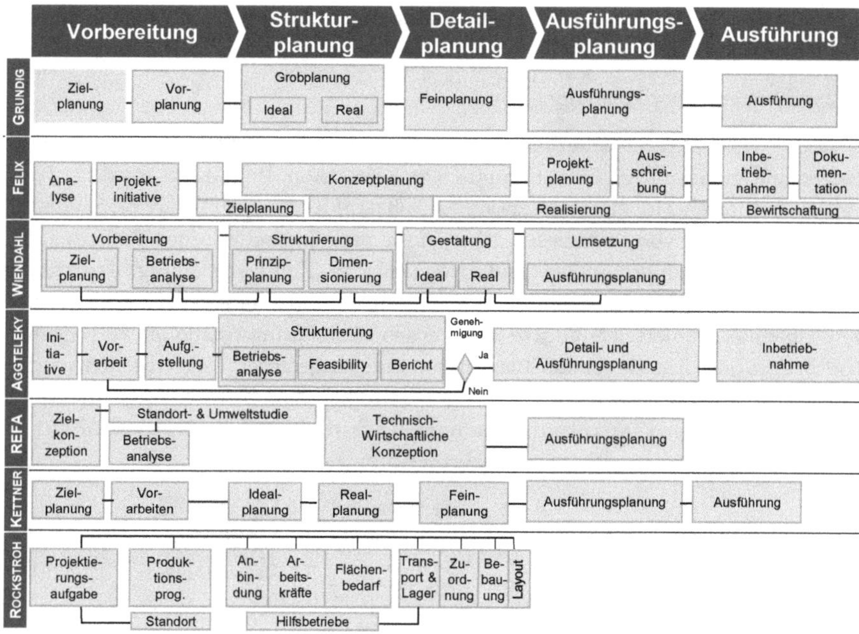

Abbildung 2-10: Phasenübersicht klassischer Fabrikplanungsvorgehen [180]

Gemein ist den Ansätzen das Durchlaufen der fünf übergreifenden Hauptphasen: Vorbereitung, Strukturplanung, Detailplanung, Ausführungsplanung und Ausführung.[181] Die Festlegung der Planungsprämissen und Projektziele zu Projektbeginn bildet die Grundlage der Ansätze. Die Ansätze basieren auf der Annahme, dass eine stabile Beibehaltung der Planungsprämissen über den Projektverlauf erfolgen kann. [182] Aufgrund des turbulenten Umfelds werden die Ansätze allerdings zunehmend als kritisch eingestuft und vermehrt in Frage gestellt. [183] Die kontinuierliche Veränderung von Planungsprämissen fordert die kontinuierliche Adaption der Planung, weshalb die Phasenorientierung nur eine bedingte Eignung aufweist. [184] Die Adressierung der Anforderungen in der Praxis erfordert einen frei konfigurierbaren Planungsprozess um die

[180] i.A.a. Grundig, C.-G. (2015) Fabrikplanung, S. 38.

[181] vgl. Grundig, C.-G. (2015) Fabrikplanung, S. 38.

[182] vgl. Nöcker, J. (2012) Zustandsbasierte Fabrikplanung, S. 35 f.

[183] vgl. Schuh, G. et al. (2006) Komplexitätswissenschaft, S. 167, vgl. Schuh, G. et al. (2009) Frei konfigurierbare Planungsprozesse, S. 193.

[184] vgl. Hernández Morales, R. (2003) Systematik der Wandlungsfähigkeit, S. 33.

Planung regelmäßig an spezifische Randbedingungen und aktuelle Entscheidungssituationen anzupassen. [185]

Zustandsbasierte Fabrikplanung

NÖCKER[186] entwickelt in seiner Arbeit ein zustandsbasiertes Planungsvorgehen um die steigende Komplexität im Planungsumfeld zu adressieren. Der Ansatz basiert auf dem objektorientierten Modellierungsansatz nach BERGHOLZ [187]. Der Ansatz beinhaltet die Zusammenfassung von Planungsaufgaben in thematisch geschlossenen Einheiten, den sogenannten Planungsmodulen (z.B. Layoutplanung, Prozessplanung, Logistikplanung). Die Planungsmodule sind über definierte Schnittstellen miteinander verbunden. Über die definierten Schnittstellen werden Planungsinformationen als Eingangs- und Ausgangsinformationen der Planungsmodule ausgetauscht. Als Gegenentwurf zu einem klassischen Phasenmodell sind die Planungsmodule in einer projektneutralen Modullandkarte der Fabrikplanung zusammengefasst. Abbildung 2-11 visualisiert das Grundprinzip der zustandsbasierten Fabrikplanung.

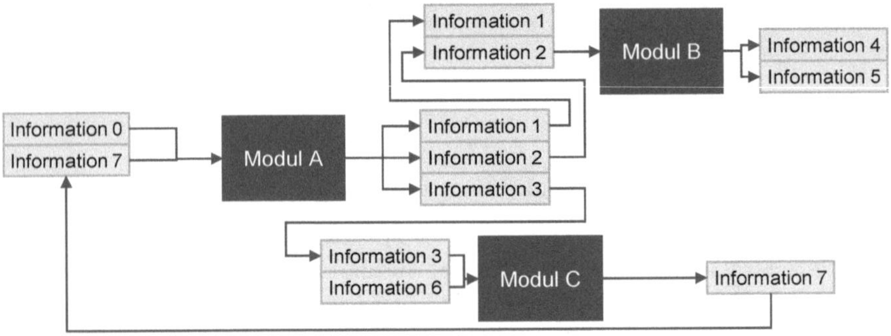

Abbildung 2-11: Grundprinzip der zustandsbasierten Fabrikplanung [188]

Die Planungsmodule verfügen über gewisse Eingangsinformationen, die zur Durchführung einer Planungsaufgabe erforderlich sind. Die Eingangsinformationen werden innerhalb des Moduls in Ausgangsinformationen umgewandelt, welche wiederum als Eingangsinformationen für andere Module fungieren können. [189] Die projektneutrale

[185] vgl. Schuh, G. et al. (2009) Frei konfigurierbare Planungsprozesse, S 193 f.
[186] vgl. Nöcker, J. (2012) Zustandsbasierte Fabrikplanung.
[187] vgl. Bergholz, M. (2006) Objektorientierte Fabrikplanung.
[188] i.A.a. Nöcker, J. (2012) Zustandsbasierte Fabrikplanung, S. 136.
[189] vgl. Nöcker, J. (2012) Zustandsbasierte Fabrikplanung S. 134 f.

Modullandkarte erlaubt eine projektspezifische Konfigurierung des Planungsvorgehens in Abhängigkeit des Projektumfangs und Projektziels. Hierzu werden notwendige Planungsmodule ausgewählt. Zudem kann die Adaption des Detaillierungsgrads je Modul in direktem Bezug zu den Projektanforderungen erfolgen und die Projektkonfiguration sowie Planungsinhalte können stetig angepasst werden. Im Verlaufe des Planungsprozesses erfolgt die Konkretisierung von Planungsinformationen, welche zu Beginn lediglich als unscharfe Planungsinformationen mit geringem Informationsgehalt vorlagen. Das Planungsvorgehen verfolgt das Ziel, die Planungszeit durch Parallelisierung der Planungsaufgaben zu minimieren bei gleichzeitiger Erfassung vorhandener Wirkbeziehungen.[190]

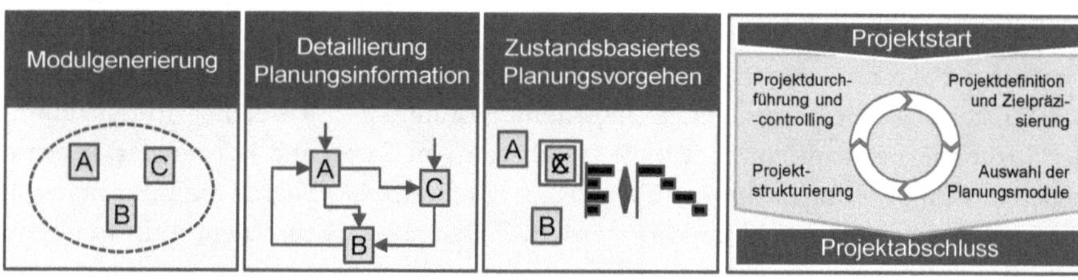

Abbildung 2-12: Konzept und Vorgehen der zustandsbasierten Fabrikplanung [191]

In der aktuellen Fassung umfasst die Modullandkarte 34 Planungsmodule, verteilt auf die Bereiche der Produktions- und Industriebauplanung, Strategieplanung und dem Projektmanagement. Zur Vernetzung der Module dienen 263 unterschiedliche interne und externe Planungsinformationen, welche über in Summe 397 Verbindungen miteinander verknüpft sind.[192] Die weitreichende Vernetzung verdeutlicht an dieser Stelle erneut die Komplexität von Fabrikplanungsprojekten.

KRUNKE detailliert und ergänzt das zustandsbasierte Fabrikplanungsvorgehen durch das Reifegradmodell der Fabrikplanung in seiner Arbeit. Dabei wird die iterative Konkretisierung von Planungsinformationen thematisiert. In Anlehnung an das Gateway Management wird der Planungsprozess durch Reifephasen und Reifestufen strukturiert. Bei dem zustandsbasierten Planungsvorgehen kann dadurch der Reifegrad jeder Planungsinformation zu jedem Zeitpunkt der Planung ermittelt werden. Die Bestimmung des Reifegrads einzelner Planungsinformationen erfolgt durch die Verwendung

[190] vgl. Nöcker, J. (2012) Zustandsbasierte Fabrikplanung, S. 140.
[191] i.A.a. Nöcker, J. (2012) Zustandsbasierte Fabrikplanung, S. 142 f.
[192] vgl. Burggräf, P. et al. (2021) Aachener Modullandkarte; Aktuelle Modullandkarte anzufragen beim Oberingenieur der Abteilung Fabrikplanung am WZL der RWTH Aachen University.

von Reifeindikatoren, welche durch Planungsattribute, sowie deren Änderungswahrscheinlichkeit und Änderungsbreite beschrieben werden. Nach KRUNKE durchlaufen im Planungsprozess die Planungsinformationen verschiedene Reifestufen eines informatorischen Referenzprozesses.[193]

2.2.5 Herausforderungen der Fabrikplanung

Heute dominiert ein weitestgehend dynamisches Umfeld produzierende Unternehmen.[194] Die Dynamik spiegelt sich in stetig verändernden Herausforderungen wider. Die Unternehmen müssen diesen begegnen, um die Wettbewerbsfähigkeit aufrecht zu erhalten oder auszubauen. Aufgrund des Zusammenwirkens globaler Veränderungen und der daraus resultierenden Verstärkung sich überlagernder und gegenseitig beeinflussender Faktoren, sprechen zahlreiche Experten aus Wissenschaft und Praxis von der Entstehung eines turbulenten Unternehmensumfeldes.[195] Der Begriff entstammt der Strömungsmechanik und stellt die Instabilität von Gasen und Fluiden dar. In Analogie zum Unternehmenskontext übertragen, beschreibt der Begriff die Intensität von Einflüssen, die vom Umfeld initiiert werden.[196] Das Adjektiv turbulent steht synonym für wirtschaftliche, technische, gesellschaftliche und politische Ereignisse, deren Auswirkungen auf das Unternehmen dynamisch und unvorhersehbar sind.[197]

Die fortschreitende Globalisierung führt zu einer steigenden Vernetzung wirtschaftlicher Beziehungen.[198] Der Markt weist neue Wettbewerber auf, welche den Wettbewerbsdruck z.B. in Bezug auf Zeit- und Kostenfaktoren stark beeinflussen.[199] Der Rückgang von Transaktionsbarrieren und -kosten z.B. aufgrund geografischer Entfernung, Kosten der Informationsgewinnung oder Zölle begünstigt das Zusammenspiel von Marktpartnern.[200] Die hohe Gütermobilität und Verbreitung von Informations- und Kommunikationstechnologien begünstigte den Wandel vom Verkäufer- zum Käufermarkt.[201] Der Kunde verfügt die Möglichkeit und Macht bei Unzufriedenheit auf alternative Anbieter auszuweichen, was sich wiederum auf den Zeit- und Kostendruck

[193] vgl. Krunke, M. (2017) Reifegradmanagement, 101 ff.
[194] vgl. Pawellek, G. (2014) Ganzheitliche Fabrikplanung, S. 2.
[195] vgl. Nyhuis, P. (2010) Wandlungsfähige Produktionssysteme, S. 21; vgl. Wiendahl, H.-P. et al. (2002) Planung wandlungsfähiger Fabriken, S. 2.
[196] vgl. Hernández Morales, R. (2003) Systematik der Wandlungsfähigkeit, S. 3.
[197] vgl. Hernández Morales, R. (2003) Systematik der Wandlungsfähigkeit, S. 3.
[198] vgl. Wiendahl, H.-P. et al. (2005) Planung modularer Fabriken, S. 10.
[199] vgl. Brecher, C. (2011) Integrative Produktionstechnik, S. 1.
[200] vgl. Blum, U. (2001) Entrepreneurship und Unternehmertum, S. 173.
[201] vgl. Schömann, S. (2012) Produktentwicklung Automobilindustrie, S. 101; vgl. Lindemann, U. (2016) Handbuch Produktentwicklung, S. 111.

von Unternehmen auswirkt.[202] Um Kundenansprüchen gerecht zu werden, sehen sich Unternehmen zunehmend verpflichtet individuellen Kundenwünschen zu begegnen, wodurch wiederum die Produktvariantenvielfalt steigt.[203] Die Beschleunigung von technologischen Entwicklungen beschleunigt zeitgleich Innovationszyklen für Materialien, Produkte, Prozesse und Technologien.[204] Der Stand der Technik aktualisiert sich entsprechend kurzzyklischer, mit resultierenden Auswirkungen auf die Produktion und der Herausforderung wettbewerbsfähige Technologien korrekt auszuwählen.[205] Zunehmende gesellschaftlich-politische Ansprüche an gesteigerte Energie- und Ressourceneffizienz durch die globale Verknappung an Ressourcen sowie den Klimawandel erfordern Nachhaltigkeit und verstärken die Bedeutung des Unternehmensimage zur Überzeugung von Kunden.[206] Das Beherrschen der Turbulenzen ist essentiell für die Überlebens- und Wettbewerbsfähigkeit und dementsprechend als eine der Hauptaufgaben produzierender Unternehmen anzusehen.

Die auszugsweise dargestellten Herausforderungen von Unternehmen, erzeugt durch ein turbulentes Umfeld, resultieren in Anforderungen an die Fabrik und die Fabrikplanung als Teil der Unternehmensplanung. Der unvorhersehbare, schnelle Wandel im Unternehmensumfeld beeinflusst die Fabrik auf verschiedenen Ebenen mit Auswirkungen auf den gesamten Handlungsprozess und die räumliche sowie organisatorische Gestalt der Produktion.[207]

Resultierende Anforderungen an die Fabrik und Fabrikplanung

Früher wurde die Fabrikplanung als Einmalaufgabe angesehen, die nur alle paar Jahre durchgeführt wurde. Seit einigen Jahren wird diese jedoch als kontinuierlicher Prozess verstanden.[208] Durch die erhöhte Frequenz der Durchführung von Fabrikplanungspro-

[202] vgl. Dombrowski, U. et al. (2007) Fabrikbetrieb, S. 839.

[203] vgl. Palluck, M. (2011) Unternehmenszielorientierte Fabrikplanung, S. 14 f.

[204] vgl. Schenk, M. (2014) Fabrikplanung und Fabrikbetrieb, S. 15; Wiendahl, H.-P. (2014) Handbuch Fabrikplanung, S. 10; Schuh, G. et al. (2006) Komplexitätswissenschaft, S. 167; Reger, G. (1997) Innovationsprozesse, S. 6.

[205] vgl. Feldhusen, J. et al. (2008) Product Lifecycle Management, S. 1 f.; Schuh, G. et al. (2007) High Resolution Production, S. 96.

[206] vgl. Westkämper, E. et al. (2016) Strategien der Produktion, S. 52 f.

[207] vgl. Nyhuis, P. (2010) Wandlungsfähige Produktionssysteme, S. 23.

[208] vgl. Bergholz, M. (2006) Objektorientierte Fabrikplanung, S. 41.

jekten, wird dem Planungsvorgehen als zentraler Erfolgsfaktor eine erhöhte Bedeutung zugeschrieben.[209] Der Zeit- und Kostendruck projiziert sich von der Unternehmensebene auf die Fabrikplanung.[210] Besonders in Bezug auf den Standort Deutschland besitzen globale Wettbewerber oftmals die Fähigkeiten kostengünstiger zu produzieren. Die Planung einer Fabrik beansprucht laut BERGHOLZ bereits 10-15 % der Investitionssumme, wodurch der Kostendruck bei Fabrikplanungsvorhaben erhöht wird.[211] Um dem Zeitdruck gerecht zu werden, ist die Time-to-Market im globalen Wettbewerb erfolgsentscheidend, welche durch die Fabrikplanung stark beeinflusst wird.[212] Die Dynamik im Umfeld führt zur Veränderung der Planungsprämissen (z.B. Stückzahlen, Fertigungstiefe), was hochfrequente Änderungen im Projektverlauf zur Folge hat. Es werden nicht zuletzt bereits erzielte Planungsergebnisse in Frage gestellt und Planungsaufgaben wiederholt durchgeführt. Ein kontinuierliches Arbeiten unter Unsicherheit mit unscharfen Daten für die Fabrikplanung sind die Folge.[213] Die zunehmenden Anforderungen an die Fabrik erfordern die zunehmende Integration von Experten verschiedenster Fachrichtung. Die zunehmende Interdisziplinarität erschwert die Fabrikplanung durch unterschiedliche Denk- und Herangehensweisen sowie abweichende Zielvorstellungen in der Planung und Bewertung von Lösungsvarianten. Entstehende Konflikte in der Planung sind im Planungsalltag aufzulösen.[214]

Zusammengefasst ist die Fabrikplanung in einem Zieldilemma zwischen notwendiger Beschleunigung der Planungsprozesse und gestiegenem Zeitbedarf zu verorten (vgl. Abbildung 2-13).[215] Einerseits erzeugen die kürzeren Produkt- und Prozesslebenszyklen, Globalisierung und Kostendruck die Marktdynamik. Andererseits steigt der Zeitaufwand in der Planung aufgrund erhöhter Planungsaufwände, resultierend aus einer gestiegenen Planungsfrequenz, verkürzten Innovationszyklen, erhöhter Produkt- und Prozesskomplexität sowie der Forderung nach flexiblen und wandlungsfähigen Produktionen.

---

[209] vgl. Wiendahl, H.-P. (2014) Handbuch Fabrikplanung, S. 453.

[210] vgl. Grundig, C.-G. (2015) Fabrikplanung, S. 21; Wiendahl, H.-P. (2014) Handbuch Fabrikplanung, S. 452; Schenk, M. (2014) Fabrikplanung und Fabrikbetrieb, S. 18-20; Burggräf, P. (2013) Wertorientierte Fabrikplanung, S. 45.

[211] vgl. Bergholz, M. (2006) Objektorientierte Fabrikplanung, S. 32.

[212] vgl. Kinkel, S. (2009) Erfolgsfaktor Standortplanung, S. 67.

[213] vgl. Nöcker, J. (2012) Zustandsbasierte Fabrikplanung, S. 10.

[214] vgl. Meckelnborg, A. (2015) Integrative Fabrikplanung, S. 5.

[215] vgl. Meckelnborg, A. (2015) Integrative Fabrikplanung, S. 5.

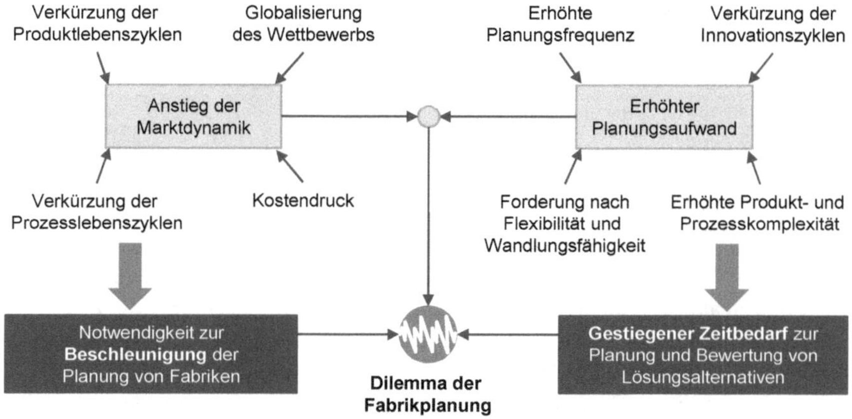

Abbildung 2-13: Dilemma der Fabrikplanung [216]

Zielkonflikt der Wandlungsfähigkeit

Der steigenden Unzuverlässigkeit in Bezug auf Prognosen zur Änderung von Anforderungen mit zunehmendem Zeithorizont steht der lange Planungshorizont von Fabrikplanungsprojekten gegenüber. [217] Abbildung 2-14 visualisiert die typische Nutzungsdauer unterschiedlicher Elemente einer Fabrik, wobei besonders die Standortwahl und Gestaltung des Fabrikgebäudes einen Planungshorizont von mehreren Dekaden aufweisen. Werden hierbei Annahmen und langfristige oder schwer korrigierbare Entscheidungen auf Basis falscher Prognosen getroffen, führt dies in der Praxis häufig zu Folgekosten. [218] Diese treten allerdings erst spät nach Abschluss der Planung und Realisierung auf. Um unsichere Anforderungen zu berücksichtigen, verfolgt die Fabrikplanung die Wandlungsfähigkeit der Fabrik als eines der Ziele. Die Wandlungsfähigkeit steht allerdings im multiplen Zielsystem im Zielkonflikt der Planung, weil die Zeit- und Kostenziele positiv wie auch negativ beeinflusst werden können. Um die Fabrik nicht als statischen Betriebspunkt in der Planung zu betrachten, ist daher eine qualitative und quantitative Entwicklung künftiger Anforderungen zu antizipieren. [219]

---

[216] i.A.a. Hilchner, R. (2012) Typenorientiertes Lösungsraum-Management, S. 34.
[217] vgl. Grundig, C.-G. (2015) Fabrikplanung, S. 21 f.
[218] vgl. Wiendahl, H.-P. et al. (2005) Planung modularer Fabriken, S. 94.
[219] vgl. Eversheim, W. et al. (2002) Fabrik von morgen, S. 74 f.

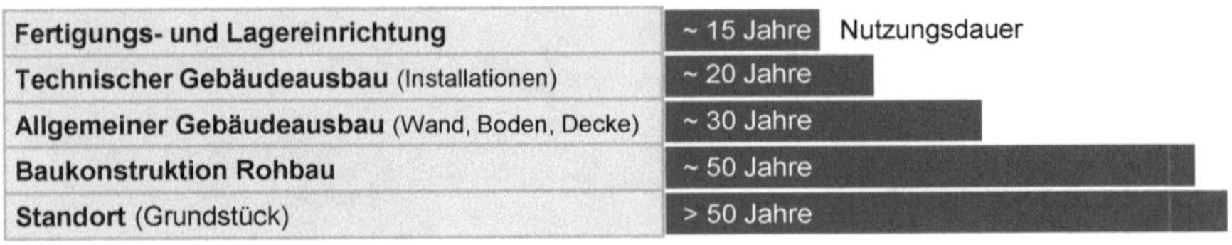

Abbildung 2-14: Nutzungsdauer von Elementen einer Fabrik [220]

Der Begriff der Wandlungsfähigkeit erfährt in der Literatur unterschiedliche Darstellungsweisen. CISEK definiert die Wandlungsfähigkeit als „Zusammensetzung aus Flexibilität und Reaktionsfähigkeit“ [221]. Abbildung 2-15 illustriert sich über die Zeit verändernde Anforderungen. Berücksichtigt man in der Planung und in Produktionssystemen implementierte Flexibilitätskorridore können Schwankungen der Anforderungen bis zu einem gewissen Grad adressiert werden. [222] Verlassen die Anforderungen allerdings den implementierten Flexibilitätskorridor, ist eine reaktive Anpassung des ursprünglichen Produktionssystems vorzunehmen um den Flexibilitätskorridor den veränderten Anforderungen anzupassen. Die Wandlungsfähigkeit fasst die Adressierung von Anforderungen über einen längeren Zeithorizont durch Flexibilität und Reaktionsfähigkeit zusammen.

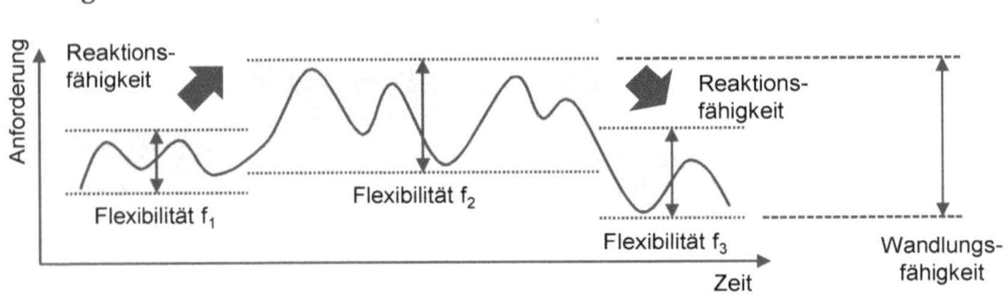

Abbildung 2-15: Anforderungserfüllung durch Flexibilität und Wandlungsfähigkeit[223]

BERGHOLZ weist in seiner Arbeit zwei grundsätzliche Strategien zur Erreichung der Wandlungsfähigkeit in der Praxis aus. Einerseits kann dies durch bewusste Überdimensionierung der Fabrik respektive Planungsobjekten erfolgen. Dies ermöglicht zu

[220] i.A.a. Wiendahl, H.-P. et al. (2005) Planung modularer Fabriken, S. 94; Pawellek, G. (2014) Ganzheitliche Fabrikplanung, S. 23.

[221] vgl. Cisek, R. et al. (2002) Wandlungsfähige Produktionssysteme, S. 441.

[222] vgl. Abele, E. et al. (2006) Measuring Flexibility, S. 435.

[223] i.A.a. Cisek, R. et al. (2002) Wandlungsfähige Produktionssysteme, S. 441.

einem späteren Zeitpunkt den verändernden Anforderungen durch eine höhere Flexibilität zu begegnen. Andererseits kann die Dimensionierung auf einen bestimmten Bezugszeitraum erfolgen, um auf sich später verändernde Anforderungen durch eine erneute Anpassung zu reagieren (vgl. Abbildung 2-16).[224] Eine geringere Flexibilität bedingt eine höhere Reaktionsfähigkeit. Demgegenüber erreicht die Überdimensionierung die gleiche Wandlungsfähigkeit durch die höhere Flexibilität bei weniger Reaktionsfähigkeit. Die Überdimensionierung erzeugt hohe Investitionsaufwände sowie Fixkosten durch Abschreibungen und Zinsen, was wiederum die Herstellkosten beeinträchtigt. Die passgenauere Auslegung („Maßschneidern") der Fabrik hingegen erzeugt initial eine günstigere Kostensituation, weist in der realen Praxis allerdings bei Betrachtung der Gesamtlebenszykluskosten einer Fabrik Diskrepanzen auf. Innerhalb des Gesamtlebenszyklus entstehen Investitionsfolgekosten und eine gesteigerte Komplexität beim Umbau, welcher oftmals mit Produktionsausfällen oder der Notwendigkeit zur Vorlaufproduktion einhergeht.[225]

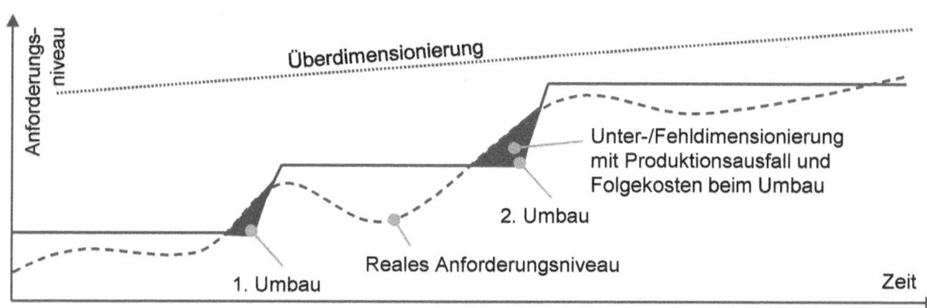

Abbildung 2-16: Möglichkeiten zur Dimensionierung der Produktion [226]

Die Bestimmung einer angemessenen Balance zwischen Überdimensionierung und passgenauer Auslegung ist stark von den zu erwartenden Kosten sowie Schwankungen der Anforderungen abhängig. Insbesondere bei niedrigeren Investitions- und Fixkosten sowie höheren Schwankungen der Anforderungen wird die Überdimensionierung zunehmend als günstigere Alternative bevorzugt.[227]

[224] vgl. Bergholz, M. (2006) Objektorientierte Fabrikplanung, S. 34.
[225] vgl. Bergholz, M. (2006) Objektorientierte Fabrikplanung, S. 35.
[226] i.A.a. Bergholz, M. (2006) Objektorientierte Fabrikplanung, S. 34.
[227] vgl. Bergholz, M. (2006) Objektorientierte Fabrikplanung, S. 34 ff.

2.2.6 Analogie zwischen Fabrikplanung und Produktentwicklung

Die Forschungsarbeiten der vergangenen Jahre verstehen die Fabrik als komplexes, langlebiges Produkt.[228] HILCHNER betrachtet in seiner Arbeit die Analogie zwischen den Bereichen der Produktentwicklung und der Fabrikplanung. Bei der Betrachtung werden als Grundlage 16 objektbezogene (Fabrik), 15 prozessbezogene (Vorgehen und Methoden) und 9 subjektbezogene (Mensch) Kriterien verwendet.[229]

Analogiebetrachtung aus der Objektperspektive

Die Untersuchungen konzentrieren sich auf den Objektbereich, die Objekte, die Prämissen sowie die Anforderungen. Sowohl die Produktentwicklung als auch die Fabrikplanung weisen bezüglich des Objektbereichs einen hohen Grad der Gegenständlichkeit, einen hohen Grad an Projektcharakter und Individualität sowie Komplexität des Planungsgegenstandes auf. Planungsergebnisse sind in beiden Bereichen irreversibler Natur, lediglich die Lebensdauer respektive der Lebenszyklus unterscheidet sich.[230] Während die durchschnittliche Lebensdauer von Produkten in der Regel weniger als 10 Jahre beträgt, weisen Fabriken eine Lebensdauer von mehreren Jahrzehnten auf (vgl. Kapitel 2.2.2).[231] Beide Bereiche verfügen über einen hohen Grad bzgl. der Anzahl an Interdependenzen und Planungsobjekten, sowie Schnittstellen, welche über die Systemgrenzen hinweggehen. Unterscheiden lassen sich beide Bereiche hinsichtlich der Wiederverwendbarkeit von Planungsergebnissen. Während sich die Produktentwicklung zahlreichen Ansätzen der Standardisierung und Modularisierung bedient, wird in der Fabrikplanung bislang nur bedingt auf Bestehendes zurückgegriffen.[232] Hinsichtlich der Prämissen weisen die Bereiche keinen Unterschied auf. Sowohl der Informationsbedarf als auch die Orientierung am Kunden bzw. Markt sind sowohl in der Produktentwicklung als auch der Fabrikplanung hoch, wohingegen die Stabilität der Planungsprämissen in beiden Bereichen gering ausfällt. Beide Bereiche weisen hohe Anforderungen zur Reduzierung von Planungszeiten und hohe Flexibilitätsanforderungen an den Planungsprozess auf. Aufgrund der Langlebigkeit von Fabrikob-

[228] vgl. Burggräf, P. et al. (2021) Fabrikplanung, S. 3; Bullinger, H.-J. et al. (2009) Handbuch Unternehmensorganisation, S. 524; Westkämper, E. (2013) Digitale Produktion, S. 164; Constantinescu, C. et al. (2010) Factory Engineering and Design, S. 1.

[229] vgl. Hilchner, R. (2012) Typenorientiertes Lösungsraum-Management, S. 77.

[230] vgl. Hilchner, R. (2012) Typenorientiertes Lösungsraum-Management., S. 77-78.

[231] vgl. Raubold, U. (2011) Lebenszyklusmanagement Automobilindustrie, S. 46; Jutta, K. (2007) Markteinführung neuer Produkte, S. 9.

[232] vgl. Göpfert, J. (1998) Modulare Produktentwicklung, S. 42 f.; Schäppi, B. (2005) Handbuch Produktentwicklung, S. 322 f. Pawellek, G. (2014) Ganzheitliche Fabrikplanung, S. 33.

jekten wird in der Fabrikplanung allerdings eine höhere Anforderung an die Wandlungsfähigkeit der Planungsergebnisse gestellt im Vergleich zur Produktentwicklung. Zusammenfassend zeigt der Vergleich, dass 13 der 16 betrachteten Kriterien übereinstimmen. Differenziert werden beide Bereiche anhand der Lebensdauer des Objekts, der Wiederverwendbarkeit von Planungsergebnissen und deren Wandlungsfähigkeit (vgl. Abbildung 2-17).

	Analogie - Objektbezogene Kriterien	PE	FP
Objektbereich	▪ Grad der Gegenständlichkeit	▲	▲
	▪ Projektcharakter	▲	▲
	▪ Individualitätsgrad der Projekte	▲	▲
	▪ Komplexität des Planungsgegenstandes	▲	▲
	▪ Lebensdauer bzw. -zyklus des Objektbereichs	▬	▲
	▪ Reversibilität der Planungsergebnisse	▼	▼
Objekte	▪ Anzahl Planungsobjekte	▲	▲
	▪ Interdependenz der Planungsobjekte	▲	▲
	▪ Anzahl Schnittstellen über Systemgrenzen hinweg	▲	▲
	▪ Grad der Wiederverwendbarkeit von Planungsergebnissen	▲	▬
Prämissen	▪ Informationsbedarf	▲	▲
	▪ Orientierung am Kunden- bzw. Marktbedarf	▲	▲
	▪ Stabilität der Planungsprämissen (Kunden- bzw. Marktanforderungen)	▼	▼
Anforderungen	▪ Anforderung zur Reduzierung von Planungszeiten	▲	▲
	▪ Flexibilitätsanforderungen an den Planungsprozess	▲	▲
	▪ Anforderungen an die Wandlungsfähigkeit der Planungsergebnisse	▬	▲

▼ gering ▬ mittel ▲ hoch (PE) Produktentwicklung (FP) Fabrikplanung

Abbildung 2-17: Analogiebetrachtung objektbezogener Kriterien [233]

Analogiebetrachtung aus der Prozessperspektive

Die prozessbezogene Betrachtung erfolgt hinsichtlich Planungsprozess, Planungszeiten und Planungskosten. Beide Bereiche weisen einen höchst sukzessiven, iterativen und vernetzten Planungsprozess auf. Das Risiko von Folgefehlern, der Planungsaufwand, die Plausibilitätsprüfungen sowie Trennung zwischen Planung und Umsetzungen werden in beiden Bereichen als hoch eingeschätzt. Einzig die langfristige Wirksamkeit respektive Irreversibilität von Planungsentscheidungen ist in der Fabrikplanung vergleichsweise höher als in der Produktentwicklung. Hinsichtlich der Relevanz

[233] i.A.a. Hilchner, R. (2012) Typenorientiertes Lösungsraum-Management, S. 79.

von Planungszeiten weisen beide Bereiche eine hohe Ausprägung auf. Der Planungshorizont und die Planungsdauer ist in der Produktentwicklung mit ca. einem Jahr jedoch geringer als die zwei- bis dreijährige Planungsdauer in der Fabrikplanung. Beide Bereiche weisen eine hohe Relevanz von Planungskosten auf. Die Kapitalbindung in der Planung und die Planungskosten im Vergleich zu den Gesamtkosten sind allerding gering. Unterscheiden lassen sich beide Bereiche in den Investitionskosten, begründet durch das höhere Niveau an Investitionskosten in der Fabrikplanung. Zusammenfassend sind 11 der 15 betrachteten Aspekte vergleichbar. Abweichungen sind vorwiegend im Bereich der Planungszeiten und den Investitionskosten festzustellen (vgl. Abbildung 2-18).

	Analogie - Prozessbezogene Kriterien	PE	FP
Planungsprozess	▪ Sukzessivität während des Planungsprozesses	▲	▲
	▪ Iterativität des Planungsprozesses	▲	▲
	▪ Vernetzungsgrad des Planungsprozesses	▲	▲
	▪ Langfristige Wirksamkeit / Irreversibilität von Planungsentscheidungen	■	▲
	▪ Risiko von Folgefehlern im Planungsprozess	▲	▲
	▪ Planungsaufwand	▲	▲
	▪ Plausibilitätsprüfung durch Simulation / Visualisierung	▲	▲
	▪ Trennung zwischen Planung und Umsetzung	▲	▲
Planungszeiten	▪ Relevanz von Planungszeiten	▲	▲
	▪ Planungsdauer	■	▲
	▪ Planungshorizont / langfristige Planungsfestlegung	■	▲
Planungskosten	▪ Relevanz von Planungskosten	▲	▲
	▪ Investitionskosten	■	▲
	▪ Kapitalbindung	▼	▼
	▪ Planungskosten im Vergleich zu Gesamtkosten	▼	▼

▼ gering ■ mittel ▲ hoch (PE) Produktentwicklung (FP) Fabrikplanung

Abbildung 2-18: Analogiebetrachtung prozessbezogener Kriterien [234]

Analogiebetrachtung aus der Subjektperspektive

Subjektbezogenen findet der Vergleich hinsichtlich der Art und Weise der Einbeziehung von Planungsbeteiligten in der Produktentwicklung und Fabrikplanung statt. Alle verglichenen Kriterien weisen in beiden Bereichen eine hohe Ausprägung auf.

[234] i.A.a. Hilchner, R. (2012) Typenorientiertes Lösungsraum-Management, S. 81.

Verglichen werden die Anzahl involvierter Planungsbeteiligter, die Interdisziplinarität, sowie der Kollaborations- und Interaktionsgrad der Planungsbeteiligten. Zudem wird der Verteilungsgrad der Planung bzw. Entwicklung, der Informationsaustausch zwischen den Disziplinen, sowie die gegenseitige Abhängigkeit der Planungsbeteiligten jeweils als hoch bewertet. Zwischen den Planungsbeteiligten wird jeweils der Schnittstellenverlust und das Konfliktpersonal als vergleichbar hoch eingestuft. Die Fabrikplanung und die Produktentwicklung weisen außerdem eine hohe Beteiligung und einen hohen Einfluss externer Stakeholder auf (vgl. Abbildung 2-19).

	Analogie - Subjektbezogene Kriterien	PE	FP
Planungsbeteiligte	▪ Anzahl involvierter Planungsbeteiligter	▲	▲
	▪ Interdisziplinarität der Planungsteams, -gruppen, -abteilungen	▲	▲
	▪ Kollaborations- und Interaktionsgrad der Planungsbeteiligten	▲	▲
	▪ Verteiltheitsgrad der Planung bzw. Entwicklung	▲	▲
	▪ Informationsaustausch zwischen Planungsdisziplinen	▲	▲
	▪ Gegenseitige Abhängigkeit der Planungsbeteiligten	▲	▲
	▪ Schnittstellenverluste zwischen Planungsbeteiligten	▲	▲
	▪ Konfliktpotenzial zwischen Planungsbeteiligten	▲	▲
	▪ Partizipation und Einfluss externer Stakeholder	▲	▲

▼ gering ▭ mittel ▲ hoch (PE) Produktentwicklung (FP) Fabrikplanung

Abbildung 2-19: Analogiebetrachtung subjektbezogener Kriterien [235]

Die übergreifende Zusammenfassung des Vergleichs aus objekt-, prozess-, und subjektbezogener Perspektive zeigt, dass in Summe 33 der 44 betrachteten Kriterien in ihrer Ausprägung übereinstimmen. Der hohe Grad an Übereinstimmung erlaubt die Annahme, die Fabrikplanung als Produktentwicklungsprozess zu verstehen.

2.3 Abgeleiteter Entwicklungsbedarf aus Sicht der Praxis

Das vorliegende Kapitel dient zur Herleitung des Handlungsbedarfs. Dazu werden die Kernerkenntnisse der beschriebenen Theorie und beobachteten Praxis zusammengeführt, um Gründe für verfehlte Zeit- und Kostenziele zu identifizieren. Mit der Analyse der vorliegenden Situation werden ein Lösungsansatz und die zu erfüllenden Anforderungen formuliert.

---

[235] i.A.a. Hilchner, R. (2012) Typenorientiertes Lösungsraum-Management, S. 82.

Basierend auf den Erkenntnissen aus Kapitel 2.1 und 2.2 ist die Fabrik als komplexes Produkt zu verstehen. Dies beinhaltet im Wesentlichen fünf Treiber von Komplexität: eine lange Lebensdauer, eine Vielzahl von Teilsystemen und Komponenten, zahlreiche Funktionen und Lösungsalternativen, die Beeinflussung durch einerseits Kunden sowie andererseits externe Stakeholder. Die Faktoren sind ursächlich für die Komplexität im Produktentwicklungsprozess, was wiederum in Herausforderungen in Bezug auf die Zeit- und Kostenziele in der Praxis resultiert. Nachfolgend wird auf die fünf genannten Komplexitätstreiber detaillierter eingegangen.

Die lange Lebensdauer von Fabriken, insbesondere von Industriegebäuden, führt dazu, dass diese nur in geringen Stückzahlen entwickelt und realisiert werden. Besonders in kleinen und mittleren Unternehmen ist die Fabrikplanung kein regulärer Bestandteil des Alltagsgeschäfts. Die Durchführung eines Fabrikplanungsprojekts weist einen Einmaligkeitscharakter auf, wodurch die Sammlung von Erfahrungswissen erschwert wird. Ohne vorhandene Planungsgrundlagen in Form von bestehendem Wissen beginnen viele Planungsprojekte buchstäblich auf einem „weißen Blatt Papier“. Daher ist es in solchen Projekten erforderlich, alle Planungsaufgaben der Fabrikplanung (z.B. Logistikplanung, Prozessanalyse, Layoutplanung, Brandschutzplanung) zu erbringen, ohne die Möglichkeit, bestimmte Aufgaben auszulassen.

Die hohe Anzahl an Teilsystemen und Komponenten mit unterschiedlichen Funktionalitäten wie z.B. die Lagerauslegung, Tragwerksplanung oder Fertigungsmittelauswahl erfordert zum einen vielfältiges Wissen verschiedener Natur und zum anderen detailliertes Expertenwissen. In der Praxis resultiert die Beteiligung vieler interdisziplinärer Akteure, die in einem wechselseitigen Informationsaustausch kollaborieren müssen, in hohen Kommunikationsaufwänden und Schnittstellenverlusten. Die unterschiedlichen Betrachtungsperspektiven und Meinungen können zudem zu Kommunikationsschwierigkeiten, Konfliktpotenzial und Missverständnissen führen.

Die Komplexität der Fabrik durch die vielen Funktionen, die Anzahl der Planungsobjekte wie z.B. Industriegebäude und Produktionsausrüstung, deren Interdependenzen und die Anzahl der Schnittstellen erzeugen einen sehr umfangreichen Raum an möglichen Lösungsalternativen in der Planung. Dieser Raum an Lösungsalternativen wächst zudem aufgrund des kurzzyklischen, technischen Fortschritts stetig. In der Praxis erfordert die Bewertung und Eingrenzung des Lösungsraums eine hohe Anzahl an Bewertungen der verschiedenen Lösungen und erzeugt eine Vielzahl von Einzelfallentscheidungen zur Bestimmung der geeigneten Lösung.

Der hohe Grad an Einzelkundenorientierung erfordert während der Durchführung eines Planungsprojekts eine intensive Beteiligung und Informationseinbringung seitens der Kunden. Eine Herausforderung besteht allerdings darin, dass Kunden oftmals nicht ausreichend mit der Komplexität der Fabrik sowie der Fabrikplanung vertraut sind. Zudem besteht oft eine Ungenauigkeit oder ein Unbewusstsein bezüglich der eigenen Anforderungen. Dies kann dazu führen, dass die Stabilität der Planungsprämissen in der Praxis oft unzureichend gegeben ist und die langfristige Planung an Wert verliert. Als Ergebnis steigt das Risiko von Folgefehlern und damit verbundenen Folgekosten.

Die Partizipation externer Stakeholder im Planungsprozess wie z.B. die Lieferanten, Bauunternehmer oder der Staat erzeugt zusätzliche Randbedingungen in der Fabrikplanung. Regionale oder lokale Regularien sowie Einflüsse von Kommunen, Staaten oder beispielsweise Generalplanern und Generalunternehmern können dabei eine Rolle spielen. In der Praxis führen diese Einflüsse oft zu Rückkopplungsschleifen von einem späteren Planungszeitpunkt zu früheren Phasen.

Basierend auf den vorherigen Erläuterungen lässt sich feststellen, dass die regelmäßige Neuentwicklung des komplexen Gesamtprodukts „Fabrik", unter Berücksichtigung spezifischer Bedürfnisse als eine der Kernursachen der Verfehlung von Zeit- und Kostenzielen verstanden werden kann.

In einer vom Autor dieser Arbeit durchgeführten und veröffentlichten Studie[236] (vgl. Kapitel 8.1) wird untersucht, ob fabrikplanerische Lösungen, die Kunden benötigen, immer eine individuelle Herangehensweise im Fabrikplanungsprozess erfordern. Es wird hinterfragt, ob das wiederholte Durchführen des gesamten Fabrikplanungsprozesses mit intensiver Kundenbeteiligung zu Fabriken führt, die sich trotz ähnlicher Anforderungen deutlich voneinander unterscheiden. Für diese Studie wurden deutschlandweit Personen zur Charakteristik ihrer produzierenden Unternehmen (z.B. Branche, Mitarbeiteranzahl, Produktarten) und vorliegenden Fabrikmerkmale wie z.B. Hallenhöhe, Stützabstände, Bodentragfähigkeiten befragt. Eine gesamthafte Betrachtung der Daten zeigt signifikante Streuungen der Ausprägungen einzelner Fabrikmerkmale. Bei einer Gruppierung der Daten, etwa unter Berücksichtigung bestimmter Branchen, reduzieren sich jedoch die Streuungen der Ausprägungen für ausgewählte Fabrikmerkmale. Das deutet darauf hin, dass die intensive Einbindung von Kunden in den Fabrikplanungsprozess nicht zwangsläufig zu signifikant unterschiedlichen Planungsergebnissen führt. Dies wiederum unterstützt die Hypothese, dass die

[236] vgl. Dackweiler, J. et al. (2023) Fabrikplanungsplattformen.

Individualität im Fabrikplanungsprozess nicht immer erforderlich ist. Diese Erkenntnisse erlauben die Entwicklung eines Ansatzes, der darauf abzielt, bereits erprobte Lösungen in der Planung wiederzuverwenden. Dadurch entsteht der Wandel von der kompletten Neuentwicklung einer Fabrik hin zur Entwicklung von Fabriken auf einer Planungsgrundlage aufbauend. Hierfür ist allerdings die Auflösung der expliziten Einbeziehung des Einzelkunden in der Fabrikplanung vorzunehmen, um letztlich eine gewisse Vorabentwicklung zu ermöglichen. Nachfolgend werden auf Basis der dargestellten Komplexitätstreiber vier Anforderungen an den zu entwickelnden Ansatz formuliert: Kommunalitätsorientierung, erfahrungsbasierte Herangehensweise, situationsspezifische Anpassungsfähigkeit und Werterhaltung.

Kommunalitätsorientiert

Um die Komplexität in der Fabrikplanung zu beherrschen und den Individualisierungsdrang zu reduzieren, ist sich darauf zu konzentrieren, Gemeinsamkeiten in der Produktstruktur zu erzeugen und zu nutzen. Die Strategie der Kommunalität verringert die Anzahl der zu planenden Teilsysteme und Komponenten. Dies führt zu geringeren Koordinationsaufwänden und reduziert zudem Schnittstellen zwischen den Planungsbeteiligten, da weniger Informationsaustausche notwendig sind.

Erfahrungsbasiert

Um den fehlenden Best-Practices und dem hohen Bedarf an Expertenwissen zu begegnen, muss der Ansatz in der Lage sein, Erkenntnisse aus vergangenen Projektrealisierungen, sowohl in Form von Erfahrungswissen, als auch durch Standards wie z.B. empirisch optimale Fabrikmerkmalsausprägungen, einzubringen. Dies sichert nicht nur die Qualität der Ergebnisse, sondern beeinflusst auch positiv die Anzahl der Bewertungsoptionen und Einzelfallentscheidungen.

Situationsspezifisch

Um den Kunden in der Planung nicht mehr als einzelnes Individuum betrachten und einbinden zu müssen, muss der Ansatz die Auflösung der Abhängigkeit zwischen Einzelkunde und Fabrikplanung ermöglichen. Der Betrachtungsbereich in der Planung ist vom einzelnen Individuum weg, hin zur Betrachtung von Gruppen mit ähnlichen Bedürfnissen zu verschieben. Die entstehende Anforderungsflexibilität kann den Ungenauigkeiten hinsichtlich der Nutzeranforderung entgegenwirken und gleichzeitig das Maß der Kundeneinbindung reduzieren.

Werterhaltend

Das spezifische Anpassen der Fabrik („Maßschneidern“) nur für kurzfristige Produktionsziele und einen einzelnen Nutzungszweck ist zu vermeiden. Der Ansatz muss die Produktivität über die gesamte Lebensdauer der Fabrik sicherstellen, die mehrere Jahrzehnte umfasst und verschiedene Nutzungszwecke berücksichtigt. Angesichts der schwer zu antizipierenden Anforderungen aus dem Unternehmensumfeld ist es essentiell, Strategien wie beispielsweise die wirtschaftliche Überdimensionierung einzusetzen, um eine langfristige Wandlungsfähigkeit zu gewährleisten und zukünftige Anpassungsaufwände zu minimieren.

Zusammengefasst ist zu untersuchen, inwiefern in einem komplexen Produkt der Fabrik eine auf Erfahrungswissen basierte Kommunalität erzeugt werden kann, während gleichzeitig die Kundenbedürfnisse und -wünsche erfüllt werden. Aus diesem Grund wird im folgenden Kapitel die Theorie bestehender Ansätze zur Verschiebung des Individualisierungszeitpunkts in der Produktentwicklung im Detail betrachtet.

3 Verschiebung des Individualisierungszeitpunkts in der Produktentwicklung

Auf Basis des gewählten Betrachtungsbereichs, den dargestellten Herausforderungen aus Sicht der Praxis und den Anforderungen an den Ansatz werden im Folgenden problemrelevante Theorien beschrieben und analysiert. Dazu wird im ersten Schritt die Gestaltung und Strukturierung von Produkten erläutert (Kapitel 3.1), gefolgt von den Möglichkeiten zur Erzeugung produktübergreifender Kommunalitäten (Kapitel 3.2) und dem strategischen Umgang mit dem Produktindividualisierungszeitpunkt (Kapitel 3.3). Anschließend werden Problemlösungs- und Ordnungsmethoden in der Produktentwicklung dargestellt (Kapitel 3.4) bevor bestehende Ansätze im fabrikplanerischen Zusammenhang gezeigt werden (Kapitel 3.5). Abschließend wird basierend auf den gewonnenen Erkenntnissen der resultierende Handlungsbedarf aus Sicht der Forschung zusammengefasst (Kapitel 3.6).

3.1 Gestaltung und Strukturierung von Produkten

Um die Möglichkeiten zur Gestaltung und Strukturierung von Produkten zu erläutern, werden im nachfolgenden die Produktarchitekturgestaltung und Produktmodularisierung dargestellt, sowie bestehende Ansätze zur Produktstrukturbildung beschrieben.

3.1.1 Produktarchitekturgestaltung

Die Produktarchitektur eignet sich zur Abbildung der internen Variantenvielfalt durch die systematische Strukturierung der Produkte (vgl. Kapitel 2.1). Ein Produkt lässt sich aus Kundensicht in Form von Funktionen sowie darüber hinaus anhand des produktspezifischen Aufbaus aus verschiedenen Bauteilen und Komponenten beschreiben.[237] Ein Produktarchitektur kann anhand von drei Charakteristika beschrieben werden: die Funktionsstruktur des Produktes zur Dekomposition der Funktionen

[237] vgl. Ponn, J. et al. (2008) Konzeptentwicklung und Gestaltung., S. 141.

in Teilfunktionen sowie die Beschreibung der Beziehungen, die Produktstruktur zur Visualisierung der physischen Zusammensetzung von Komponenten sowie deren Beziehung, die Transformation zwischen Funktions- und Produktstruktur zur Ableitung des Zusammenhangs zwischen funktionaler und physischer Beschreibung des Produkts (vgl. Abbildung 3-1).[238]

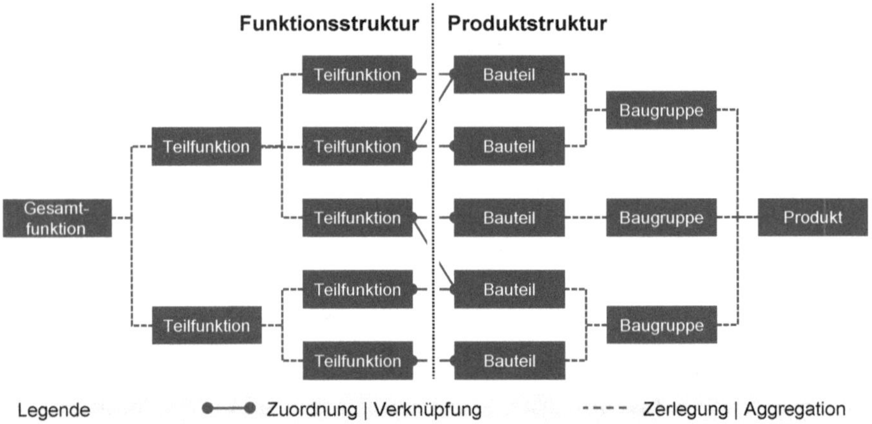

Abbildung 3-1: Funktions- und Produktstruktur als Teil der Produktarchitektur[239]

Durch die Verknüpfung von Teilfunktionen zu einer Gesamtfunktion werden bestimmte Funktionen des Produkts erfüllt, die der Kunde wünscht.[240] Die Gesamtheit aller Funktionen, die ein Produkt zu erbringen hat und deren Beziehung zueinander beschreibt die Funktionsstruktur.[241] Bei Funktionen handelt es sich um den gewünschten Zusammenhang von Eingangs- und Ausgangsgröße mit dem Ziel eine Aufgabe zu erfüllen. Die Funktionsstruktur besitzt einen Beziehungsaspekt und einen hierarchischen Aspekt.[242] Der hierarchische spiegelt sich in der Dekomposition der Gesamtfunktionen in Teilfunktionen wider. Die funktionalen Schnittstellen bilden die Zwischenbeziehungen materieller, energetischer sowie informatorischer Art und stellen den Beziehungsaspekt dar.[243] Der Aufbau der Produktstruktur ist analog zur Funktionsstruktur durch einen hierarchischen Aspekt und Beziehungsaspekt gegeben. Die

[238] vgl. Göpfert, J. (1998) Modulare Produktentwicklung, S. 91 f.
[239] i.A.a. Göpfert, J. (1998) Modulare Produktentwicklung, S. 75.
[240] vgl. Dellanoi, R. (2006) Variantenreiche Produktfamilien, S. 39.
[241] vgl. Feldhusen, J. et al. (2013) Technische Systeme, S. 255.
[242] vgl. Feldhusen, J. et al. (2013) Technische Systeme, S. 242.
[243] vgl. Göpfert, J. (1998) Modulare Produktentwicklung, S. 93 f.

Produktstruktur dient zur physischen Beschreibung des Produkts aus technischer Sichtweise, d.h. wie sich das Produkt aus Baugruppen und aus Komponenten zusammensetzt.[244] Die Produktstruktur besitzt den Zweck der strukturellen Gliederung und Beschreibung der Beziehung der physischen Komponenten zur Erfüllung der Funktionsanforderungen der Kunden.[245] Das letzte Kernelement zwischen Funktions- und Produktstruktur ist der Transformationsprozess zur Dokumentation der Zusammenhänge. Beide Strukturen werden parallel entwickelt, weshalb der Transformationsprozess als höchst iterativ zu verstehen ist.[246] Durch den ständigen Perspektivwechsel zwischen den Strukturformen folgt das aufeinander abstimmen.[247] Die entstehenden Produktarchitektur lässt sich in unterschiedlichen Produktarchitekturformen beschreiben.

Produktarchitekturformen

Der Produktentstehungsprozess fokussiert die Entwicklung optimaler Produktarchitekturen für den spezifischen Anwendungsfall.[248] Nach RAPP existieren für Produktarchitekturen als mögliche Gestaltungsformen die modulare (Differenzialbauweise) und integrale (Integralbauweise) Form.[249] Bei der modularen Gestaltungsform erfolgt eine 1:1 Zuordnung von Funktionen zu Komponenten und untereinander definierten Schnittstellen. Die integrale Architektur hingegen verfügt über keine 1:1 Zuordnung zwischen den Funktionen und Komponenten zum Teil sogar über unzertrennliche Komponenten.[250] GÖPFERT erweitert den Grundsatz von ULRICH um die Differenzierungsmerkmale der hohen bzw. niedrigen funktionalen und physischen Unabhängigkeit. Die funktionale Unabhängigkeit wird durch die Zuordnung von Elementen der funktionalen Beschreibung zu Komponenten der physischen Beschreibung realisiert. Funktionale Abhängigkeit entsteht sobald mehrere Komponenten eine Teilfunktion erfüllt oder eine Komponente mehrere Teilfunktionen.[251] Integrale Produktarchitekturen sind stark funktional bei physischer Abhängigkeit der Komponenten. Modulare Produktarchitekturen weisen trennbare Komponenten auf und konkrete Funktionen sind einzelnen Komponenten zugeordnet. Weitere Strukturen sind die funktional-modulare Produktarchitektur mit eindeutiger Zuordnung von Teilfunktionen zu Komponenten bei gleichzeitig fester Verbindung der Komponenten zueinander. Die physisch-

[244] vgl. Feldhusen, J. et al. (2013) Technische Systeme, S. 255.
[245] vgl. Feldhusen, J. et al. (2013) Technische Systeme, S. 255.
[246] vgl. Göpfert, J. (1998) Modulare Produktentwicklung, S. 100.
[247] vgl. Clausing, D. (1998) Total quality development, S. 234.
[248] vgl. Riepe, B. (2003) Integrierte Produktstrukturmodellierung, S. 26.
[249] vgl. Rapp, T. (1999) Produktstrukturierung, S. 63.
[250] vgl. Ulrich, K. (1995) Product Archticture, S. 422.
[251] vgl. Göpfert, J. (1998) Modulare Produktentwicklung, S. 104 ff.

modulare Produktarchitektur bildet hierzu das Gegenstück und ist geprägt durch physisch unabhängige, allerdings funktional abhängige Zuordnungen (vgl. Abbildung 3-2). Aufgrund der hohen physischen und funktionalen Unabhängigkeit der modularen Produktarchitektur wird nachfolgend näher auf die Produktmodularisierung eingegangen.

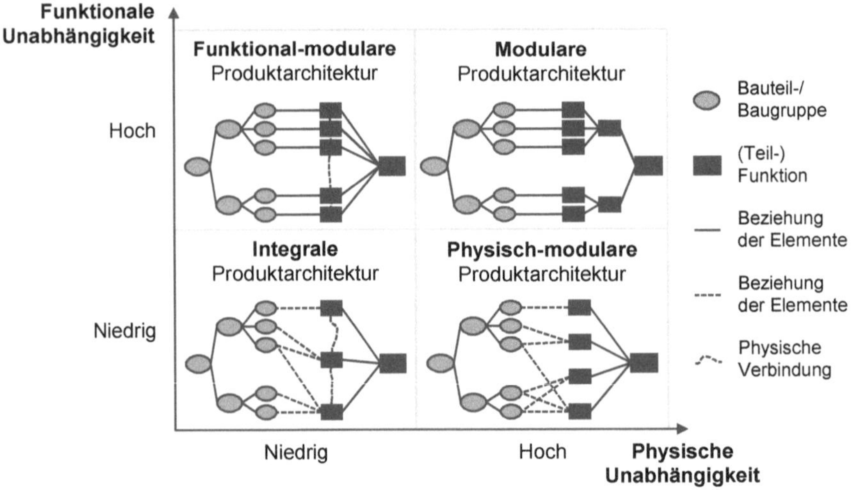

Abbildung 3-2: Klassifizierung von Produktarchitekturen [252]

3.1.2 Produktmodularisierung

Der Grad der Modularität ist ein wichtiges Merkmal zur Differenzierung von Produktarchitekturtypen. [253] Bestehende Werke weisen bei der Definition von Modularität und Modulen allerdings erhebliche Diskrepanzen auf. Gemeinsam ist den Definitionsansätzen die Unabhängigkeit einzelner Elemente oder Bauteile sowie die Existenz standardisierter Schnittstellen. [254] Nach SCHUH sind Module Anbauteile, die zur Erfüllung unterschiedlicher Funktionen dienen und aufgrund standardisierter Schnittstel-

[252] i.A.a. Göpfert, J. (1998) Modulare Produktentwicklung, S. 107.
[253] vgl. Fixson, S. (2003) Faces of Modularity, S. 4; Dellanoi, R. (2006) Variantenreiche Produktfamilien, S. 32.
[254] vgl. Göpfert, J. (1998) Modulare Produktentwicklung, S. 103 f.

len vielfach kombinierbar sind. Durch die Kombinatorik wird eine hohe Vielfalt abgebildet bei gleichzeitiger Beherrschung der Innenwirkung. [255] In Anlehnung an ARNOSCHT und PAHL UND BEITZ soll folgende Definition verwendet werden: Ein Modul ist „eine funktional und physisch beschreibbare Einheit, die unabhängig von restlichen Modulen entwickelt, gefertigt und geprüft werden kann. Aufgrund einer oder mehrerer standardisierter Schnittstellen können Module flexibel kombiniert oder durch andere Module ersetzt werden“. [256] Die Modularisierung beschreibt den Prozess der Aufgliederung eines Gesamtprodukts in verschiedene Module. [257] SALVADOR identifiziert auf Basis verschiedener Definitionen modularer Produkte fünf Merkmale modularer Produkte: Entkopplung, Kombinierbarkeit, Kommunalität, Schnittstellenstandardisierung, Funktionsbindung. [258]

PINE definiert sogenannte Modularitätstypen in Abhängigkeit der Gestaltung der Module respektive der Art der Schnittstellen (vgl. Abbildung 3-3). [259] Hierzu zählt als erster Typ die Modularität durch Gemeinsamkeiten von Bestandteilen, d.h. die Verwendung von Gleichteilen in mehreren unterschiedlichen Produkten. Als zweiter Typ wird die Modularität durch Austausch von Bestandteilen aufgeführt, d.h. die Produkte werden überwiegend aus Gleichteilen zusammengesetzt, allerdings durch unterschiedliche Austauschteile ergänzt. Die Modularität durch passenden Zuschnitt bildet den dritten Typ. Hierbei erfolgt die Dimensionsveränderung eines Elements oder mehrerer Elemente ohne Beeinflussung anderer Komponenten. Zudem existiert die Misch-Modularität, welche auf schnittstellenlose Produkte begrenzt ist (z.B. chemische Substanzen) und die Bus-Modularität. Diese ist aus einer Grundstruktur mit standardisierten Schnittstellen aufgebaut. Weitere Module werden über die Schnittstellen angebunden. Die Teil-Modularität als letzter Typ wird durch eine ungenaue Bestimmung möglicher Produktvariantenanzahlen bestimmt, aufgrund einer freien Kombinatorik von Modulen.

---

[255] vgl. Schuh, G. (1989) Produktvarianten, S. 59; Rathnow, P. (1993) Integriertes Variantenmanagement, S. 109.

[256] vgl. Sekolec, R. (2005) Produktstrukturierung als Instrument, S. 63.

[257] vgl. Schuh, G. (2005) Produktkomplexität managen, S. 130.

[258] vgl. Salvador, F. (2007) Product System Modularity Construct, S. 221ff.

[259] vgl. Pine, B. (1994) Maßgeschneiderte Massenfertigung, S. 272 ff.

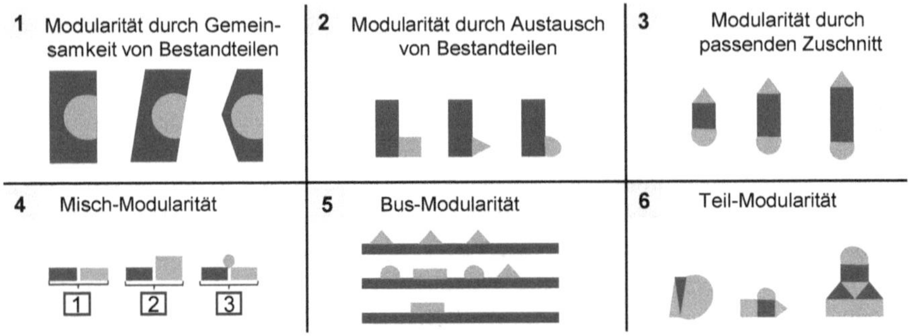

Abbildung 3-3: Sechs Arten der Modularität [260]

3.1.3 Bestehende Ansätze zur Produktstrukturbildung

In der Theorie bestehen bereits viele Ansätze, die sich mit dem Produktumfang und der Produktstrukturbildung beschäftigen. Im nachfolgenden werden grundlegende Ansätze dargestellt, die den Umgang mit Anforderungen, Funktionen und Produktkomponenten beschreiben.

Design Structure Matrix nach STEWARD

STEWARD[261] beschreibt, modelliert und analysiert mittels seiner entwickelten "Design Structure Matrix" technische Systeme in stark wechselseitiger Abhängigkeit. Kernelement der Design Structure Matrix (DSM) bildet eine quadratische Matrix, welche zeilen- und spaltenweise beispielsweise Produktkomponenten umfasst (vgl. Abbildung 3-4). Sofern eine Abhängigkeit von zwei Komponenten untereinander besteht wird dies durch einen Eintrag (bspw. X) in der vom Zeilen- und Spaltenelement gekreuzten Matrixstelle verdeutlicht. Die Aussagen der Matrix sind in Abhängigkeit der Leserichtung zu interpretieren. Komponente A in Zeilenelement 1 besitzt aktiven Einfluss auf Komponente B in Spaltenelement 2 und 3. In umgekehrter Leserichtung steht Komponente C in Spaltenelement 3 in Abhängigkeit von Komponente A in Zeilenelement 1. Die Matrixdiagonale enthält keine Einträge, da keine selbstreflexiven Beziehungen vorgesehen sind, d.h. Abhängigkeiten einer Komponente auf sich selbst. Ergänzend zur binären Darstellung von Abhängigkeiten besteht die Möglichkeit mittels numerischer Gewichtung die Stärke der Abhängigkeiten der Beziehung darzustellen (bspw. Wer-

[260] i.A.a. Pine, B. (1994) Maßgeschneiderte Massenfertigung, S. 273.

[261] vgl. Steward, D. (1981) Design structure system.

tebereich 0 – 100%). Neben der Möglichkeit Abhängigkeiten von Produktkomponenten zu visualisieren unterstützt die DSM die Bildung von Produktumfängen, indem höchst interdependente Komponenten mittels Clustermethoden zusammengefasst werden. Die DSM ermöglicht durch transparente Visualisierung von Abhängigkeiten einzelner Komponenten eine Zusammenfassung zu deren einzelnen Umfängen. Neben Komponenten von Produkten ist eine Übertragung der Anwendung auf Anforderungen, Funktionen, Fragestellungen usw. möglich.

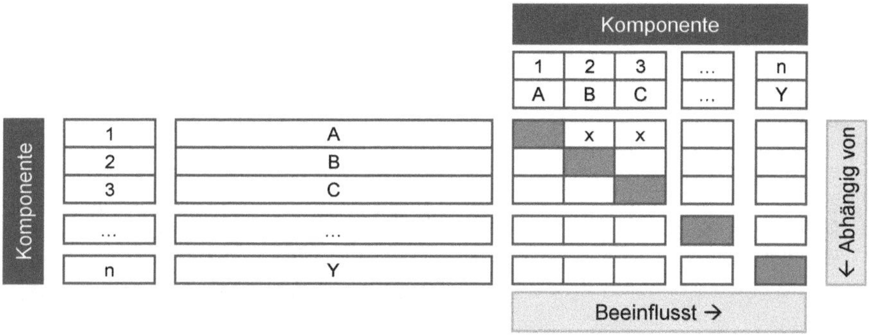

Abbildung 3-4: Design Structure Matrix i.A.a STEWARD

Integration Analysis of Product Decomposition nach PIMMLER & EPPINGER

PIMMLER & EPPINGER[262] verfolgen einen dreistufigen Ansatz basierend auf der DSM nach STEWARD ergänzt um eine detailliertere Abhängigkeitsbeschreibung einzelner Komponenten. Das Gesamtprodukt ist in einem ersten Schritt in einzelne Subelemente und Komponenten zu unterteilen. Aufbauend erfolgt eine Dokumentation der Abhängigkeiten. Die Dokumentation umfasst zusätzlich zur Aussage über das Vorhandensein von Abhängigkeiten die Art der Abhängigkeiten. PIMMLER & EPPINGER definierten die vier Abhängigkeitstypen der räumlichen Beziehung (Bauraum), der energetischen Beziehung (Energieübertragung), materielle Beziehung (Stoffaustausch) und informationstechnische Beziehung (Signalübertragung). Analog der DSM werden die Abhängigkeiten in einer Design Structure Matrix festgehalten. Die Bewertung der Abhängigkeitsintensität erfolgt in diskreten Schritten von -2 (nachteilig) bis +2 (notwendig). Der letzte Schritt umfasst analog die Gruppierung höchst interdependenter Komponenten. Eine Anwendung dieses Ansatzes in anderen Kontexten ist ebenfalls möglich, die Praxistauglichkeit aufgrund der umfassenden Bewertung jedoch zu hinterfragen.

[262] vgl. Pimmler, T. et al. (1994) Product Decompositions.

Quality Function Deployment nach AKAO

Durch den Ansatz nach AKAO[263] werden Markt- bzw. Kundenanforderungen in unternehmensinterne Produkt- und Prozessspezifikationen umgewandelt. Identifizierte Anforderungen werden mittels mehrerer abhängiger Matrizen entlang der Wertschöpfungskette gespiegelt um die Kundenbedürfnisse zu befriedigen. In der Produktplanung und -entwicklung ist besonders die erste Matrix von Relevanz, in der Kundenanforderungen in Produktmerkmale gewandelt werden. Diese Matrix ist durch HAUSER & CLAUSING unter der Begrifflichkeit „House of Quality" visualisiert (vgl. Abbildung 3-5).[264]

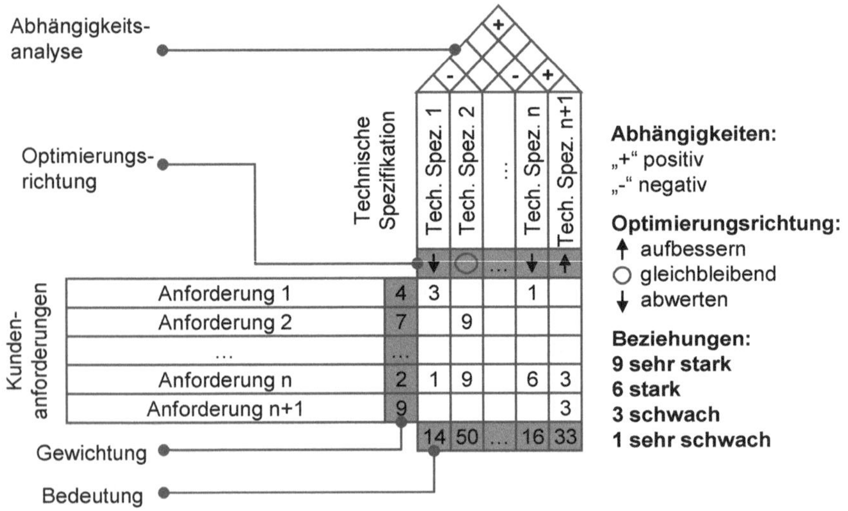

Abbildung 3-5: House of Quality i.A.a. AKAO

Im ersten Schritt werden Kundenanforderungen aufgenommen, optional zusammengefasst und eine Gewichtung vorgenommen. Anschießend bestimmt die Entwicklungsabteilung technische Spezifikationen zur Erfüllung der Kundenanforderungen. Sofern bereits technische Lösungen für die jeweilige Spezifikation existieren, wird gekennzeichnet in welche Richtung eine weitere mögliche Optimierung erfolgen muss, um den Kundenanforderungen vollends zu begegnen. Durch eine Bewertung mittels

[263] vgl. Akao, Y. (1990) Quality function deployment.

[264] vgl. Hauser, J. (1988) House of Quality.

1/3/6/9 Systematik werden im dritten Schritt die Beziehungen zwischen Anforderungen und technischer Spezifikation bewertet (1 für geringe, 9 für starke Abhängigkeit). Im vierten Schritt erfolgt eine Bewertung von Einflüssen der technischen Spezifikationen untereinander. Der letzte Schritt umfasst die Aufsummierung einzelner Abhängigkeiten, um die Bedeutung der technischen Produktspezifikation wiederzugeben. Das Ergebnis visualisiert besonders wichtige Produktspezifikation in Bezug auf die Erfüllung von Kundenanforderungen. Der Ansatz fokussiert sich besonders auf den Umgang mit Anforderungen und technischen Produktspezifikationen sowie die mögliche Gruppierung einzelner Umfänge.

Modular Function Deployment nach ERIXON

ERIXON[265] entwickelt eine fünfstufige Methodik zur Identifikation einer optimalen Modulstruktur in frühen Phasen der Produktentwicklung. Sogenannte Modultreiber dienen der Bewertung technischer Lösungen zu den definierten Kundenanforderungen. Die zwölf Modultreiber bilden implizite Zieldimensionen zur Adressierung einer priorisierten Modulgestaltung aus unterschiedlichen Perspektiven im Unternehmen (bspw. Produktentwicklung, Fertigung). Basierend auf der Unternehmensstrategie werden aus den zwölf Modultreibern die relevantesten bestimmt. Die Methodik umfasst entsprechend die Gestaltung modularer Produkte im Fokus.

3.2 Erzeugung produktübergreifender Kommunalität

Die Auswahl der Strategie zur Produktstrukturierung wirkt sich auf eine Vielzahl von Zielstellungen eines Unternehmens aus, da unterschiedliche Produktlebenszyklusphasen der Produktentstehung und -nutzung miteinander verknüpft sind. [266] Etablierte Produktstrukturierungsstrategien, um produktübergreifende Kommunalität zu erreichen, sind die Gleichteilbauweise (Kapitel 3.2.1), Produktbaukästen (Kapitel 3.2.2) und Plattformen (Kapitel 3.2.3). [267] Diese werden im nachfolgenden Kapitel beschrieben und anschließend bestehende Ansätze diesbezüglich untersucht (Kapitel 3.2.4). Die Konzepte sind keine sich gegenseitig ausschließenden Alternativen und somit nicht als Konkurrenz zu verstehen. Bei sinnvoller Kombination der Konzepte können unternehmensspezifisch Wettbewerbsvorteile generiert werden. [268]

[265] vgl. Erixon, G. (1998) Modular Function Deployment.

[266] vgl. Inkermann, D. et al. (2019) Produktarchitektur; S. 272.

[267] vgl. Arnoscht, J. (2011) Beherrschung von Komplexität, S. 21.

[268] vgl. Wildemann, H. (2005) Produktordnungssysteme, S. 72 f.; Inkermann, D. et al. (2019) Produktarchitektur, S. 272.

3.2.1 Gleichteil- und Wiederholbauweise

Die Gleichteil- und Wiederholbauweise ist ein einfacher Ansatz die Komplexität einzuschränken mittels Vielfaltreduktion durch die Mehrfachverwendung von Komponenten oder kleineren Baugruppen in Produkten. Ein Gleichteil ist nach EHRENSPIEL ein Bauteil, welches an mehreren Orten im selben Produkt verbaut wird.[269] Das gestalterische Ziel ist nicht der produktübergreifende Einsatz in variantenreichen Produktprogrammen. Im Gegensatz hierzu beschreiben Wiederholteile den Einsatz von Komponenten oder kleineren Bauteilen in mehreren gleichen Produkten oder verschiedenen Produktarten.[270] Andere Werke unterscheiden bei diesen Begriffen nicht.[271] Die Gleichteilstrategie bzw. Wiederholbauweise wird dabei als die punktuelle Suche nach Komponenten zur Wiederverwendung über Bereiche des Produktprogramms hinweg verstanden. Entscheidend bei einer Gleichteilstrategie bzw. Wiederholbauweise ist das Beschränken auf einen relativ geringen Umfang an Komponenten eines Gesamtprodukts, um einen möglichst breiten Einsatz im Unternehmen zu ermöglichen. Die Einzelkomponentenstandardisierung ist ein einfaches, schnelles Mittel, das mit verhältnismäßig wenig Koordinationsaufwand und Risiko umsetzbar ist. Es ermöglicht den Rückgriff auf bereits vorhandenes Wissen bei zukünftigen Entwicklungsprojekten, wodurch Entwicklungsaufwand und -risiko reduziert werden.[272] Die Kostensenkungspotentiale und positiven Effekte sind bei Baukasten- und Plattformstrategien allerdings als höher einzuschätzen.[273]

3.2.2 Produktbaukasten

Produktbaukästen entspringen dem Bereich der Spielzeugbaukästen für Kinder, welche durch Bausteine das Erzeugen unterschiedlicher „Bauten" erlauben. Gleiche Passstellen und Schnittstellen ermöglichen dies.[274] Hinsichtlich Produktbaukästen herrscht eine begriffliche Vielfalt im englischen und deutschen. Begriffe, welche synonym verwendet werden sind z.B.: platform system, modular platform, modular kit, construction kit, product platform, modular product platform, Bausteinsystem, Baukastenweise, Baukastentechnik, Baukastenprinzip, Baukastenfertigung, Baukastenkonstruktion, Modulsystem, Kombinationstechnik, modulare Bauweise. Nach KARTIKA liegt der

[269] vgl. Ehrlenspiel, K. (2003) Integrierte Produktentwicklung, S. 311.
[270] vgl. Renner, I. (2006) Funktionsorientierte Baukastenentwicklung, S. 67.
[271] vgl. Renner, I. (2006) Funktionsorientierte Baukastenentwicklung, S. 67.
[272] vgl. Inkermann, D. et al. (2019) Produktarchitektur, 273.
[273] vgl. Lindemann, U. (2016) Handbuch Produktentwicklung, S. 129.
[274] vgl. Borowski, K.-H. (1961) Baukastensystem, S. 1.

Grund für die begriffliche Vielfalt in der disziplin- und branchenübergreifenden Systemverwendung. [275] RENNER unterstreicht dies und versteht dies als „(...) Spiegelbild der zahlreichen Anwendungsmöglichkeiten von Baukastensystemen". [276]

Die Definitionen des Begriffs sind nicht einheitlich in der Literatur allerdings ähnlich. NASVYTIS definiert ein Baukastensystem als „eine Sammlung einer gewissen Anzahl verschiedener Elemente, aus denen sich verschiedene Dinge zusammensetzen lassen". [277] Gemäß KOHLHASE besteht ein Baukastensystem „aus einer Vielzahl von Bausteinen, die anwendungsspezifisch ausgewählt und unter Beachtung von Verträglichkeit miteinander kombiniert werden, um in einem begrenzten Anwendungsbereich Baukastenprodukte zu konfigurieren". [278] Nach SCHUH wird ein Baukastenprodukt charakterisiert durch einen oder wenige Grundkörper, an die über verschiedene Montagestufen unterschiedlich variantenreiche Anbauteile montiert werden. [...] Der Unterschied zur Modulbauweise besteht darin, dass die Schnittstelle vor allem zwischen den Anbauteilen und dem Grundelement nicht aber zwischen den verschiedenen Anbauelementen liegt". [279] Im Verständnis von ARNOSCHT besteht ein Baukastensystem aus Bausteinen, bei denen es sich um Baugruppen oder Bauteile handeln kann. Durch die Definition standardisierter Schnittstellen ist eine vielfältige Kombinierbarkeit möglich, so dass Varianten effizient erzeugt werden können. [280]

Bausteine als Elemente eines Baukastensystems

Die Elemente von Baukastensystemen sind kombinierbare Einheiten (analog zur Moduldefinition), die häufig als Bausteine bezeichnet werden. Nach KOHLHASE besitzen sie „normierte Gestalt- und Werkstoffeigenschaften, sind aufeinander abgestimmt, konkret oder abstrakt und können aus (weniger komplexen) Bausteinen bestehen. Beim Konfigurieren werden Bausteine nach ihrem vorgedachten Zweck angeordnet ohne ihre Gestalt zu verändern." [281] PAHL UND BEITZ differenzieren Bausteine hinsichtlich der Lösbar- und Unlösbarkeit sowie der Funktions- und Fertigungsbausteine. Funktionsbausteine dienen der Erfüllung technischer Funktionen durch die Funktionsbausteine selbst oder in Kombination mit anderen Elementen. Fertigungsbausteine sind nach fertigungstechnischen Aspekte definiert. [282] Bei einer geringen Anzahl an

---

[275] vgl. Kartika, S. (2010) Baukastenpotential, S. 16.
[276] vgl. Renner, I. (2006) Funktionsorientierte Baukastenentwicklung, S. 50.
[277] vgl. Nasvytis, A. (1953) Kombinatorische Technik, S. 86.
[278] vgl. Kohlhase, N. (1997) Baukastensysteme, S. 8.
[279] vgl. Schuh, G. (2005) Produktkomplexität managen, S. 128.
[280] vgl. Arnoscht, J. (2011) Beherrschung von Komplexität, S. 28.
[281] vgl. Kohlhase, N. (1997) Baukastensysteme, S. 8.
[282] vgl. Pahl, G. et al. (2007) Konstruktionslehre, S. 663.

Gesamtfunktionen ist eine fertigungsorientierte Sichtweise der Gliederung von Bausteinen nach der funktionsorientierten Sichtweise zu bevorzugen. [283] Bei einer Funktionsgliederung in einem Baukastensystem wird nach der Grund- Hilfs-, Sonder- oder Anpassfunktion unterschieden. Auftragsspezifische Funktionen werden aufgrund der nicht vorhandenen Vorhersehbarkeit begründet durch die Marktdynamik und resultierende Kundenanforderungsänderungen in einem Baukastensystem nicht eingeplant, als Nicht-Baustein erfüllt und entsprechend Mischsystemen zugeordnet (vgl. Abbildung 3-6).

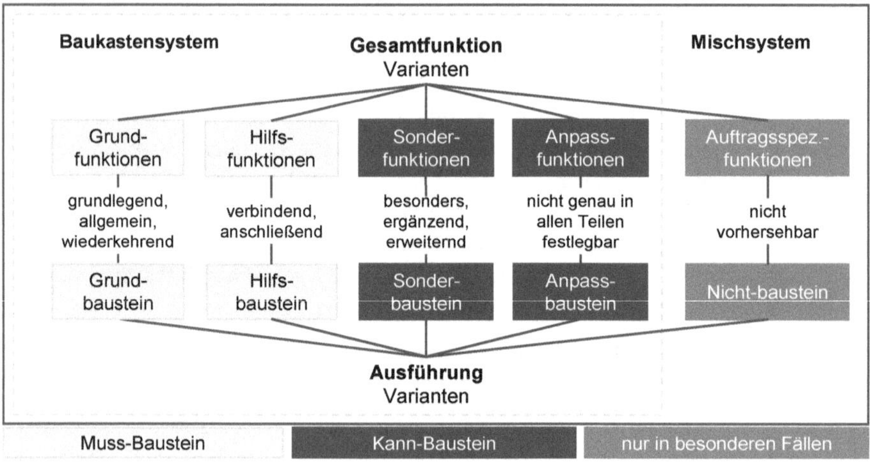

Abbildung 3-6: Funktionsorientierte Gliederung von Baukastenelementen [284]

Grundfunktionen sind immer wiederkehrende und systemrelevante Funktionen, die allein oder in Kombination mit anderen Bausteinen funktionieren. Diese werden durch physische Grundbausteine realisiert, die Muss-Elemente des Baukastens sind. Hilfsfunktionen fungieren in einer verbindenden oder anschließenden Funktion. Hilfsbausteinen müssen in Verbindung mit anderen Bausteinen eingesetzt werden (Muss-Element z.B. Versorgungsleitungen). [285] Sonderfunktionen werden durch Bausteine abgedeckt, die nicht zwingend erforderlich sind, durch Vorhandensein allerdings aufga-

[283] vgl. Junge, H. (1991) Baukastensystem, S. 10.

[284] i.A.a. Vietor, T. et al. (2013) Produktarten zur Rationalisierung, S. 845.

[285] vgl. Pahl, G. et al. (2007) Konstruktionslehre, S. 664.

benspezifische oder individuelle Teilfunktionen erfüllen. Die sogenannten Kann-Bausteine sind daher eine Ergänzung oder Zubehör zu den Grundbausteinen. [286] Anpassfunktionen dienen dazu, das Baukastensystem an veränderte Rahmenbedingungen oder andere Systeme anzupassen. Die Anpassungen werden über die Anpassbausteine vorgenommen, die teilweise vordefiniert sind oder in jeder Situation individuell angepasst werden können. Sie sind Muss- oder Kann-Elemente. [287]

Klassifizierung von Baukastensystemen

Weit verbreitet ist die Klassifizierung nach KOLLER, welche technische sowie natürliche Baukastensysteme unterscheidet. Technische Baukastensysteme werden in immaterielle und materielle unterteilt. Letztere können wiederum produktspezifisch oder produktneutral sein und durch physikalische Prinzipien realisiert werden.[288] SCHUH ergänzt die Unterteilung nach KOLLER um die Unterscheidung zwischen Anwender- und Herstellerbaukastensystem. Die Anwenderbaukasten ermöglichen Anwendern Erzeugnisse selbst zu erstellen bzw. Erzeugnisse im Anschluss in Eigenverantwortung anzupassen (z.B. Lego, Arbeitsgerüst). Herstellerbaukästen sind im Vorfeld vom Hersteller zusammengebaut und von Anwendern nachträglich nicht anzupassen (z.B. Motorbaukasten). [289] Hinsichtlich des Strukturbindungsgrad wird zwischen dem strukturgebundenen und strukturungebundenen Baukastensystem differenziert. Bei Strukturungebundenen führen die hoch individualisiert gestalteten Baukastenelemente zu einer eingeschränkten Positionierung. Aufgrund spezifischer Geometrien ist die Positionierung nur an expliziten Positionen möglich. Alternativbausteine inkl. Formanpassung werden erforderlich sofern eine andere Funktionalität oder Ausführung realisiert wird. Bei strukturungebunden Baukästen erfordert die Realisierung das Vorliegen identischer Schnittstellen und Bauräume der einzelnen Bausteine. [290] Bezüglich der Reinheit des Baukastensystems wird zwischen reinen Systemen und Mischsystemen unterschieden. Hierdurch wird das Vorhandensein von systemfremden, nicht standardisierten Bauteilen oder Baugruppen gekennzeichnet. Reine Baukastensysteme verwenden nur standardisierte Module wohingegen Mischsysteme unter anderem systemfremde Komponenten beinhalten. [291] Baukastensysteme können als offen oder ge-

[286] vgl. Pahl, G. et al. (2007) Konstruktionslehre, S. 664 f.

[287] vgl. Pahl, G. et al. (2007) Konstruktionslehre, S. 665.

[288] vgl. Koller, R. (1998) Konstruktionslehre Maschinenbau, S. 337.

[289] vgl. Sekolec, R. (2005) Produktstrukturierung als Instrument, S. 60; Schuh, G. et al. (2012) Produktarchitekturgestaltung, S. 136.

[290] vgl. Koller, R. (1998) Konstruktionslehre Maschinenbau, S. 338.

[291] vgl. Koller, R. (1998) Konstruktionslehre Maschinenbau, S. 342.

schlossen klassifiziert werden anhand der erreichbaren externen Vielfalt. Auftragsspezifische Erzeugnisse (offene Systeme) erreichen eine unendlich erreichbare Variantenzahl. Geschlossene Systeme besitzen eine determinierte externe Vielfalt. Die Determinierung aller Kombinationen erfolgt vorab in der Entwicklung.[292] Zudem wird zwischen abstrakten und realen Baukastensystemen unterschieden. Abstrakte Systeme bestehen aus gedachten, nicht greifbaren Baukastenelementen. Basierend auf Schnitten durch Bauteile, Baugruppen oder Maschinen entstehen Formen, Muster und Schnittstellen von Baukastenelementen, welche untereinander kombiniert werden.[293] Hinsichtlich der Direktionalität unterscheidet die Literatur ein- oder mehrdirektionale Baukastensysteme. Dies charakterisiert die Anzahl realisierbarer Richtungen bzw. Dimensionen, in die sich die technischen Gebilde des Baukastens erstrecken können.[294]

Attribute	Ausprägungen	
Konfiguration	Anwenderbaukasten	Herstellerbaukasten
Strukturbindungsgrad	Strukturgebunden	Strukturungebunden
Reinheit	Reine Baukastensysteme	Mischsystem
Geschlossenheit	Offen	Geschlossen
Konkretisierungsgrad	Abstrakt	Real
Direktionalität	Eindimensional	Mehrdimensional

Abbildung 3-7: Klassifizierung von Baukastensystemen

Entwicklung von Baukastensystemen

Die Literatur weist zahlreiche Ansätze zur Entwicklung von Baukastensystemen auf. Meist zitierte Ansätze entstammen KOHLASE sowie PAHL ET AL. Pahl lehnt sich an die Entwicklungs- und Konstruktionsprozesse der VDI 221 an, welche die Unterteilung in sechs Phasen vorsieht.[295] Die erste Phase sieht die Klärung der Aufgabestellung vor, in dem die Ermittlung der vom Baukastensystem zu erfüllenden Gesamtfunktionsvarianten erfolgt. In der zweiten Phase erfolgt das Aufstellen von Funktionsstrukturen, in dem die Gesamtfunktionsvarianten in Teilfunktionen aufgegliedert werden. Die dritte Phase dient zur Suche von Wirkprinzipien und Lösungsvarianten. Hierzu sind technische Lösungs- und Wirkprinzipien zur Erfüllung der Teilfunktionen zu erarbeiten. In der vierten Phase erfolgt das Auswählen und Bewerten der erarbeiteten Lösungsvarianten auf Basis von technischen und wirtschaftlichen Kriterien. Die fünfte Phase dient

[292] vgl. Firchau, N. (2003) Variantenoptimierende Produktgestaltung, S. 98.
[293] vgl. Koller, R. (1998) Konstruktionslehre Maschinenbau, S. 341.
[294] vgl. Koller, R. (1998) Konstruktionslehre Maschinenbau, S. 341.
[295] vgl. Pahl, G. et al. (2007) Konstruktionslehre, S. 667 ff.

zur Erstellung von Gesamtentwürfen. Hierzu erfolgt die Umsetzung in funktions-, fertigungs- und montagerechte Gestaltung der Bausteine. In der finalen Phase erfolgt die Ausarbeitung der endgültigen Fertigungsunterlagen anhand von Zeichnungen und Stücklisten. [296]

Potenziale durch Baukastensysteme

Baukastensysteme ermöglichen den Herstellern die Realisierung einer sehr geringen internen Vielfalt bei gleichzeitig hoher externer Vielfalt in verschiedenen Produktvarianten. Durch den Einsatz von Wiederhol-, Norm- oder Gleichteilen reduzieren sich die Variantenkosten durch die höhere Losgröße und geringere Teilevielfalt. [297] Die Verwendung der Fertigungsverfahren wird wirtschaftlicher, Skaleneffekte sind realisierbar und Logistik- sowie Lagerhaltungskosten sinken. [298] Der Anwender erhält ein variantenreiches Produktprogramm, verkürzte Lieferzeiten, bei gleichzeitig gesteigerter Produktqualität und der Möglichkeit nachträgliche Nach- und Umrüstungen sowie Ergänzungen von Produktfunktionalitäten vorzunehmen. [299] Den Vorteilen stehen dem Hersteller die erhebliche Vorleistung und Konstruktionsaufwände in der initial notwendigen Konzeption und Gestaltung gegenüber, welche sich erst bei entsprechendem Erlös amortisieren. Es entstehen Aufwände in der Anpassung der Produktionsstrukturen und -abläufe bei Produktinitiierung, sowie ein potentieller Verlust von Flexibilität und Marktorientierung aufgrund der Vereinheitlichung kundenrelevanter Funktionen. Anpassungen des Baukastensystems sind nur in definierten Zeiträumen wirtschaftlich umsetzbar aufgrund der hohen Entwicklungsaufwände sowie Auswirkungen auf Fertigung und Montage. [300] Auf Anwenderseite entsteht der Nachteil, dass durch die kommunalen Strukturen die vollumfängliche Umsetzung individueller Anforderungen begrenzt wird. Die modulare Bauweise sowie bauteilspezifische Funktionskopplung birgt zudem die Gefahr erhöhte Platzbedarfe im Vergleich zur Integralbauweise zu benötigen. [301]

[296] vgl. Pahl, G. et al. (2007) Konstruktionslehre, S. 667 ff.

[297] vgl. Andreasen, M. et al. (1985) Montagegerechtes Konstruieren, S. 114 ff.; Rapp, T. (1999) Produktstrukturierung, S. 52.

[298] vgl. Kohlhase, N. (1997) Baukastensysteme, S. 9; Koller, R. (1998) Konstruktionslehre Maschinenbau, S. 336.

[299] vgl. Pahl, G. et al. (2007) Konstruktionslehre, S. 650.

[300] vgl. Pahl, G. et al. (2007) Konstruktionslehre, S. 650 f.

[301] vgl. Pahl, G. et al. (2007) Konstruktionslehre, S. 651.

3.2.3 Plattformen

Etymologisch betrachtet stammt der Begriff „Plattform" aus dem französischen und deutet auf eine begrenzte, erhöhte Fläche hin. Im 17. Jahrhundert wurde dies als Bezeichnung eines besonderen Festungsbaus für ein flaches Bollwerk respektive starkes Fundament für Wurfgeschütze verwendet. [302] Der Begriff wandelte sich von „platte Form" im 17. Jahrhundert zu „Plattform" im 18. Jahrhundert. Ab Mitte des 19. Jahrhunderts änderte sich die Verwendung durch den Einfluss des amerikanischen Begriffs „platform" zu einem Schlagwort der Politik. [303] Der Begriff weist eine Vielschichtigkeit in unterschiedlichsten Anwendungsdomänen und hat jeweils spezifische Bedeutungen. In der Kommunikationswissenschaft bezieht der Begriff sich auf eine Infrastruktur für den Austausch, wobei Plattformen Einfluss auf Gesellschafft, Medien und Politik haben und sich von klassischen Medien durch Identifizierbarkeit, Verbindungen zwischen den Nutzern und zugeschnittenen Inhalten unterscheiden. In der Politikwissenschaft bezeichnet der Begriff Parteiprogramme und Treffen zur Informationsvermittlung. In der Informatik werden durch Plattformen verschiedene Betriebssysteme gekennzeichnet und stellen somit eine technische Integrationsschicht dar. In der Transaktionswissenschaft werden digitale Plattformen zur Vermittlung von Transaktionen oder Informationen eingesetzt, um Transaktionskosten zu reduzieren und Volumina zu erhöhen. Ein ausführlicher Exkurs zum Plattformbegriff ist dem Anhang (vgl. Kapitel 8.2) zu entnehmen. Aus Gründen der Relevanz wird nachfolgend lediglich detailliert auf den Plattformbegriff in der Produktentwicklung eingegangen.

Plattformbegriff in der Produktentwicklung

MEYER ET AL. sehen in einer „product platform" eine gemeinsame Struktur als Werkzeug zur effizienten Entwicklung und Produktion einer Produktfamilie („product platform is a set of subsystems an interfaces that form a common structure from which a stream of derivate products can be efficiently developed and produced").[304] Auch PONN versteht die Produktplattform als Zusammenstellung derjenigen Komponenten, Schnittstellen und Funktionen, welche innerhalb einer gesamten Produktfamilie die Möglichkeit zur Vereinheitlichung innehalten und entsprechend eine längerfristige Gültigkeit besitzen. [305] In der Definition von ROBERTSON wird die Plattform als „Collection of assets that are shared by a set of products" bezeichnet. Die „assets" umfassen

[302] vgl. Kluge, F. (1989) Etymologisches Wörterbuch, S. 550.

[303] vgl. Haucap, J. (2020) Plattformökonomie, S. 20.

[304] vgl. Meyer, M. et al. (1997) Power of product platforms, S. 39.

[305] vgl. Ponn, J. et al. (2008) Konzeptentwicklung und Gestaltung, S. 260 f.

neben den Komponenten und Schnittstellen auch die Prozesse, das Wissen und Personen. [306] Bei Plattformen handelt es entsprechend um eine kommunale Grundstruktur zur Ableitung von Produktderivaten. Die darin zusammengestellten Elemente sind allerdings nicht zwingend auf die physische Ebene begrenzt. Auf Basis der wiederverwendbaren Plattformelemente und variierender Zusatzelemente werden stets neue, unterscheidbare Systeme generiert ohne eine von Grund auf Neuentwicklung zu benötigen. [307] Durch die Plattformen werden sowohl Skaleneffekte erreicht aufgrund der standardisierten Plattformelemente, allerdings auch Individualisierung in externer Wahrnehmung aufgrund der variierenden Zusatzelemente. [308] Plattformen funktionieren somit wie Baukastensysteme, sind daher als Ansatz der modularen Produktarchitektur zu verstehen und entsprechend ein Spezialfall der Modularisierung. Bei Plattformprodukten besteht gemäß der Definition ein gemeinsamer Kern aus einigen Komponenten, die von allen Produkten wiederverwendet werden als Plattform. Bei Baukastenprodukten findet nicht zwingend die Wiederverwendung in allen Produkten statt. Baukastenprodukte sind eher als flexible Konfiguration vordefinierter Elemente anzusehen. [309] Baukastensysteme weisen dementsprechend eine höhere Flexibilität hinsichtlich der Verwendung kommunaler Elemente in Produkten auf. Der Initialaufwand zur Integration von Plattformstrategien ist verglichen zur Baukastenstrategie höher, die erzielbaren Skaleneffekte allerdings auch. Eine relevante Herausforderung bildet die Entscheidung über zu standardisierende Elemente, da Plattformen meist einen langfristigen Zeithorizont in der Auslegung erfahren aufgrund des initialen Entwicklungsaufwands. Entscheidungsrelevant ist hierzu das Abwägen von Kundenanforderungen, welche entweder starke Variation oder stetige Ähnlichkeit erfahren über Produktgenerationen hinweg. [310]

Plattformansatz in der Automobilindustrie

Besonders die Automobilindustrie hat den Begriff der Produktplattform stark geprägt. Im engeren Sinne wird unter dem Begriff „[...] a unique underbody and floor pan [...] serving as the foundation design for multiple models“ verstanden. [311] Der Begriff Plattform intendiert dementsprechend das Erzeugen produktübergreifender Synergien mit einer Unterbodenstruktur der Karosserie und des Fahrwerks als produktübergreifend

[306] vgl. D. Robertson et al. (1998) Product Platforms, S. 20.
[307] vgl. Kristjansson, A. et al. (2004) Platform, S. 329; Baldwin, C. et al. (2008) Architecture of Platforms, S. 23.
[308] vgl. Gawer, A. (2014) Technological Platforms, S. 1242.
[309] vgl. Arnoscht, J. (2011) Beherrschung von Komplexität, S. 23.
[310] vgl. Lindemann, U. (2016) Handbuch Produktentwicklung, S. 134.
[311] vgl. MacDuffie, J. et al. (1996) Product Variety, S. 356.

verwendeter Umfang der Produktstruktur. Die individuellen Elemente des Endprodukts im automobilen Kontext werden als Hut bezeichnet. VIETOR sieht in einem Plattformprodukt eine „[…] ausführungsneutrale Produktplattform mit standardisierten Elementen. Diese bilden eine einheitliche Basis für alle Varianten des Produktprogramms. Zur Variantenerzeugung werden der Plattform individualisierte Elemente aufgesetzt“. [312] STANG ET AL. ergänzen, dass die vereinheitlichten Elemente der Plattform kein Bestandteil der nach außen wahrnehmbaren Produktoberfläche sind.[313] Aufgrund des erhöhten Initialaufwands, der erschwerten Rentabilitätsbestimmung sowie der Starrheit des Plattformkonzepts, welche zur erschwerten Differenzierung in bestimmten Bereichen führt, wandelt sich der Trend im Automotive Bereich zu flexiblen Plattformen mit Modulcharakter respektive zu Baukastensystemen. [314]

3.2.4 Bestehende Ansätze zur Baukasten- und Plattformgestaltung

Kontextbezogene Auslegung von Produktbaukästen nach BARG[315]

Ziel von BARG ist die Entwicklung einer Methodik für die kontextbezogene Auslegung von konzeptionellen Gestaltungsalternativen für Produktbaukästen. Die Methodik unterstützt frühe Phasen der Baukastenentwicklung um die Zielerreichung zu entwickelnder Baukästen besser zu adressieren. Um branchenübergreifende methodische Anwendbarkeit zu sichern, sind die Gestaltungsalternativen in generischer Form beschrieben. Die konzeptionellen Gestaltungsalternativen sind in der Arbeit durch operationalisierte Merkmale abgebildet, welche als Basis zur Ableitung unterschiedlicher Grundtypen des Baukastenkonzepts dienen. Durch idealtypische und zu vermeidende Wirkzusammenhänge wird die Verknüpfung zwischen Einflussfaktoren bzw. Zieldimensionen und den operationalisierten Merkmalen festgehalten. Die systematische Vorgehensweise versucht das Defizit einer eher zufälligen Erreichung eines kontextbezogenen Baukastensystems zu umgehen durch ein strategisches Zielsystem. Hierdurch wird die Steigerung der Zielkonformität des Baukastens erreicht.

Crafting Platform Strategy Based on Anticipated Benefits and Costs nach CAMERON et al.[316]

Der entwickelte Ansatz fokussiert die Entwicklung einer Plattformstrategie durch produktübergreifende Verwendung von Komponenten und Prozessen in Abhängigkeit

[312] vgl. Vietor, T. et al. (2013) Produktarten zur Rationalisierung, S. 856.
[313] vgl. Stang, S. et al. (2002) Plattformkonzepte, S. 110.
[314] vgl. Renner, I. (2006) Funktionsorientierte Baukastenentwicklung, S. 76.
[315] vgl. Barg, S. (2018) Produktbaukästen.
[316] vgl. Cameron, B. et al. (2014) Crafting Platform Strategy.

der zu planenden Zielstellung. Es werden zunächst Potenziale einer Plattform- bzw. Kommunalitätsstrategie aufgezeigt und den abgeleiteten Kategorien Umsatzsteigerung, Kostenreduktion und Risikominimierung zugeordnet. Nach den Autoren ist eine individuelle Festlegung des Zielfokus zu empfehlen aufgrund der unmöglichen Herausforderung alle Ziele gleichbedeutend zu verfolgen. Literaturbasiert umfasst die Arbeit sieben unterschiedliche Gestaltungsmöglichkeiten für Plattformstrategien. Das Ergebnis ist eine tabellarische Übersicht über alternative Plattformstrategien, die eine systematische Verknüpfung potentiell erreichbarer Vorteile umfasst.

Flexible Product Platforms nach SUH[317]

SUH verfolgt das Ziel eine Methode zu entwerfen, um die Entwicklung von flexiblen Produktplattformen zu ermöglichen. Die Flexibilität durch spezifische Auslegung der Produktplattform verbessert die Reaktionsfähigkeit sich anpassender Anforderungen an Module während des Plattformlebenszyklus. Der Autor beschreibt den Designprozess zur Ausarbeitung der spezifischen Plattformauslegung in einem sieben-schrittigen Vorgehen und wendet es exemplarisch in zwei Fallstudien an. Hierdurch wird eine methodische Lösung zur spezifischen Auslegung einer Produktplattform gegeben, modulare Lösungsansätze werden allerdings nicht betrachtet.

Effective Product Platform Planning in Front End nach BOWMAN[318]

BOWMAN stellt in einem fünfschrittigen Ansatz die effektive Planung einer Produktplattform in frühen Phasen der Plattformgestaltung dar. Die Produktplattform sammelt Elemente und Gestaltungregeln, welche als Basis zur Ableitung von verschiedenen Produkten dienen. Die Plattform ist nach BROWMAN an unternehmensinternen Dimensionen wie z.B. Kosten- und Komplexitätsreduktion, Steigerung von Ausfallsicherheit oder Flexibilität auszurichten. Zusätzlich ist eine marktbezogene Zieldimension ausgedrückt durch einen sogenannten Vektor der Differenzierung zu beachten. Dieser Vektor umfasst abhängig vom Unternehmen individuelle, marktbezogene Zielsysteme in wettbewerbsrelevanten Dimensionen wie der Marktabdeckung, Innovation, Leistung und den Kundenkosten.

Design for Variety nach MARTIN[319]

Zur Entwicklung stabiler Produktplattformen entwickelt MARTIN mit der „Design for Variety" (DfV) eine Methodik, um auf veränderte Anforderungen an das Produkt mit minimalem Entwicklungsaufwand zu reagieren. Bei den Betrachtungen beschränkt er

[317] vgl. Suh, E. et al. (2007) Flexible product platforms.

[318] vgl. Bowman, D. (2006) Effective Product Platform.

[319] vgl. Martin, M. et al. (2000) Design for Variety.

sich auf die Komponentenebene. Die Funktionsebene erfährt keine Betrachtung aufgrund der Herausforderung Funktionsstrukturen eindeutig und dadurch wiederholbar zu generieren. Die DfV lässt Schwachstellen in vorliegenden Produktarchitekturen erkennen und weist durch zwei Indizes Anknüpfpunkte zur Steigerung der Robustheit vor. Der Generation Variety Index (GVI) beschreibt den Aufwand zur Änderung einer Komponente an künftige Marktbedürfnisse. Über zwei angepasste QFD Matrizen erfolgt die Berechnung des Wertes. Den zweiten Index bildet der Coupling Index (CI) ab. Der CI beschreibt Verbindungsstärke zwischen Komponenten und der Auswirkung eines Änderungsbedarfs an einer Komponente in Beziehung zu anderen Komponenten. Anhand beider Indizes erfolgt die Ordnung von Komponenten nach der Untersuchungsrelevanz. MARTIN präsentiert in seiner Arbeit sechs Ansätze zur Reduzierung des GVI und CI durch die gezielte Komponentengestaltung.

Das Kapitel zeigte Ansätze zur Erreichung einer hohen produktübergreifenden Kommunalität. Bei Erzeugung dieser kann die Individualisierung zu einem späteren Zeitpunkt erfolgen, wohingegen bei einer geringeren produktübergreifenden Kommunalität eine frühere Individualisierung erforderlich ist. Nachfolgend wird dementsprechend untersucht, wie die strategische Positionierung des Individualisierungszeitpunkt erfolgen kann.

3.3 Strategischer Umgang mit dem Produktindividualisierungszeitpunkt

Die Kombination von Individualisierung und Standardisierung wirkt zunächst konträr aufgrund der Gegensätzlichkeit. PILLER versteht dies allerdings vielmehr als „Gegenpole" und die „Endpunkte eines Kontinuums" bilden dazwischenliegenden Handlungsalternativen.[320] Die Position des Individualisierungszeitpunkt ist zu beschreiben über den Standardisierungsgrad, welcher das Verhältnis aus Anteil individualisierter zu standardisierten Leistungsbestandteile widerspiegelt (Kapitel 2.1.3). Empirische Untersuchungen definieren ein optimales Verhältnis von Individualisierung zu Standardisierung bei 20:80 und 50:50, welche der Make-to-Order und Assemble-to-Order Strategie entsprechen.[321] Make-to-Order und Assemble-to-Order Strategien respektive Mischformen entsprechen dem sogenannten Mass-Customisation Ansatz, welcher ein vielbeschriebener Ansatz zur Verschiebung des Individualisierungszeitpunkts ist. Die

[320] vgl. Piller, F. (2008) Mass Customization, S. 115.

[321] vgl. Kleinaltenkamp, M. et al. (1996) Customer Integration, S. 172.

Weiterentwicklung des Mass-Customisation Ansatzes liegt in der Mass-Individualisation. Nachfolgend werden die Positionierung des Produktindividualisierungszeitpunkts, die Möglichkeiten der Verschiebung von diesem sowie die Herausforderungen und Anforderungen der Kundenintegration in der Produktentwicklung betrachtet.

3.3.1 Positionierung des Produktindividualisierungszeitpunkts

"Mass-Customisation" gilt als Oxymoron der beiden gegensätzlichen Begriffe Mass-Production (standardisierte Massenproduktion) und Customisation (kundenindividuelle Anpassung). Im Deutschen wird der Begriff mit kundenindividueller Massenproduktion übersetzt.[322] STANLEY DAVIS definiert bereits 1987 Mass-Customisation wie folgt: „Mass-Customisation of markets means that the same large number of customers can be reached as in mass markets of the industrial economy, and simultaneously they can be treated individually as in the customized markets of pre-industrial economies."[323] Das Konzept der Mass-Customisation wurde durch PINE Anfang der 90iger Jahre weiterentwickelt: „Während die Anwender der Massenfertigung das gemeinsame Ziel haben, Güter und Dienstleistungen zu Preisen zu entwickeln, herzustellen, zu vermarkten und zu liefern, die niedrig genug sind, dass fast jedermann sie sich leisten kann, ist es das Ziel der Anwender der maßgeschneiderten Massenfertigung, erschwingliche Güter und Dienstleistung in so ausreichender Vielfalt und Kundenbezogenheit zu entwickeln, herzustellen, zu vermarkten und zu liefern, dass fast jeder genau das findet, was er möchte."[324] Aufbauend auf den Arbeiten von DAVID und PINE beschäftigen sich inzwischen viele Autoren mit dem Thema. Im deutschsprachigen Raum wird die Mass-Customisation maßgeblich durch PILLER weiterentwickelt.[325] Piller versteht die Definition wie folgt: „Mass-Customisation bezeichnet die Produktion von Gütern und Leistungen, welche die unterschiedlichen Bedürfnisse jedes einzelnen Nachfragers dieser Produkte treffen, mit der Effizienz einer vergleichbaren Massen- bzw. Serienproduktion. Grundlage des Wertschöpfungsprozesses ist dabei ein Co-Design-Prozess zur Definition der individuellen Leistung in Interaktion zwischen Anbieter und Nutzen."[326]

---

[322] vgl. Piller, F. (2008) Mass Customization, S. 4.
[323] vgl. Davis, S. (August 1987) Future perfect, S. 169.
[324] vgl. Pine, B. (1994) Maßgeschneiderte Massenfertigung, S. 78.
[325] vgl. Slamanig, M. (2011) Produktwechsel als Problem, S. 123.
[326] vgl. Piller, F. (2008) Mass Customization, S. 160.

Allgemeines

Zentrales Element der Mass-Customisation ist die Integration des Kunden im Co-Design zur Definition der individuellen Leistung in Interaktion zwischen Anbieter und Nutzer.[327] Bei der Umsetzung einer Mass-Customisation Logik wird zwischen der Soft- und Hard-Customisation differenziert. Die Soft-Customisation wird als offene Individualisierung bezeichnet und sieht vor, wenige Produktvarianten in großer Stückzahl zu fertigen. Die Personalisierung folgt im Handel oder beim Endkunden. Durch den Entfall der langfristigen Kundenbindung wird die offene Individualisierung lediglich als Vorstufe der Mass-Customisation bezeichnet. Die Hard-Customisation wird als geschlossene Individualisierung bezeichnet und beschreibt die Fertigung individueller Lösungen nach zuvor ermittelten Kundenwünschen. Dies setzt die Interaktion zwischen Abnehmer und Hersteller voraus. Während die Soft-Customszation keinen Eingriff in die Produktion erzeugt dadurch, dass die Individualisierung außerhalb des Unternehmens beim Kunden stattfindet, basiert die Varietät auf Aktivitäten der Produktion bei der Hard-Customisation. Daher resultiert eine wesentlich höhere Komplexität, allerdings bestehen auch weitaus mehr Möglichkeiten zur Variation der Leistung. Eine strikte Abgrenzung zwischen Soft- und Hard-Customisation ist allerdings nicht immer eindeutig. Aufgrund fließender Übergänge treten in der Praxis häufig Mischformen auf. Es besteht ein Dilemma zwischen so vielen Variationsmöglichkeiten um alle Kunden zu bedienen versus Standardisierung von Anteilen, die vom Kunden als nicht entscheidend für die Individualisierung angesehen werden, um die Komplexitäts- und Kostenbeherrschung sicherzustellen. [328] Der Wert der Individualisierung entspricht aus Kundenperspektive dem Nutzenzuwachs, den das Produkt durch höhere Übereinstimmung zur nächstbesten (standardisierten) Alternative bildet. Der Nutzenzuwachs durch Individualisierung ist größer je höher die Heterogenität der Abnehmerbedürfnisse in einem Markt ist. Ein wesentliche Herausforderung besteht daher in der Identifikation von den Individualisierungsaspekten, die bei den meisten relevanten Kunden ein Bedürfnis zur Anpassung besitzen.[329]

Charakteristisch für die Mass-Customisation im Vergleich zu anderen Formen der standardisierten und individualisierten Produktion ist eine Kostenposition, die Produkte für große Abnehmergruppen erschwinglich gestaltet, obwohl Individualisierung stattfindet. Die Produkte werden zu Preisen angeboten, die der Zahlungsbereitschaft von Kunden vergleichbarer, massenhaft hergestellter Standardprodukte entspricht.

[327] vgl. Piller, F. (2008) Mass Customization, S. 161.

[328] vgl. Piller, F. (2008) Mass Customization, S. 219 ff.

[329] vgl. Reichwald, R. et al. (2009) Interaktive Wertschöpfung, S. 201.

Die Individualisierung hat dabei keinen Wechsel des Marktsegments in exklusive Nischen, wie bei einer klassischen Einzelfertigung zur Folge. Ein wichtiges Element bei der Mass-Customisation ist die Etablierung eines stabilen Lösungsraums, der abnehmerbezogen konkretisiert wird.[330] Der stabile Lösungsraum bildet als Grundlage stabile Prozessbedingungen zur kundenindividuellen Produktion und beinhaltet stabile Produkt- und Prozessarchitekturen als wesentliches Charakteristikum von Mass-Customisation Ansätzen im Vergleich zur klassischen Einzelfertigung. Der klassische Einzelfertiger entwickelt zusätzlich zu den individuellen Produkten für einzelne Kunden auch dazugehörige Prozesse. Die Mass-Customisation greift allerdings auf stabile Prozesse zurück, um hohe Produktvarietät effizient bereitzustellen. Die Individualisierungsmöglichkeit wird beschränkt und im Lösungsraum des Anbieters implementiert. Die Fähigkeiten und Kapazitäten werden durch den Anbieter bestimmt. Erfolgreiche Mass-Customisation wird durch stabile, aber flexible Prozesse definiert, die es erlauben einen dynamischen Fluss an individuellen Produkten zu erzeugen. Modulare Produktarchitekturen generieren daher einen hohen Mehrwert zur Erreichung der Mass-Customisation, insbesondere bezogen auf die Kostenebene. Die standardisierten Module reduzieren auf der Prozessebene die Komplexitätskosten. Zusätzlich zu den entstehenden Skaleneffekten in der Produktion bilden sich durch den Einsatz gleicher Module verschiedene Absatzleistungen auch Verbundeffekte in der Montage, dem Vertrieb und Kundendienst. Die zeitgleiche Realisierung von Losgrößen- und Differenzierungsvorteilen bezeichnet man in diesem Kontext als Economies of Integration. Dies beschreibt die Verknüpfung aus Economies of Scale und Economies of Scope und gilt als wesentlicher Erfolgsfaktor der Mass-Customisation.[331] Abbildung 3-8 visualisiert die Differenzierung der Mass-Production, Mass-Customisation, Mass-Individualisation und Engineer-to-Order Prinzip anhand der Stückkosten, der Kundeneinbindung und der Marktpositionierung.

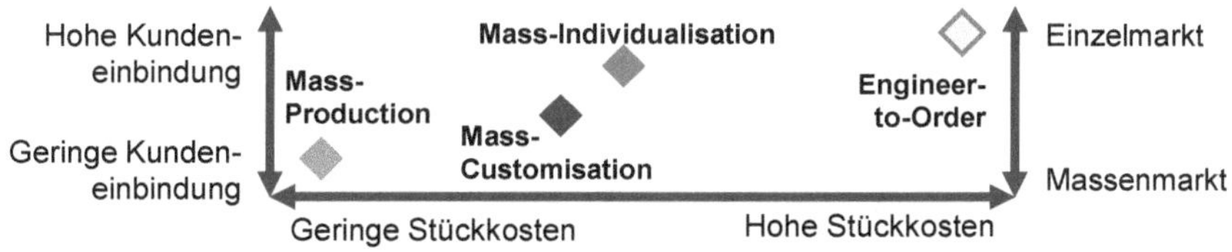

Abbildung 3-8: Individualisierungs- und Standardisierungsprinzipien [332]

[330] vgl. Piller, F. (2007) Mass Customization, S. 945.

[331] vgl. Piller, F. (2008) Mass Customization, S. 197, S. 230.

[332] i.A.a. Wang, Y. et al. (2017) Mass personalization Production, S. 313.

Umsetzung der Mass-Customisation

Die leistungsfähigste Umsetzung der Mass-Customisation erfolgt durch die Modularisierung in einem Baukastensystem.[333] In Abhängigkeit des Freiheitsgrads zur Kombination von Modulen unterscheidet man nach PILLER in abnehmender Reihenfolge vier Formen modularer Baukastensysteme: Freie, individuelle, quantitative und generische Modularisierung. Bei der freien Modularisierung erfolgt die freie Kombination standardisierter und individueller Module ohne die Notwendigkeit eines einheitlichen Basisprodukts. Die Individuelle Modularisierung sieht die Zusammensetzung von Produkten aus Modulen in fixer oder variabler Zahl vor, die teilweise aus einem Standardsatz stammen oder auch kundenindividuell zugeschnitten und/oder gestaltet werden können. Die Grundlage bildet ein einheitliches Basisprodukt. Bei der quantitativen Modularisierung setzen sich Produkte aus unterschiedlich vielen standardisierten Komponenten auf einem Basismodul zusammen. Die generische Modularisierung verfolgt die Zusammensetzung eines Produkts aus stets der gleichen Anzahl standardisierter Bauteile, welche jeweils unterschiedliche Leistungsmerkmale aufweisen können. Die Basis bildet ebenfalls ein einheitliches Basisprodukt.[334]

Die freie Modularisierung ist die flexibelste Form unter den genannten. In der Praxis erfährt diese allerdings kaum Anwendung aufgrund der Notwendigkeit und resultierenden Herausforderungen Verbindungen bzw. Schnittstellen ohne Plattform zu definieren.[335] Bei der individuellen, generischen und quantitativen Modularisierung nimmt der Kunde das Produkt als individuell gefertigtes Produkt wahr. Während bei der individuellen Modularisierung eine tatsächliche Individualisierung stattfindet, verfolgt die generische und quantitative Modularisierung allerdings nur die individuelle Kombination standardisierter Module.[336] Abbildung 3-9 visualisiert die Umsetzung der Mass-Customisation mittels modularem Baukastensystem auf drei Ebenen nach PILLER.[337] In der ersten Ebene erfolgt die Analyse und Spezifikation der Kundenanforderungen, sowie die Definition der grundlegenden Produktarchitektur sowie Zusammenstellung des Baukastens. In der zweiten Ebene erfolgt die Entscheidung über die Vorfertigung durch Bestimmung von Modulen, die standardisiert und massenhaft hergestellt werden zur Komplexitäts- und Produktionskostenreduktion. Es existiert eine Vielzahl an Strategien zur Bewertung der Varietät an Differenzierungs- und Kostenwirkung, um den idealen Vorfertigungs- und Standardisierungsgrads durch gezielte

[333] vgl. Piller, F. (2008) Mass Customization, S. 228 f.
[334] vgl. Piller, F. (2008) Mass Customization, S. 228 ff.
[335] vgl. Piller, F. (2008) Mass Customization, S. 230.
[336] vgl. Koren, Y. et al. (2015) Mass-Individualization, S. 65.
[337] vgl. Piller, F. (2008) Mass Customization, S. 231.

Reduzierung der internen und externen Vielfalt zu bestimmen.[338] Hierzu zählen Methoden wie z.B. Design for Product Variation (DFPV), Variant Mode and Effects Analysis (VMEA), Design for Mass-Customisation (DFMC), Open Engineering Systems (OE) oder der BluePrinting-Ansatz.[339] Auf der dritten Ebene erfolgt die Zusammenstellung bzw. die Montage des kundenspezifischen Produkts auf Basis im Auftragseingang erhaltener Kundenwünsche.

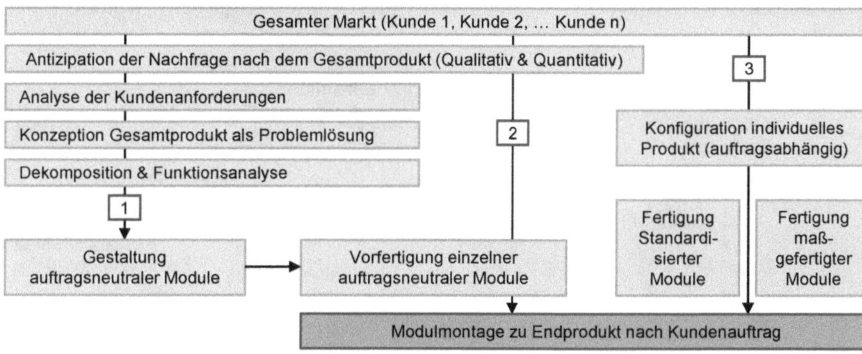

Abbildung 3-9: Drei Ebenen zur Umsetzung des Mass-Customisation [340]

Mass-Individualisation

Die Mass-Individualisation ist eine Entwicklung aus der Mass-Customisation heraus. Den Unterschied zur Mass-Customisation bildet die steigende Individualisierung durch eine höhere Kundeneinbindung. Während die Mass-Customisation zwischen Einzel- und Serienfertigung einzuordnen ist, bedient die Mass-Individualisation die Einzelnachfrage. Dies geschieht allerdings nicht im Sinne der individuellen Produktentwicklung, sondern aufgrund gewährleisteter Masseneffizienz zu ähnlichen Stückkosten wie in der Mass-Customisation.[341] Die Mass-Customisation sieht die Einbindung des Kunden zur Konfiguration des Produkts aus Modulen vor, die Mass-Individualisation eine zweifache Einbindung im Wertschöpfungsprozess (vgl. Abbildung 3-10). Zusätzlich zur Konfiguration des Produkts beim Vertrieb erfolgt eine frühe Integration nach Definition einer standardisierten Produktplattform zur Bildung aller individuellen Module nach spezifischen Kundenwünschen. Die Mass-Individualisation sieht hier für offene Plattformen mit einer Vielzahl an Schnittstellen für neue

[338] vgl. Kipp, T. (2013) Variantengerechte Produktgestaltung, S. 50.
[339] vgl. Piller, F. (2008) Mass Customization, S. 243.
[340] i.A.a. Piller, F. (2008) Mass Customization, S. 231.
[341] vgl. Wang, Y. et al. (2017) Mass personalization Production, S. 313.

Module vor. Die Plattform wird um diese erweitert und bildet das individuelle Endprodukt.[342] Während bei der Mass-Customisation modulare Produktarchitekturen lediglich aus standardisierten Modulen, welche durch den Hersteller festgelegt werden vorliegen, liegen bei der Mass-Individualisation individuelle Module vor. Entsprechend der Kundenanforderungen besitzt der Kunde die Möglichkeit eine Plattform auszuwählen und passende Module zu ergänzen. Die Module werden sowohl von Erstausrüstern (OEM) als auch in kleineren Unternehmen hergestellt, wodurch wiederum eine Abgrenzung zur Mass-Customisation entsteht.

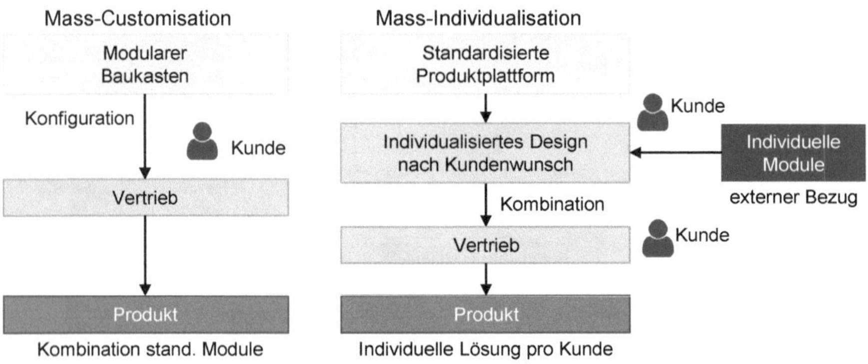

Abbildung 3-10: Flowchart der Mass-Customisation und Mass-Individualisation [343]

Bei der Mass-Individualisation wird durch die Plattform als Basisprodukt ein Minimum an Varianz und Prozesskomplexität erzeugt. Die minimale interne Varianz resultiert aus dem externen Bezug der Module.[344] Auf Prozessebene erfolgt die standardisierte Fertigung gleicher Module. Bei der Mass-Customisation werden Produktanpassungen aufwandsarm durch entsprechend neue Module oder Erweiterungen und Rekombinationen standardisierter Module des Baukastens durchgeführt.[345] Bei der Mass-Individualisation hingegen ist die Plattform aufgrund des Aufwands unter Berücksichtigung langfristiger Entwicklungen zu gestalten. Die Schnittstellenart und -anzahl ist für eine ausreichende Flexibilität auszulegen, so dass Anpassungen auf die Module und

[342] vgl. Koren, Y. et al. (2015) Mass-Individualization, S. 65.
[343] i.A.a. Koren, Y. et al. (2015) Mass-Individualization, S. 65.
[344] vgl. Koren, Y. et al. (2015) Mass-Individualization, S. 95 f.
[345] vgl. Piller, F. (2008) Mass Customization, S. 233.

deren Hersteller übertragbar sind. Hierdurch wird die schnellere Reaktion auf die geänderten Bedingungen für Externe möglich.[346]

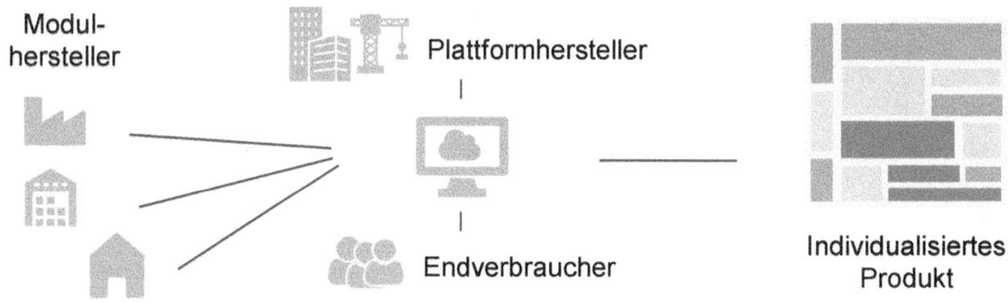

Abbildung 3-11: Ökosystem der Mass-Individualisation[347]

Zusammenfassend ist hervorzuheben, dass es sich bei der Mass-Customisation und der Mass-Individualisation nicht um eine individuelle Einzelfertigung handelt (Engineer-to-Order), weshalb die Kundenintegration nur eingeschränkt stattfindet. Dem Kunden wird lediglich das Gefühl eines individuell entwickelten Produktes vermittelt.[348]

3.3.2 Verschiebung des Produktindividualisierungszeitpunkts

Um die Mass-Customisation zu erreichen existieren zwei Wege. Die gängige Literatur verfolgt vorwiegend den beschriebenen Weg von der Mass-Production zur Mass-Customisation, weshalb die Definitionen einseitig erscheinen.[349] Eine Entwicklung vom Engineer-to-Order Prinzip zur Mass-Customisation ist allerdings ebenfalls denkbar und im Rahmen dieser Forschungsarbeit aufgrund der dargelegten Eigenschaften einer Fabrik zu fokussieren.[350] Bei der Verschiebung vom Make-to-Stock Prinzip (Mass-Production) zur Mass-Customisation oder Mass-Individualisation erfolgt eine Eingrenzung der Standardisierung und Integration individueller Komponenten. Bei der Verschiebung vom Engineer-to-Order Prinzip zum Make-to-Order oder Assemble-to-Order Prinzip (Mass-Production, Mass-Individualisation) ist hingegen eine initiale Einführung einer Standardisierungsstrategie des grundsätzlich individuellen

[346] vgl. Koren, Y. et al. (2015) Mass-Individualization, S. 67.

[347] i.A.a. Sikhwal, R. et al. (2021) Towards Mass Individualisation, S. 23.

[348] vgl. Hvam, L. et al. (2017) Determing modularity levels, S. 2.

[349] vgl. Haug, A. et al. (2009) Mass Customization, S. 633.

[350] vgl. Haug, A. et al. (2009) Mass Customization, S. 633; Bellemare, J. et al. (2017) Managing Complexity, S. 27; Hvam, L. et al. (2017) Determing modularity levels, S. 1.

Produkts und Prozesses erforderlich.[351] HAUG betrachtet beide Entwicklungen und verwendet zum beschreibenden Vergleich fünf generelle Aspekte (Abbildung 3-12).

Aspekt	Transition zur Mass-Customisation von Mass-Production	 von Engineer-to-Order
Produktvielfalt	Vielfalt steigern	Vielfalt begrenzen
Kundeneinbindung	Wertvolle Vielfalt	Adäquate Vielfalt
Herstellkosten	Geringe Steigerung	Reduktion
Unternehmensstrategie	Absatzsteigerung	Prozessoptimierung
Konfiguration	Benutzeroberfläche	Wissensbasiert

Abbildung 3-12: Aspekte auf dem Weg zur Mass-Customisation [352]

Beim Wandel von der Mass-Production zur Mass-Customisation wird die Produktvielfalt gesteigert und durch Kundeneinbindung wertvolle Vielfalt geschaffen. Die Herstellkosten werden geringfügig gesteigert mit dem Ziel eine Absatzsteigerung zu erreichen. Die Konfiguration der Produkte erfolgt in der Regel über Benutzeroberflächen. Vom Engineer-to-Order Prinzip zur Mass-Customisation hingegen wird die Produktvielfalt begrenzt und durch Kundeneinbindung eine adäquate Vielfalt geschaffen. Die Herstellkosten werden reduziert und unternehmensstrategisch die Prozesse optimiert. Die Konfiguration des Produkts erfolgt wissensbasiert.[353] Eine vollständige Standardisierung des Produkts wie in der klassischen Massenproduktion stellt bei Engineer-to-Order Produkten ein unrealistisches Ziel dar. Entsprechend gilt auch die Preiserreichung der Massenproduktionspreise eine nicht erreichbare Zielgröße.[354] Die Preise in Massenproduktionsdimension sind nicht zwingend erforderlich. Im Vordergrund steht die Erreichung eines gewissen Standardisierungs- bzw. Vorfertigungsgrads auf Entwicklungsebene, so dass auf Produktionsebene standardisierte Komponenten ohne Engineering-Anteil vorproduziert werden können und die Differenzierung zu einem späteren Zeitpunkt erfolgt. Daher ist das Verständnis wichtig, dass bei Engineer-to-Order Produkten zwischen entwicklungs- und produktionsbezogenen Aktivitäten unterschieden wird. RUDBERG UND WIKNER empfehlen die Betrachtung einer Entwicklungs- und Produktionsdimension.[355] Konkret ist zur Verschiebung des Individualisierungszeitpunkts die Transition von einer Engineer-to-Order Strategie in der Entwicklungsdimension und Make-to-Stock Strategie in der Produktionsdimension eine Transition

[351] vgl. Bellemare, J. et al. (2017) Managing Complexity, S. 28.
[352] i.A.a. Haug, A. et al. (2009) Mass Customization, S. 640.
[353] vgl. Haug, A. et al. (2009) Mass Customization, S. 640.
[354] vgl. Bellemare, J. et al. (2017) Managing Complexity, S. 28.
[355] vgl. Rudberg, M. et al. (2004) CODP, S. 448.

zur Engineer-to-Stock Strategie in der Entwicklungsdimension und Assemble-to-Order Strategie in der Produktionsdimension zu erfolgen.[356] Die Ergebnisse der Entwicklungsarbeit sind zu standardisieren bei der Transition vom Engineer-to-Order Prinzip zur Mass-Customisation. Hierzu wird nach HAUG ein vordefinierter Lösungsraum in frühen Phasen der Produktentwicklung empfohlen. Dieser schränkt die Variantenvielfalt ein bei gleichzeitiger Sicherstellung einer adäquaten Vielfalt. Dieser Fakt wird dem Kunden allerdings nicht direkt kommuniziert. Dem Kunden wird der Eindruck eines individuell, nach seinen Wünschen entwickelten Produkts vermittelt.[357]

Die Herausforderung bei der Transition vom Engineer-to-Order Prinzip zur Mass-Customisation besteht in der Identifikation des korrekten Maßes an Standardisierung. Der Standardisierungsgrad kann nur erreicht werden, wenn die Anforderungen von verschiedenen Produkten über gewisse Gemeinsamkeiten verfügen. Das heißt, der Handlungsbedarf besteht in der Identifikation von Elementen, die eine Standardisierungseignung aufweisen sowie deren Zusammenfassung zu einem vordefinierten Lösungsraum.[358] Bei der Betrachtung von Engineer-to-Order Produkten ist es hochrelevant nicht die Produktion des physischen Produkts zu fokussieren, sondern lediglich die Erstellung der Produktspezifikationen, die wiederum das Produkt darstellen.[359]

Nachfolgend sollen auszugsweise zwei praktische Fallbeispiele die erfolgreiche Anwendung der Transformation zur Mass-Individualisation bei komplexen Produkten demonstrieren. Das erste Fallbeispiel zeigt ein dänisches Unternehmen, welches das Konzept der Mass-Individualisation erfolgreich auf das hochkomplexe, kundenspezifische Produkt einer Zementfabrik adaptiert hat. Ein implementierter Konfigurator visualisiert nicht nur die Produktzusammensetzung, sondern hauptsächlich die Produktoptionen und assistiert in der Auswahl, Dimensionierung und Kombination von Modulen gemäß kundenspezifischen Anforderungen. Dies fördert eine Effizienzsteigerung in der Angebotserstellung durch die Nutzung vordefinierter Standards. Die modularisierte Struktur des Produkts und der durch den Konfigurator unterstützte, hoch standardisierte Prozess resultieren in einer Ressourceneinsparung von 50% in der Angebotsphase. Kundenbeziehungen werden weiterhin durch persönliche Verkaufsinteraktionen gepflegt.[360] Das zweite Fallbeispiel bildet ein deutsches Unternehmen, das schlüsselfertige Neubauten oder Revitalisierungen verschiedener Gebäudearten auf

[356] vgl. Rudberg, M. et al. (2004) CODP, S. 447.
[357] vgl. Haug, A. et al. (2009) Mass Customization, S. 637.
[358] vgl. Haug, A. et al. (2009) Mass Customization, S. 639.
[359] vgl. Haug, A. et al. (2009) Mass Customization, S. 643.
[360] vgl. Hvam, L. et al. (2017) Determing modularity levels, S. 7.

Basis von Systembauteilen anbietet. Trotz einer Variation in der Produktvielfalt, beginnt jeder Neubau bei dem Unternehmen mit denselben Ausgangsmodulen. Das Unternehmen nutzt modulare Baukästen, welche verschiedene spezifizierte Komponenten beinhalten, die den Kundenwünschen entsprechend kombiniert werden können. Dabei bestehen verschiedene Ausprägungsoptionen für einzelne Komponenten, wie beispielsweise bei der Fassadengestaltung. Während individuelle Module nicht standardmäßig vorgesehen sind, ermöglichen bestimmte Optionen wie Pulverbeschichtungen, eine Individualisierung. Durch das Baukastenprinzip (z.B. Fassaden, Tragwerke, Treppenhäuser), welches über verschiedene Produktfamilien hinweg (z.B. Parkhäuser, Schulgebäude, Hallen) angewendet wird, steigt der Standardisierungsgrad und somit auch die Wirtschaftlichkeit des Angebots des Unternehmens.[361]

Kundenintegration in der Massenfertigung

Zur erfolgreichen Umsetzung der Mass-Customisation und Mass-Individualisation ist im ersten Schritt die Erhebung der Kundenwünsche respektive Produktanforderungen und die Überführung in eine konkrete Produktspezifikation notwendig.[362] Individualisierte Produkte erfahren einen akquisitionssynchronen Produktgestaltungsprozess. Hierbei erfolgt erst im Rahmen des konkretes Akquisitionsprozesses die Analyse der spezifischen Nachfragebedürfnisse und eine entsprechende Produktgestaltung.[363] Bei der Umsetzung ist daher das Wissen darüber wie und welche Bedürfnisse des Kunden erfasst werden von hoher Relevanz. Zudem wird Wissen über geeignete Methoden und Werkzeuge zur Antizipation der Nachfrage und Analyse der Kundenanforderungen benötigt. Individualisierungsrelevante Informationen sind nach PILLER Informationen über Kunden und Informationen von Kunden. Informationen über den Kunden sind z.B. Informationen über Kundenverhaltensweisen (Kaufverhalten, bevorzugte Kommunikationskanäle), Kundeneinstellungen (bevorzugte Produkteigenschaften, Marktpräferenzen) sowie demografische Informationen (Alter, Einkommen, etc.).[364] Zu den Informationen von Kunden zählen Kundenrückmeldungen und -erfahrungen, Kundenwünsche und präferierte Optionen sowie konkrete Lösungsvorschläge. Bei der Kundenintegration zur Gewinnung individualisierungsrelevanter Informationen kann es aus verschiedenen Gründen zur Diskrepanz kommen. Die Kundenintegration wird daher nachfolgend unter dem abstrakten Aspekt einer systematischen Informationssammlung und Aufbereitung betrachtet.

[361] vgl. GOLDBECK (15.08.2023) Das GOLDBECK-System.

[362] vgl. Piller, F. (2008) Mass Customization, S. 174.

[363] vgl. Jacob, F. (1995) Produktindividualisierung, 8 f.

[364] vgl. Peppers, D. (2004) Managing customer relationships, S. 100.

Herausforderung der Kundenintegration

Die größte Herausforderung bei der Kundenintegration besteht in der eindeutigen Identifikation der Anforderungen. Oft kennen Kunden ihre tatsächlichen Bedürfnisse nicht oder sind sich deren nicht explizit bewusst aufgrund mangelnder Erfahrungen. Selbst wenn Kunden ihre Bedürfnisse kennen, sind sie oftmals nicht in der Lage diese entsprechend zu formulieren und präzisieren. Aus diesem Grund differenziert man zwischen objektiven und subjektiven Informationen. Objektive Informationen sind tatsächliche Anforderungen des Kunden und notwendig, um ein optimales Individualisierungsergebnis zu erzielen. Subjektive Informationen werden von Kunden im Zuge der Kundenintegration kommuniziert, entsprechen allerdings nicht zwingend objektiven Informationen. Abbildung 3-13 visualisiert den Zusammenhang zwischen objektiven, subjektiven und den umgesetzten Anforderungen. Ziel der Produktentwicklung ist das Erreichen einer größtmöglichen Schnittstelle zwischen den drei Anforderungsgruppen.[365]

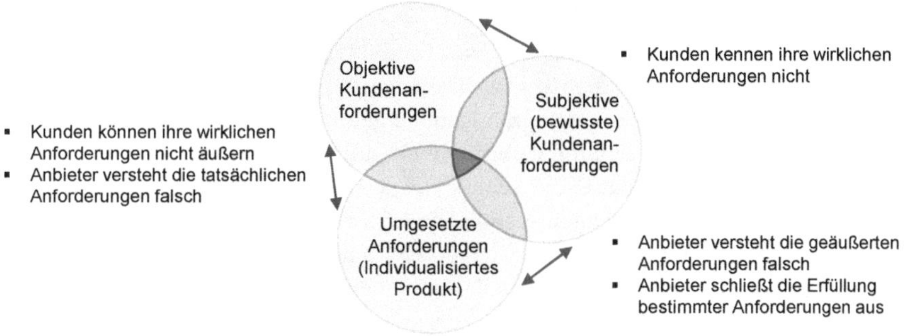

Abbildung 3-13: Problembereich bei der Erhebung von Kundenanforderungen [366]

Resultierende Anforderungen an erfolgreiche Kundenintegration

Aus den Herausforderungen resultieren Anforderungen an eine erfolgreiche Kundenintegration. Der Kunde ist im Erkennen der tatsächlichen Anforderungen zu unterstützen. Der Anbieter hat seinen eigenen Prozess kritisch zu reflektieren und muss sicherstellen der Anforderungsbegegnung gerecht zu werden. Der Anbieter muss zudem fortlaufend überprüfen, ob das Leistungsangebot den tatsächlichen Anforderungen gerecht wird und die eingesetzten Methoden geeignet sind die Anforderungen zu

[365] vgl. Blecker et al. (2005) Product Customization, S. 63 ff.

[366] i.A.a. Blecker et al. (2005) Product Customization, S. 68.

erfassen. BACKHAUS definiert einen Prozess der Informationsgewinnung und Verwertung zur erfolgreichen Umsetzung der anbieterseitigen Kundenintegration. Die fünf Leifragen zur Informationsbereitstellung reichen vom Informationsbedarf über den Informationsträger, Informationsgewinnung, Informationsaufbereitung hin zur Informationsdistribution (vgl. Abbildung 3-14).[367]

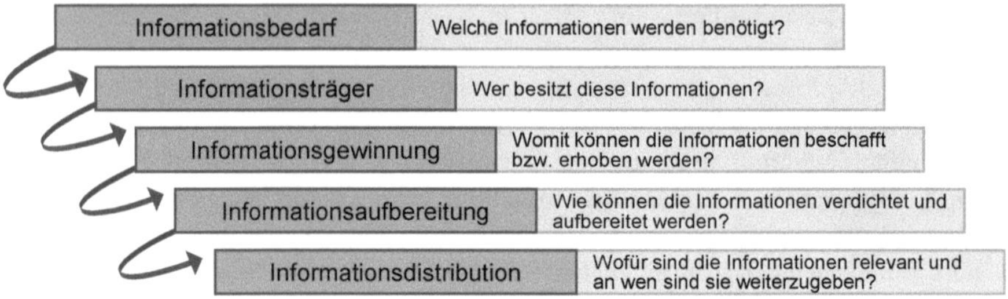

Abbildung 3-14: Fünf Leitfragen zur Informationsbereitstellung [368]

Festzustellen ist, dass die Entwicklung von Produkten in Abhängigkeit der Kunden- und Marktbedürfnisse das Erheben von direkten und indirekt geforderten Produkteigenschaften erfordert. Daraus sind vom Kunden geforderte Eigenschaften festzulegen und schlussendlich Eigenschaften zu bestimmen, die individualisierungsrelevant sind. Die Realität zeigt jedoch, dass die Schnittmenge individualisierungsrelevanter Produkteigenschaften meist vergleichsweise klein ist, verglichen mit den vom Kunden direkt und indirekt geforderten Produkteigenschaften. Aus der Anforderungsperspektive ist daher der Einsatz von individuellen Modulen sinnvoll.[369]

3.3.3 Zwischenfazit

Die Untersuchung der wissenschaftlichen Vorarbeiten zeigt, dass eine Verschiebung des Individualisierungszeitpunkts grundsätzlich möglich ist. Im Kontext der Fabrikplanung bedeutet dies einen Wandel weg vom Engineer-to-Order Prinzip hin zur Mass-Individualisation.

Für einen erfolgreichen Wandel ist es essentiell, die entstehende Produktvielfalt bereits in den frühen Planungsphasen durch vordefinierte Lösungsräume zu begrenzen. Eine adäquate Vielfalt sollte durch eine intensivere Kundeneinbindung zu einem spä-

---

367 vgl. Backhaus, K. (2003) Industriegütermarketing, S. 332.

368 i.A.a. Backhaus, K. (2003) Industriegütermarketing, S. 332.

369 vgl. Steinmeier, E. (1999) Systemtechnisches Produktmodell, S. 53.

teren Zeitpunkt im Sinne einer Produktkonfiguration angestrebt werden. Diese Herangehensweise kann die Entwicklungs- und Realisierungszeiten sowie -kosten der Produkte reduzieren, indem unternehmensstrategische Prozesse optimiert werden.

Es ist wichtig zu verstehen, dass die Kombination aus einer frühzeitigen Standardisierung und nachfolgender Individualisierung bei einem komplexen Produkt, wie es die Fabrik ist, unverzichtbar ist. Eine vollständige Standardisierung der Fabrik ist nicht realistisch, da hierdurch Kundenbedürfnisse vernachlässigt werden würden.

Im Vergleich zur Entwicklung klassischer, einfacherer Produkte sollte bei komplexen Produkten ein gewisser Standardisierungsgrad, insbesondere auf der Entwicklungsebene, im Vordergrund stehen. Dies wiederum ermöglicht später in der Produktionsphase (Umsetzung) den Einsatz von z.B. bereits standardisierten Komponenten, ohne zusätzlichen Entwicklungsaufwand zu generieren.

3.4 Kundenunabhängigeres Anforderungs- und Lösungsraummanagement

Die kontinuierliche Abfolge der Lösungssuche, -bewertung, und -auswahl in einem Produktentwicklungsprozess erfordert den kontinuierlichen Abgleich von Lösungen und Anforderungen. Aus diesem Grund wird nachfolgend zunächst das Anforderungs- und Lösungsraummanagement detaillierter betrachtet. Anschließend wird der Fokus auf Ähnlichkeitsanalysen respektive die Kundensegmentierung gerichtet. Bestehende Ansätze werden identifiziert, welche die Definition von Lösungsräumen für Kunden mit ähnlichen Anforderungen ermöglichen, anstelle der Fokussierung des Einzelkunden.

3.4.1 Anforderungs- und Lösungsraummanagement

Zur Anforderungsermittlung existieren verschiedene Hilfsmittel wie z.B. die Verwendung von Checklisten, der Szenariotechnik, Anwendung der TRIZ-Methode, Nutzung von Hauptanforderungslisten, Suchmatrizen, die Durchführung von Gesprächen mit internen und externen Stakeholdern, die Bildung von Use Case sowie das Studium von Dokumenten.[370] Um Anforderungen zu charakterisieren existieren unterschiedliche Möglichkeiten gemäß der Literatur. Eine Möglichkeit besteht in der Unterteilung nach

[370] vgl. Pahl, G. et al. (2007) Konstruktionslehre, S. 219 ff.; Ponn, J. et al. (2008) Konzeptentwicklung und Gestaltung, S. 42 ff.; Ehrlenspiel, K. (2009) Integrierte Produktentwicklung, S. 377 ff.; Ebert, C. (2012) Requirements Engineering, S. 51.

Verbindlichkeiten differenziert in Forderungen, Wünsche respektive Festanforderungen, Maximalanforderungen und Mindestanforderungen.[371] Eine zweite Möglichkeit entstammt dem Qualitätsmanagement-Bereich. Gemäß dem Kano-Modell wird zwischen Begeisterungsmerkmalen, Basismerkmalen und Leistungsmerkmalen unterschieden.[372] Eine dritte Möglichkeit liefert die Betrachtung des Zeitpunkts mit Relevanz zum Eintritt im Produktentwicklungsprozess. Anforderungen werden hierbei in die funktionelle Phase, prinzipielle Phase, gestalterische Phase oder keiner Phase zugeordnet.[373] Die verschiedenen Möglichkeiten zeigen, dass eine Vielzahl an Ansätzen zum Ermitteln und Charakterisieren von Anforderungen existiert. Es existiert allerdings kein idealer Weg zum Ermitteln und Charakterisieren und die Auswahl der Methode hat zweckmäßig und situationsspezifisch zu erfolgen.

Anforderungsraum & Lösungsraum

Die Summe aller Anforderungen werden als Anforderungsraum bezeichnet. Ein Anforderungsraum lässt sich durch indirekte Produkteigenschaften mit angestrebten Zielgrößen beschreiben.[374] Er stellt den Ausgangspunkt, aus dem der Lösungsraum abgeleitet werden kann. Der Lösungsraum umschreibt eine vergleichsweise abstrakte Menge aller vorstellbaren Lösungsmöglichkeiten für eine Aufgabe. Nach LINDEMANN wird ein Lösungsraum aufgespannt durch die Gesamtheit von Lösungsalternativen.[375] Der Lösungsraum repräsentiert die direkten Eigenschaften eines Produktes, die der Entwickler beeinflussen kann. Anforderungen stehen häufig im Zusammenhang zueinander und sind mit der Lösung verflochten. Diese Tatsache verhindert meist eine eindeutige Abgrenzung voneinander. Deshalb ist ein kontextspezifisches Verständnis notwendig, um das untrennbare Gemenge aus Anforderungen und Lösungsparametern zu verstehen. Ein ständiger Abgleich der parallelen Räume ist erforderlich aufgrund der parallel fortschreitenden Entwicklung beider Räume und der gegenseitigen Beeinflussung im Produktentwicklungsprozess.[376] Ein Anforderungs- und Lösungsraum unterliegt einer subjektiven Prägung, weshalb die Interpretation und Entwicklung vom jeweiligen Betrachter abhängig ist.[377]

---

[371] vgl. Krusche, T. (2000) Strukturierung von Anforderungen, S. 68; Schienmann, B. (2002) Kontinuierliches Anforderungsmanagement, S. 122; Pahl, G. et al. (2007) Konstruktionslehre, S. 215; Ehrlenspiel, K. (2009) Integrierte Produktentwicklung, S. 380; Franke, H.-J. (2011) Anforderungsmanagement, S. 10; Schuh, G. et al. (2012) Gestaltung von Produktentwicklungsprozessen, S. 178.

[372] vgl. Jochem, R. et al. (2011) Anforderungsmanagement, S. 40.

[373] vgl. Krusche, T. (2000) Strukturierung von Anforderungen, S. 98.

[374] vgl. Ponn, J. et al. (2011) Konzeptentwicklung und Gestaltung, S. 137 ff.

[375] vgl. Ponn, J. et al. (2011) Konzeptentwicklung und Gestaltung, S. 716.

[376] vgl. Ponn, J. et al. (2011) Konzeptentwicklung und Gestaltung, S. 27.

[377] vgl. Lenders, M. (2009) Beschleunigung der Produktentwicklung, S. 36.

Anforderungsmanagement

Die Transformation eines informatorischen Inputs in einen gewünschten Output wird nach POHL als die Aufgabe des Anforderungsmanagements beschrieben. Dies fokussiert das informale Dokumentieren, undurchsichtige Spezifizieren und Weiterentwickeln durch persönliche Sichtweisen bis hin zur kompletten Spezifikation und formalen Darstellung von Anforderungen zur allgemeinen Akzeptanz.[378] PONN UND LINDEMANN beschreiben vier Haupthandlungen zum Ermitteln, Strukturieren, Analysieren und Priorisieren sowie Pflegen und Einsteuern von Anforderungen über den Entwicklungsprozess: Permanente Ergänzung, Anpassung, Konkretisierung, Detaillierung und Revidierung im Prozess.[379] MAYER-BACHMAN versteht das Anforderungsmanagement als Aggregieren und Übersetzen nicht-technischer Anforderungen in technische Anforderungen, das Balancieren von konkurrierenden Anforderungen durch Verhandlungen, dem Prüfen der Lösung auf Erfüllung der Anforderungen und dem Validieren der Ergebnisse inklusive Risikomanagement.[380]

Lösungsraummanagement

Das Lösungsraummanagement dient nach LENDER zum Management der Freiheitsgrade bzgl. der Produktgestaltung sowie zur Entstehung notwendiger Prozesse.[381] LINDEMANN unterteilt einen Lösungsraum grundsätzlich in drei Konkretisierungsebenen: Funktionsebene, Wirkebene und Bauebene. Auf der Funktionsebene sind das Produkt und Produktkomponenten in verallgemeinerter Form dargestellt. Die Wirkebene umfasst grundsätzliche Ideen und Konzepte für Lösungen aus technischer Sichtweise. Auf der Bauebene werden anhand von Bauteilen und Baugruppen sowie deren Verknüpfung die mögliche Produktgestalt dargelegt. Die Entwicklungsaktivitäten im Lösungsraummanagement sind als richtungsweisende Pfeile in einem dreiachsigen System mit jeweils gegenläufigen Aktivitäten visualisierbar (vgl. Abbildung 3-15). Die grundlegenden Gestaltungselemente umfassen das Konkretisieren und Abstrahieren, das Zerlegen und Zusammenfügen sowie das Variieren und Einschränken.[382]

---

[378] vgl. Pohl, K. (1994) Requirements engineering, S. 246.

[379] vgl. Ponn, J. et al. (2011) Konzeptentwicklung und Gestaltung, S. 39.

[380] vgl. Mayer-Bachmann, R. (2007) Integratives Anforderungsmanagement, S. 12.

[381] vgl. Lenders, M. (2009) Beschleunigung der Produktentwicklung, S. 8.

[382] vgl. Lindemann, U. (2016) Handbuch Produktentwicklung, S. 718.

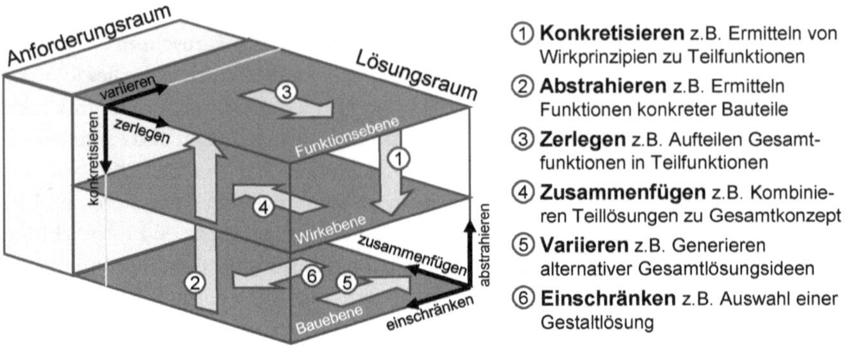

Abbildung 3-15: Aktivitäten und Ebenen im Lösungsraum [383]

Um den Lösungsraum zu systematisieren existieren in der Literatur unterschiedliche, anwendbare Methoden. Die Methoden dienen dazu, den Lösungsraum zu strukturieren, zu ergänzen, Gesamtlösungen zu ermitteln und die Lösungsvielfalt einzuschränken. Durch das Lösungsraumstrukturieren wird ein besserer Überblick hinsichtlich der Vollständigkeit bei der Lösungsraumentwicklung erzeugt. Mit der Möglichkeit einer gezielteren Lückenidentifikation kann die Lösungsmenge erweitert oder vervollständigt werden. Dazu können vorhandene Ideen variiert oder neue Ideen generiert werden, wodurch die Wahrscheinlichkeit steigt, eine optimale Lösung zu finden. Strukturierungsansätze sind z.B. das Mind Mapping, grafische Darstellung von Lösungsalternativen in einem Lösungsbaum, mehrdimensionale Ordnungsschemata als tabellarische Strukturierung oder eine Merkmalsmatrix zur Zuordnung von Ausprägungen relevanter Merkmale. Die Lösungsraumergänzung erfolgt durch kreativitätsbasierte Methoden zur Lösungsideenerzeugung. Dadurch wird die initiale Lösungsgenerierung erweitert. Anwendbare Methoden sind z.B. die systematische Variation, Verwendung von Checklisten, Konstruktionskatalogen mit einer Sammlung bekannter und bewährter Lösungen, oder Effektsammlungen mit Informationen zu technischen Effekten (Skizzen, Formeln o.ä.). Die Gesamtlösungsermittlung erfolgt durch Kombination von Teillösungen zu Gesamtlösungskonzepten. Um dies zu ermöglichen ist die vorangegangene Zerlegung der Gesamtaufgabe in Teilaufgaben unumgänglich. Methodische Werkzeuge sind z.B. der morphologische Kasten, die Kombinatorik, räumliche Integration oder die Superposition von unterschiedlichen Perspektiven. Bei der Lösungs-

[383] i.A.a. Lindemann, U. (2016) Handbuch Produktentwicklung, S. 718.

vielfalteinschränkung wird die Vielzahl theoretisch denkbarer Lösungen gezielt reduziert. Erfolgsversprechende Lösungsraumbereiche sind zu fokussieren und Prioritäten zu definieren. Anwendbare Methoden sind z.B. Reduktionsstrategien, Verträglichkeitsmatrizen, die alternierende Kombination mit einhergehender Auswahl oder die Lösungsraumbewertung.[384]

3.4.2 Analytische Ordnungsmethoden zur Kundensegmentierung

Um unterschiedliche Erscheinungsformen von Anforderungen respektive Kundengruppierungen zu beschreiben und abzuleiten, ist eine ordnende Methode erforderlich. Es existieren drei grundlegende Arten von ordnenden Methoden: Schlussfolgerungsverfahren (Induktion, Deduktion, Abduktion), interpretative Methoden (Hermeneutik, Phänomenologie) und analytische Methoden (Klassifikation, Typologisierung und morphologische Methoden).[385] Analytische Ordnungsmethoden verfolgen das Ziel, Untersuchungselemente systematisch zu ordnen, weshalb diese aufgrund der Zielstellung dieser Arbeit nachfolgend fokussiert werden.

Zur Beschreibung einer Gruppierung beziehungsweise Ordnung von Untersuchungselementen werden die Begriffe Klasse und Typus synonym verwendet, da beide Formen einer Taxonomie entsprechen. BAILEY versteht die Typologie als besondere Art einer Klassifikation. Klassifikationen sind Anordnungen von Objekten auf Basis von Ähnlichkeiten. Typologien und Taxonomien sind als unterschiedliche Arten von Klassifikationen zu verstehen. Während eine Taxonomie empirisch begründet ist, sind Typologien konstruierte respektive theoretische Konzepte. Typologien können zusätzlich auch empirische Fallstudien berücksichtigen, Taxonomien allerdings keine Konzeptionalisierung umfassen. Aufgrund der Analyse wissenschaftlicher Literatur sowie empirischer Beobachtungen liegt der Fokus in dieser Arbeit auf Typologien. [386]

Während bei einer Klassifikation klar definierte Grenzen zwischen den Klassen vorliegen, weisen Typologien vermehrt unscharfe Grenzen und fließende Übergänge zwischen den Typen auf.[387] Die zentrale Eigenschaft einer Typologie ist die interne Homogenität und externe Heterogenität. Das bedeutet, dass Elemente innerhalb eines Typus möglichst ähnlich sind und außerhalb der Typologie möglichst stark unterschiedliche Typen vorliegen.[388] Der DUDEN versteht einen Typ im Allgemeinen als eine durch

[384] vgl. Lindemann, U. (2016) Handbuch Produktentwicklung, S. 719 ff.
[385] vgl. Welter, M. (2006) Forschungsmethode der Typisierung, S. 113.
[386] vgl. Bailey, K. (1994) Typologies and taxonomies, S. 6.
[387] vgl. Kluge, S. (1999) Typenbildung, S. 31.
[388] vgl. Kelle, U. (2010) Typus, S. 85.

bestimmte charakteristische Merkmale gekennzeichnete Kategorie beziehungsweise Art von Dingen oder Personen. Die Typologisierung, auch Typisierung genannt, beschreibt die systematische Einteilung beziehungsweise Einordnung von Begriffen, Gegenständen, Erscheinungen in Gruppen, welche durch gewisse Merkmale charakterisiert werden.[389] Im Zuge der Typologisierung entsteht ein Typ aus der Zusammensetzung konkreter Merkmale respektive Merkmalsausprägungen quantitativer oder qualitativer Natur. Das Vorgehen zur Ableitung von Typen aus Merkmalen und Ausprägungen wird als typenbildendes Verfahren bezeichnet.[390] Voraussetzung hierfür ist das Vorliegen von typenbildenden Merkmalen zur Gewährleistung der Eindeutigkeit. Die Erfassung von Merkmalen und Merkmalsausprägungen erfolgt in einem Merkmalsraum, welcher als ordnendes Werkzeug zu verstehen ist.[391] Bei einer großen Anzahl von Merkmalen wird bei der Typenableitung zwischen zwei Arten differenziert. Entweder erfolgt ein reduzierter Betrachtungsumfang zum Aufbau der vollständigen Typologie oder zunächst der Aufbau einer vollständigen Typologie, um anschließend durch eine gezielte Konsolidierung differenzierte Typen abzuleiten.[392]

Herausforderungen bei der Entwicklung von Typologien sind, dass Typen meist statisch und oft nicht kontinuierlich sind. Sie sind zudem deskriptiv und nicht explanatorisch. Die Identifikation der wesentlichen Merkmale ist oft schwierig und Typologien oft schwer beherrschbar.[393]

Typenbildende Verfahren

PAULUKUHN beschreibt drei Schritte zur Typenbildung.[394] Zunächst erfolgt die systematische Ableitung relevanter Merkmale und Reduktion dieser auf ein Minimum. Anschließend erfolgt die Operationalisierung der Merkmale, wobei zu berücksichtigen ist, dass kontinuierliche Skalen in Klassen umzuwandeln sind. Im letzten Schritt werden Typen gebildet, die plausibel und in der Realität nachweisbar sein müssen sowie signifikante Unterschiede aufweisen sollten. Zur Bildung von Typen existieren statische und sachlogische Verfahren. Statische Verfahren bilden den Überbegriff aller empirisch begründeten Typenbildungsverfahren. Sachlogische Verfahren verwenden einen analytischen oder synthetischen Grundsatz zur Typenbildung ohne Rückgriff auf empirische Daten. Nach KLUGE ist die empirisch begründete Typenbildung in einem

[389] vgl. Dudenredaktion (2010) Duden Fremdwörterbuch, S. 1065.
[390] vgl. Welter, M. (2006) Forschungsmethode der Typisierung, S. 115.
[391] vgl. Kelle, U. (2010) Typus, S. 35 ff.
[392] vgl. Bailey, K. (1994) Typologies and taxonomies.
[393] vgl. Bailey, K. (1994) Typologies and taxonomies, S. 15.
[394] vgl. Paulukuhn, L. (2005) Typologisierung von Entwicklungsprojekten, S. 93.

Stufenmodell in vier Schritten anwendbar. Zunächst erfolgt die Erarbeitung von Vergleichsdimensionen, gefolgt von der Gruppierung von Fällen und Analyse empirischer Regelmäßigkeiten. Im dritten Schritt geschieht die Analyse inhaltlicher Zusammenhänge und auf dieser Basis aufbauend die Typenbildung. Der Ablauf der drei Schritte erfolgt iterativ, bis keine weiteren Vergleichsdimensionen mehr abzuleiten sind. Abschließend erfolgt im vierten Schritt die Charakterisierung der Typen.[395] Aufgrund fehlender empirischer Daten erfolgt bei der analytischen Typenbildung die Ableitung von Merkmalen und Ausprägungen indem zunächst das Untersuchungsziel definiert und der Untersuchungsbereich abgegrenzt wird. Wichtig dabei ist, die Vielzahl von Merkmalen mit möglicher Relevanz und Differenzierbarkeit insoweit zu reduzieren, dass eine Typologie zu erkennen ist bei gleichzeitig umfassender Abbildung des Untersuchungsbereichs.[396] Aufgrund der hohen resultierenden Anzahl an Optionen zur Kombination ist die kombinatorische Betrachtung als ungeeignet anzusehen bei der Typenbildung. Nach WELTER ist daher das Erschließen inhaltlicher Zusammenhänge zwischen den Merkmalen wichtig, die eine rein ordnende Logik übersteigen. Wenn bestimmte Merkmalsausprägungen verschiedener Merkmale einen gegenseitigen Ausschluss erzeugen oder einander bedingen, entstehen sogenannte Merkmalsverbünde.[397] HIRTH differenziert bei der eigentlichen Typenbildung das intuitive von dem konstruktiven Vorgehen.

Die intuitive Vorgehensweise, auch als retrogrades oder analytisches Verfahren definiert, ist ein degressives Verfahren. Aufgrund von vorliegenden Erfahrungen ist hierbei ein tatsächlicher Typ bereits bekannt und es kann eine entsprechende Merkmalszuordnung erfolgen. Bei der konstruktiven Vorgehensweise (progressives oder synthetisches Verfahren) werden neue Typen generiert durch einen sinnvollen Zusammenschluss von Merkmalen und Merkmalsverbünden.[398] Wichtig ist, die resultierenden Typen hinsichtlich der Relevanz für das Untersuchungsziel sowie der Verifizierbarkeit zu prüfen, weil das Vorgehen nicht auf die Ableitung eines bestimmten Typen ausgelegt ist. Um dem Dilemma der zu hohen Generalisierung und Individualisierung zu begegnen ist nach WELTER die Anwendung beider Verfahren zur Typenbildung zu empfehlen (vgl. Abbildung 3-16).[399]

---

395 vgl. Kluge, S. (1999) Typenbildung, S. 260.

396 vgl. Much, D. (1997) Harmonisierung technischer Auftragsabwicklung, S. 50.

397 vgl. Welter, M. (2006) Forschungsmethode der Typisierung, S. 116.

398 vgl. Much, D. (1997) Harmonisierung technischer Auftragsabwicklung, S. 51.

399 vgl. Welter, M. (2006) Forschungsmethode der Typisierung, S. 116.

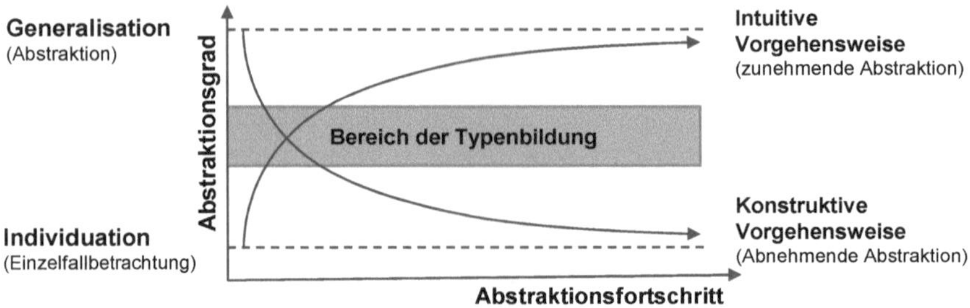

Abbildung 3-16: Bereich der Typenbildung in Abhängigkeit der Abstraktion [400]

Bei einer zu großen Anzahl theoretisch sinnvoller Typen sollte die typologische Reduktion erfolgen, um eine reduzierte Anzahl zu erreichen. Diese erfolgt durch die Reduktion der Merkmale oder mittels bereits definierter Typen.[401] Nach KLUGE existieren vier Ansätze zur typologischen Reduktion:[402]

- Vereinfachung der Dimensionen z.B. mittels Messniveauanpassung und Reduktion ordinalskalierter Merkmale zu dichotomen Merkmalen
- Forschungspragmatische Reduktion zur Zusammenlegung einzelner Typen, sofern eine Differenzierung zwischen diesen für die Klärung der Forschungsfrage obsolet ist
- Funktionale Reduktion durch die Kombination von Merkmalsausprägung, die keine oder eine geringe Auftretenswahrscheinlichkeit besitzt
- Numerische Reduktion, welche aufgrund der willkürlichen Art keiner weiteren Ausführung bedarf

GROßE-OETRINGHAUS stellt in seiner Arbeit 1974 ein Vorgehen zur methodologischen Fundierung des Typenbildungsprozesses in der Betriebswirtschaft und Ingenieurswissenschaft vor.[403] Nach GROßE-OETRINGHAUS geschieht die Typenbildung durch Abstraktion der Wirklichkeit. Durch ein Untersuchungsziel wird die sinnvolle Anzahl beschreibender Merkmale sowie die Richtung zur Abstraktion festgelegt. Im ersten Schritt der Typenbildung wird ein Untersuchungsbereich zur Abgrenzung der Typologisierung definiert, in dem die Erscheinungsformen typologisch untersucht werden.

---

[400] i.A.a. Hirt, K. (1990) Flexible Fertigungssysteme, S. 196; Much, D. (1997) Harmonisierung technischer Auftragsabwicklung, S. 49.

[401] vgl. Bailey, K. (1994) Typologies and taxonomies, S. 28.

[402] vgl. Kluge, S. (1999) Typenbildung, S. 100 ff.

[403] vgl. Große-Oetringhaus, W. (1974) Fertigungstypologie.

Aus dem Untersuchungsbereich sind immanente Bereichsziele und daraus Bereichsprobleme abzuleiten, welche bei der Bestrebung die Bereichsziele zu erreichen entstehen. Im zweiten Schritt werden wesentliche Merkmale erarbeitet, um die wichtigsten Ziele und Probleme des Untersuchungsbereichs zu kennzeichnen. Merkmale sind dann wesentlich, wenn sie im direkten oder ursächlichen Zusammenhang mit den Bereichszielen oder Problemen stehen. Der Autor weist aufgrund des Mangels an sicheren Methoden um alle wesentliche Merkmale zu erfassen, auf die Notwendigkeit des Einsatzes von Intuition hin. Auf den wesentlichen Merkmalen aufbauend werden im dritten Schritt Merkmalsausprägungsmöglichkeiten untersucht und im vierten Schritt sinnvolle Merkmalsausprägungen definiert. Dabei ist zu untersuchen, welche Bereiche auf der möglichen Skala eines Merkmals sinnvoll in Bezug auf das Untersuchungsziel erscheinen. Die Herausforderung und das Ziel bei der Definition besteht in der Erzeugung einer minimalen Anzahl an Bereichen, innerhalb derer eine Variation des Merkmals einen wesentlichen Einfluss auf das Untersuchungsziel besitzt. Zur Bereichsunterzeugung differenziert der Autor ein induktives und deduktives Vorgehen. Das induktive Vorgehen untersucht reale Erscheinungsformen des Merkmals und differenziert diese durch Abstraktion in Gruppen. Das deduktive Vorgehen erzeugt die Bereiche ausschließlich durch theoretische Untersuchungen des Merkmals. Im fünften Schritt erfolgen die Untersuchungen der Korrelationen von einzelnen Merkmalsausprägungen. Abschließend erfolgt die Bildung zwangsmäßiger Verbundtypen, die Bildung von freien Verbundtypen und die Darstellung der Typen. Ein Verbundtyp beschreibt die Kombination von Merkmalsausprägungen. Zwanghafte Verbundtypen entsprechen Kombinationen von Merkmalsausprägungen, die stets zusammen in Vorschein treten. Freie Verbundtypen sind Kombinationen von Merkmalsausprägungen verschiedener Merkmale, welche nicht zwangsweise zusammen in Vorschein treten müssen.

3.5 Bestehende Ansätze in fabrikplanerischem Kontext

Nachdem in Kapitel 3.1 bis Kapitel 3.4 eine kontextfreie Betrachtung bestehender Ansätze zur Verschiebung des Individualisierungszeitpunkts in der Produktentwicklung erfolgte, schließt in diesem Kapitel die Betrachtung bestehender Ansätze in fabrikplanerischem Kontext an. Hierzu werden bestehende Ansätze zur Modularisierung der Fabrik, Baukasten- und Plattformsysteme für die Fabrikplanung sowie die Typisierung von Fabriken und Fabrikplanungsprojekten betrachtet.

3.5.1 Modularisierung von Fabriken

Fraktale Fabrik nach WARNECKE[404]

Im Konzept der Fraktalen Farbik nach WARNECKE erfolgt eine Fabrikmodularisierung. Als Fraktal ist „eine selbstständig agierende Unternehmenseinheit, deren Ziele und Leistung eindeutig beschreibbar sind“ zu verstehen. Die Fraktale zeichnen sich durch Selbstähnlichkeit, Selbstorganisation, Selbstoptimierung, Zieloptimierung und Dynamik aus. In seiner Arbeit steht die Organisation der Fabrik im Fokus bei der Betrachtung unterschiedlicher Leistungsbereiche der Fabrik unternehmens- und branchenunabhängig. Die Idee und das Idealbild einer Fraktalen Fabrik werden in der Arbeit dargestellt und detailliert, eine ausführliche Methodenabfolge und Darlegung konkreter, anwendungsfähiger Werkzeuge bleibt allerdings offen.

Modulare Fabrik nach WILDEMANN[405]

Das Konzept der modularen Fabrik nach WILDEMANN fokussiert die Organisation der Fabrik auf Bereichsebene mittels Fertigungssegmenten. Die modulare Fabrik beschreibt nach WILDEMANN eine nach produktbezogenen Aspekten in verschiedene Fertigungssegmente unterteilte, dezentralisierte Fabrik. WILDEMANN führt konkrete Kriterien zur Bildung von Fertigungssegmenten sowie Aspekte zur Festlegung des Autonomiegrads ein. Eine Standardisierung oder Vorschlag zur Standardisierung der Fertigungssegmente wird allerdings nicht vorgenommen.

Modulare Fabrik nach WIENDAHL[406]

WIENDAHL fokussiert in seinem Konzept die Betrachtung einzelner Elemente der Fabrik innerhalb der drei Gestaltungsebenen Betriebsmittel, Organisation sowie Raum und Gebäudetechnik. Das Konzept adressiert die Wandlungsfähigkeit der Fabrik anhand von Modulen. Die Bewertung der Wandlungsfähigkeit erfolgt durch definierte Wandlungsbefähiger. Zusätzlich zur Wandlungsfähigkeit und Modularität erfolgt eine Betrachtung der Kosten der Wandlungsobjekte, welche als Planungsgrundlage für die Fabrik dienen. Der Ansatz vernachlässigt die konkrete Ableitung von standardisierten Fabrikelementen und -modulen sowie Ansätze und Methoden zur Modularisierung. Im Fokus steht die Dekomposition der Fabrik in einzelne Module.

[404] vgl. Warnecke, H.-J. (1996) Die Fraktale Fabrik.

[405] vgl. Wildemann, H. (2005) Produktordnungssysteme.

[406] vgl. Wiendahl, H.-P. et al. (2005) Planung modularer Fabriken.

Modularisierungsansatz nach HILDEBRAND ET AL.[407]

Der Modularisierungsansatz nach HILDEBRAND ET AL. basiert auf der Übertragung von etablierten Methoden und Prinzipien der Produktentwicklung in die Fabrikplanung und den Fabrikbetrieb. Durch eine PLUG+PRODUCE-Methodik sollen Fabriksysteme als Kombination und Integration von gleichen sowie verschiedenen Fabrikkomponenten und/oder leistungsfähigen Modulen zu effizienten Erfüllung fixierter Gesamtsystemfunktionen realisiert werden. Das Konzept betrachtet das System Fabrik insgesamt inklusive aller Fabrikebenen und Fabrikfelder. Es mangelt allerdings an Lösungskonzepten auf spezifischen Ebenen. Die Modularisierung und Standardisierung werden als Maßnahmen eingeführt, die Bewertungs- und Gestaltungsmethoden zur Umsetzung ebendieser finden keine Darstellung.

3.5.2 Baukästen und Plattformen für die Fabrikplanung

Baukastensystem für die Fabrikplanung nach VOET[408]

VOET entwickelt in seiner Arbeit eine Methodik zur unternehmensübergreifenden Fabrikbaukastenentwicklung für kleine und mittlere Unternehmen mit dem Ziel Aufwände in Fabrikplanungsprojekten nachhaltig zu reduzieren. Mittels eines netzwerkbasierten Ansatzes innerhalb verschiedener KMU und einer systematischen Methodik zur Baukastenerarbeitung werden Wege zu signifikanten Skaleneffekten in der Fabrikplanung aufgezeigt. Der Autor stellt in seiner Arbeit die finanziellen Vorteile und Erfolgsfaktoren der Kooperation im Netzwerk dar. In der Methodik werden zunächst Kommunalitäten zwischen verschiedenen KMUs untersucht und ein Modell zur Auswahl zu standardisierender Fabrikelemente erarbeitet. Über ein S-Kurvenmodell aus dem Technologiemanagement werden Technologiealternativen für die Baukastenerstellung erarbeitet, gefolgt von einer Beschreibung zur Ausarbeitung der Baukastenelemente. Anschließend folgt die Verdichtung zu einem übergreifenden Baukasten und ein entsprechender Konfigurator. In der Arbeit wird keine Fokussierung auf spezielle Bereiche und Ebenen der Fabrik oder Planungsphasen vorgenommen.

Mobilitätsstufenabhängige Fabrikplattformen nach WIRTH[409]

WIRTH ET AL. verfolgen die Flexibilisierung bestehender Fabriken auf einer produktionstechnischen und bautechnischen Plattform. Die bautechnische Plattform entspricht einer definierten Gebäudefläche oder einem definierten Gebäuderaum. Auf oder in ebendiesen erfolgt die Wertschöpfung mittels Objekten bestehend aus ähnlichen

---

[407] vgl. Hildebrand, T. et al. (2005) PLUG+PRODUCE.

[408] vgl. Voet, H. (2018) Baukastensysteme für die Fabrikplanung.

[409] vgl. Wirth, S. et al. (2003) Mobilitätsstufenabhängige Fabrikplattformen.

oder gleichen Eigenschaften. Die produktionstechnische Plattform entspricht einer produktionsrelevanten Fläche oder Raum. Auf oder in ebendieser erfolgt die Wertschöpfung durch produktionstechnische Objekte mit gleichen oder ähnlichen Anforderungen an die Gebäude(-ausrüstung). Das branchen- sowie unternehmensunabhängige Modulkonzept umfasst die Fabrikfelder Betriebsmittel sowie Raum und Gebäudetechnik von der Arbeitsstationsebene bis hin zur Fabrikebene.

3.5.3 Typisierung von Fabriken und Fabrikplanungsprojekten

Fabriktypen nach Wiendahl[410]

WIENDAHL beschreibt eine Morphologie von Fabriktypen basierend auf Sichtweisen der Fabrik ausgehend von der Produktionsstrategie. Die vier Sichtweisen sind die Wahrnehmung des Markts, die Position der Lieferkette, Ausrichtung der Organisation und Besitzverhältnisse der Produktionsmittel. Die Wahrnehmung des Markts umfasst die Wettbewerbsposition der Fabrik (z.B. kostenminimal, reaktionsschnell, kundenindividuell, ...). Die Rolle der Fabrik in der Erstellung des Endprodukts beschreibt die Position der Lieferkette (bspw. Teile-, Modul-, Subsystemlieferant, ...). Die Ausrichtung der Organisation spiegelt die organisatorische Koordination der Fabrik wider (bspw. funktional, segmentiert, vernetzt, virtuell). Die Besitzverhältnisse der Produktionsmittel beschreiben die Bezahlungsform der Maschinen und Anlagen (bspw. Eigentum, Miete, Leasing, ...). Die beschriebenen Ausprägungen sind als idealtypisch bezeichnet. In der Realität sind Fabriken allerdings durch mehrere Ausprägungsformen unterschiedlicher Intensität geprägt. Die Morphologie dient entsprechend als Ausgangsbasis und Grundlage für strategiebezogene Diskussionen beim Umbau oder Neubau von Fabriken.

Morphologisches Modell der Fabrik nach VDI 5200[411]

Das Morphologische Modell erweitert das Fabrikplanungsvorgehen nach VDI 5200 und unterstützt in der Zielfestlegung der Fabrikplanung in frühen Planungsphasen. Den Modellkern bilden die drei Gestaltungsfelder Organisation, Technik und Immobilie als einzige vorgeschriebene Komponenten des morphologischen Modells. Weitere Modellkomponenten sind als Vorschlag zu verstehen und bei Verwendung anpassbar. Gestaltungsobjekte konkretisieren die Gestaltungsfelder und sind durch Ausprägungsformen ausdetailliert. Für das Gestaltungsfeld Organisation, bildet die Arbeitsorganisation ein beispielhaftes Gestaltungsobjekt mit den Ausprägungen Einzelarbeit, Grup-

[410] vgl. Wiendahl, H.-P. (2014) Handbuch Fabrikplanung.

[411] vgl. VDI - Gesellschaft für Produktionstechnik (2009) VDI 5200.

penarbeit, etc. pp für die Auswahl der Arbeitsform. Durch die freie Auswahl von Gestaltungsobjekten und Ausprägungsformen ist das Modell sehr flexibel, bietet allerdings keine Anweisungen zur sinnvollen Auswahl.

Fabriktypen nach SCHENK und WIRTH[412]

SCHENK UND WIRTH ermöglichen durch eine Morphologie die Einteilung von Fabriken in Fabrikarten. Eine Fabrikart ist die Kombination von Ausprägungen in der Morphologie. Aufgrund der hohen resultierenden Anzahl möglicher Fabrikarten wird die Typenbildung der Fabrikarten als zusätzliche Komplexitätsreduktion an einem einzigen, initialen Beispiel betrachtet. Die Morphologie verfügt über 18 Merkmale (bspw. Produkt, Erzeugnisgröße, Fertigungsart, Aufbauorganisation, Fabrikrealität, ...). Aus dem Ansatz geht keine klare Methodik zur Auswahl der Merkmale und Merkmalsausprägungen sowie Erklärung ebendieser hervor. Potentielle Fabriktypen sind durch die Autoren auf vier Betrachtungsebenen festgelegt worden allerdings ohne eine Verknüpfung zur Morphologie vorzunehmen. Die vier Betrachtungsebenen umfassen die Marktebene (z.B. High-Tech-Fabrik, Wertorientierte Fabrik), Unternehmensebene (z.B. Funktionale Fabrik, Segmentierte Fabrik), Prozessebene (z.B. Autonome Fabrik, Vernetzte Fabrik) und die Ressourcenebene (z.B. Energiefluss, Informationsfluss).

Fabriktypen nach HILCHNER[413]

HILCHNER entwickelt in seiner Arbeit eine Typisierung begründet auf der These, dass in der Praxis in Abhängigkeit des Fabriktyps verschiedene Planungsaufgaben unterschiedliche Relevanz besitzen. Mit dem Ziel einer typenorientierten Planung sollen Kosten- und Zeitziele besser adressiert werden. Für die Typisierung entwickelt er die drei Merkmalgruppen: Produktmerkmal, Produktionsmerkmal und Prozessmerkmal. Mittels Definition verschiedener Ausprägungen der Merkmale innerhalb der Merkmalgruppe entwickelt er die Matrix zur Typisierung von Fabriken. Als Ergebnis leitet HILCHNER vier repräsentative Fabriktypen her auf Basis einer Clusteranalyse von 60 in der Praxis durchgeführten Fabrikplanungsprojekten. Die repräsentativen Fabriktypen sind die segmentierte, schnelle, flexible und dedizierte Fabrik. Unterschieden werden diese anhand der Dimensionen Produkt- und Prozessorientierung, sowie Stückzahl- und Variantenorientierung. Segmentierte Fabriken sind produkt- und variantenorientiert. Schnelle Fabriken sind produkt- und stückzahlorientiert. Dedizierte Fabriken sind prozess- und stückzahlorientiert. Flexible Fabriken sind prozess- und variantenorientiert.

[412] vgl. Schenk, M. (2014) Fabrikplanung und Fabrikbetrieb.

[413] vgl. Hilchner, R. (2012) Typenorientiertes Lösungsraum-Management.

Typfabrik nach HILDEBRAND ET AL.[414]

Die Typfabrik nach HILDEBRAND ET AL. beschreibt ein Konzept zur unternehmensübergreifenden Nutzung der Standardisierung unternehmensinterner Fabrikmodule zum unternehmensunabhängigen Einsatz und zur Vermarktung. Der Ansatz fokussiert in den Betrachtungen vorwiegend die Werksstruktur- und Gebäudeebene. Ein Vorschlag zur gemeinsamen Nutzung Maschinen und Anlagen wird nicht diskutiert. Es wird lediglich der Ansatz der gemeinsamen Verwendung der Fabrikmodule vorgestellt, die konkrete Ausarbeitung beziehungsweise Umsetzung wird nicht explizit erläutert.

Bluefield Plug+Produce nach SREDIC[415]

SREDIC entwickelt im automobilen Kontext der Fabrikplanung ein Fabrikkonzept auf Basis eines standardisierten, „schwimmenden" und kombinierbaren Grundmoduls. Mit Hilfe von weiteren, zusätzlichen Standardmodulen kann der Grundaufbau der Fabrik zur Abbildung einer gesamten Wertschöpfungskette flexibel und in kürzester Zeit erweitert werden. SREDIC sieht im Kern des Konzepts eine enge Vernetzung der Unternehmen über bestehende Zulieferer- und OEM-Hierarchien hinweg. Die unternehmensübergreifende Vernetzung der Unternehmen sieht eine Betrachtung der gesamten Wertschöpfungskette vor. Eine Modularisierung wird in seiner Arbeit angedeutet und als notwendig eingestuft, die Lösungsfindung jedoch nicht detailliert.

Fabriktypologisierung nach SPATH ET AL.[416]

Das Konzept nach SPATH ET AL. betrachtet vorwiegend die Wandlungsfähigkeit von Fabriken. Die Wandlungsfähigkeit wird in dem Ansatz durch Entwicklung eines Strukturbaukastens bei paralleler Typisierung von Fabriken hervorgerufen. Den Fokus der Betrachtungen bilden die Anforderungsanalyse an die Fabrik und Zuordnung eines Planungsfalls zu den Anforderungen. Die Fabriktypologisierung (morphologischer Kasten) entspricht einem Planungsfall, wodurch wesentliche Erfolgsfaktoren für die Fabrik dem Planer als Vision beigesteuert werden. Auf die Definition des Planungsfalls erfolgt die Unterstützung der eigentlichen Fabrikplanung mit Strukturbausteinen aus einem Baukastensystem. Die Arbeit umfasst lediglich ein grobes Konzept zur Entwicklung eines Baukastensystems, Vorschläge zur Modulentwicklung oder die Bausteinauswahl verbleiben außerhalb des Betrachtungsbereichs.

[414] vgl. Hildebrand, T. et al. (2004) Fabrik als Produkt.
[415] vgl. Sredic, V. (2011) Bluefield Plug & Produce.
[416] vgl. Spath, D. et al. (2002) Wandlungsfähigkeit und Planung.

3.6 Darstellung des Forschungsbedarfs

Die Ergebnisse der Analyse von Arbeiten der verschiedenen Autoren offenbaren, dass vorgestellte Ansätze zur Verschiebung des Individualisierungszeitpunkts bislang nur teilweise Berücksichtigung in der Fabrikplanung erfahren. Dennoch existieren Anknüpfungspunkte. Eine essentielle Rolle in der Produktentwicklung spielen das Verständnis und der gezielte Aufbau von Produktarchitekturen sowie die Modularisierung, besonders wenn es darum geht, den Individualisierungszeitpunkt zu beeinflussen (vgl. Kapitel 3.1.1). Zwar finden sich in der Fabrikplanung Ansätze, die die Modularisierungsidee aufgreifen (vgl. Kapitel 3.5), jedoch bleibt oftmals nur eine Ideenbeschreibung ohne konkrete Operationalisierung. Werkzeuge wie Baukastensysteme und Plattformen dienen dazu, Produkte zu strukturieren und systematisch Wissen in die Produktentwicklung einzubringen.[417] Diese Werkzeuge helfen dabei, den Lösungsraum im Produktentwicklungsprozess systematisch zu bearbeiten und die Lösungsvielfalt zu reduzieren (vgl. 3.4.1). Etablierte Lösungen können in verschiedenen Produktentwicklungsprozessen dank Plattformen wiederverwendet werden.[418] Da Plattformen im Vergleich zu Baukastensystemen keine Konfiguration von Modulen benötigen, bieten diese höhere Skaleneffekte.[419] Im Kontext der Fabrikplanung sollte der Fokus daher auf der Entwicklung von Plattformen als Werkzeug der Produktarchitekturgestaltung liegen. Die Plattformen stellen etablierte Lösungen bereit, die im projektspezifischen Planungsvorgehen mit Kundenbeteiligung zur weiteren Konkretisierung des Gesamtprodukts Fabrik herangezogen werden.

Wie bereits im Zwischenfazit in Kapitel 3.3.3 erläutert, stellt die Bestimmung des optimalen Standardisierungsgrades im Übergang der Fabrikplanung vom Engineer-to-Order Prinzip zur Mass-Individualisation eine zentrale Herausforderung dar.[420] Um diesen Grad festzulegen, müssen sowohl die spezifischen Anforderungen einzelner Kunden an das Produkt als auch mögliche Gemeinsamkeiten ermittelt werden.[421] Diese sind den potenziellen Lösungsoptionen gegenüberzustellen (vgl. 3.4.1), welche durch die Produktgestalt widergespiegelt werden. Je höher dabei die Homogenität der Kun-

[417] vgl. Arnoscht, J. (2011) Beherrschung von Komplexität, S. 21.

[418] vgl. Kristjansson, A. et al. (2004) Platform, S. 329; Baldwin, C. et al. (2008) Architecture of Platforms, S. 23.

[419] vgl. Gawer, A. (2014) Technological Platforms, S. 1242.

[420] vgl. Haug, A. et al. (2009) Mass Customization, S. 639.

[421] vgl. Haug, A. et al. (2009) Mass Customization, S. 639.

denanforderungen ist, desto mehr vergrößert sich der mögliche Standardisierungsgrad.[422] Dies resultiert in einem Nutzenzuwachs in Form von Zeit- und Kostenvorteilen in Planung und Realisierung.

Im Kontext des Fabrikplanungsprozesses besteht der Handlungsbedarf darin, solche Fabrikmerkmale, wie z.B. die Hallenhöhe, zu identifizieren, die grundsätzlich für eine Standardisierung geeignet sind und daher als Plattformbestandteil dienen können. Die Fabrikmerkmale sollten dabei für den Kunden keinen Wunsch nach individueller Anpassung erwecken. Zwar soll dem Kunden der Eindruck vermittelt werden, dass dieser ein vollständig individuell nach seinen Wünschen entwickeltes Produkt erhält. Aber in Wirklichkeit wird nur eine individuelle Erweiterung einer für den Kunden nicht direkt sichtbaren Plattform vorgenommen.[423] Aus diesem Grund muss die Kundeneinbindung auch weiterhin eine wesentliche Rolle in der Fabrikplanung spielen und darf nicht gänzlich vernachlässigt werden. Im Sinne des angestrebten Ansatzes der Mass-Individualisation in der Fabrikplanung sollte der Kunde in zwei Phasen des Wertschöpfungsprozesses eingebunden werden. Zusätzlich zur Konfiguration des Produkts beim Vertrieb sollte eine Integration im Rahmen der initialen Plattformauswahl erfolgen (vgl. 3.3.1). Bei der Plattformentwicklung ist es wichtig, angesichts des zu erwartenden Entwicklungsaufwands, langfristige Trends und Entwicklungen zu berücksichtigen.[424] Die Art und Anzahl der Plattformschnittstellen für kundenindividuelle Erweiterungen in Form von Modulen, wie beispielsweise spezielle Produktionsausrüstungen, müssen so konzipiert werden, dass eine ausreichende Flexibilität geboten wird. Dies ermöglicht, dass Anpassungen über Module erfolgen können und die Anpassungen auf Hersteller übertragbar sind, wodurch eine schnellere Reaktion auf veränderte Randbedingungen der Unternehmensumwelt auch für Externe ermöglicht wird.[425]

Nach der Analyse theoretischer Grundlagen und Untersuchung bestehender Ansätze zur Verschiebung des Individualisierungszeitpunkts ist ein weiteres Zwischenziel dieser Arbeit erreicht. Der Forschungsbedarf an der Schnittstelle zwischen Produktentwicklung und Fabrikplanung wurde umfassend beschrieben. Zur Beantwortung der Forschungsfrage dieser Arbeit, wird zunächst der Forschungsbedarf anhand der folgenden zwei Fragestellungen aufgezeigt:

[422] vgl. Piller, F. (2008) Mass Customization, S. 116.
[423] vgl. Haug, A. et al. (2009) Mass Customization, S. 637.
[424] vgl. Lindemann, U. (2016) Handbuch Produktentwicklung, S. 134.
[425] vgl. Koren, Y. et al. (2015) Mass-Individualization, S. 67.

Wie kann ein einzelkundenentkoppeltes Vorgehen in der Planung und Umsetzung von Fabriken mit Hilfe einer Plattform erfolgen?

Wie kann ein plattformbasiertes Planungsvorgehen als Ergänzung bestehender Methoden in der Praxis angewendet werden?

Nachfolgend werden die Antworten auf die Fragestellungen entwickelt. Kapitel 4 umfasst hierzu die Methodik der Plattformbasierten Fabrikplanung. Die Methodik wird in den weiteren Kapiteln detailliert und in ein Planungsvorgehen überführt, um die Beantwortung der formulierten Fragestellungen zu ermöglichen.

4 Methodik der Plattformbasierten Fabrikplanung

In Anbetracht der Zielsetzung dieser Arbeit und der ausgewählten Forschungsmethodik erfolgt in diesem Kapitel die Konzipierung eines Vorgehens zur einzelkundenentkoppelten Fabrikplanung durch die Integration der Plattformstrategie. In Kapitel 4.1 erfolgt die Darstellung der inhaltlichen und formalen Anforderungen, die sich aus dem skizzierten Betrachtungs- und Objektbereich an die Plattformbasierte Fabrikplanung ergeben. Darauf aufbauend wird die grundlegende Lösungshypothese dieser Arbeit formuliert, welche das Grobkonzept der Arbeit widerspiegelt (Kapitel 4.2). Das Konzept der Plattformbasierten Fabrikplanung funktioniert als Planungsgrundlage und wird in bestehende Planungsansätze integriert (Kapitel 4.3).

4.1 Anforderungen an die Plattformbasierte Fabrikplanung

Die systematische Entwicklung des Konzepts zur Plattformbasierten Fabrikplanung erfordert eine sorgfältige Berücksichtigung sowohl inhaltlicher als auch formaler Anforderungen. Diese fungieren als essentielle Leitlinien, die den Autor bei der Entwicklung des Grobkonzepts steuern und somit eine zuverlässige Qualitätssicherung gewährleisten. Im Nachfolgenden sind die inhaltlichen und formalen Anforderungen zu definieren.

4.1.1 Inhaltliche Anforderungen

Die inhaltlichen Anforderungen erschließen sich aus der Zielsetzung der Arbeit (Kapitel 1.1), dem Handlungsbedarf aus Sicht der Praxis (Kapitel 2.3) und dem Theoriezusammenhang sowie Forschungsbedarf (Kapitel 3.6). Zusätzlich zur systematischen Entwicklung des Grobkonzepts werden die Anforderungen für die durchzuführende Validierung (Kapitel 6) herangezogen. Abbildung 4-1 fasst die Anforderungen in einem Anforderungsprofil zusammen, welches als Referenz für die weitere Konzeption und Ausarbeitung des einzelkundenentkoppelten Planungsvorgehens dient.

Aus der Zielsetzung der Arbeit resultiert die Anforderung nach einem Planungsvorgehen für die Fabrikplanung, das ein effektives und effizientes Planungsvorgehen und Planungsergebnis in einem wettbewerbsintensiven und volatilen Unternehmensumfeld ermöglicht. Zusätzlich zur Steigerung der Kosten- und Termintreue soll das Planungsvorgehen und -ergebnis dazu beitragen, die Fabrik für die gegenwärtigen Bedürfnisse der Kunden als auch für zukünftige Anforderungen zu entwickeln.

Aus Sicht der Praxis ergeben sich aus den skizzierten Herausforderungen vier zentrale Anforderungen an das Planungsvorgehen: Kommunalitätsorientierung, erfahrungsbasierte Herangehensweise, situationsspezifische Anpassungsfähigkeit und Werterhaltung.

Die Kommunalitätsorientierung zielt darauf ab, in der Planung Gemeinsamkeiten innerhalb der fabrikspezifischen Produktstruktur zu erzeugen und in der Realität abzubilden. Die Folge ist eine besser handhabbare Planungskomplexität und eine Verringerung des Bedarfs an individuellen Planungsanteilen. Dies reduziert die Anzahl der zu planenden Teilsysteme und Komponenten der Fabrik, was wiederum die Planungsaufwände einschließlich der Koordinations- und Entscheidungsaufgaben minimiert.

Die erfahrungsbasierte Herangehensweise stellt eine Antwort auf die mangelnde Verfügbarkeit von Best Practices und den wachsenden Bedarf an Expertenwissen in wiederkehrenden Planungsprojekten dar. Indem Erfahrungen aus vorangegangenen Projekten einbezogen werden, wird nicht nur die Qualität der Planungsergebnisse sichergestellt, sondern auch die Anzahl der notwendigen Bewertungen und Einzelfallentscheidungen reduziert. Dadurch wird der Mensch als Subjekt der Planung sowohl kapazitiv als auch inhaltlich entlastet.

Unerlässlich ist die Fähigkeit, das Planungsvorgehen an spezifische Situationen anzupassen, um den Kundenbedürfnissen trotz gesteigerter Kundenentkopplung gerecht zu werden. Es ist daher wichtig, den jeweiligen Planungskontext zu berücksichtigen und das richtige Gleichgewicht zwischen Standardisierung und Individualisierung zu berücksichtigen, das der jeweiligen Situation angemessen ist.

Die Anforderung der Werterhaltung umfasst den Anspruch, eine empirisch optimale Fabrik sowohl für die Gegenwart als auch mit Blick auf die Zukunft zu entwerfen. Hierbei sind Randbedingungen zu beachten, die sich aus langfristigen, wechselnden Planungsszenarien ergeben z.B. durch neue Nutzungszwecke der Fabrik. Anpassungsaufwände sind zu minimieren und ein beständiger Wert für die Eigentümer und Betreiber der Fabrik langfristig zu gewährleisten.

Anforderungen aus der Zielsetzung der Arbeit

- Fabrikplanungsansatz für wettbewerbsintensives und volatiles Planungsumfeld
- Steigerung Planungseffektivität und -effizienz sowie Kostensicherheit
- Ermöglichung empirisch optimaler Fabriken für Heute und die Zukunft

Anforderungen aus Sicht der Praxis

Kommunalitätsorientiert

- Verwendung von Gemeinsamkeiten
- Auflösung Individualisierungszwang
- Reduktion Planungsaufwände

Situationsspezifisch

- Berücksichtigung Planungskontext
- Anwendung idealer Standardisierungsgrad
- Befriedigung Kundenbedürfnisse

Erfahrungsbasiert

- Ausgleich mangelndes Wissen
- Absicherung etablierter Lösungen
- Entlastung Planungssubjekt Mensch

Werterhaltend

- Berücksichtigung wechselnder Planungsszenarien
- Vermeidung und Verringerung künftiger Anpassungsaufwände

Anforderungen aus Sicht der Theorie

- Betrachtung einer Fabrik-Produktarchitektur aus modularer Perspektive
- Reduktion und Vereinfachung der Einzelkundenintegration im Planungsvorgehen
- Integration situationsspezifischer, vordefinierter Lösungen in Planungsbasis
- Fokussierung Lösungen früher Planungsphasen und indirekter Kundenwahrnehmung

Abbildung 4-1: Zusammenfassung der inhaltlichen Anforderungen

Aus wissenschaftlicher Perspektive ist ein Planungsvorgehen erforderlich, das die Fabrik unter dem Aspekt der modularen Produktarchitektur betrachtet. Das Vorgehen muss situationsspezifisch sein und vordefinierte Lösungen aus einem generischen Lösungsraum in einer Planungsbasis vereinen. Im Zentrum der Planungsbasis stehen Inhalte, die in frühen Phasen der Planungsprojekte besonders wichtig sind und zugleich indirekte Aspekte der Kundenwahrnehmung repräsentieren. Die Einbindung des Einzelkunden erfolgt dabei gezielt, jedoch in reduziertem Umfang und auf vereinfachte Weise, um den Eindruck einer umfassenden Individualität der Fabrik zu erzeugen.

Untersuchungen bestehender Theorieansätze in Kapitel 2 und Kapitel 3 zeigen, dass die Fabrik selbst als Produkt und die Fabrikplanung als Produktentstehungsprozess verstanden werden können. Daraus folgt, dass die Plattformstrategie und das Prinzip der Standardisierung als Kernelemente dienen können, die analog in die Fabrikplanung überführt werden sollen. Bei der weiteren Konzeption des Planungsvorgehens werden daher Elemente aus bestehenden Konzepten der klassischen Produktentwicklung und der Plattformstrategie in die Fabrikplanung übertragen, wobei spezifische Randbedingungen der Fabrikplanung berücksichtigt werden.

4.1.2 Formale Anforderungen

In Ergänzung zu den beschriebenen inhaltlichen Anforderungen gilt es, formale Anforderungen zu berücksichtigen, um eine systematischen Herangehensweise zur Konzeption der Lösung in Teilmodellen sicherzustellen. Modelle sind lediglich eine vereinfachte Darstellung der Realität und bilden lediglich einen Teil der Wirklichkeit ab.[426] STACHOWIAK identifiziert drei Hauptmerkmale, die ein Modell kennzeichnen: Abbildungsmerkmal, Verkürzungsmerkmal und pragmatisches Merkmal.[427] PATZAK stellt die optimale Wirksamkeit bei der Erstellung von Modellen in den Vordergrund. Um die optimale Wirksamkeit zu erreichen, müssen spezifische formale Anforderungen erfüllt werden, die für ein Modell charakteristisch sind: [428]

- Empirische Richtigkeit: Das Modell soll eine bestmögliche Übereinstimmung des Modellverhaltens mit Beobachtungen des beschriebenen empirischen Phänomens, d.h. einen Realitätsbezug aufweisen
- Formale Richtigkeit: Das Modell soll widerspruchsfrei und formal einwandfrei sein. Ergebnisse sind möglichst quantitativ darzulegen und wiederholbare und entsprechend nachprüfbare Aussagen sollen vorliegen
- Produktivität: Das Modell sollte Zweckbezogenheit durch die Darstellung von inhaltlich und formal brauchbaren Antworten auf modellbezogene, spezifische Fragestellungen aufweisen
- Handhabbarkeit: Das Modell soll eine leichte Anwendbarkeit und Interpretierbarkeit der produzierten Ergebnisse aufweisen
- Wirksamkeit: Das Modell soll in der Erstellung und Anwendung möglichst aufwandsarm sein

Ein Zielkonflikt ergibt sich aus dem Kompromiss zwischen der Erfüllung der ersten drei Anforderungen und den letzten beiden. Der Wunsch nach empirischer und formaler Richtigkeit steigert den Aufwand in der Modellerstellung und -anwendung, was sich negativ auf die Handhabbarkeit und Wirksamkeit auswirkt. Der resultierende Zielkonflikt ist durch eine zielorientierte Vereinfachung des Modells aufzulösen.[429] Für die Konzeptionierung des einzelkundenentkoppelten Planungsvorgehens bedeutet

[426] vgl. Herold, C.Unternehmensstrukturierung, S. 31.

[427] vgl. Stachowiak, H. (1973) Allgemeine Modelltheorie, S. 131 ff.

[428] vgl. Patzak, G. (1982) Systemtechnik, S. 309 f.

[429] vgl. Riesener, M. (2015) Ähnlichkeitsbasierte Produktkonfiguration, S. 104.

dies ein ausgewogenes Verhältnis zwischen Vereinfachung und Genauigkeitsverlust zu erreichen, um sowohl die Praxistauglichkeit als auch formale und empirische Korrektheit sicherzustellen.[430] Es ist möglich, erforderliche Vereinfachungen in Bezug auf Ziele, Randbedingungen und Beschränkungen, Gestaltungsparameter sowie auf die Abhängigkeit zwischen diesen in Form von Zusammenhängen vorzunehmen.[431] In Kapitel 6 wird die formale Richtigkeit bewertet, wobei der methodische Ansatz zur Modellentwicklung sowie die Validierung des entwickelten Modells durch Fachexperten in der Praxis kritisch geprüft werden, um den Realitätsbezug sicherzustellen. Die Produktivität des Modells wird durch konkrete Handlungsempfehlungen gewährleistet, die dem Planer neben theoretischen Erkenntnissen zur Verfügung gestellt werden. Um der Anforderung an die Handhabbarkeit gerecht zu werden, werden Vorlagen, Erklärungen und Anweisungen zur Auswertung der Ergebnisse bereitgestellt. Das entwickelte Planungsvorgehen weist Beschreibungs-, Erklärungs- und Gestaltungsfunktionen auf und befähigt den Fabrikplaner den Planungsprozess effizienter und effektiver zu gestalten.

4.2 Etablierung typenspezifischer Plattformen als Planungsgrundlage in der Fabrikplanung

Der Wandel der Fabrikplanung mit Einzelkundenbezug hin zur einzelkundenentkoppelten Fabrikplanung mit Hilfe der Plattformstrategie hat einen Perspektivwechsel zur Folge. Im Rahmen des Fabrikplanungsprozesses soll die Plattform eine Planungsbasis zur Verfügung stellen und standardisierte Fabrikmerkmale mit Spezifikationen für z.B. die Hallenhöhe, das Stützenraster oder die Bodentragfähigkeit beinhalten. Darauf aufbauend wird ein individueller Planungsanteil ergänzt, der vom Kunden mitbestimmt wird.

Bei der Plattformentwicklung können zwei Extremfälle unterschieden werden. Eine Plattform mit einer geringen Anzahl standardisierter Fabrikmerkmale, d.h. einem geringen Plattformumfang, erfordert einen großen Anteil an nachfolgender individueller Planung. Dank des geringen Plattformumfangs ist der Entwicklungsaufwand der Plattform vergleichsweise gering. Zudem sind individuelle Kundenanforderungen durch den hohen Individualisierungsanteil einfach zu erfüllen. Der Mehrwert hinsichtlich der Erreichung von Zeit- und Kostenzielen, d.h. die Effizienzsteigerung gegenüber

[430] vgl. Lenders, M. (2009) Beschleunigung der Produktentwicklung, S. 103.
[431] vgl. Patzak, G. (1982) Systemtechnik, S. 315.

konventionellen Planungsvorgehen wird allerdings gering ausfallen aufgrund des geringen Plattformumfangs. Maximiert man im Gegenzug den Plattformumfang durch eine hohe Anzahl standardisierter Fabrikmerkmale steigt die Planungseffizienz. Dies ist jedoch nur möglich, wenn weitestgehend statische und homogene Kundenanforderungen vorliegen. Andernfalls besteht die Gefahr vorliegende Anforderungen nicht adäquat zu erfüllen. Die vom Autor dieser Arbeit durchgeführte Studie bestätigt allerdings, dass diese Bedingung in der Fabrikplanung nicht ausreichend erfüllt wird.[432] Aufgrund zu heterogener Zielsetzungen der produzierenden Unternehmen variieren die Kundenanforderungen, wodurch unterschiedliche Planungsfälle mit einer eigenen Planungsfallcharakteristik entstehen. Das Dilemma zwischen Standardisierung und Individualisierung in der Plattformentwicklung stellt somit eine erhebliche Herausforderung dar, die ohne Berücksichtigung der Planungsfallcharakteristik kaum zu überwinden ist (vgl. Abbildung 4-2).

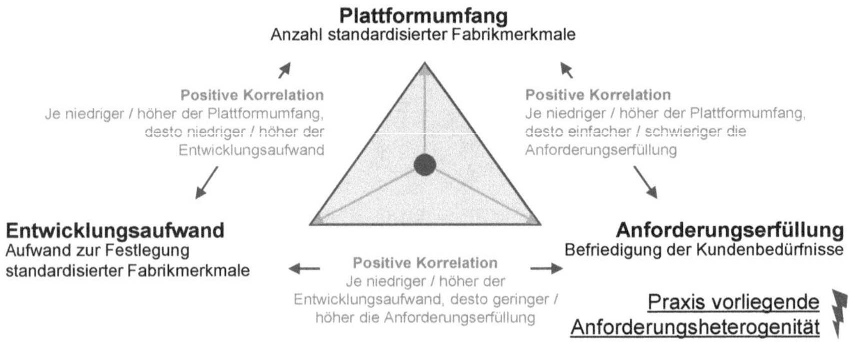

Abbildung 4-2: Spannungsdreieck in der Plattformentwicklung

Um diesem Dilemma zu begegnen, soll die Beschränkung der Entwicklung einer einzelnen Plattform aufgehoben werden. Stattdessen wird ein Ansatz verfolgt, der den Kunden eine speziell für den jeweiligen Planungsfall zusammengestellte Plattform am Kundenkopplungspunkt zur Verfügung stellt. Das heißt, dass Plattformen jeweils für ähnliche Planungsfallcharakteristiken, welche durch ähnliche Kundenanforderungen geprägt sind, entwickelt werden. Hierdurch soll der Heterogenität der Anforderungen begegnet werden. Die Homogenisierung der Anforderungen vereinfacht das Festlegen

[432] vgl. Dackweiler, J. et al. (2023) Fabrikplanungsplattformen.

der standardisierten Fabrikmerkmale, erhöht die Anzahl standardisierbarer Fabrikmerkmale, also den Plattformumfang und reduziert gleichzeitig den Entwicklungsaufwand (vgl. Abbildung 4-3).

Abbildung 4-3: Homogenisierung der Anforderungen zur Spannungsauflösung

Daraus resultiert die Notwendigkeit, jeweils verschiedene Plattformen situationsspezifisch bereitzustellen. Diese Plattformen können dabei je nach Planungsfall aus einer Kombination unterschiedlicher, standardisierter Fabrikmerkmale bestehen. Da die Zusammensetzung der Plattform stark vom jeweiligen Planungsfall abhängt, ist ein geeignetes Instrument zur Charakterisierung der Planungsfälle erforderlich. Die in diesem Kapitel zu formulierende Lösungshypothese präsentiert einen zentralen Lösungsansatz zur Auflösung des beschriebenen Dilemmas in der Fabrikplanung. Die Lösungshypothese dient als Ausgangspunkt für die Entwicklung des Plattformbasierten Fabrikplanungsvorgehens und der zugehörigen Teilmodelle.

Lösungshypothese

> Die Entwicklung von Plattformen, die auf spezifischen Planungsfällen basieren, reduziert die Abhängigkeit von Einzelkunden in der Fabrikplanung.
>
> Typenspezifische Plattformen werden situationsgerecht zusammengestellt. Sie kombinieren eine optimale Anzahl standardisierter Fabrikmerkmale um stets das ideale Verhältnis zwischen Standardisierung und Individualisierung in Abhängigkeit vom Planungsfall anzustreben.

Abbildung 4-4 visualisiert das Prinzip der typenspezifischen Plattformgenerierung.

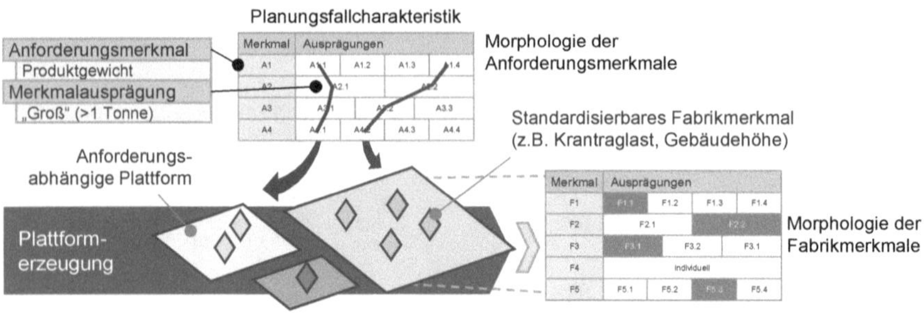

Abbildung 4-4: Beispielhafte Visualisierung des Prinzips zur Plattformgenerierung

Die Methodik der Typisierung dient als zentrales Instrument zur Erfassung und Darstellung von Planungsfällen sowie zur Bestimmung von Fabrikmerkmalen, die sich für die Standardisierung eignen. Ähnlichkeiten zwischen Typen können sich in Aspekten wie z.B. Prozessketten, Geschäftsmodellen, Leistungsanforderungen oder Infrastrukturanforderungen manifestieren (vgl. Kapitel 4.2.1). Aufgrund der eingangs identifizierten maximal sinnvollen Anzahl an standardisierten Fabrikmerkmalen in einer Plattform, wird in Kapitel 4.2.2 ein sinnvoller Betrachtungsbereich hinsichtlich zu integrierender Fabrikmerkmale bestimmt. Kapitel 4.2.3 beschreibt schließlich, wie die Zusammensetzung der typenspezifischen Plattformen durch den Zusammenhang zwischen der Planungsfallcharakteristik und den Fabrikmerkmalen ermöglicht wird. Auf Basis dieser Überlegungen skizziert Kapitel 4.3 das Prinzip der Plattformbasierten Fabrikplanung als umfassenden Ansatz zur Fabrikplanung. Im Fokus stehen die Beschreibung der Kundeneinbindung sowie die Mechanismen, die den Mehrwert der Plattformbasierten Fabrikplanung generieren. Dies trägt maßgeblich dazu bei, den Praxisbezug sicherzustellen.

4.2.1 Auflösung der Einzelkundenbeziehung

Die Plattformen orientieren sich an spezifischen Planungsfällen. Die dem Planungsfall zugehörige Planungsfallcharakteristik dient als Werkzeug, um den Einzelkundenbezug aufzulösen. Einzelkunden werden in der zu entwickelnden Logik einer Planungsfallcharakteristik eingeordnet. Der Einzelkunde wird durch diesen Schritt einer Gruppe an Kunden zugeordnet, die ähnliche Anforderungen aufweist. Dieses homogenere Set an Anforderungen ermöglicht es die Standardisierungseignung der Fabrikmerkmale einfacher zu bestimmen und den Plattformumfang festzulegen. Es ist daher erforderlich, die realen Erscheinungsformen der Anforderungen und deren unterschiedlichen Ausprägungen typologisch zu untersuchen.

Im ersten Schritt gilt es, den Untersuchungsbereich zur Abgrenzung der Typologisierung festzulegen. Im Kontext dieser Arbeit konzentriert sich der Untersuchungsbereich auf Aspekte der in der Fabrik zu produzierenden Erzeugnisse und den zugehörigen Prozessketten. Diese Fokussierung basiert auf der Hypothese, dass das vom Kunden geforderte Produkt (Erzeugnis) den Prozess und der Prozess die Fabrik bestimmt.[433] Weitere Bestätigung erhält die Fokussierung durch die Analyse aller Planungsinformationen sowie des Referenzprozesses des Aachener Fabrikplanungsvorgehens. Diese zeigt, dass besonders Planungsmodule der Produkt- und Prozessanalyse den Startpunkt der Fabrikplanungsprojekte bilden und als maßgebliche Anforderungsgeber zur Erschließung der Lösungen fungieren.

Im zweiten Schritt sind wesentliche Merkmale der Anforderungen (Anforderungsmerkmale) zu erarbeiten, um den Untersuchungsbereich zu erklären. Merkmale sind wesentlich, wenn diese im direkten oder ursächlichen Zusammenhang mit den Bereichszielen, d.h. den Fabrikmerkmalen stehen. Beispielhafte Merkmale sind die Dimensionen oder Gewichte der Erzeugnisse, welche in der Fabrik hergestellt werden.

Im dritten Schritt ist eine Untersuchung von möglichen Ausprägungen für die Anforderungsmerkmale erforderlich (z.B. kleines, mittleres, großes Gewicht des Erzeugnisses). Hierbei sind die zwei Attribute der Differenzierung und Verfügbarkeit bei der Festlegung von Ausprägungsmöglichkeiten zu berücksichtigen. Die Merkmalsausprägungen müssen dazu beitragen Planungsfälle signifikant voneinander unterscheiden zu können. Zudem müssen Einzelkunden bereits in der frühen Planungsphase in der Lage sein, eine Einordnung des eigenen Planungsfalls auf Basis der vorhandenen Anforderungsmerkmale und unterschiedlichen Ausprägungen für jedes Merkmal vorzunehmen. Ein morphologischer Kasten dient zur Strukturierung der Merkmale und Merkmalsausprägungen. Die Planungsfallcharakteristik wird innerhalb des morphologischen Kastens abgebildet, indem für jedes Anforderungsmerkmal eine vorliegende Merkmalausprägung ausgewählt wird (vgl. Abbildung 4-5).

[433] vgl. Schenk, M. et al. (2014) Factory Planning Manual, S. 7.

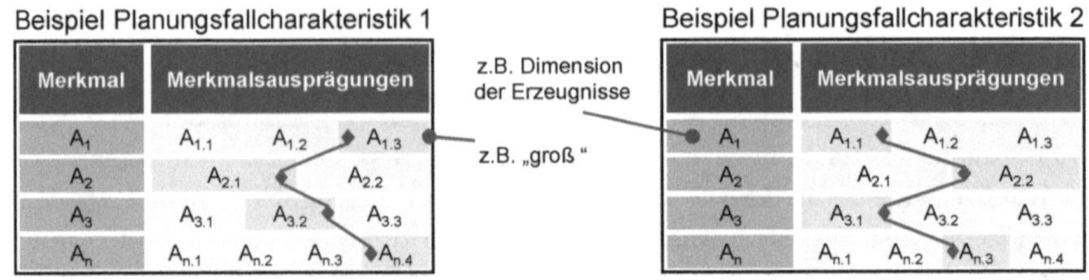

Abbildung 4-5: Anforderungsmorphologie zur Charakterisierung des Planungsfalls

4.2.2 Integration der Plattformstrategie

Die Erkenntnisse aus Kapitel 2 und 3 verdeutlichen, dass eine vollständige und einheitliche Standardisierung von Fabriken kein sinnvolles Ziel darstellt. Wie bereits hervorgehoben, dienen die Fabrikmerkmale, die in einer Plattform standardisiert zusammengefasst werden, vor allem dazu, den notwendigen Planungsaufwand für eine gesamte Fabrik innerhalb eines Planungsprojekts zu reduzieren. Die Plattform funktioniert dementsprechend als Planungsbasis, mit dem Zweck, den Gesamtlösungsraum bewusst zu verringern.

Folglich ist in einer ersten Stufe zu klären, welche Fabrikmerkmale überhaupt geeignet sind, in einer Plattform integriert zu werden. Erst im zweiten Schritt wird die Standardisierungseignung für den jeweiligen Planungsfall untersucht, bevor die Integration des Fabrikmerkmals in die Plattform erfolgt (vgl. Kapitel 4.2.3). Ähnlich wie bei den Anforderungen müssen die entsprechenden Fabrikmerkmale identifiziert und durch unterschiedliche Ausprägungen detailliert beschrieben werden. Die Ergebnisse sind in einem morphologischen Kasten zu strukturieren. In Abhängigkeit vom Planungsfall und der damit verbundenen Standardisierungseignung der Fabrikmerkmale können so anschließend diejenigen Fabrikmerkmale und deren Ausprägungen, welche für die typenspezifische Plattform gültig sind, über den morphologischen Kasten dargestellt werden (vgl. Abbildung 4-6).

Abbildung 4-6: Fabrikmerkmalsmorphologie zur Darstellung plattformrelevanter Fabrikmerkmale

Auf Basis der in Kapitel 3 vorgestellten Theorie sollten Fabrikmerkmale, welche für den Einsatz in einer Plattform geeignet sind, zwei Attribute aufweisen. Einerseits sollte die direkte Wahrnehmung der Fabrikmerkmale in der realisierten Fabrik durch den Kunden minimal sein oder keine spürbaren Auswirkungen auf das Produktionsziel besitzen. Andererseits sollten durch die standardisierten Fabrikmerkmale Planungsinhalte festgelegt werden, die in frühen Phasen der Planung von hoher Bedeutung sind. Diese Fabrikmerkmale sind gekennzeichnet durch Eigenschaften wie hohe Dringlichkeit, bedeutenden wirtschaftlichen Einfluss oder langfristige Wirkung auf das funktionale und monetäre Betreiben der Fabrik.

Durch die Standardisierung der Fabrikmerkmale werden hochrelevante Entscheidungen reduziert. Dies senkt den Kommunikationsaufwand für die Entscheidungsfindung und verringert Schnittstellen mit einhergehenden Schnittstellenverlusten, was zu einer Verringerung des Zeitaufwands und zu einer verbesserten Termintreue führt. Zudem wird durch die Eliminierung von Entscheidungen durch den Einsatz etablierter Standards das Risiko von Fehlentscheidungen mit langfristigen funktionalen oder monetären Konsequenzen vermieden. Darüber hinaus gewährleisten die Standards, welche auf bewährten empirischen Lösungen beruhen, die Qualität der Ergebnisse. Die Konzentration auf Entscheidungen, die bei der Realisierung hohe Investitionskosten verursachen und somit einen signifikanten wirtschaftlichen Einfluss besitzen, begünstigen außerdem die Kostenkontrolle und -vorhersagbarkeit. Durch den Fokus auf Fabrikmerkmale, die an Entscheidungen mit langfristigen Zeithorizont gekoppelt sind, ist zudem eine gezieltere Steuerung der Randbedingungen für zukünftige Produktionsumgebung möglich, wie beispielsweise Entscheidungen über die Hallenhöhe oder das Stützenraster. So kann auch eine gezielte, aber wirtschaftlich in Massen realisierte Überdimensionierung von physischen Komponenten der Fabrik zur Vermeidung von Folgekosten beitragen.

Betrachtet man die für die Eignung relevanten Attribute im Kontext der Fabrikplanung, so empfiehlt sich eine Fokussierung auf Fabrikmerkmale der Industriebauplanung. Insbesondere bei Greenfield-Planungsprojekten sind diese Fabrikmerkmale aufgrund der Notwendigkeit zur Einreichung eines Bauantrags von hoher Dringlichkeit. Die Umsetzung weist bedingt durch die hohen Investitionskosten des Industriebaus einen hohen wirtschaftlichen Einfluss auf. Die in der Planung festgelegten Entscheidungen sowie das daraus resultierende physische Ergebnis besitzen einen langen Zeithorizont von mehreren Jahrzehnten. Derartige Entscheidungen und Ergebnisse werden oft durch die begrenzte Möglichkeit für nachträgliche Anpassungen charakterisiert, ohne hohe Folgekosten zu verursachen.

Folglich ist in der Detaillierung der Methodik zu untersuchen, welche Fabrikmerkmale mit Bezug auf die Industriebauplanung grundsätzlich für die Standardisierung in Betracht kommen. Es ist essenziell zu verstehen, dass nach der Untersuchung nicht automatisch eine direkte Integration des Fabrikmerkmals in die Plattform erfolgt. Die Entscheidung über die Integration kann erst nach Vorliegen der Erkenntnisse der Wirkzusammenhänge des Fabrikmerkmals im Kontext des spezifischen Planungsfalls getroffen werden.

4.2.3 Etablierung der typenspezifischen Plattformen

Der letzte Schritt besteht darin die Wirkbeziehungen zwischen den Anforderungen und den Fabrikmerkmalen zu analysieren. Dies erfolgt in einem zweistufigen Prozess. Die erste Stufe beschäftigt sich mit der Betrachtung der Merkmalsebene, um das generelle Vorhandensein einer Wirkbeziehung festzustellen. Sofern eine Wirkbeziehung vorliegt, ist in einer zweiten Stufe im Sinne einer Sensitivitätsanalyse das Verhalten der unterschiedlichen Anforderungsmerkmalsausprägungen und deren Grenzbereichen gegenüber den Fabrikmerkmalen und deren zugehörigen Merkmalsausprägungen zu prüfen. Die Betrachtungen und Erkenntnisse aus der zweiten Stufe ermöglichen eine Feinjustierung der Anzahl und Grenzenwerte der Merkmalsausprägungen für jedes Merkmal, sowohl bei den Anforderungen als auch bei den Fabrikmerkmalen. Auf diese Weise werden die zuvor festgelegten Möglichkeiten für Merkmalsausprägungen zu endgültigen, auf Wirkbeziehungsanalysen begründeten Merkmalsausprägungen konkretisiert. Das Ziel ist dabei, so wenige Merkmale wie möglich, allerdings so viele wie nötig zu erschließen. Die Erschließung erfolgt sowohl induktiv durch Untersuchung realer Erscheinungen als auch deduktiv anhand theoretischer Erkenntnisse.

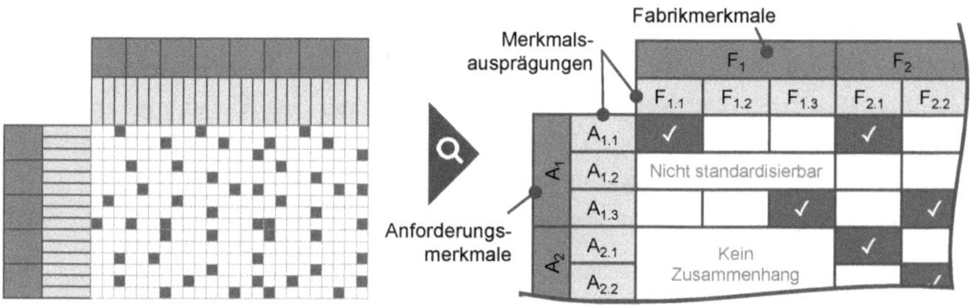

Wirkbeziehungsanalyse auf Merkmals- und Ausprägungsebene

Finale Festlegung der Anzahl und Grenzen von Merkmals-Ausprägungen & Generierung der normativen Aussagen

Abbildung 4-7: Wirkbeziehungsanalyse und Bereichsdefinition zur Planungsfallcharakterisierung

Die aus der Wirkbeziehungsanalyse gewonnen Erkenntnisse ermöglichen normative Aussagen, die als Entscheidungshilfen dienen, um die Standardisierungseignung einzelner Fabrikmerkmale in Abhängigkeit der Planungsfallcharakteristik darzustellen. Für jede Ausprägung jedes Anforderungsmerkmals kann auf Grundlage des generierten Wissens eine systematisch abgeleitete Aussage bezüglich dem Vorhandensein oder Nichtvorhandensein eines standardisierbaren Fabrikmerkmals getroffen werden.

Zusammengefasst erfolgt die Einordnung des Planungsfalls innerhalb der Anforderungsmorphologie. Auf Basis der Wirkbeziehungen werden normative Aussagen für jedes Fabrikmerkmal bezüglich der Standardisierungseignung als Ergebnis wiedergegeben. Wenn die Standardisierungseignung gegeben ist, wird das entsprechend standardisierte Fabrikmerkmal in die Plattform integriert.

4.3 Vorgehen zur Plattformbasierten Fabrikplanung in der Praxis

Die Verwendung der vorgestellten Lösung bildet die Grundlage und den Ausgangspunkt des Plattformbasierten Fabrikplanungsvorgehens. Nachfolgend wird die Eingliederung der vorgestellten Lösung in bestehende Planungsansätze dargelegt, um ein ganzheitliches Planungsvorgehen für die Praxis etablieren zu können (Kapitel 4.3.1). Abschließend werden in Kapitel 4.3.2 die aus der Anwendung und Verbreitung des ganzheitlichen Vorgehens resultierenden Mehrwertmechanismen erklärt.

4.3.1 Kundenintegration in der Plattformbasierten Fabrikplanung

Abbildung 4-8 visualisiert das Vorgehen zur ganzheitlichen, Plattformbasierten Fabrikplanung. Das Vorgehen beginnt mit der Annahme und Generierung einer Lösung als Hauptaufgabe der planerischen Tätigkeiten, gefolgt von der Ausführung der Realisierung der Fabrik sowie der Nutzungsphase.

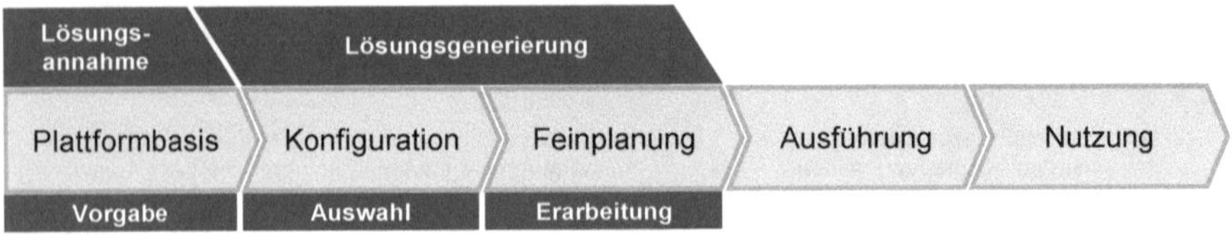

Abbildung 4-8: Vorgehen zur ganzheitlichen Plattformbasierten Fabrikplanung

In der Phase der Lösungsannahme wird die Plattform bereitgestellt. Die Bereitstellung geschieht, in dem der in der Praxis vorliegende Planungsfall in der Anforderungsmorphologie abgebildet wird. Darauf aufbauend wird mithilfe der Entscheidungsunterstützung auf Basis der erklärten Wirkbeziehung die Plattform mit den geeigneten, standardisierten Fabrikmerkmalen zusammengestellt. In diesem Schritt werden Kunden in den Fabrikplanungsprozess einbezogen und mit dem Plattformanbieter vernetzt. Die Kunden liefern die notwendigen Informationen zur Bestimmung der Planungsfallcharakteristik durch Angabe der Merkmalsausprägungen aller Anforderungsmerkmale. Zur Einordnung der Planungsfallcharakteristik liegt der Schwerpunkt auf Referenzbauteilen und Referenzprozessen des produzierenden Unternehmens.

Sofern die Ausprägungen der Anforderungsmerkmale über ein einzelnes Referenzbauteil oder einen Referenzprozess nicht eindeutig festgelegt werden können, erfolgt die Auswahl der Ausprägungen für speziell definierte Fabrikmodule auf den unterschiedlichen Ebenen der Fabrik (z.B. (zerspanender) Produktionsbereich, Logistikbereich).

Nach der Zusammenstellung der standardisierten Fabrikmerkmale werden verbleibende und unvollständige Planungsinhalte in der Phase der Lösungsgenerierung vervollständig. Diese Phase umfasst sowohl die Konfiguration als auch die detaillierte Feinplanung und orientiert sich an den individuell einzubringenden Kundenanforderungen.

Falls die Entscheidungsunterstützung keine eindeutige Aussage zur Fabrikmerkmalsausprägung erzeugen kann, sondern mehrere potenziell geeignete Ausprägungsmöglichkeiten zur Auswahl stellt, wird in enger Abstimmung mit dem Kunden die endgültige Auswahl getroffen. Für Planungsinhalte, die weder fester Bestandteil der Plattform sind noch durch Konfiguration bestimmt werden können, erfolgt die Spezifizierung gemäß dem konventionellen, zustandsbasierten Fabrikplanungsvorgehen (vgl. Abbildung 4-9).

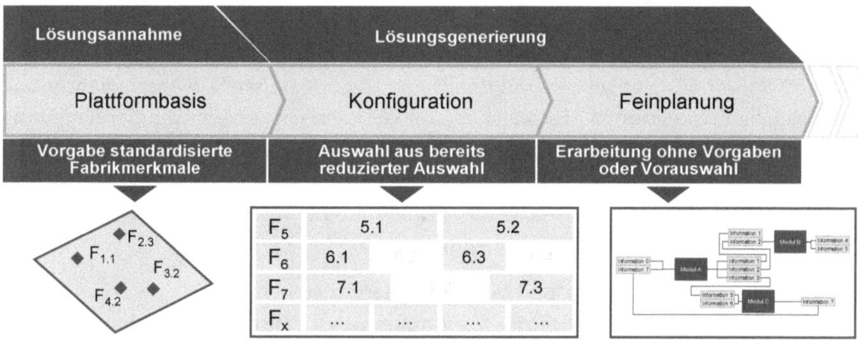

Abbildung 4-9: Lösungsannahme und Lösungsgenerierung im Plattformbasierten Fabrikplanungsvorgehen

Vor dem Hintergrund des zustandsbasierten Aachener Fabrikplanungsvorgehens dient die Plattformbasis als Werkzeug zur Erhöhung des Reifegrads von Planungsinformationen. Die Verwendung der Planungsbasis muss dabei nicht zwingend mit dem Verzicht auf vollständige Module einhergehen. Vielmehr ermöglicht die Plattform die zielgerichtete Bereitstellung von reifen Eingangs- und Ausgangsinformationen oder solchen Informationen mit einem erhöhten Reifegrad. Schließlich werden im individuellen Lösungsgenerierungsprozess die entsprechend vorgereiften Planungsinformationen bis zum Erreichen des vollständigen Reifegrads iteriert, was zur Erschließung der ganzheitlichen, finalen Fabrik führt.

4.3.2 Mehrwertmechanismsus

Die Einführung von Plattformen in der Fabrikplanung trägt aufgrund der Standardisierungen wesentlich zur Minimierung nicht-wertschöpfender Aktivitäten bei. Dies begünstigt teilweise die Realisierung des Konzepts der „Fabrik auf Knopfdruck" und hat positive Auswirkungen auf beteiligte Stakeholder wie z.B. Bauherren, Fachplaner, Produktionsausrüster, Bauunternehmer und Generalplaner.

Durch die Standardisierung wird z.B. eine vordefinierte Basis von Nachunternehmern innerhalb eines ausgereiften Anbieternetzwerks ermöglicht. Dies begünstigt z.B. die industrielle, kundenneutrale und getaktete Vorproduktion von Bauteilen im Industriebau in modularer Bauweise sowie die Massenproduktion von Produktionsausrüstung. Die Montage der Fertigbauteile erfolgt vor Ort auf der Baustelle, was die Bauteilverfügbarkeit verbessert, die Bauzeit verkürzt und die Arbeitsproduktivität steigert.

Zusätzlich vereinfacht die Standardisierung die Vorbereitung von Genehmigungsanträgen, da die einheitlichen Daten in Datenbanken einfacher hinterlegt und an die jeweilige Konfiguration angepasst und finalisiert werden können. Die Implementierung durchgängiger, integrierter digitaler Datenmodelle erlaubt zudem die Bereitstellung von cloudbasierten Planungsinformationen und -ergebnissen. Dies fördert den Austausch zwischen allen an der Plattform beteiligten Stakeholdern. Standardformate garantieren dabei eine reibungslose Verarbeitung und die Modelle können vollständige sowie transparente Kostenkalkulationen liefern.

Für Unternehmer, Bauherren und Generalplaner entstehen erhebliche Zeit-, Qualitäts- und Kostenvorteile bei der Errichtung einer neuen Fabrik. Bauunternehmen können frühzeitiger in den Prozess einbezogen werden und erhalten aufgrund der Standards und Daten qualifizierte Leistungsbeschreibungen. Generalplaner können mit wiederkehrenden Durchführungen betraut werden. Für Fachplaner besteht die Möglichkeit, ihre Leistungen in den Prozess zu integrieren und für Hersteller von Produktionsausrüstung eröffnen sich neue Vertriebskanäle für ihre Produkte im Fabrikumfeld (vgl. Abbildung 4-10).

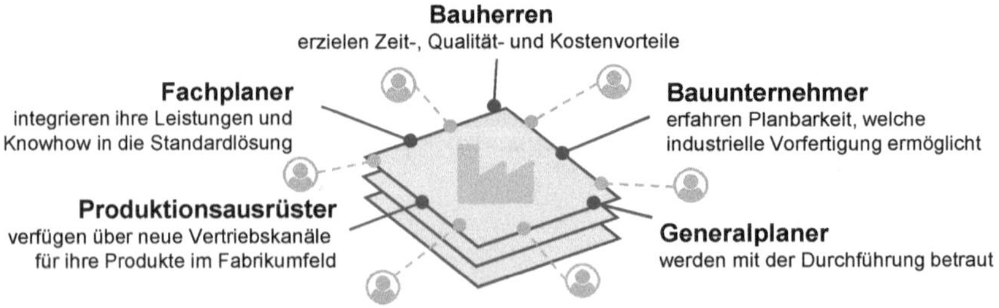

Abbildung 4-10: Mehrwertmechanismus der Plattformbasierten Fabrikplanung

Auswirkungen auf den Return on Planning (Planungsmehrwert)

In Bezug auf den Return on Planning, der nach BURGGRÄF durch die Planungseffizienz und Planungseffektivität gemessen wird, werden mehrere Aspekte positiv beeinflusst.[434] Durch das einzelkundenentkoppelte Planungsvorgehen wird der Planungsumfang aufgrund weniger zu erzielender Planungsergebnisse reduziert. Durch den verkleinerten Lösungsraum werden die Planungskomplexität und Planungsintensität im Planungsprojekt verringert. Zudem wird die Produktivität durch die Mehrfachverwendung etablierter Lösungen gesteigert und die damit verbundene Validität der Lösung erhöht. Durch den positiven Beitrag dieser Aspekte zur Planungseffizienz wird die Kostenfunktion verbessert. In Bezug auf die Planungseffektivität ist eine Verringerung der Investitionskosten zu prognostizieren. Durch den Einsatz von Gleichteilen in der physischen Umsetzung der Fabrik können durch die Massenproduktion dieser Elemente Skaleneffekte generiert und an die Kunden weitergereicht werden. Die verringerten Produktionskosten durch diese Skaleneffekte erhöhen die Rentabilität und eröffnen somit die Möglichkeit der Überdimensionierung. Eine solche Strategie wirkt sich positiv auf die Wandlungsfähigkeit und folglich auf die Werterhaltung der zukünftigen Fabrikfunktion aus. Die Überdimensionierung bietet auch die Möglichkeit der Unsicherheit und Dynamik unpräziser und langfristig unsicherer Anforderungen zu begegnen. In Anbetracht der positiven Beiträge dieser Aspekte auf die Planungseffektivität wird die Nutzenfunktion verbessert. Abbildung 4-11 veranschaulicht die positiven Auswirkungen der Verwendung des entwickelten Ansatzes auf den Return on Planning. Zusammengefasst ermöglicht die Plattformbasierte Fabrikplanung beschleunigte und kostenreduzierte Fabrikplanungs- und Realisierungsprozesse sowie eine längere und produktivere Nutzungsdauer der Fabriken.

[434] vgl. Burggräf, P. (2013) Wertorientierte Fabrikplanung, S. 104.

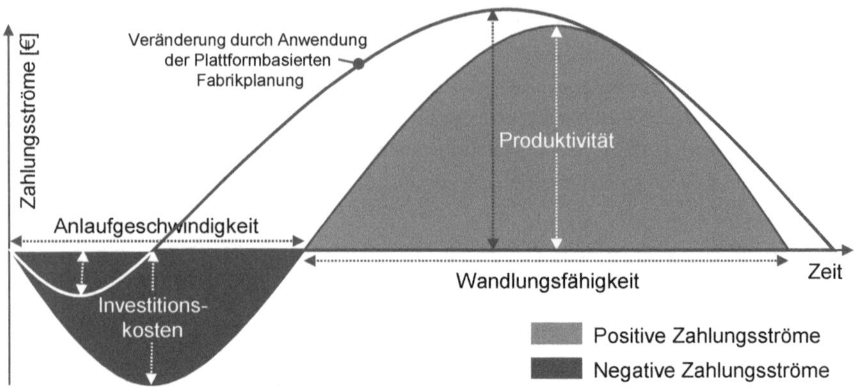

Abbildung 4-11: Schematische Darstellung der Auswirkungen des Ansatzes auf den Return on Planning

4.4 Fazit

In Kapitel 4 wurde das Vorgehen zur einzelkundenentkoppelten Fabrikplanung durch die Einführung typenspezifischer Plattformen konzipiert. Grundlage des Vorgehens zur einzelkundenentkoppelten Fabrikplanung sind die Erkenntnisse hinsichtlich der Wirkbeziehung von Anforderungen gegenüber Fabrikmerkmalen, sowie den Fabrikmerkmalen untereinander. Die Transparenz über das Wirkbeziehungsgeflecht ermöglicht normative Aussagen über die Standardisierungseignung der Fabrikmerkmale und deren Merkmalsausprägung in Abhängigkeit vorliegender Anforderungen und deren Merkmalsausprägungen. In der Praxis erfolgt zur Anwendung des Vorgehens zunächst die Einordnung des Planungsfalls innerhalb der Anforderungsmorphologie, welche sich auf beschreibende Aspekte der Produkte (Erzeugnisse) und Prozesse der zu planenden Fabrik fokussiert. In Abhängigkeit des vorliegenden Planungsfalls werden die normativen Aussagen hinsichtlich der Standardisierungseignung von Fabrikmerkmalen erzeugt, welche vorwiegend den Industriebau der Fabrik tangieren. Ist eine eindeutige Standardisierungseignung für ein Fabrikmerkmal gegeben, so erfolgt die Integration in der typenspezifischen Plattform in Form einer Spezifikation. Die typenspezifische Plattform dient als Planungsgrundlage, welche im Verlauf des Planungsprojekts zustandsbasiert durch individuelle Planungsinhalte im Rahmen der Lösungsgenerierung eine finale Vervollständigung erfährt (vgl. Abbildung 4-12).

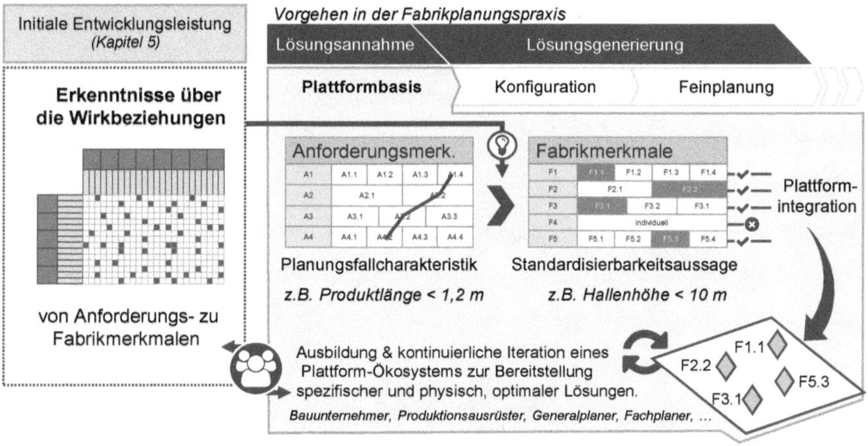

Abbildung 4-12: Lösungsbild zur Plattformbasierten Fabrikplanung

Um die Wirksamkeit dieses Ansatzes in der Praxis zu erzielen, ist eine weitere Detaillierung erforderlich. Die umfassende Ausarbeitung wird im fünften Kapitel präsentiert. Die Ausarbeitung orientiert sich an den folgenden Leitfragen, welche sich aus der Grobkonzeption des Vorgehens ergeben:

- Welche Anforderungsmerkmale existieren und welche Merkmalsausprägungsmöglichkeiten sind diesen zuzuordnen?
- Wie kann die Fabrik im Sinne einer Produktarchitektur beschrieben und modular abgegrenzt werden?
- Welche Fabrikmerkmale existieren, die sich grundsätzlich als plattformgeeigneter Lösungsraum anbieten und welche Ausprägungen sind diesen zuzuordnen?
- Wie korrelieren die Anforderungsmerkmale und Fabrikmerkmale miteinander im Spezifikationsprozess?
- Welche normativen Aussagen zur Standardisierungseignung und Plattformintegration entstehen durch Analyse der Korrelationen auf Ausprägungsebene der Anforderungs- und Fabrikmerkmale?

5 Ausgestaltung der Methodik

Das vierte Kapitel verdeutlicht, dass die Übertragung und Einführung der Plattformstrategie in die Fabrikplanung dazu führen kann, die individuelle Kundeneinbeziehung aufzulösen. Das entwickelte Grobkonzept des einzelkundenentkoppelten Fabrikplanungsvorgehens bildet die Grundlage, auf der die konzipierten Anforderungen und Lösungsansätze nachfolgend detailliert erläutert werden. Das Planungsvorgehen setzt sich aus verschiedenen Teilmodellen zusammen, die unter Berücksichtigung der in Kapitel 4.1 formulierten inhaltlichen und formalen Anforderungen gestaltet sind. Jedes Teilmodell wird separat entwickelt und anschließend zu einem Gesamtmodell zusammengesetzt. Um die in Kapitel 1.1 formulierte Forschungsfrage zu beantworten, werden Teilfragen formuliert, die den einzelnen Teilmodellen zugeordnet sind. Gesamtmethodisch orientiert sich das Vorgehen an der Typisierung nach GROSE-OETRINGHAUS und lehnt sich an die Methode des Quality Function Deployments an. Abbildung 5-1 visualisiert die Teilmodelle inklusive der Zusammenhänge.

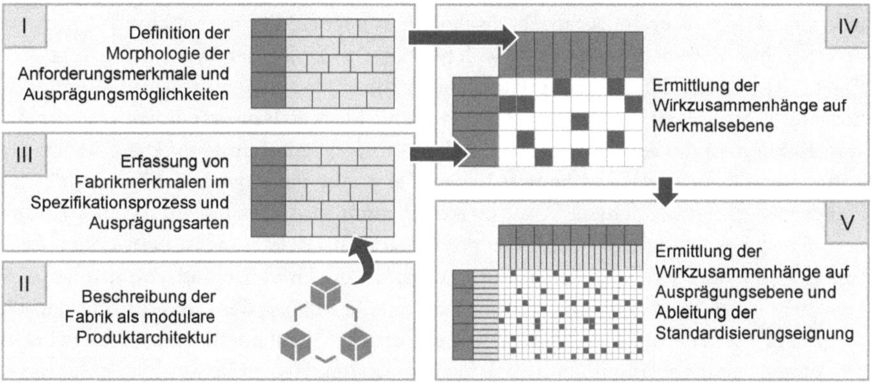

Abbildung 5-1: Vorgehensweise zur Ermittlung der planungsfallcharakteristischen Standardisierungseignung

In einem ersten Schritt wird der Betrachtungsrahmen zur Identifikation von Anforderungsmerkmalen abgegrenzt und relevante Anforderungsmerkmale zur Planungsfallcharakterisierung werden erfasst (Kapitel 5.1). In Kapitel 5.2 werden die funktionelle und physische Struktur der Fabrik als Produkt analysiert, um darauf aufbauend eine Produktarchitektur sowie Module zur Beschreibung der Fabrik abzuleiten. Anschließend werden die Fabrikmerkmale systematisch erfasst, die zur modulübergreifenden oder modulbezogenen Spezifizierung einer Fabrik herangezogen werden und schlussendlich anhand der Relevanz eingegrenzt (Kapitel 5.3). Kapitel 5.4 dient dazu auf Merkmalsebene die vorherrschenden Wirkbeziehungen im Spezifikationsprozess zwischen dem Anforderungs- und Lösungsraum zu erfassen. Unterschieden wird hierbei zwischen direkten und indirekten Wirkbeziehungen, wobei letztere durch sich gegenseitig beeinflussende Fabrikmerkmale entstehen. Abschließend erfolgt in Kapitel 5.5 die Erschließung der standardisierungsgeeigneten Anforderungsmerkmalbereiche pro Fabrikmerkmal und die Zusammenführung der Erkenntnisse zu normativen Aussagen hinsichtlich der planungsfallcharakteristischen Standardisierungseignung von Fabrikmerkmalen.

5.1 Strukturierung von Anforderungsmerkmalen

Das erste Beschreibungsmodell verfolgt das Ziel, ein ordnendes Rahmenwerk zu erzeugen, welches in der Praxis verwendet wird, um die auftretenden Fabrikplanungsfälle zu charakterisieren. Der methodische Fokus liegt auf der Entwicklung eines morphologischen Kastens nach ZWICKY, welcher den Prinzipien der Typisierung folgt (vgl. Kapitel 3) und auf der Erfassung fabrikplanerischer Literatur aufbaut. Inhaltlich umfasst der morphologische Kasten Merkmale und Merkmalsausprägungen, welche die vom Kunden an die Fabrik gestellten Anforderungen repräsentieren. Diese bilden die notwendige Grundlage, um zum späteren Zeitpunkt die Aussagen hinsichtlich der Standardisierungsmöglichkeit von Fabrikelementen in Abhängigkeit von den Anforderungen zu ermöglichen. Nachfolgend wird zunächst der Betrachtungsrahmen identifiziert und eine Relevanzabschätzung anhand von Literatur und empirischen Erkenntnissen durchgeführt. Anschließend erfolgt die Analyse der Literatur hinsichtlich möglicher Anforderungsmerkmale bevor die ersten Möglichkeiten für Merkmalsausprägungen bestimmt und im morphologischen Kasten dargestellt werden.

5.1.1 Betrachtungsrahmen zur Anforderungsmerkmalidentifikation

Bei der analytischen Typenbildung ist zur Ableitung von Merkmalen zunächst der Untersuchungsbereich zu begrenzen. Gemäß PAULUKUHN erfolgt eine systematische Ableitung von relevanten Merkmalen und deren Reduktion auf ein Minimum. Die Herausforderung besteht darin, die Vielzahl an Merkmalen mit potenzieller Relevanz und Differenzierbarkeit so zu reduzieren, dass eine Typologie sichtbar werden kann und dabei den Untersuchungsbereich abbildet. Merkmale sind dann von Relevanz, wenn ein direkter oder ursächlicher Zusammenhang mit den Bereichszielen (Fabrikmerkmalen) besteht. Aufgrund des Mangels von Methoden zur Erfassung aller Merkmale, weißt GROSE-OETRINGHAUS auf die Verwendung von Intuition hin. Wie bereits in Kapitel 4.2 dargelegt, bestimmt das vom Kunden geforderte Produkt den Prozess und der Prozess die Fabrik. KRUNKE analysiert in seiner Arbeit die Vernetzung von Planungsattributen aller Module des Aachener Fabrikplanungsvorgehens. Hierzu werden im ersten Schritt die Planungsattribute der Planungsmodule in einer modifizierten Einflussmatrix in Anlehnung an VESTER[435] gegenübergestellt. Zeilenweise wird in der Folge jedes Planungsattribut betrachtet und empirisch-analytisch hergeleitet, ob und in welcher Ausprägung eine Wirkbeziehung besteht. Die Bewertung der Intensität erfolgt über eine Bewertungsskala hinsichtlich „keiner Beeinflussung“, „schwacher Beeinflussung“ (Wert 1) und „starker Beeinflussung“ (Wert 2). Anhand der Zahlenwerte können Summen sowohl für jede Zeile pro Modul (Aktivsumme) als auch Spalte je Modul (Passivsumme) erzeugt werden.[436]

Das Ergebnis zeigt, dass besonders die Module der Produktplanung, Produktionsprogrammplanung und Prozessplanung eine hohe Aktivsumme, also eine starke Beeinflussung aufweisen, allerdings eine geringe Passivsumme, also wenig Beeinflussung erfahren (vgl. Abbildung 5-2). Anhand dieser Erkenntnisse, lässt sich der Betrachtungsrahmen auf Aspekte im Zusammenhang ebendieser Module festhalten.

[435] vgl. Vester, F. (2015) Vernetzt denken.

[436] vgl. Krunke, M. (2017) Reifegradmanagement, S. 171 ff.

Modul	AS	PS	Modul	AS	PS
▪ Produktionsprogrammplanung	329	9	▪ Produktionsprogrammplanung	92	7
▪ Prozessplanung	297	14	▪ Personal- & Organisationsplanung	73	7
▪ Produktplanung	237	8	▪ Technische Gebäudeausrüstung	62	12
▪ Layoutplanung	237	19	▪ Zielplanung	52	8
▪ General- & Werksstrukturplanung	217	28	▪ Arbeitsplatzgestaltung	43	8
▪ Logistikplanung	214	15	▪ Prozessanalyse	42	16
▪ Fertigungsmittelplanung	183	13	▪ Kapazitätsbedarfsplanung	34	6
▪ Arbeitsvorbereitung	143	7	▪ Umsetzungsplanung	31	16
▪ Produktionsstrukturplanung	132	4	▪ Wirtschaftlichkeitsbewertung	1	7
▪ Produktionsplanung und -steuerung	121	9	AS: Aktivsumme PS: Passivsumme		

Abbildung 5-2: Wirkbeziehungen im Aachener Fabrikplanungsvorgehen[437]

5.1.2 Ergebnisübersicht identifizierter Anforderungsmerkmale

HILCHNER[438] erschließt in seinem Werk bereits eine Vielzahl an Anforderungsmerkmalen, welche als sinnvolle Grundlage dienen sollen, um an die Erkenntnisse durch weitere Recherchen des Autors dieser Arbeit anzuknüpfen. Erweitert und adaptiert werden diese Anforderungsmerkmale mit Hilfe von weiteren Quellen, welche Produkt- und Prozessfokus aufweisen. Die aus der Recherche resultierende Gesamtmenge besteht aus 62 Merkmalen, wovon sich 50 eineindeutige Merkmale feststellen lassen nach Ausschluss ähnlicher Begrifflichkeiten. Durch Prüfung der 50 Merkmale auf Relevanz hinsichtlich der zwei Attribute der Differenzierbarkeit und der Verfügbarkeit in frühen Projektphasen lassen sich 17 Merkmale als nicht relevant einstufen. Weitere 7 Merkmale weisen Eigenschaften von Fabrik- anstatt von Anforderungsmerkmalen auf und sind daher als Ergebnis der Spezifikation einzustufen, weshalb auch diese ausgeschlossen werden. In Summe verbleiben 26 potenziell relevante Merkmale (vgl. Abbildung 5-3). Eine Übersicht der Ergebnisse inkl. Quellenangabe ist Kapitel 8.3 zu entnehmen.

[437] vgl. Krunke, M. (2017) Reifegradmanagement, S. 171 ff.

[438] vgl. Hilchner, R. (2012) Typenorientiertes Lösungsraum-Management, S. 93 ff.

Relevanz	Ausschluss
▪ Auftragsauslöseart ▪ Automatisierungsgrad ▪ Beschaffungsart ▪ Fabrikkonfiguration ▪ Fertigungstiefe ▪ Haupttechniken ▪ Kundenänderungseinfluss ▪ Maschinen- und Anlageneigendimensionen ▪ Maschinen- und Anlagengewicht ▪ Mitarbeiterintensität ▪ Nachfrageverhalten ▪ Produktart ▪ Endproduktgewicht ▪ Produktgröße ▪ Produktionsumfang und Wiederholungsgrad ▪ Produktmaterial ▪ Produktvarianten ▪ Produktspektrum ▪ Produktstruktur ▪ Produkttechnologie ▪ Prozessstufigkeit ▪ Prozesstechnologie ▪ Teilegeometrie ▪ Unternehmensgröße ▪ Zukaufmaterial Dimensionen ▪ Zukaufmaterial Gewicht	▪ Aufbauorganisation ▪ Auslösung des Sekundärbedarfs ▪ Betreibermodelle ▪ Energieflusssysteme ▪ Fabrikorientierung ▪ Fabrikrealität ▪ Informationsflusssysteme ▪ Investitionszeitraum ▪ Nutzung ▪ Personenflusssysteme ▪ Prozessvernetzung ▪ Ressourceneffizienz ▪ Standortstrategie ▪ Standortveränderungen ▪ Stoffflusssysteme ▪ Wert- und Kostenzuwachs der Wertschöpfungskette ▪ Wertschöpfungsstufen ▪ Bevorratung ▪ Fertigungsorganisation ▪ Fertigungsstruktur ▪ Fertigungsverfahren ▪ Logistikketten (Prozessverbindend) ▪ Materialflussvernetzung ▪ Montageorganisation

Abbildung 5-3: Identifizierte Anforderungsmerkmale mit Relevanzbeurteilung

5.1.3 Morphologie der Anforderungsmerkmale

Für die Operationalisierung der identifizierten Merkmale sind Merkmalsausprägungen erforderlich. Dabei ist es bedeutsam, kontinuierliche Skalen in kategorische Klassen umzuwandeln. Die Bildung der potentiellen Ausprägungen basiert entweder auf literarischen Bezugsquellen oder erfolgt auf intuitive Weise. Es ist an dieser Stelle hervorzuheben, dass die erarbeiteten Ergebnisse lediglich als potenzielle Möglichkeiten zu interpretieren sind. Die endgültige Definition der Merkmale und der Merkmalsausprägung, sowie die Quantifizierung von Wertebereichen kann erst nach Analyse der Zusammenhänge von Anforderungen und den Fabrikmerkmalen des Zielbereichs erfolgen. Die Darstellung der Merkmale und der Ausprägungsmöglichkeiten erfolgt unterteilt nach Produkt- und Prozessbezug, sowie unter der Kategorie „Sonstige Merkmale“, sofern keine eindeutige Zuordnung zum Produkt oder Prozess möglich ist.

Anforderungsmerkmale mit Produktbezug

Die Komponentendimension dient zur Erfassung der Abmessungen der Rohmaterialien sowie der Zukaufteile. Mögliche Ausprägungen sind „klein“, „mittel“ und „groß“. Komponenten mit einer längsten Seitenlänge von unter 10 cm gelten als „klein“ (z.B. Schrauben, Muttern, Dioden, Widerstände, Knöpfe, O-Ringe). „Mittelgroße“ Komponenten weisen eine Größe zwischen 10 cm und 1 m auf (z.B. Stangen, Rohre, Gehäuse, Displays, Wellen). „Groß“ bezeichnet Komponenten, die über 1 m längste Seitenlänge aufweisen (z.B. Gussteile, Schweißkonstruktionen, Motorblöcke).

Die Komponentengeometrie gibt Aufschluss über die Form, die der Hauptkörper des Produkts annimmt.[439] Mögliche Ausprägungen sind „rotationssymmetrisch", „prismatisch", „sphärisch" und „komplex".[440] „Rotationssymmetrische" Komponenten sind meist Drehteile, wie z.B. Schrauben, Achsen, Wellen und Spindeln, während „prismatische" Komponenten rechteckige oder quadratische Geometrien aufweisen, wie z.B. Balken, Platten und Träger. „Sphärische" Komponenten sind kugel- oder halbkugelförmig (z.B. Kugellager, Kugelgelenke). „Komplexe" Komponenten setzen sich aus einer Kombination verschiedener Geometrien zusammen, wie z.B. Zahnräder, Turbinenschaufeln oder Automobilkarosserien.

Das Komponentengewicht erfasst die Gewichtsklassen der Rohmaterialien sowie der Zukaufteile. Mögliche Ausprägungen sind „leicht", „mittel" und „schwer". „Leichte" Komponenten wiegen unter 1 kg, während „mittelschwere" Komponenten ein Gewicht von 1 kg bis zu 10 kg aufweisen. „Schwere" Materialien wiegen mehr als 10 kg.

Die Produktart beschreibt aus logistischer Perspektive die Transportierbarkeit des Produkts innerhalb der Infrastruktur des produzierenden Unternehmens. Mögliche Ausprägungen sind „Stückgut", „Fließgut" und „Schüttgut". „Stückgüter" sind Produkte, die als einzelne Einheiten transportiert werden können (z.B. Elektrogeräte, Möbel, Spielzeuge). „Fließgüter" sind flüssige oder gasförmige Produkte, welche durch Rohre in Tanks oder Behälter gefüllt sowie in diesen transportiert werden (z.B. Öl, Chemikalien). „Schüttgut" fasst Produkte, die als lose Massen transportiert werden zusammen (z.B. Kies, Sand, Kohle).

Die Produktdimension beschreibt die Größe des Endprodukts beim Verlassen der Fabrik. Mögliche Ausprägungen sind „mikro", „klein", „mittel" und „groß". „Mikro" meint Produkte, die wenige Mikrometer bis zu mehreren Millimetern groß sind (z.B. Kleinstteile der Chiptechnologie). „Klein" umfasst Produkte von mehreren Zentimetern bis zu einem Meter (z.B. Werkzeuge, Hämmer, Schraubenschlüssel). „Mittelgroße" Produkte reichen von einem bis zu zehn Metern Größe (z.B. Spülmaschine, Kühlschränke, PKWs). „Groß" bezieht sich auf alle Produkte mit einer Größe über zehn Metern (z.B. Bagger, Windkraftgetriebe, Lokomotiven).[441]

Das Produktgewicht erfasst das Gewicht des Endprodukts beim Verlassen der Fabrik. Mögliche Ausprägungen umfassen die Gewichtsklassen „sehr leicht", „leicht", „mittel"

[439] vgl. Grundig, C.-G. (2009) Fabrikplanung, S. 17.

[440] vgl. Grundig, C.-G. (2009) Fabrikplanung, S. 17; Schenk, M. (2014) Fabrikplanung und Fabrikbetrieb, S. 355.

[441] vgl. Hilchner, R. (2012) Typenorientiertes Lösungsraum-Management, S. 98.

und „schwer". Produkte der Kategorie „sehr leicht" zeichnen sich durch ein Gewicht von weniger als 1 kg aus (z.B. Sim-Karten, Schrauben, Knopfzellenbatterie). „Mittelschwere" Produkte wiegen zwischen 10 kg und 100 kg (z.B. Mikrowelle, Waschmaschine, Fernseher). Produkte, die ein Gewicht von über 100 kg aufweisen, werden als „schwer" bezeichnet (z.B. Autos, Motorräder, Fräsanlagen).

Das Produktmaterial beschreibt die werkstofforientierte Zugehörigkeit des Produkts.[442] Mögliche Ausprägungen sind „metallisch" (z.B. Stahl, Aluminium, Kupfer), „organisch" (z.B. Leder, Gummi, Plastik, Papier), „anorganisch" (z.B. Keramik, Glas) oder „Verbundwerkstoffe". Letzteres sind Materialien, die aus mindestens zwei verschiedenen Materialarten bestehen (z.B. glasfaserverstärkte Kunststoffe, Kohlefaser-Verbundwerkstoffe).

Das Produktprogramm erfasst die Gesamtheit aller Produkte, die von einem Unternehmen produziert werden. Mögliche Ausprägungen sind „klein", „mittel" und „groß". Ein „kleines" Produktprogramm besteht, wenn ausschließlich eine Produktart pro Planungszyklus hergestellt wird. Ein „mittleres" Produktprogramm kennzeichnet die Herstellung von mehr als nur einer Produktart pro Planungszyklus bei allerdings überschaubarer Gesamtanzahl (z.B. Schwerlastmaschinenbau). Ein „großes" Produktprogramm übersteigt die Anzahl der unterschiedlichen Produktarten pro Planungszyklus die des „mittleren" Produktprogramms deutlich (z.B. Elektronikindustrie).[443]

Das Produktspektrum charakterisiert den Einfluss des Kunden auf die Produktkonstruktion.[444] Mögliche Ausprägungen sind „Erzeugnisse nach Kundenspezifikation" (z.B. Investitionsgüter), „Typisierte Erzeugnisse mit kundenspezifischen Varianten", „Standarderzeugnisse mit Varianten" oder „Standarderzeugnisse nach Varianten". An dieser Stelle wird auf Kapitel 2.1.3 verwiesen für weitere Details.

Die Produktstruktur umfasst den konstruktiven Aufbau eines Produkts. Dieser wird anhand der Strukturtiefe und Strukturbreite gemessen. Die Strukturtiefe bezieht sich auf die Anzahl der Strukturstufen (N_{ST}), in die ein Produkt gegliedert ist, während die Strukturbreite (N_{Pos}) die einzelnen Stücklistenpositionen innerhalb der Produktstruktur repräsentiert.[445] Mögliche Ausprägungen der Produktstruktur sind „Einzelteil", „geringteilige Erzeugnisse", „mehrteilige Erzeugnisse mit einfacher Struktur" und „mehrteilige Erzeugnisse mit komplexer Struktur". Das „Einzelteil" ist ein Produkt aus

[442] vgl. Schenk, M. (2014) Fabrikplanung und Fabrikbetrieb, S. 355.
[443] vgl. Hilchner, R. (2012) Typenorientiertes Lösungsraum-Management, S. 97.
[444] vgl. Büdenbender, W. (1991) Ganzheitliche Produktionsplanung, S. 36.
[445] vgl. Büdenbender, W. (1991) Ganzheitliche Produktionsplanung, S. 37.

einer einzigen Komponente (z.B. Gussteile). Dabei ist es irrelevant, ob diese einstufig, direkt aus dem Einsatzmaterial oder mehrstufig, in mehreren Herstellungsschritten gefertigt wird ($N_{ST} = N_{Pos} = 1$). „Geringteilige Erzeugnisse" (z.B. Schnellschlussverschlüsse) zeichnen sich durch eine geringe Anzahl an Stücklistenpositionen sowie an Strukturstufen aus ($N_{ST} \leq 3$ und $N_{Pos} \leq 25$). Bei „mehrteiligen Erzeugnissen mit einfacher Struktur" (z.B. kleine Elektromotoren) verfügt das Produkte über mehrere Komponenten, allerdings aus einer überschaubaren Anzahl an Strukturstufen ($5 \geq N_{ST} \geq 3$ und $500 \geq N_{Pos} \geq 25$). „Mehrteilige Erzeugnisse mit komplexer Struktur" hingegen beschreiben vielstufige Produkte (z.B. Anlagen- und Maschinenbau) mit großen und stark vernetzten Einzelteilen ($N_{ST} > 5$ und $N_{Pos} > 500$).[446]

Die Produkttechnologie spiegelt das technologische Know-How wider, welches ein Endprodukt trägt.[447] Mögliche Ausprägungen sind „einfach", „mittel" und komplex". „Einfache" Technologie bedeutet, dass das Endprodukt aus wenigen, technologisch wenig anspruchsvollen Komponenten besteht (z.B. Rechenschieber). Bei „mittlerer" Technologie enthält das Produkt eine größere Anzahl an Komponenten bei gleichzeitig anspruchsvollerer Fertigungstechnik und Technologie (z.B. Taschenrechner). „Komplex" bezeichnet Produkte, die eine extrem hohe Anzahl an Komponenten enthalten und deren Technologie und Fertigung deutlich komplexer ist als die der vorhergehenden Stufe (z.B. Computer).[448]

Das Produktvolumen (auch Produktionsumfang und Wiederholungsgrad oder Fertigungsart)[449] charakterisiert die Häufigkeit der Leistungswiederholung im Produktionsprozess.[450] Mögliche Ausprägungen sind „Einmalfertigung", „Einzel- und Kleinserienfertigung", „Serienfertigung" und „Massenfertigung". Die „Einmalfertigung" beschreibt die Produktion geringer Stückzahlen mit starker Ähnlichkeit zur handwerklichen Fertigung (z.B. Reparatur- und Werkzeugbetrieb). Bei der „Einzel- und Kleinserienfertigung" werden niedrige Stückzahlen mit geringer Wiederholhäufigkeit gefertigt (z.B. Werkzeugmaschinen, Dampfturbinen). Die Ausprägung „Serienfertigung" steht für große Auflagestückzahlen mit geringer bis großer Wiederholhäufigkeit und ist von hoher Spezialisierung sowie hoher Automatisierung der Fertigung gekennzeichnet

[446] vgl. Hilchner, R. (2012) Typenorientiertes Lösungsraum-Management, S. 99.
[447] vgl. Bullinger, H.-J. et al. (2009) Handbuch Unternehmensorganisation, S. 159.
[448] vgl. Hilchner, R. (2012) Typenorientiertes Lösungsraum-Management, S. 100.
[449] vgl. Grundig, C.-G. (2009) Fabrikplanung, S. 17.
[450] vgl. Büdenbender, W. (1991) Ganzheitliche Produktionsplanung, S. 44.

(z.B. Konsumgüterindustrie). Die „Massenfertigung“ ist der Extremfall der Serienfertigung und zeichnet sich durch sehr hohe Auflagenstückzahlen, hohe Wiederholhäufigkeiten und kontinuierliche Fertigung aus (z.B. Schraubenproduktion).[451]

Abbildung 5-4 fasst die 12 vorgestellten Merkmale inklusive der 43 erläuterten Ausprägungen zusammen.

Merkmal	Merkmalsausprägungen mit Produktbezug			
Komponentendimension	klein	mittel		groß
Komponentengeometrie	rotationssymmetrisch	prismatisch	sphärisch	komplex
Komponentengewicht	leicht	mittel		schwer
Produktart	Stückgut	Fließgut		Schüttgut
Produktdimension	mikro	klein	mittel	groß
Produktgewicht	sehr leicht	leicht	mittel	hoch
Produktmaterial	metallisch	organisch	anorganisch	Verbundwerkstoff
Produktprogramm	klein	mittel		groß
Produktspektrum	Erzeugnisse nach Kundenspezifikation	Typisierte Erzeugnisse mit kundensp. Varianten	Standarderzeugnisse mit Varianten	Standarderzeugnisse ohne Varianten
Produktstruktur	Einzelteil	Geringteilig	Mehrteilig – einfache Struktur	Mehrteilig – komplexe Struktur
Produkttechnologie	einfach	mittel		komplex
Produktvolumen	Einmalfertigung	Einzel- und Kleinserienfertigung	Serienfertigung	Massenfertigung

Abbildung 5-4: Anforderungsmerkmale und -ausprägungen mit Produktbezug

Anforderungsmerkmale mit Prozessbezug

Die Auftragsauslöseart beschreibt den Bezug der Produktion zum Absatzmarkt.[452] Mögliche Ausprägungen sind die „Produktion auf Bestellung mit Einzelaufträgen“, „Produktion auf Bestellung mit Rahmenverträgen“, „kundenanonyme Vor- oder kundenauftragsbezogenen Endproduktion“ und die „Produktion auf Lager“. Die „Produktion auf Bestellung mit Einzelaufträgen“ basiert auf spezifischen Kundenaufträgen, welche die Produktion auslösen. Bei der „Produktion auf Bestellung mit Rahmenverträgen“ werden Kundenaufträge im Kontext langfristiger Vereinbarungen und einer größeren Lieferungsanzahl initiiert. Bei der „kundenanonyme Vor- oder kundenauftragsbezogene Endproduktion“ werden einzelne Komponenten des Produkts vorab, basierend auf Absatzerwartungen vorgefertigt. Die Kundenaufträge treffen zeitlich versetzt ein und das Endprodukt enthält Modifizierungen. Die „Produktion“ auf Lager

[451] vgl. Hilchner, R. (2012) Typenorientiertes Lösungsraum-Management, S. 101.

[452] vgl. Büdenbender, W. (1991) Ganzheitliche Produktionsplanung, S. 34.

basiert auf Absatzprognosen, welche die Produktion auslösen. Aufträge werden über das Fertigwarenlager abgewickelt.[453]

Der Automatisierungsgrad verfügt über die möglichen Ausprägungen „keine Automatisierung“, „Teilautomatisierung (Produktion, Zu- und Abfuhr Material)“, „Voll- (Produktion) und Teilautomatisierung (Zu- und Abfuhr Material)“ und „Vollautomatisierung“. Bei „keiner Automatisierung“ werden Arbeitsschritte ausschließlich von Menschen durchgeführt. Bei der „Teilautomatisierung“ wird die Ablaufplanung komplexer, da sowohl Menschen als auch Maschinen als Kapazitätsträger fungieren. Die „Vollautomatisierung“ verfolgt die Durchführung der Arbeitsschritte ausschließlich durch Maschinen, wodurch eine noch komplexere Ablaufplanung erforderlich ist.[454]

Die Fabrikkonfiguration unterscheidet die möglichen Ausprägungen „Fertigungsfabrik“, „Montagefabrik“ und „Komplettfabrik“. „Fertigungsfabriken“ zeichnen sich durch den Wertschöpfungsprozess aus, der ausschließlich aus der Fertigung von Produkten oder Komponenten besteht. In der „Montagefabrik“ wird ausschließlich die Montage oder Endmontage von Komponenten abgewickelt. Eine „Komplettfabrik“ kombiniert die beiden zuvor genannten Erscheinungsformen.[455]

Die Fertigungstiefe beschreibt den Anteil der Eigenfertigung am Gesamtteil der Güterherstellung. Berechnet wird dieser durch den Eigenfertigungsanteil geteilt durch die Summe des Eigenfertigungsanteils und des Fremdbezugsanteils.[456] Mögliche Ausprägungen sind „gering“, „mittel“ und „hoch“. Beträgt der Eigenfertigungsanteil bis zu 30 %, so spricht man von einer „geringen“ Fertigungstiefe. Die „mittlere“ Fertigungstiefe liegt bei einem Eigenfertigungsanteil von 30 % bis zu 50 %. Eine „hohe“ Fertigungstiefe wird erreicht, wenn der Eigenfertigungsanteil über 50 % liegt.[457]

Die Haupttechniken charakterisieren, wie der Großteil des Gütererzeugungsprozesses abläuft. Mögliche Ausprägungen sind die „Fertigungstechnik“, „Verarbeitungstechnik“ und „kombinierte Technik“.[458] Die „Fertigungstechnik“ umfasst Prozesse hauptsächlich formwandelnder und formgebundener Natur, während die „Verarbeitungstechnik“ meist die Stoffumwandlung beinhaltet. Die „kombinierte Technik“ vereint die beiden vorher genannten Erscheinungsformen.

---

[453] vgl. Büdenbender, W. (1991) Ganzheitliche Produktionsplanung, S. 35.
[454] vgl. Hilchner, R. (2012) Typenorientiertes Lösungsraum-Management, S. 104.
[455] vgl. Hilchner, R. (2012) Typenorientiertes Lösungsraum-Management, S. 100.
[456] vgl. Weiß, M. (1993) Planung der Fertigungstiefe, S. 8.
[457] vgl. Hilchner, R. (2012) Typenorientiertes Lösungsraum-Management, S. 101.
[458] vgl. Schenk, M. (2014) Fabrikplanung und Fabrikbetrieb, S. 71.

Der Kundenänderungseinfluss charakterisiert das Maß an Störeinflüssen, die durch Kundenwünsche, welche nach Beginn der Produktion entstehen und gestalterische Änderungsmaßnahmen erzeugen. Mögliche Ausprägungen sind „Einflüsse in größerem Umfang", „gelegentliche Einflüsse" und „unbedeutende Einflüsse". Bei „Einflüssen in größerem Umfang" beträgt der prozentuale Anteil an Kundenänderungseinflüssen zwischen 25 % und 100 % aller Aufträge. Man spricht von „gelegentlichem Einfluss", wenn bis zu ein Viertel der Aufträge von Änderungen betroffen sind. Treten keine oder sehr marginale Einflüsse auf entspricht dies der Ausprägung „unbedeutende Einflüsse".[459]

Die Maschinendimensionen erfassen die räumlichen Abmessungen der verwendeten Maschinen und Anlagen, sowie den zugehörigen Arbeitsraum. Mögliche Ausprägungen sind „klein", „mittel" oder „groß". „Kleine" Maschinen sind in der Regel handgeführte Geräte (z.B. Handbohrmaschinen, Lötkolben), die auf einem engem Raum bedient werden können. „Mittlere" Maschinen und Anlagen sind größer anzunehmen, allerdings ebenfalls durch eine einzelne Person bedienbar. Diese stellen speziellere Anforderungen an den Arbeitsplatz wie ausreichenden Arbeitsraum oder eine gesonderte Fundamentierung (z.B. Drehbänke, Bandsägen). „Große" Maschinen und Anlagen umfassen die größten Einrichtungen, die in der Regel von mehreren Personen betrieben werden müssen (z.B. automatisierte Produktionslinien).

Die Maschinengewichte beschreiben das Gewicht der Maschinen und Anlagen. Mögliche Ausprägungen sind „leicht", „mittel" oder „schwer". „Leichte" Maschinen wiegen bis zu 100 kg, während „mittlere" Maschinen ein Gewicht von 100 kg bis zu 1 Tonne aufweisen. „Schwere" Maschinen übersteigen dieses Gewicht und sind in der Regel schwerer als eine Tonne.

Das Nachfrageverhalten ist eng mit der Nachfragemenge verknüpft. Diese Menge repräsentiert die Menge an Gütern, die ein Käufer bereit ist zu erwerben. Mögliche Ausprägungen sind „sporadisch", „schwankend oder saisonal", „steigend", „stabil" oder „fallend". Ein „sporadisches" Nachfrageverhalten liegt vor, wenn ein Konsument nur alle fünf bis zehn Jahre das Produkt aufgrund eines langen Lebenszyklus nachfragt. Produkte, die nur zu bestimmten Jahreszeiten verkauft werden, werden als „saisonal" klassifiziert. Ein „stabiles", „steigendes" oder „fallendes" Nachfrageverhalten ist in nahezu allen Wirtschaftszweigen zu finden und kennzeichnet eine konstante, ansteigende bzw. sinkende Nachfrage.[460]

---

[459] vgl. Büdenbender, W. (1991) Ganzheitliche Produktionsplanung, S. 50.

[460] vgl. Hilchner, R. (2012) Typenorientiertes Lösungsraum-Management, S. 103.

Die Prozessstufigkeit charakterisiert die Anzahl erforderlicher (Fertigungs-)Stufen zur Herstellung des Produktes.[461] Mögliche Ausprägungen sind „einstufig“, „zweistufig“ oder „mehrstufig. Die Stufen umfassen sowohl die Vorfertigung und Komponentenfertigung als auch die Endmontage und Baugruppenmontage.

Die Prozesstechnologie beschreibt den Umfang der im Fertigungsprozess ausgeführten Tätigkeiten inklusive Transporttätigkeiten. Relevant zur Bestimmung ist die Vermaschung des Fertigungs-Transport-Netzes. Mögliche Ausprägungen sind „einfach“, „mittel“ oder „komplex“. „Einfache“ Prozesstechnologien weisen eine geringe Anzahl von Maschen im Fertigungs-Transport-Netz und einen geringen Prozessumfang auf, was zu einer geringen Fertigungsplanung führt (z.B. Walzwerke). Bei der „mittleren“ Prozesstechnologie bleibt die Anzahl der Maschen im Fertigungs-Transport-Netz etwa gleich, der Prozessumfang und der Aufwand für die Fertigungsplanung sind allerdings höher. „Komplexe“ Prozesstechnologien weisen einen hohen Grad an Vermaschung in der Prozessstruktur und im Fertigungs-Transport-Netz auf, verbunden mit einem hohen Aufwand bei der Fertigungsplanung (z.B. Großmaschinenindustrie).[462]

Abbildung 5-5 fasst die 11 vorgestellten Merkmale inklusive der 37 erläuterten Ausprägungen zusammen.

Merkmal	Merkmalsausprägungen mit Prozessbezug				
Auftragsauslöseart	Produktion auf Bestellung mit Einzelaufträgen	Produktion auf Bestellung mit Rahmenverträgen	anonyme Vor- oder auftragsbez. Endproduktion	Produktion auf Lager	
Automatisierungsgrad	Keine Automatisierung	Teilautomatisierung	Voll- (Prod.) und Teilautomatisierung (Log.)	Vollautomatisierung	
Fabrikkonfiguration	Fertigungsfabrik	Montagefabrik	Komplettfabrik		
Fertigungstiefe	gering	mittel	hoch		
Haupttechniken	Fertigungstechnik	Verfahrenstechnik	Kombinierte Technik		
Kundenänderungseinfluss	Unbedeutender Einfluss	Gelegentlicher Einfluss	Häufiger Einfluss		
Maschinendimensionen	klein	mittel	groß		
Maschinengewichte	leicht	mittel	schwer		
Nachfrageverhalten	sporadisch	schwankend oder saisonal	steigend	stabil	fallend
Prozessstufigkeit	einstufig	zweistufig	dreistufig		
Prozesstechnologie	einfach	mittel	komplex		

Abbildung 5-5: Anforderungsmerkmale und -ausprägungen mit Prozessbezug

[461] vgl. Grundig, C.-G. (2009) Fabrikplanung, S. 17.

[462] vgl. Hilchner, R. (2012) Typenorientiertes Lösungsraum-Management, S. 105.

Sonstige Anforderungsmerkmale

Die Beschaffungsart gibt das Ausmaß der Verwendung von fremdbezogenen Bedarfspositionen in der Produktionskette an. Mögliche Ausprägungen sind „weitgehender Fremdbezug“, „Fremdbezug mit größerem Umfang“ und „unbedeutender Fremdbezug“. Der Anteil fremdbezogener Bedarfspositionen wird zur Quantifizierung des Fremdbezugs herangezogen. Bei einem „weitgehenden Fremdbezug“ liegt der Anteil an fremdbezogenen Bedarfspositionen über 80 %. Beträgt der Anteil an fremdbezogenen Bedarfspositionen zwischen 10 % und 80 %, spricht man von „Fremdbezug in größerem Umfang“. Bei einem „unbedeutenden Fremdbezug“ ist der Anteil an fremdbezogenen Bedarfspositionen unter 10 %.[463]

Die Mitarbeiterintensität kennzeichnet das Verhältnis aus Beschäftigten zu der zur Verfügung stehenden Produktionsfläche. Mögliche Ausprägungen sind „niedrig“, „mittel“, „hoch“. Bei der „niedrigen“ Mitarbeiterintensität beträgt die durchschnittliche Anzahl von Mitarbeitern pro 25 m² weniger als eine Person. Eine „mittlere“ Ausprägung ist festzustellen, wenn im Durchschnitt zwischen 1 bis 2 Mitarbeitern pro 25 m² Fläche tätig sind. „Hohe“ Mitarbeiterintensität tritt auf, wenn die Anzahl der Mitarbeiter pro 25 m² den Wert 2 übersteigt.

Die Unternehmensgröße charakterisiert die Anzahl der Mitarbeiter und den Jahresumsatz eines Unternehmens. Mögliche Ausprägungen sind „klein“, „mittel“ oder „groß“. „Kleine“ Unternehmen sind Kleinstunternehmen und kleine Unternehmen mit weniger als 50 Mitarbeitern und einem Jahresumsatz von maximal 19 Millionen Euro. „Mittlere“ Unternehmen verfügen über maximal 249 Mitarbeitern und einen Jahresumsatz von maximal 50 Millionen Euro. „Große“ Unternehmen spiegeln mehr als 249 Mitarbeiter und einen Umsatz von über 50 Millionen Euro wider.[464]

Abbildung 5-6 fasst die 3 vorgestellten Merkmale inklusive der 9 erläuterten Ausprägungen zusammen.

Merkmal	Merkmalsausprägungen mit sonstigem Bezug		
Beschaffungsart	weitgehend Fremdbezug	Fremdbezug in größerem Umfang	Fremdbezug unbedeutend
Mitarbeiterintensität	niedrig	mittel	hoch
Unternehmensgröße	klein	mittel	groß

Abbildung 5-6: Anforderungsmerkmale und -ausprägungen mit sonstigem Bezug

[463] vgl. Büdenbender, W. (1991) Ganzheitliche Produktionsplanung, S. 41 f.

[464] vgl. Eurostat (2023) Strukturelle Unternehmensstatistiken.

In diesem Kapitel wurden in Summe 26 Anforderungsmerkmale mit insgesamt 89 Ausprägungen identifiziert und detailliert beschrieben. Es ist wichtig zu beachten, dass diese Merkmale nicht isoliert voneinander existieren, sondern oft in einem engen Zusammenhang stehen, insbesondere im Hinblick auf die Abhängigkeiten zwischen produkt- und prozessbezogenen Aspekten. In der Realität treten bestimmte Ausprägungen womöglich sogar nur in Kombination auf. In diesem Kontext wird allerdings auf eine detaillierte Analyse dieser Interdependenzen aufgrund des ausbleibenden Mehrwerts der resultierenden Aussagen verzichtet. In der Praxis erfolgt die Auswahl der Ausprägungen anwendungsfallbezogen durch den Kunden.

Von entscheidender Bedeutung ist, zu verstehen, dass dieses Kapitel lediglich eine erste Grundlage bildet und nicht das finale Ergebnis des morphologischen Kastens zur Planungsfallcharakterisierung darstellt. Die abschließende Detaillierung und Anpassung der Merkmale und Ausprägungen erfolgt nach der Betrachtung der Anforderungsmerkmale im Kontext der Fabrikmerkmale.

5.2 Entwicklung eines modularen Produktarchitekturmodells

Um die gezielte Standardisierung von Elementen des Produktes Fabrik zu ermöglichen, ist eine transparente Darstellung sowie Beschreibung der Produktarchitektur erforderlich und die Betrachtung der Modularisierungsmöglichkeit ebendieser. Im Folgenden werden gemäß der vorgestellten Methode in Kapitel 3.1.1 die drei Charakteristika der Produktarchitektur erfasst. Dies beinhaltet die Funktionsstruktur zur Dekomposition der Funktionen in Teilfunktionen und Beschreibung der Beziehungen sowie die Produktstruktur zur Visualisierung der physischen Zusammensetzung von Komponenten inklusive deren Beziehungen. Im letzten Schritt wird der Zusammenhang zwischen funktionaler und physischer Beschreibung des Produkts bestimmt. Innerhalb dieses Produktarchitekturmodells werden Module als Grundlage zur Bestimmung von standardisierungsgeeigneten Elementen gebildet.

5.2.1 Analyse der funktionellen Produktarchitektur

Eine Funktionsstruktur besteht aus einer Gesamtfunktion, die in Teilfunktionen unterschiedlicher Stufen unterteilt werden kann (vgl. Kapitel 3.1.1). Die Betrachtung der funktionellen Struktur erfolgt nachfolgend hierarchisch auf insgesamt vier Stufen.

Fabriken sind materielle Realisierungsstätten der Produktion mit untergegliederten Funktionsbereichen. Die Gesamtfunktion einer Fabrik ist folglich das Produzieren.[465] Diese Hauptfunktion wird in einer ersten Stufe auf drei Teilfunktionen unterteilt: Produktionsrealisierung, Produktionsunterstützung durch infrastrukturelle Funktionen und Produktionsführung durch ultrastrukturelle Funktionen (vgl. Abbildung 5-7).

Die Produktionsrealisierung ist für die eigentliche Herstellung der Produkte mithilfe von Technologien verantwortlich. Dabei stehen das Produktionsprogramm, die Technologie und der Produktfluss im Fokus.[466] Die Produktionsführung durch ultrastrukturelle Funktionen befasst sich mit dem Betreiben, Lenken und Erhalten der Fabrik.[467] Hier liegt der Fokus auf dem inneren und äußeren Informationsfluss.[468] Die Produktionsunterstützung durch infrastrukturelle Funktionen ist für die Versorgung und Entsorgung im Produktionsprozess zuständig. Der Schwerpunkt liegt dabei auf der energetischen und stofflichen Gesamtverflechtung.[469] Die Teilfunktionen der ersten Stufe werden von HELBING anhand von drei Teilfunktionen der zweiten Stufe (Grobfunktionen) weiter differenziert. Die Grobfunktionen zweiter Stufe sind wiederum in Teilfunktionen der dritten Stufe (Feinfunktionen) unterteilt, welche die unterste Ebene in der Funktionsstruktur bilden (vgl. Abbildung 5-7).

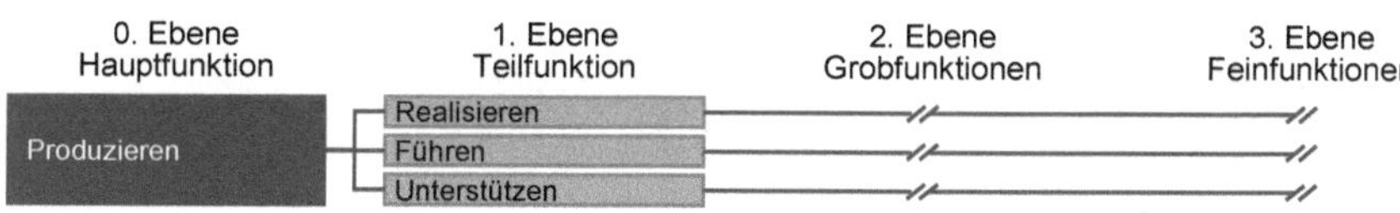

Abbildung 5-7: Hierarchische Dekomposition der Funktionsstruktur[470]

Die Produktionsrealisierung umfasst die Haupttätigkeit der Produktion. Diese werden durch Funktionen der Zustandsänderung, Potential- und Bewegungsfunktion abgebildet (vgl. Abbildung 5-8). Die zu produzierenden Erzeugnisse werden in ihrer Form und Gestalt umgewandelt, umgeformt und abgewandelt. Zur Sicherung der Qualität wird im Rahmen der Produktionsrealisierung gemessen, geregelt und gesteuert. Die

[465] vgl. Hildebrand, T. et al. (2005) PLUG+PRODUCE, S. 113.

[466] vgl. Helbing, K. et al. (2010) Handbuch Fabrikprojektierung, S. 51.

[467] vgl. Helbing, K. et al. (2010) Handbuch Fabrikprojektierung, S. 45.

[468] vgl. Helbing, K. et al. (2010) Handbuch Fabrikprojektierung, S. 53.

[469] vgl. Helbing, K. et al. (2010) Handbuch Fabrikprojektierung, S. 51.

[470] i.A.a. Helbing, K. et al. (2010) Handbuch Fabrikprojektierung, S. 53.

Bewegungsfunktionen umfassen die Lage- und Ortsveränderung sowie die Bewegungsruhe zum Transport und Lagern der Erzeugnisse.[471]

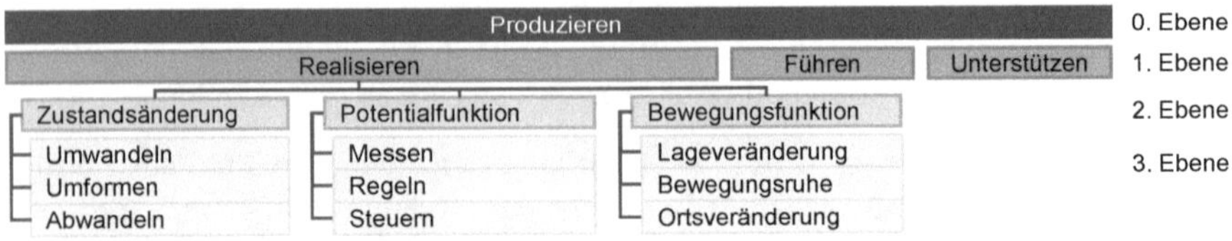

Abbildung 5-8: Teilfunktionen der Produktionsrealisierung

Die ultrastrukturellen Funktionen der Produktionsführung umfassen das Lenken, Betreiben und Erhalten der Fabrik (vgl. Abbildung 5-9). Die Lenkungsfunktion umfasst das Planen, Vorbereiten, Kontrollieren und Führen. Durch das Disponieren, Organisieren und Bedienen wird das Betreiben der Fabrik abgesichert. Die Erhaltungsfunktion umfasst das Instandhalten, Sichern und Schützen der Fabrik.[472]

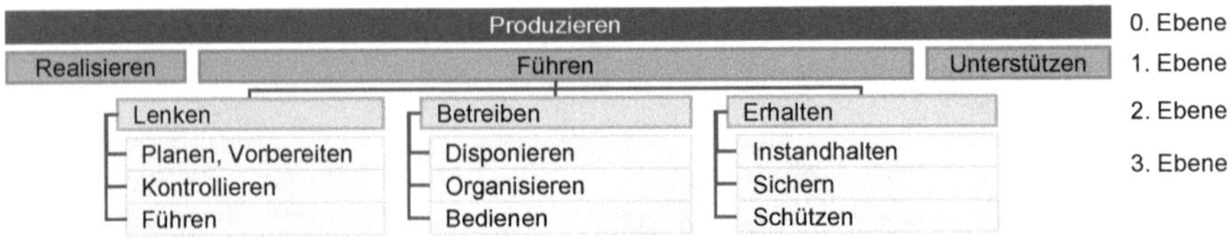

Abbildung 5-9: Teilfunktionen der Produktionsführung

Die infrastrukturellen Funktionen zur Produktionsunterstützung umfassen das Versorgen, Entsorgen sowie bauliche Funktionen. Dies beinhaltet das Erzeugen, Bereitstellen, Zuführen, Abnehmen, Umformen und Abführen von Energie, Betriebsstoffen, Betriebsmitteln und Feststoffen. Gleichzeitig sind bauliche Funktionen als Trag- und Stützfunktionen sowie als Schutzfunktionen gegenüber der Außenwelt und als Funktionsträger technologischer Prozesse zu betrachten.[473]

[471] vgl. Helbing, K. et al. (2010) Handbuch Fabrikprojektierung, S. 54.
[472] vgl. Helbing, K. et al. (2010) Handbuch Fabrikprojektierung, S. 54.
[473] vgl. Helbing, K. et al. (2010) Handbuch Fabrikprojektierung, S. 54.

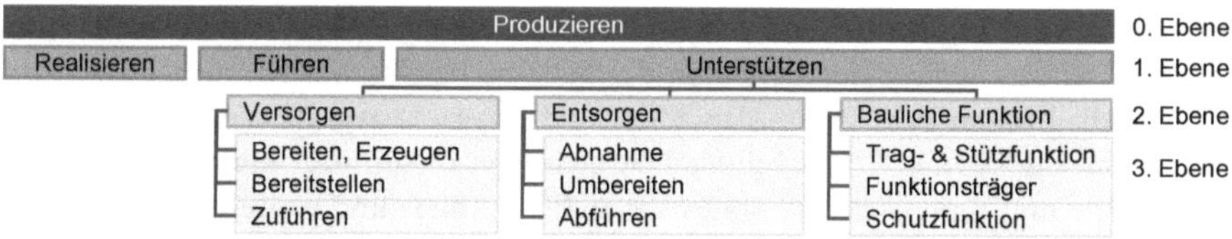

Abbildung 5-10: Teilfunktionen der Produktionsunterstützung

Zusammengefasst kann die funktionelle Struktur einer Fabrik in drei Stufen von Teilfunktionen detailliert werden, wobei die Hauptfunktion Produzieren die Grundlage bildet. Bei detaillierter Betrachtung erschließen sich 27 Teilfunktionen auf dritter Stufe, 9 Teilfunktionen auf zweiter Stufe und 3 Teilfunktionen auf erster Stufe. Eine Gesamtübersicht kann dem Anhang (vgl. Kapitel 8.2) entnommen werden.

5.2.2 Analyse der physischen Produktstruktur

Die Untersuchung der physischen Struktur erfolgt, ähnlich der funktionalen Struktur, auf eine hierarchische Art und Weise, die mehrere Ebenen umfasst. Unter Bezug auf das Modell von WIENDAHL, wird die Fabrik auf der obersten Hierarchieebene in drei Gestaltungsbereiche unterteilt: Betriebsmittel, Organisationsstruktur sowie Raum- und Gebäudetechnik. [474] Die Organisationsstruktur fokussiert sich auf Konzepte, Strategien und die umfassende Koordination der Fabrikaktivitäten. Im Kontext der Betriebsmittel werden alle physischen Elemente berücksichtigt, die nicht der Raum- und Gebäudetechnik zugehörig sind und direkt oder indirekt an der Marktleistungserstellung beteiligt sind. Beide dieser Gestaltungsbereiche zeigen eine ausgeprägte Prozessorientierung, konzentrieren sich allerdings weniger auf die physische Ausgestaltung des Fabrikgebäudes. [475] Daher wird in der anschließenden Analyse der Fokus auf den Bereich der Raum- und Gebäudetechnik gelegt. Um die Strukturierung dieser Betrachtungen zu vereinfachen, wird eine Unterscheidung zwischen einer räumlichen (dreidimensionalen) und einer flächenbezogenen (zweidimensionalen) Perspektive vorgenommen. Beide Aspekte finden schließlich in der Produktarchitekturgestaltung eine integrierte Betrachtung.

Räumliche Betrachtung

Die räumliche Analyse konzentriert sich auf den Bereich der Raum- und Gebäudetechnik. In diesem Bereich legt die wissenschaftliche Literatur eine strikte architektonische

[474] vgl. Wiendahl, H.-P. et al. (2005) Planung modularer Fabriken, S. 274.
[475] vgl. Wiendahl, H.-P. et al. (2005) Planung modularer Fabriken, S. 274.

Segregation von Tragwerk, Gebäudehülle, Gebäudetechnik und Innenraumausstattung nahe.[476] Die physischen Komponenten des Fabrikgebäudes werden geometrisch auf der Grundlage eines Tragwerks-, Fassaden- und Ausbaurasters in Wechselbeziehung zueinander angeordnet. Die Schnittstellen zwischen diesen drei Elementen – Tragwerk, Hülle und Innenausbau – sind vollständig definiert und weitestgehend autark. Diese organisatorische Struktur begünstig eine parallele Planung der einzelnen Bauelemente.[477] Abbildung 5-11 visualisiert die Elemente der Raum- und Gebäudetechnik. Im Folgenden wird eine tiefere Betrachtung der physischen Komponenten auf den nachfolgenden Hierarchieebenen durchgeführt.

Das Tragwerk einer Fabrik, bestehend aus Gründung, Trag- und Deckenkonstruktion, ist generell maßgeblich für die Lebensdauer des Gebäudes. Nach der Errichtung des Tragwerks sind Änderungen nur marginal möglich bis ausgeschlossen. Dazu gehören Decken, Brüstungen, Stützen, Gründung und Wände. Gebrauchseigenschaften eines Tragwerks wie z.B. Stützabstände, Raum- und Deckenhöhen, Verkehrslasten und Schwingungssteifigkeit beeinflussen dessen Performance.[478] Ein typisches Tragwerk ist ein hierarchisches System aus Dachhaut, Nebentragwerk und Haupttragwerk, welches in der Regel aus vertikalen Stützen und horizontalen Trägern besteht, die quadratisch in Tragewerksrasten angeordnet werden.[479]

Die Gebäudehülle ist ein entscheidendes Element für die Fabrikstruktur, da diese die Begrenzung zum Außenraum bildet.[480] Diese besteht aus Fassade, Dach, Fensteröffnungen und Türöffnungen. Die Fassade schützt vor Witterungseinflüssen und Umweltbelastungen und wird, je nach Nutzungsanforderungen, spezifisch angepasst. Im Gegensatz zum Tragwerk hat die Fassade keine tragende Funktion und besteht aus vorgehängten Konstruktionen, die ihre Lasten auf das Tragwerk übertragen. Komponenten der Hülle können in verschiedenen Varianten ausgeführt werden: geschlossen, semitransparent oder transparent.[481]

Der Innenausbau umfasst alle leicht veränderbaren und statisch nicht erforderlichen Komponenten. Raumbildende Elemente wie Trennwände, Fußboden und Unterdecken sollen den wechselnden Anforderungen bei der Nutzung gerecht werden. Trenn-

[476] vgl. Hildebrand, T. et al. (2005) PLUG+PRODUCE, S. 121; Burggräf, P. et al. (2021) Fabrikplanung, S. 464.

[477] vgl. Burggräf, P. et al. (2021) Fabrikplanung, S. 464.

[478] vgl. Hildebrand, T. et al. (2005) PLUG+PRODUCE, S. 121.

[479] vgl. Burggräf, P. et al. (2021) Fabrikplanung, S. 465.

[480] vgl. Hildebrand, T. et al. (2005) PLUG+PRODUCE, S. 122.

[481] vgl. Burggräf, P. et al. (2021) Fabrikplanung, S. 468.

wände fungieren als Raumabschluss und Eingrenzung unterschiedlicher Nutzungsbereiche einer Fabrik. Gleichzeitig dienen diese dazu, verschiedene Nutzbereiche hinsichtlich Lärm- und Staubentwicklung voneinander abzugrenzen. Unter- und Zwischendecken, die oft Medienführungen beinhalten, sollten stets zugänglich gestaltet sein, um das Einbringen neuer Medienanschlüsse zu ermöglichen. Fußböden in Hallen müssen gegen mechanische und chemische Beanspruchungen widerstandsfähig sein und sollten gegebenenfalls Einbauten wie Gruben und Kanäle berücksichtigen. [482]

Die Gebäudetechnik umfasst Elemente, die für optimale Raumbedingungen für Produktionsprozesse verantwortlich sind. Versorgungssysteme wie Heizung, Stromversorgung, Wasser- und Abwassernetzte, Druckluft-, Betriebs-, Kühlwasser- und Schmierstoffbereitstellung gehören dazu. [483] Versorgungs- und Entsorgungsanlagen werden in Technikzentralen zusammengefasst und können flexibel in der Fabrik positioniert werden.

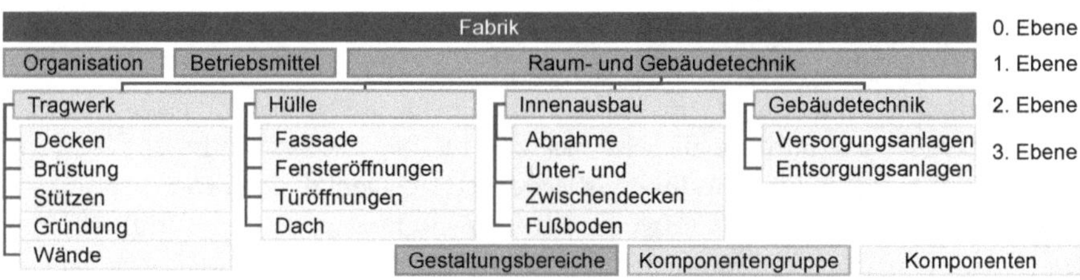

Abbildung 5-11: Hierarchische Dekomposition der physischen Produktstruktur

Flächenbezogene Betrachtung

Der (Fuß-)boden als identifizierte Komponente der Fabrik in der dreidimensionalen Betrachtung ermöglicht zusätzlich die flächige Betrachtung der Fabrikstruktur aus einer zweidimensionalen Perspektive. Die Erarbeitung der zweidimensionalen Struktur orientiert sich an der VDI-NORM 3644[484], welche eine Unterteilung der Grundstücksfläche einer Fabrik in unbebaute und bebaute Flächen vorsieht. Eine weitere Differenzierung der unbebauten Fläche in Grün- oder Freiflächen ist möglich, für die weiteren Betrachtungen in diesem Kontext jedoch irrelevant. Die bebaute Fläche entspricht der Bruttogrundrissfläche und setzt sich aus der Konstruktions- und der Nettogrundrissfläche zusammen. Die Konstruktionsfläche umfasst den Querschnitt aller tragenden oder anschließenden Baukonstruktionen, wie z.B. Stützen oder Außenwände (vgl.

[482] vgl. Hildebrand, T. et al. (2005) PLUG+PRODUCE, S. 122 f.

[483] vgl. Burggräf, P. et al. (2021) Fabrikplanung, S. 470.

[484] vgl. VDI-Gesellschaft Produktion und Logistik (August 2010) VDI 3644, S. 1.

dreidimensionale Struktur). Die Nettogrundrissfläche definiert die nutzbaren Flächen zwischen den begrenzenden Bauteilen. Die Nettogrundrissfläche kann weiter in Verkehrsflächen, Funktionsflächen und Nutzflächen untergliedert werden. Funktionsflächen beinhalten die Flächen für betriebstechnische Anlagen wie Reinigungsräumlichkeiten, Schaltstationen, Heizungs- und Kühlanlagen sowie betriebstechnische Zentralanlagen. Verkehrsflächen dienen der Verkehrs- und Transporterschließung oder der Verkehrssicherung des Bauwerks und können in Hauptverkehrsflächen und allgemeinen Verkehrsflächen unterschieden werden. Die Nutzfläche wird weiter in Haupt- und Nebennutzflächen differenziert. Nebennutzflächen umfassen Sozialflächen und Sanitärflächen. Hierzu zählen Umkleidekabinen inklusive der Vorräume sowie sanitären Anlagen und alle erforderlichen Vor- und Trennräume. Speiseräume, Frühstücks- und Aufenthaltsräume sowie Vorratsräume für die Belegschaft sind Teil der Sozialflächen. Auch Ruheräume, Sport- und Fitnessräume sowie Besprechungsräume werden den Nebennutzflächen zugeordnet. Die Hauptnutzfläche definiert jene Fläche, die für die Hauptfunktion eines Gebäudes oder Gebäudeteils genutzt wird. In einer Fabrik werden diese Flächen weiter in Produktions-, Lager-, Büro- und Sonderflächen unterteilt. Sonderflächen kommen zum Einsatz, wenn keine eindeutige Zuordnung zu Produktion, Lager oder Büro möglich ist, wie z.B. bei Super-Clean-Räumen oder kerntechnischen Anlagen. Eine Produktionsfläche setzt sich gemäß der VDI-NORM aus sieben Flächen zusammen: Fertigungsfläche, Zwischenlagerfläche, Prüffeldfläche, Hauptverkehrsfläche, fertigungsnahe Büros, Laborfläche und sonstige Fläche, welche für spezielle Anwendungsfälle vorgesehen ist. Die Lagerfläche besteht aus Wareneingangsfläche, Lagerfläche, Versandfläche, Hauptverkehrsfläche sowie einer ergänzenden sonstigen Fläche. Die Bürofläche setzt sich aus Verwaltungsflächen, Bürozusatzfläche, Hauptverkehrsfläche und einer sonstigen Fläche zusammen. Abbildung 5-12 fasst die Beschreibungen visuell zusammen.

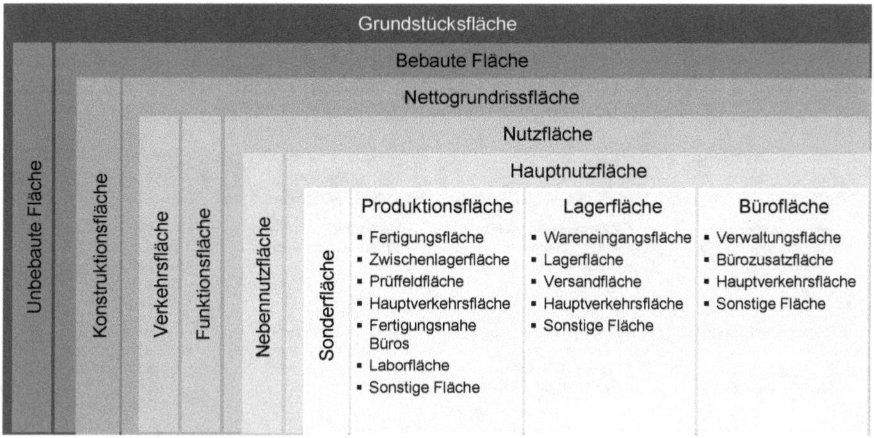

Abbildung 5-12: Flächendekomposition einer Fabrik

5.2.3 Produktarchitekturdarstellung und Modulgenerierung

Die baulichen Funktionen weisen einen offensichtlichen, sehr starken und direkten Bezug zur 3D-Produktstruktur auf, welche über den Gestaltungsbereich Raum- und Gebäude abgeleitet wird (vgl. Abbildung 5-13). Bei der Modulbildung ist es daher sinnvoll, diese zunächst außen vor zu lassen und erst abschließend wieder zu integrieren.

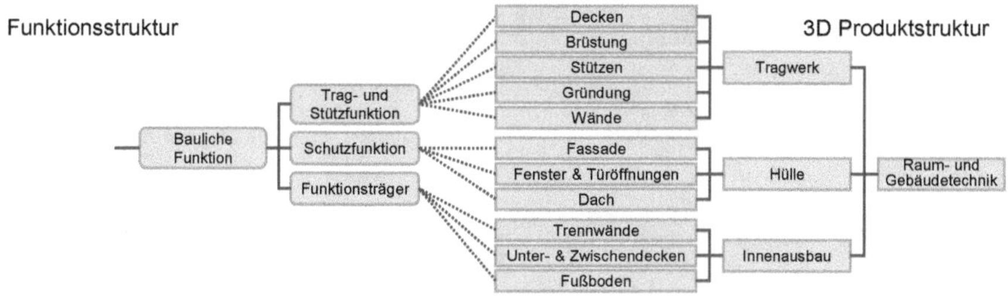

Abbildung 5-13: Verknüpfung baulicher Funktionen mit der physischen Produktstruktur (3D)

Die Module werden durch die Gegenüberstellung der 2D Produkt- bzw. Flächenstruktur mit der Funktionsstruktur abgleitet (Abbildung 5-16). Folglich sind die detaillierten Flächen der Kategorie Hauptnutzflächen mit der letzten Ebene der Funktionsstruktur (Feinebene) zu verknüpfen. Durch die Verknüpfung erschließen sich Module innerhalb der Produktarchitektur, welche die Hauptmodule bilden. Innerhalb der gebildeten Produktarchitektur lassen sich vier Hauptmodule ableiten, welche sich aus spezifischen Flächen und Funktionen zusammensetzen: Produktionsmodul, Lagermodul, Versorgungsmodul, Verwaltungs- & Sozialmodul (vgl. Abbildung 5-14).

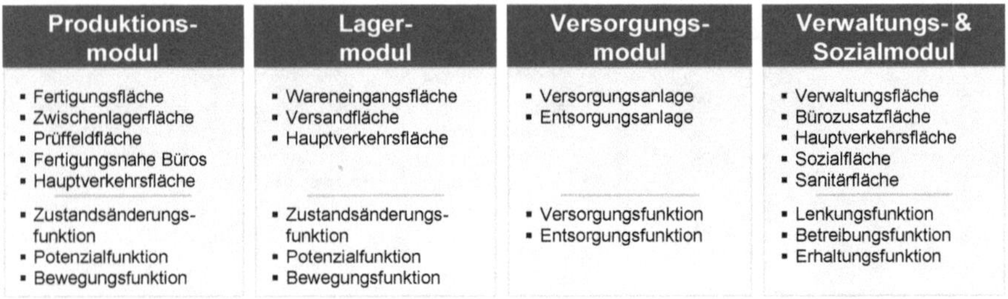

Abbildung 5-14: Identifizierten Module innerhalb der Produktarchitektur

Das Produktionsmodul fungiert als Kernmodul jeder Fabrik und wird daher in Abbildung 5-15 weiter in Submodule detailliert. Es wird unterschieden zwischen Modulen der Montage und der Fertigung anhand unterschiedlichen Verfahrenstypen der Literatur und Praxis. Die Fertigungsmodule umfassen dabei das Gießen, Umformen, Trennen, Fügen, Additive Fertigung, Oberflächenbehandlung und das Spanen. Die Submodule der Fertigungsmodule können zur weiteren Detaillierung in Submodule der 2. Stufe ausdetailliert werden.

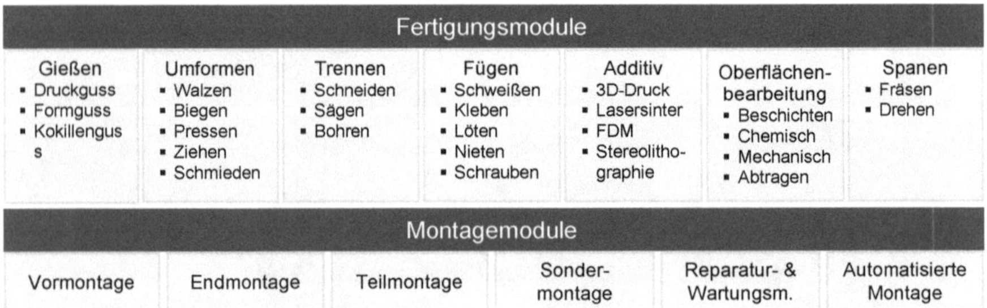

Abbildung 5-15: Detaillierung des Produktionsmoduls in Submodule der Fertigung und Montage

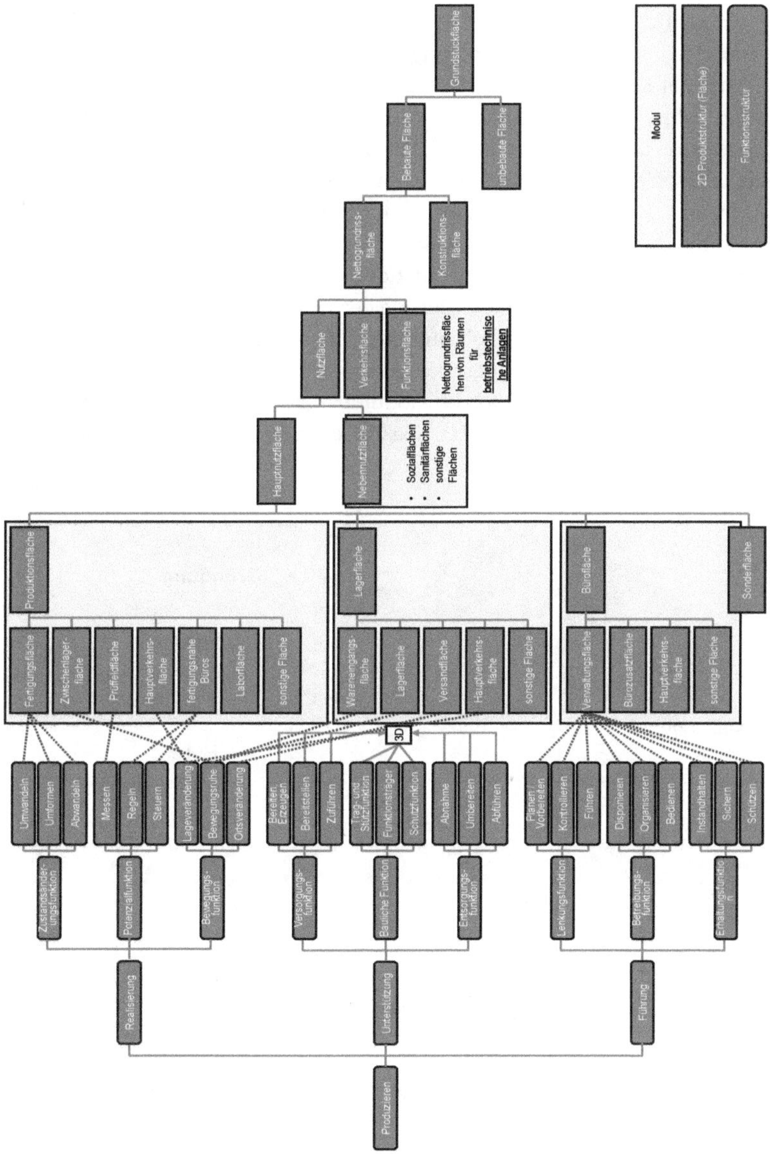

Abbildung 5-16: Produktarchitektur und Modulübersicht

Im letzten Schritt lässt sich mit der erstellten Produktarchitektur die modulare, funktions- und flächenbezogene Betrachtung durch die räumliche 3D-Betrachtung anhand von physischen Komponenten ergänzen, um eine umfassende Beschreibung der Module einer Fabrik zu ermöglichen (vgl. Abbildung 5-17). Mit der entstandenen Produktarchitektur und den gewonnenen Erkenntnissen zur modularen Abgrenzung ist ein nützliches Werkzeug vorliegend, um das Modell der Fabrik aus zwei Perspektiven zu beschreiben. Es mangelt allerdings an der Möglichkeit die Fabrikelemente zu spezifizieren anhand von Fabrikmerkmalen. Die Hallenhöhe als beispielhaftes Fabrikmerkmal ist z.B. als Ergebnis der Spezifizierung der physischen Stützen oder die Bodentragkraft als Ergebnis der Spezifizierung des Bodens zu verstehen. Fabrikmerkmale sind dementsprechend erforderlich, um die Produktarchitektur zu spezifizieren. Mit Hilfe der entwickelten Modullogik können sich die Fabrikmerkmale entweder auf konkrete (Sub-)Module beziehen oder modulübergreifend, d.h. auf die gesamte Fabrik, sofern keine Unterscheidung bei der Spezifizierung erforderlich ist (vgl. Abbildung 5-17).

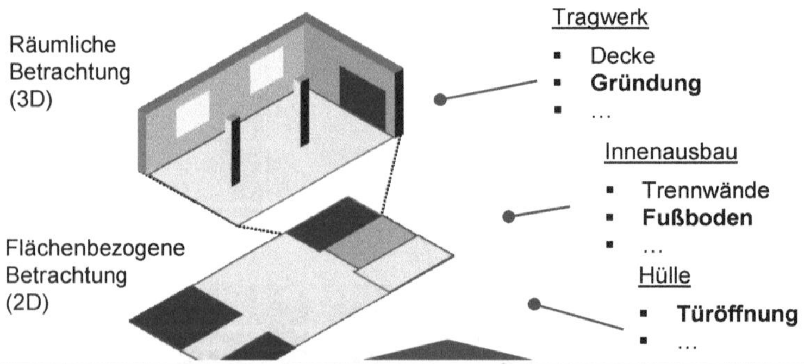

Fabrikmerkmale inkl. Ausprägung zur Spezifizierung der Fabrik

Gründung	Fußboden	Türöffnung	...
▪ Tragfähigkeit [5.000 kg / m²] ▪ ...	▪ Flächengröße [1.500 m²] ▪ Bodenbelag [Acrylharzboden] ▪ ...	▪ Tor Typen [Rolltor] ▪ Dimensionierung [4 x 3 Meter] ▪ ...	▪ ...

Abbildung 5-17: Zusammenhang zwischen Produktarchitektur und Fabrikmerkmalen

Im nächsten Schritt sind entsprechend auf Basis der Erkenntnisse wesentliche Merkmale zu identifizieren, die eine Fabrik lösungsbezogen beschreiben und im Rahmen des Planungsprozesses zu spezifizieren sind.

5.3 Bestimmung von Fabrikmerkmalen zur Modulspezifikation

Das Kapitel zielt darauf ab, Fabrikmerkmale zu erfassen, welche entweder zur Spezifizierung eines bestimmten Moduls dienen oder modulübergreifend auf die gesamte Fabrik bezogen sind. Diese Merkmale ermöglichen eine direkte oder indirekte Charakterisierung der Fabrik, welche sich in der Form physischer Komponenten oder Funktionen manifestiert. Das Kapitel präsentiert zunächst das Vorgehen zur systematischen, auf Literatur basierende Erfassung der Fabrikmerkmale. Anschließend werden die Ergebnisse beschrieben und in einem morphologischen Kasten nach ZWICKY zusammengefasst. Schließlich werden die gewonnenen Ergebnisse für die weitere Verwendung in dieser Arbeit durch Unterstützung von Experten sinnvoll abgegrenzt.

5.3.1 Vorgehen zur systematischen Erfassung

Im Rahmen der umfassend systematischen Literaturrecherche werden neun Quellen[485] untersucht, die aufgrund der hohen Zitationshäufigkeit als grundlegende Beiträge in der Fabrikplanung verstanden werden können. Die Grundwerke werden ferner um drei zusätzliche Quellen ergänzt, welche im direkten Zusammenhang mit dem Aachener Fabrikplanungsvorgehen stehen.[486] Der Nachweis über die ausreichende Verwendung von Quellen wird zum späteren Zeitpunkt über die theoretische Sättigung im Kontext der Grounded Theory argumentiert. Die theoretische Sättigung ist ein Indikator für Datenzufriedenheit und wird erreicht, wenn das Einbeziehen zusätzlicher Quellen keine neuen Erkenntnisse mehr erzeugt. Da die qualitative Forschung keine statistische Repräsentativität verfolgt, sondern eine hinreichend diversifizierte Entwicklung des theoretischen Konzepts, ist ein Abbruch zum Zeitpunkt der theoretischen Sättigung legitim.

[485] vgl. Kettner, H. et al. (1984) Systematische Fabrikplanung; Aggteleky, B. (1987) Fabrikplanung; Felix, H. (1998) Unternehmens- und Fabrikplanung; Wirth, S. et al. (2000) Layoutplanung; VDI - Gesellschaft für Produktionstechnik (2009) VDI 5200; Pawellek, G. (2014) Ganzheitliche Fabrikplanung; Schenk, M. (2014) Fabrikplanung und Fabrikbetrieb; Wiendahl, H.-P. (2014) Handbuch Fabrikplanung; Grundig, C.-G. (2018) Fabrikplanung.

[486] vgl. Nöcker, J. (2012) Zustandsbasierte Fabrikplanung; Meckelnborg, A. (2015) Integrative Fabrikplanung; Krunke, M. (2017) Reifegradmanagement.

Die Erarbeitung von Fabrikmerkmalen wird auf Basis von BERGHOLZ' Modell der Fabrikstrukturebenen eingeschränkt. Der Schwerpunkt liegt auf Merkmalen innerhalb der Gebäudestrukturebene sowie der Bereichsstrukturebene. Strukturebenen mit einem sehr groben oder sehr feinen Detailgrund werden als weniger geeignet eingestuft hinsichtlich des Standardisierungspotenzials (vgl. Kapitel 4.2). Höhere Strukturebenen befassen sich zumeist mit Fragestellungen der Netzwerkgestaltung und des Standorts und weisen dadurch starke Kundeneinflüsse auf. Ähnliches gilt für die Arbeitsplatzgestaltung als niedrigste Strukturebene, welche ebenfalls starken Kundeneinflüssen unterliegt.

Die eingehende Literaturanalyse resultiert in der Identifizierung von 249 relevanten Merkmalen. Auffallend ist dabei, dass zahlreiche Merkmale mehrfach, jedoch unter verschiedenen Bezeichnungen genannt werden. Nach Entfernung von 162 Duplikaten verbleiben 87 einzigartige Merkmale (vgl. Kapitel 8.5). Die Häufigkeit der Duplikate ist ein Indiz für die Erreichung der theoretischen Sättigung. Eine Ausweitung des Untersuchungsrahmens wird an dieser Stelle somit keinen weiteren Erkenntniszuwachs liefern.

Nachfolgend werden die identifizierten Merkmale detailliert beschrieben und deren jeweilige Ausprägungskataloge vorgestellt. Die Ausprägungen der Merkmale werden mittels Rückinduktion ermittelt, indem die zugrundeliegende Literatur erneut bemüht wird. Bei Bedarf wird weiterführende Literatur konsultiert und an entsprechenden Stellen explizit darauf verwiesen.

5.3.2 Modulübergreifende und -bezogene Ergebnisdarstellung

Zur Beschreibung der Merkmale innerhalb der folgenden Grafiken sind an dieser Stelle zur Vereinfachung die Abkürzungen Längeneinheit (LE), Flächeneinheit (FE), Volumeneinheit (VE) und Gewichtseinheit (GE) einzuführen. Zwecks Erzielung von Übersichtlichkeit werden nachfolgend die Fabrikmerkmale in 11 thematisch zusammengefassten Kategorien vorgestellt. Aus Konsistenzgründen erfolgt zunächst die modulübergreifende Betrachtung auf Gebäudestrukturebene mit 5 Kategorien, gefolgt von der modulbezogenen Ebene mit 6 Kategorien.

Modulübergreifende Fabrikmerkmale

Die modulübergreifende Betrachtung der Fabrikmerkmale umfasst die Kategorien Gebäudestruktur, Raumstruktur, Produktionsanordnung, Logistiksystem und technische Gebäudeausrüstung.

Die Gebäudestruktur (vgl. Abbildung 5-18) wird im Wesentlichen durch die Gebäudeform und Werksstrukturvariante bestimmt.[487] Verschiedene Gebäudeformen können dabei differenziert werden: Flachbauten, Hallenbauten, Geschossbauten, sowie deren Kombinationen und Sonderbauten. Jede Form weist spezifische Vor- und Nachteile auf, die die jeweiligen Anwendungsbereiche beeinflussen. Bei der Wahl eines Geschossbaus ist eine geeignete Anzahl an Etagen zu bestimmen und ggf. der Einbau von Aufzügen zu berücksichtigen. In Bezug auf Greenfield-Projekte haben sich bestimmte ideale Werksstrukturen etabliert, deren Vorteile je nach Prioritäten wie Erweiterbarkeit, Logistikaufwand, Informationsfluss, Flächeneffizienz und Anlieferungsmöglichkeiten variieren. Dazu gehören z.B. die T-Struktur, Linienstruktur, Blockstruktur, zentrale Achse oder U-Struktur. Produktionsgebäude umfassen neben den direkten Bereichen (z.B. Fertigung, Montage) indirekte Bereiche (z.B. Sozialbereiche, Meisterbüros), die häufig im sogenannten Versorgungsriegel untergebracht sind. Dieser kann entweder seitlich oder auf dem Dach positioniert werden. Ein weiteres Merkmal der Gebäudestruktur ist die Anordnung der Büro-, Sanitär- und Verwaltungsflächen. Integrierte und durchmischte Anordnungen erleichtern die Kommunikation mit der Produktion, während freistehende oder angebaute Anordnungen die Herausforderung von Störungen durch Emissionen der Maschinen und Anlagen mit sich bringen können.

Merkmal	Merkmalsausprägungen				
Gebäudebauform	Flachbau	Hallenbau	Geschossbau	Kombination	Sonderbau
Unterkellerung	Ja			Nein	
Werksstrukturvariante	T-Struktur	Linienstruktur	Blockstruktur	Zentrale Achse	U-Struktur
Anordnung Versorgungsriegel	Seitlich			Auf dem Dach	
Anordnung der Büroflächen	Freistehend	Angebaut	Integriert	Durchmischt	
Aufzug	Ja			Nein	
Falls **Geschossbau** als **Bauform** gewählt wurde:					
Geschossbautyp	Eingeschossig			Hochbau für Hochregallager	
Etagenanzahl	Etagenanzahl $\in \mathbb{N}$				

Abbildung 5-18: Ausprägungskatalog Gebäudestruktur

Die Raumstruktur (vgl. Abbildung 5-19) basiert auf der Gebäudestruktur. Dies wird erreicht, indem der vorliegenden Werksstruktur eine Hallenhöhe zugewiesen und die grundlegende Form der Tragwerkskonstruktion durch das Stützenraster determiniert wird. Die Hallenhöhe definiert den Abstand zwischen der Oberkante der Bodenplatte und der Unterkante der Decke, welche nicht zu verwechseln ist mit der lichten Höhe. Diese beschreibt den Abstand zwischen der Oberkante der Bodenplatte der Unterkante

[487] vgl. Grundig, C.-G. (2018) Fabrikplanung, S. 258.

der Haupttrassen und Leitungsnetze (= nutzbare Hallenhöhe). Das Stützenraster einer Fabrikhalle wird durch die Spannweite, die Stützenabstände sowie die Säulenbreite spezifiziert. Die Festlegung des Stützenrasters ist eine der zentralen Fragestellungen aus Prozess- und Raumsicht.[488] Dem Ziel einer minimalen Anzahl störender Stützen steht die gebotene wirtschaftliche Effizienz des Tragwerks gegenüber. Tore und Türe werden im Wesentlichen durch deren Breite und Höhe festgelegt und bestimmen welche Betriebsmittel – insbesondere Transportmittel – die Grenzen der Hallen und Funktionsbereiche passieren können. Hierbei wird zwischen Rolltoren, Doppel-Flügeltoren, Schnelllauftoren und Brandschutztoren unterschieden.

Merkmal		Merkmalsausprägungen			
Hallenhöhe		Hallenhöhe $\in \mathbb{R}$ in LE			
Raumhöhe Versorgungsriegel		Raumhöhe $\in \mathbb{R}$ in LE			
Stützen -raster	Spannweite	Spannweite $\in \mathbb{R}$ in LE			
	Stützenabstände	Stützenabstände $\in \mathbb{R}$ in LE			
	Stützenbreite	Stützenbreite $\in \mathbb{R}$ in LE			
Tore & Türen	Benötigte Tortypen	Rolltor	Doppel-Flügeltor	Schnelllauftor	Brandschutztor
	Dimensionierung Tortyp	Flächenbedarf (Höhe, Breite) je Tortyp $\in \mathbb{R}^2$ in FE			
	Dimensionierung Türen	Flächenbedarf (Höhe, Breite) $\in \mathbb{R}^2$ in FE			
Größe der Brandabschnitte		Fläche $\in \mathbb{R}$ in FE			

Abbildung 5-19: Ausprägungskatalog Raumstruktur

Produktionsprozesse lassen sich aufgrund der zeitlichen und räumlichen Organisation in charakteristische Formen unterteilen (vgl. Abbildung 5-20). Beide Formen besitzen unterschiedliche Ursachen, bedingen sich allerdings gegenseitig. Anwendbare Prinzipien der zeitlichen Organisation sind Reihenverlauf, kombinierter Verlauf und Parallelverlauf. Die räumlichen Anordnungsprinzipien werden über die Flussbeziehungen bestimmt, insbesondere den Materialfluss. In der praktischen Layoutplanung werden diese idealen Strukturen einer Anordnungskorrektur an die individuellen Verhältnisse eines Unternehmens unterzogen.[489] Die Wahl des Layouttyps basiert auf unterschiedlichen Strukturtypen von Materialflusssystemen: Punktstruktur, Linienstruktur, Netzstruktur.[490] Die Anordnung des Materialflusses ist dabei nicht mit der Werksstrukturvariante zu verwechseln. Eine Blockstruktur kann z.B. auch einen U- oder L-förmigen Materialfluss aufweisen.

[488] vgl. Wiendahl, H.-P. (2014) Handbuch Fabrikplanung, S. 334 f.
[489] vgl. Grundig, C.-G. (2018) Fabrikplanung, S. 132 f.
[490] vgl. Wirth, S. et al. (2000) Layoutplanung, S. 11 f.

Merkmal	Merkmalsausprägungen				
Zeitliche Organisation	Reihenverlauf	Kombinierter Verlauf	Parallelverlauf		
Materialflussschema	Geradlinig	U-förmig	L-förmig	T-förmig	
Automatisierungsgrad	Manuell	Mechanisch	Teilautomatisiert	Vollautomatisiert	
Für **Produktionsprozesse** der **Teilefertigung:**					
Typ der Teilefertigung	Konventionell	Integriert			
Falls **Konventionell** als **Typ der Teilfertigung** gewählt wurde:					
Layouttyp	Punktfertigung	Werkstattfert.	Gruppenfert.	Reihenfert.	Fließfertigung
Falls **Fließfertigung** als **Layouttyp** gewählt wurde:					
Verkettung Fließfertigung	Starke Verkettung	Lose Verkettung			
Formen der Fließfertigung	Konstante Fließfertigung	Wechselfließfertigung			
Falls **Integriert** als **Typ der Teilfertigung** gewählt wurde:					
Layouttyp	Flexible FZ[a]	Flexible FS[b]	Flexibles FFS[c]	Fert.-inseln	IGFA[d]
Falls **IGFA** als **Layouttyp** gewählt wurde:					
Variante der IGFA[d]	A	B	C		
Für **Produktionsprozesse** der **Montage:**					
Layouttyp	Punktstruktur	Linienstruktur	Ringstruktur	Netzstruktur	Flächenstr.

a: Fertigungszelle; b: Fertigungsstraße; c: Fertigungssystem; d: Integrierte gegenstandsspezialisierte Fertigungsabschnitte

Abbildung 5-20: Ausprägungskatalog Produktionsanordnung

Im Zusammenhang mit der Layoutplanung und der damit verbundenen Gestaltung von Lager- und Pufferflächen ist über eine Logistikstrategie zu entscheiden (vgl. Abbildung 5-21).[491] Auf dieser strategischen Grundlage kann dann das Logistiksystem mit seinen verschiedenen Lagerarten und Transportmitteln modulübergreifend konfiguriert werden. Die Logistikstrategie untergliedert sich in die Beschaffungsstrategie sowie die Lager- und Pufferstrategie. Zudem ist die Gestaltung des Be- und Entladens von Lastkraftwagen durch die Auswahl einer geeigneten Rampenform als Merkmal zu spezifizieren.

Merkmal		Merkmalsausprägungen			
Log.-Strat.	Beschaffungsstrategie	Verbrauchsorientiert	Programmorientiert		
Log.-Strat.	Lager- u. Pufferstrategie	KANBAN	Konsignationslag.	Just-in-time-Prinzip	Zentrallager
Rampenform Verladebereich		Seitenrampe	Kopframpe	Dockrampe	Sägezahnrampe

Abbildung 5-21: Ausprägungskatalog Logistiksystem (Modulübergreifend)

Die technische Gebäudeausrüstung (TGA) begründet ca. 30-40 % der gesamten Fabrikgebäudekosten, weshalb neben wandlungsfähigen Produktionsmitteln auch eine wandlungsfähige TGA notwendig ist.[492] Für die Erzeugung von Medien (z.B. Druckluft

[491] vgl. Pawellek, G. (2014) Ganzheitliche Fabrikplanung, S. 196.
[492] vgl. Wiendahl, H.-P. (2014) Handbuch Fabrikplanung, S. 351.

oder Dampf) sowie deren Bereitstellung, Überwachung und Filterung werden die wichtigsten maschinentechnischen Aggregate in Technikzentralen zusammengefasst.[493] Bei der Umsetzung der Technikzentrale wird zwischen einer zentralen oder dezentralen Anordnung unterschieden (vgl. Abbildung 5-22). Obwohl der Platzbedarf bei einem zentralen System geringer ist, kann die Effizienz aufgrund der längeren Medienführung möglicherweise negativ beeinflusst werden. Technikzentralen können prinzipiell auf allen Ebenen des Gebäudes angeordnet werden. Wenn die benötigte lichte Raumhöhe bei der Auslegung des Gebäudes unterschätzt wird, kann dies zu einer unübersichtlichen und wenig wandlungsfähigen Medienführung führen.[494] Neben der Technikzentrale sind Haupttrassen und Leitungsnetze bei der Fabrikgestaltung von Bedeutung, da diese als Störfaktor der aktuellen und zukünftigen Fertigung fungieren können.[495]

<table>
<tr><th colspan="2">Merkmal</th><th colspan="12">Merkmalsausprägungen</th></tr>
<tr><td rowspan="3">Technik-zentrale</td><td>Systemumsetzung</td><td colspan="3">Zentral</td><td colspan="3">Eher zentral</td><td colspan="3">Eher dezentral</td><td colspan="3">Dezentral</td></tr>
<tr><td>Anordnung</td><td colspan="2">UG[a]</td><td colspan="2">EG[b]</td><td colspan="2">ZWG[c]</td><td colspan="2">TWZ[d]</td><td colspan="2">OG[e]</td><td colspan="2">FA[f]</td></tr>
<tr><td>Raumbedarf</td><td colspan="12">Raumbedarf (Breite, Länge, Höhe) $\in \mathbb{R}^3$ in VE</td></tr>
<tr><td rowspan="3">Leitungs-netze</td><td>Vertikale Führung</td><td colspan="4">In Stützen</td><td colspan="4">In Schächten</td><td colspan="4">In Gebäudekernen</td></tr>
<tr><td>Horizontale Führung</td><td colspan="4">In Unterflurkanälen</td><td colspan="4">In Tragkonstruktion</td><td colspan="4">Unter Tragkonstruktion</td></tr>
<tr><td>Raumhöhe</td><td colspan="12">Verringerung der lichten Raumhöhe $\in \mathbb{R}$ in LE</td></tr>
</table>

a: Untergeschoss; b: Erdgeschoss; c: Zwischengeschoss; d: Tragwerkszone; e: Obergeschoss (Dach); f: Freie Aufstellung

Abbildung 5-22: Ausprägungskatalog TGA (Modulübergreifend)

Fabrikmerkmale auf Modulebene

Um eine Fabrik in deren Gesamtheit zu entwickeln, ist die Zusammensetzung dieser aus den einzelnen Modulen (vgl. Kapitel 5.2) erforderlich. Daher ist eine Auswahl der notwendigen Module sowie deren korrekte Dimensionierung erforderlich. Diese Dimensionierung kann auf Basis von Kennzahlen erfolgen, wie z.B. Fläche/Produktionsvolumen, Fläche/Umsatz, Fläche/Maschine, Fläche/Beschäftigten.[496] Die Flächen können anschließend relativ zu den benötigten Einheiten aufgeteilt werden. Zur Sicherung der Erweiterungsfähigkeit sind bereits im frühen Stadium Flächen über die Gebäudeumrisse hinaus für spätere Erweiterungen vorzuhalten. Hierbei kann es hilfreich

[493] vgl. Wiendahl, H.-P. (2014) Handbuch Fabrikplanung, S. 346.
[494] vgl. Wiendahl, H.-P. (2014) Handbuch Fabrikplanung, S. 347 f.
[495] vgl. Wiendahl, H.-P. (2014) Handbuch Fabrikplanung, S. 345.
[496] vgl. Wirth, S. et al. (2000) Layoutplanung, S. 79.

sein, erweiterungsverdächtige Module zu bestimmen. Zusätzlich sind diejenigen Module zu berücksichtigen, die aufgrund externer Anbindung an der Gebäudeaußenseite zu verorten sind (vgl. Abbildung 5-23).

Merkmal	Merkmalsausprägungen				
Fabrikgröße	XS	S	M	L	XL
Rel. Erweiterungsfläche	Erweiterungsfläche bez. auf Fabrikgröße ∈ [0%; 100%]				
Fabrikmodule	Fabrikmodulfläche (z.B. Dreherei) bez. auf Fabrikgröße ∈ [0%; 100%]				
	Erweiterungsverdächtige Module ∈ Fabrikmodule				
	Module mit externer Anbindung ∈ Fabrikmodule				

Abbildung 5-23: Ausprägungskatalog Modulzusammensetzungen

Die modulbezogene Betrachtung der Fabrikmerkmale umfasst die Kategorien Technologien, Raumanforderungen, Logistiksystem, Verkehrswege, technische Gebäudeausrüstung sowie Immissionen und Emissionen.

Unter Technologien werden Maschinen und Anlagen sowie die Technologiekette (bzw. der Wertstrom) zusammengefasst. Maschinen und Anlagen stellen die Kernelemente jeder Produktion dar. Der grobe Raumbedarf für die Maschinen und Anlagen ist von den Technologiesegmenten abzuleiten. Aufgrund der auftretenden Lasten benötigen spezifische Maschinen (z.B. Pressen) oft eigene Fundamente. Dies erfolgt allerdings an spezifischen Stellen in der Fabrik, um nicht die gesamte Fabrik auf die entsprechende Bodenlast auszulegen und die Gesamtkosten gering zu halten. Die räumliche Anordnung ist in diesem Fall allerdings mit Voraussicht zu bedenken, da die Fundamente nach der Verankerung unveränderliche Fixpunkte im Fabriklayout erzeugen. Um Maschinen und Arbeitsschritte gemäß einem ausgewählten Materialfluss und Layouttyp anordnen zu können, muss außerdem die Soll-Technologiekette (vgl. Abbildung 5-24) ermittelt werden (z.B. Bandsägen – Längsprofilsägen – Laserstrahlschweißen).

Merkmal	Merkmalsausprägungen
Maschinenkatalog	Katalog ∈ [Universal-Drehmaschine, 5-Achs-Fräsmaschine, ...]
Maschinendimensionen	Raumbedarf (Breite, Länge, Höhe) ∈ $\mathbb{R}^3$ in VE
Maschinenfundamente	Maschinengewichte ∈ Katalog
Soll-Technologiekette	Technologiekette ∈ [Technologie 1, Technologie 2, ...]

Abbildung 5-24: Ausprägungskatalog Technologien

Das relevanteste Merkmale bezüglich der Raumanforderungen (vgl. Abbildung 5-25) bezieht sich auf die Bodenplatte. Die Bodentragfähigkeit ist im Rahmen der Recherche, der am häufigsten identifizierte Aspekt. Die Tragfähigkeit und Ebenheit der Bodenplatte richtet sich nach den Anforderungen der Betriebsmittel, die die räumliche Veränderung von Betriebsmitteln und die potenzielle Umnutzung von Flächen beeinflussen.[497] Die Deckentragfähigkeit schränkt zwar die Ortsveränderungen nicht ein, ist aber z.B. für die Überkranbarkeit von Fabrikbereichen relevant. Des Weiteren ist die Einhaltung maximaler Rettungsweglängen gesetzlich vorgeschrieben und folglich als Merkmal zu berücksichtigen. Die Länge hängt besonders von der brandschutztechnischen Infrastruktur und der lichten Raumhöhe ab, während die Breite unabhängig davon auf mindestens zwei Meter festgelegt ist.

Merkmal		Merkmalsausprägungen
Boden-platte	Tragfähigkeit	Tragfähigkeit ∈ $\mathbb{R}$ in kg/m²
	Ebenheit	Ebenheit ∈ ▱ x,x , z.B. ▱ 5,0
Deckentragfähigkeit		Tragfähigkeit ∈ $\mathbb{R}$ in kg/m2
Maximale Rettungsweglänge		Rettungsweglänge ∈ $\mathbb{R}$ in LE

Abbildung 5-25: Ausprägungskatalog Raumanforderungen

Zusätzlich zur ausgewählten, modulübergreifenden Logistikstrategie sind modulbezogen transportmittel- und lagerartspezifische Entscheidungen zu treffen (vgl. Abbildung 5-26). Grundsätzlich ist dabei zwischen stetigen und unstetigen Fördermitteln zu unterscheiden. Die Besonderheit an Stetigförderern besteht darin, dass diese sowohl Lager- als auch Transportfunktion übernehmen. Bei der Auswahl von Ladungsträgern ist die Zielsetzung stets, die Vielfalt der Ladungsträger zu minimieren. Neben Lager- und Fördersystemen ist auch ein Kommissionierungssystem zu bestimmen. Während sich in der Montage zunehmend rechtzeitige und vollständige Kommissionierung durchsetzt, spielt diese in der Fertigung aufgrund relativ weniger Teilearten keine entscheidende Rolle.[498] Schließlich ist die maximale Tragfähigkeit, die Reduzierung der nutzbaren Raumhöhe und die Hakenhöhe der Krananlage in Abhängigkeit von der Notwendigkeit der Überkranung zu bestimmen.

[497] vgl. Wiendahl, H.-P. (2014) Handbuch Fabrikplanung, S. 330.

[498] vgl. Wiendahl, H.-P. (2014) Handbuch Fabrikplanung, S. 201.

Merkmal	Merkmalsausprägungen				
Fördersystem	Stetig		Unstetig		
Ladungsträger	Palette	Tablar	Kasten	Behälter	Sonderfall
Kommissionierungs-System	„Ware zum Mann“	„Mann zur Ware“	Nicht vorhanden		
Überkranung	Ja		Nein		
Falls ein **stetiges Fördersystem** gewählt wurde:					
Fördersystem	Rutsche	Rollenbahn	Bandförderer	Wandertisch	Kreisförderer
	Tragkettenförderer	Spezialförderer	Schleppkettenf.	Power-and-free-f.	
Falls ein **unstetiges Fördersystem** gewählt wurde:					
Lagerart	Blockbodenlager	Zeilenbodenlager	Paternosterregal	Wandregal	
	Flachregal	Mittelregal	Hochregal	Durchlaufregal	
	Verschieberegal	Umlaufregal	Palettenregal	Sondergestelle	
Transportmittel	Handfahrgerät	Gabelstapler	Hochhubwagen	Schubmaststapler	
	Schmalgangstapl.	Verteilerwagen	Regalbediengerät	Stapelkran	
Lade-station: Notwendigkeit	Ja		Nein		
Lade-station: Flächenbedarf	Flächenbedarf $\in \mathbb{R}$ in FE				
Falls eine **Überkranung** notwendig ist:					
Maximale Tragfähigkeit	Tragfähigkeit $\in \mathbb{R}$ in GE				
Verringerung lichte Höhe	Verringerung der Raumhöhe $\in \mathbb{R}$ in LE				
Hakenhöhe	Hakenhöhe $\in \mathbb{R}$ in LE				

Abbildung 5-26: Ausprägungskatalog Logistiksystem (Modulbezogen)

Im Rahmen der Layoutplanung sind die Breiten für Transport- und Personenwege zu bestimmen (vgl. Abbildung 5-27). Besonders die Transportwege sind vorrausschauend zu planen, um bei späteren Umplanungen der Logistikmittel Restriktionen oder aufwändige Umstellungen zu vermeiden. Ein wichtiger Faktor bei Bestimmung der Transportwegbreite sind die Größe der Transportmittel und deren Verkehrsrichtungen. Die Breite der Personenwege hängt weitestgehend von gesetzlichen Vorgaben ab.[499]

Merkmal	Merkmalsausprägungen
Breite der Transportwege	Wegbreite $\in \mathbb{R}$ in LE
Breite der Personenwege	Wegbreite $\in \mathbb{R}$ in LE

Abbildung 5-27: Ausprägungskatalog Verkehrswege

Die technische Gebäudeausrüstung wurde bereits modulübergreifend beschrieben. Auf Modulebene ist zusätzlich zu spezifizieren, welche Medien von den Betriebsmitteln eines Moduls benötigt werden (vgl. Abbildung 5-28). Für das Bereitstellungskonzept ist – unter anderem für die Auslegung der Technikzentralen – der Verbrauch je

[499] vgl. Wirth, S. et al. (2000) Layoutplanung, S. 51 f.

Medienart auf Modulebene zu spezifizieren. Diese ergibt sich aus der Gesamtheit der Verbraucher eines Bereichs.

Merkmal	Merkmalsausprägungen			
Benötigte Medien	Gas	Wasser	Kühlwasser	Schmierstoff
	Strom	Druckluft	Dampf	Vakuum
Verbrauch je Medienart	Verbrauch $\in \mathbb{R}$ in medienspezifischer Einheit			

Abbildung 5-28: Ausprägungskatalog Technische Gebäudeausrüstung (Modulbezogen)

Laut dem Bundes-Immisionsschutzgesetz sind Emissionen „die von einer Anlage ausgehenden Luftverunreinigungen, Geräusche, Erschütterungen, Licht, Wärme, Strahlen und ähnliche Erscheinungen“.[500] Immissionen hingegen beschreiben die Einwirkungen dieser Umwelteinwirkungen auf Menschen, die Atmosphäre oder Ähnliches. Jedes Modul hat bestimmte Anforderungen an Immissionen.[501] Abhängig von der zu verrichtenden Arbeit ist eine ausreichende Beleuchtung erforderlich, bei feinen Montagearbeiten z.B. eine Mindestbeleuchtungsstärke von 750 Lux.[502] Die Bewertung der Lärmbelastung eines Arbeitsplatzes erfolgt über den Tages-Lärmexpositionspegel.[503] Der Verband der Automobilindustrie unterteilt die Produktion zudem in Sauberkeitsbereiche ein, die zu spezifizieren sind. Der Raumtemperaturbereich und der Bereich der relativen Luftfeuchtigkeit sind ebenfalls zu bestimmen (vgl. Abbildung 5-29). Basierend auf den Immissionen und Emissionen eines Moduls können Sympathie- und Antipathie-Beziehungen zu anderen Bereichen abgebildet werden. Sympathie-Beziehungen beschreiben die notwendige oder wünschenswerte Nähe von Modulen. Antipathie-Beziehungen sind analog zu verstehen.[504] Einerseits kann das räumlich nahe Anordnen von unverträglichen Modulen später kostspielige Maßnahmen erfordern. Andererseits können intelligente Planungen, die Sympathien ausnutzen, Synergieeffekte erzeugen.

[500] Bundesministerium der Justiz 2022 – Gesetz zum Schutz vor schädlichen (2022, S. 6.
[501] Bundesministerium der Justiz 2022 – Gesetz zum Schutz vor schädlichen (2022, S. 6.
[502] vgl. DIN Deutsches Institut für Normung e.V. (2019) DIN EN 12464, S. 33.
[503] vgl. DIN Deutsches Institut für Normung e.V. (2012) DIN 45646.
[504] vgl. Pawellek, G. (2014) Ganzheitliche Fabrikplanung, S. 210.

Merkmal		Merkmalsausprägungen				
Anforderungen	Raumtemperatur	Benötigter Raumtemperaturbereich [x; y] mit x,y ∈ ℝ in C°				
	Luftfeuchtigkeit	Benötigter Luftfeuchtigkeitsbereich [x; y] mit x,y ∈ [0%;100%]				
	Beleuchtung	Erforderliche Beleuchtungsstärken ∈ ℝ in Lux				
	Sauberkeitsbereich	SaS0[a]	SaS1[b]	SaS2[c]	SaS3[d]	
	Tages-Lärmexpositionsp.	Max. Tages-Lärmexpositionspegel ∈ ℝ in dB				
Nennenswerte Entstehung von	Wärme	Ja	Nein	Vibration	Ja	Nein
	Lärm	Ja	Nein	Schadstoffen i. d. Luft	Ja	Nein
	Staub	Ja	Nein	Geruch	Ja	Nein
	Strahlung	Ja	Nein			
	Dampf	Ja	Nein	Feuergefahr	Ja	Nein
	Schwingungen	Ja	Nein	aggressiven Medien	Ja	Nein

a: Nicht regulierter Bereich; b: Sauberzone; c: Sauberraum; d: Reinraum

Abbildung 5-29: Ausprägungskatalog Immissionen und Emissionen

5.3.3 Expertenbasierte Auswahl zu betrachtender Fabrikmerkmale

Das vorangegangene Kapitel verdeutlicht die notwendige Tiefe und Breite, mit der eine Fabrikspezifikation vorzunehmen ist. Kapitel 4.2 offenbarte bereits die Relevanz einer Konzentration auf den Industriebau, begründet durch Faktoren wie die Langfristigkeit, Dringlichkeit und Wirtschaftlichkeit.

Um eine Gewichtung der 87 identifizierten Fabrikmerkmale vorzunehmen wird eine Expertenbefragung vorgestellt. Ziel ist es, die Merkmale hinsichtlich der Relevanz für eine mögliche Standardisierung vorab zu priorisieren. Die Expertengruppe besteht aus einem 37-jährigen Maschinenbauingenieur mit umfangreicher industrieller und wissenschaftlicher Erfahrung in der Fabrik- und Produktionsplanung, einem 42-jährigen geschäftsführenden Architekten mit langjähriger Expertise in der Planung und dem Bau von Gewerbeimmobilien, sowie dem Autor dieser Arbeit. In der Befragung werden den Fabrikmerkmalen individuell durch jeden der drei Beteiligten Relevanzwerte auf einer Skala von Eins bis Fünf zugeordnet. Daraus resultierend werden die individuellen Ergebnisse zu einem durchschnittlichen Relevanzwert pro Fabrikmerkmal zusammengefasst (vgl. Kapitel 8.5). Abbildung 5-30 visualisiert die Fabrikmerkmale mit einer identifizierten Relevanz. Die Betrachtungen fokussieren sich demnach auf 13 Merkmale, die sich als besonders relevant für die weitere Betrachtung hinsichtlich deren Eignung zur Standardisierung erweisen. Die Merkmale werden im folgenden Verlauf der Arbeit detailliert analysiert und diskutiert.

Fabrikmerkmal	Merkmalsausprägungen				
Fabrikgröße	Klein (XS)	Mittel (S-L)	Groß (XL)		
Geschossigkeit	Eingeschossig	Mehrgeschossig			
Bodentragfähigkeit	Tragfähigkeit ∈ ℝ in kg/m²				
Hallenhöhe	Hallenhöhe ∈ ℝ in LE				
Stützenabstände	Stützenabstände ∈ ℝ in LE				
Raumtemperaturbereich	[x; y] mit x,y ∈ ℝ in C°				
Überkranung	Ja	Nein			
Maximale Tragfähigkeit	Tragfähigkeit ∈ ℝ in GE				
Horizontale Führung der TGA	In Unterflurkanälen	In Tragkonstruktion	Unter Tragkonstruktion		
Rampenform Verladebereich	Seitenrampe	Kopframpe	Dockrampe	Sägezahnform	
Materialflussschema	Geradlinig	U-förmig	L-förmig	T-förmig	
Layouttyp	Punktfertigung	Werkstattfert.	Gruppenfert.	Reihenfert.	Fließfertigung
Relative Erweiterungsfläche	Erweiterungsfläche bez. auf Fabrikgröße ∈ [0%; 100%]				

Abbildung 5-30: Für den Betrachtungsbereich relevant bewertete Fabrikmerkmale

5.4 Erfassung der Wirkbeziehung im Spezifikationsprozess

Ziel des Kapitels ist es, die notwendigen Betrachtungsaspekte im Rahmen der Spezifizierungsprozesse für die Fabrikmerkmale zu analysieren. Dabei sollen im ersten Schritt Ursachen und Informationen, die in den Planungsprozess einfließen, erfasst werden (Kapitel 5.4.1). Hierdurch wird sichergestellt, dass alle für den Spezifizierungsprozess der Fabrikmerkmale, die in dieser Arbeit betrachtet werden, relevanten Anforderungsmerkmale vollständig erfasst sind. Durch diesen Schritt wird vermieden, dass sich lediglich auf die in Kapitel 5.1 definierten Anforderungsmerkmale fokussiert wird und weitere relevante Aspekte vernachlässigt werden.

Der Fokus dieses Kapitels liegt auf der Untersuchung der Merkmalsebene, bevor in Kapitel 5.5 die Merkmalsausprägungsebene Betrachtung erfährt. Die Ergebnisse der Wirkbeziehungen auf der Merkmalsebene werden in Kapitel 5.4.2 in einer Design Structure Matrix nach STEWARD abgebildet. Diese stellt die Beziehungen zwischen den eingegrenzten Fabrikmerkmalen (Kapitel 5.3.3) und den Anforderungsmerkmalen (Kapitel 5.1.3) sowie die Beziehung der Fabrikmerkmale untereinander dar.

Die Erfassung der Wirkbeziehungen basiert sowohl auf literarischen Quellen als auch auf der praxisbezogenen Expertise des Autors dieser Arbeit. Dazu werden relevante wissenschaftliche Publikationen und Fachliteratur herangezogen. Abbildung 5-31 zeigt visuell die schematische Darstellung der Verknüpfungen, welche im Ergebnis abgebildet werden.

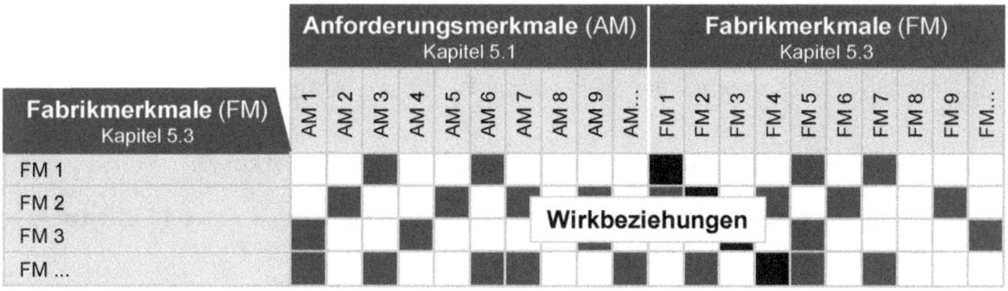

Abbildung 5-31: Schematische Darstellung der Ursache-Wirkbeziehungsanalyse

Sollten zusätzliche Aspekte identifiziert werden, die weder Bestandteil der Anforderungs- oder Fabrikmerkmalmodelle sind, werden diese hinsichtlich der Relevanz und Rückführbarkeit in die jeweiligen Modelle analysiert. Es wird geprüft, inwieweit diese in Verbindung mit den bereits identifizierten Anforderungs- und Fabrikmerkmalen stehen und ob eine Integration über zusätzliche Beziehungen zu bestehenden Merkmalen erfolgen kann oder alternativ als neues Merkmal zu implementieren ist. Sofern keine Rückführung möglich ist, ist zudem zu determinieren, ob die Informationen bereits zu Planungsbeginn zweifelsfrei vorhanden sein können. Sofern dies nicht der Fall ist, ist die grundsätzliche Standardisierungseignung des Fabrikmerkmals zu hinterfragen.

Um die Anwendbarkeit des entwickelten Ansatzes in der Praxis sicherzustellen und normative Aussagen zur Eignung der Standardisierung abzuleiten, ist es im letzten Schritt (Kapitel 5.3.3) erforderlich, die Komplexität an Wirkbeziehungen durch eine Reintegration von Wirkbeziehungen zu reduzieren. Die Reintegration erfolgt bei Fabrikmerkmalen, die eine Beziehung zu anderen Fabrikmerkmalen aufweisen. Es erfolgt eine Darstellung des direkten Zusammenhangs von Anforderungsmerkmalen zu den Fabrikmerkmalen anhand der Erkenntnisse über die Wirkbeziehungen der Fabrikmerkmale untereinander (vgl. Abbildung 5-32). Somit werden die direkten Beziehungen der Fabrikmerkmale untereinander indirekt dargestellt. Anschließend wird die Intensität der Auswirkungen der Anforderungsmerkmale auf die Fabrikmerkmale Experten-basiert bewertet. Aus diesen Schritten resultiert abschließend die vereinfachte Darstellung der Wirkbeziehungen in Form einer Einflussmatrix nach VESPER.

Abbildung 5-32: Reintegration gegenseitiger Wirkbeziehungen der Fabrikmerkmale

5.4.1 Untersuchung des Spezifikationsprozesses der Fabrikmerkmale

Die Analyse der Ursache-Wirkbeziehung im Spezifikationsprozess der 13 identifizierten Fabrikmerkmale erfolgt konsekutiv.

Die Spezifizierung des Fabrikmerkmals Gebäudefläche kann durch verschiedene Schätzmethoden realisiert werden. Eine dieser Methoden besteht in der Abschätzung mit Unterstützung von Produktionsverantwortlichen und der Verwendung von Erfahrungswerten der Beteiligten.[505] Eine alternative Methode sieht die Verdopplung des Wertes der Fertigungsfläche vor. Die Fertigungsfläche wird als Summe aller Maschinenarbeitsflächen betrachtet, die sich wiederum aus dem Produkt der Anzahl der Maschinen und aller umliegenden maschinennahen Flächen ergibt. Die Berechnung erfolgt mittels Wissen über die Breite und Tiefe der Maschinen inklusive Sicherheitsaufschlägen.[506] Diese Methode setzt allerdings eine detaillierte Kenntnis über die Abmessungen der verwendeten Maschinen voraus. Sofern diese in frühen Planungsphasen noch nicht ausreichend vorhanden ist, können Erfahrungswerte aus der Literatur herangezogen werden. In diesem Kontext sei auf den Anhang (vgl. Kapitel 8.5) verwiesen, der den Platzbedarf von Werkzeugmaschinen exemplarisch darstellt. Diese Erfahrungswerte sind durch einen Aufschlag von 30 % als Weganteil zu ergänzen. Zudem existiert eine weitere Methode zur Bestimmung der Gebäudefläche, die sich an der Anzahl der Beschäftigten und der Art der notwendigen Bearbeitungsschritte orientiert. Die Literatur bietet hierfür analog Erfahrungswerte für die Gebäudefläche pro Beschäftigtem für unterschiedliche Arten von Bearbeitungsschritten (vgl. Kapitel 8.5).[507] Die Anwendung dieser Erfahrungswerte setzt eine Abschätzung der Anzahl benötigter Mitarbeiter voraus, die in Abhängigkeit der Maschinenanzahl erfolgt. Die Maschinenanzahl stellt wiederum eine Verbindung zur Kapazität, also dem Produktvolumen und zum Produktprogramm her. Durch die Vielfalt der Produkte geht oft eine

[505] vgl. Burggräf, P. et al. (2021) Fabrikplanung, S. 422.

[506] vgl. Podolsky, J. (1977) Flächenkennzahlen, S. 219 f.

[507] vgl. Podolsky, J. (1977) Flächenkennzahlen, S. 203.

differenzierte Auswahl an Anlagen und damit steigende Quantität einher. Da die Maschinenanzahl bislang keine Betrachtung im Modell der Anforderungsmerkmale erfährt, ist diese aufgrund der beschriebenen Erkenntnisse zu ergänzen.

Im Zusammenhang mit der Geschossigkeit, welche die Anzahl der Stockwerke eines Gebäudes bestimmt, liefert KETTNER verschiedene Kriterien zum Vergleich von Geschossbauten und eingeschossigen Fabriken.[508] Es wird deutlich, dass Fälle existieren, in denen die Ausführung der Fabrik als Geschossbau ausgeschlossen werden kann. Es existieren allerdings keine Fälle, in denen ein eingeschossiges Fabrikgebäude ausgeschlossen werden kann. KETTNER weist Grenzen auf, jenseits derer die Ausführung in mehreren Geschossen nicht mehr möglich ist (vgl. Abbildung 5-33). Dabei zeigen sich Abhängigkeiten zu den Stützabständen, der Notwendigkeit einer Krananlage und deren maximale Tragfähigkeit sowie der Bodenbelastung, welche wiederum von den Maschinengewichten pro Fläche abhängig ist.[509] Die Fundamentierung spielt ebenfalls eine Rolle und ist von den eingesetzten Maschinen, der konkreten Umwelt sowie vom Baugrund abhängig, welcher die Lasten aufnimmt. Wird eine Fundamentierung benötigt, so kann eine Anlage nur im Erdgeschoss ohne Unterkellerung realisiert werden. Sofern die Möglichkeit zur Umsetzung einer Mehrgeschossigkeit besteht, muss durch eine projektspezifische Rentabilitätsrechnung die Entscheidung für die Umsetzung evaluiert werden. Die Rentabilitätsrechnung ist dabei besonders vom Preis und der Verfügbarkeit der Grundstücksfläche abhängig. Steigende Preise und sinkende Verfügbarkeit der Grundstücksfläche erhöhen die Rentabilität zusätzlicher Geschosse. Die Betrachtung von Grundstückspreisen, -fläche sowie Budget und Rentabilität soll an dieser Stelle keine Überführung in das Modell der Anforderungsmerkmale erfahren. Diese Faktoren weisen eine starke Abhängigkeit von lokalen Gegebenheiten und der Verfügbarkeit und Größe des Grundstücks am jeweiligen Standort auf. Diese werden in diesem Kontext daher vernachlässigt. Im Rahmen der Plattformorientierten Fabrikplanung und der Entwicklung von Standardfabriken wird angenommen, dass Grundstücke mit einer ausreichenden Fläche zur Verfügung stehen. Der Baugrund stellt einen weiteren standortabhängigen Faktor dar. Es wird ebenfalls angenommen, dass der Baugrund üblichen, in der Praxis verbreiteten Gegebenheiten entspricht. Sofern eine extreme Abweichung vorliegt, hat ohnehin eine individuelle Betrachtung zu erfolgen.

[508] vgl. Kettner, H. et al. (1984) Systematische Fabrikplanung, S. 140 f.

[509] vgl. Kettner, H. et al. (1984) Systematische Fabrikplanung, S. 140.

Aspekte	Mögliche Mehrgeschossigkeit	Zwingende Eingeschossigkeit
Bodenbelastung	< 2 t/m²	> 2 t/m²
Fundamentierung	nicht notwendig	notwendig
Stützabstand Hauptrichtung	< 16 m	> 16 m
Stützabstand Querrichtung	< 10 m	> 10 m
Kran	nicht notwendig / Tragkraft < 1 t	Tragkraft > 1 t

Abbildung 5-33: Merkmale zur Auswahl der Geschossigkeit[510]

Die Bodentragfähigkeit ist ein zentraler Faktor bei der Fundamentierung von Fabrikgebäuden und dient als Verbindungsstelle zwischen Maschinen und dem Baugrund. Zur Fundamentauslegung ist stets das Gesamtsystem aus Maschinen, Aufstellelementen, Fundamenten und Baugrund zu berücksichtigen.[511] Einer der Hauptaufgaben eines Fundaments ist die Versteifung der Anlage, sowie die Aufnahme und Dämpfung von Schwindungen.[512] In der Praxis wird zur Auslegung häufig ein Feder- oder Feder-Dämpfer-System für den Baugrund angenommen. Die genauen Berechnungen hierzu sind mit Hilfe von computergestützten FEM-Simulationen möglich. Die Mindestanforderungen an die Steifigkeit des zu gestaltenden Fundaments werden durch den Maschinenhersteller definiert. Als Steifigkeitskenngrößen gelten dabei die maximal zulässige Schiefstellung und Durchbiegung des Fundaments unter vorgegebenen Lasten. Die Auslegung des Fundaments ist daher stark von den eingesetzten Technologien abhängig. Portalfräsmaschinen, zum Beispiel, verursachen vornehmlich statische Bodenbelastungen, bei denen das Elastizitätsmoduls des Baugrunds nicht berücksichtigt werden muss. Dem gegenüber stehen Maschinen mit starker dynamischer Belastung, wie Schmiedehämmer, welche eine Fundamentauslegung erfordern, die das dynamische Elastizitätsmodul des Baugrunds berücksichtigt.[513] Das Merkmal Bodentragfähigkeit weist entsprechend direkte Zusammenhänge zu den vorliegenden Fabrikmodulen mit darin befindlichen, unterschiedlich stattfindenden Prozessen und notwendigen Anlagen, sowie starke Abhängigkeit zum Maschinengewicht pro Flächeneinheit auf.

Die Definition der Mindest-Hallenhöhe einer Fabrik erfolgt durch die kumulative Berechnung der Höhen von bestimmten Elementen, die innerhalb der Halle platziert sind. Wie in Abbildung 5-34 dargestellt, umfassen diese Elemente eine Maschine oder einen Transport- und Fußgängerweg (h1) auf der untersten Ebene. Je nach spezifischen Produktions- und Logistikanforderungen kann eine Handhabung der Werkstücke mit einem Kran oberhalb der Maschinen und über den Wegen erforderlich sein. In diesem

510 i.A.a. Kettner, H. et al. (1984) Systematische Fabrikplanung, S. 140.
511 vgl. Brecher, C. et al. (2016) Werkzeugmaschinen Fertigungssysteme 2, S. 144.
512 vgl. Brecher, C. et al. (2016) Werkzeugmaschinen Fertigungssysteme 2, S. 138.
513 vgl. Brecher, C. et al. (2016) Werkzeugmaschinen Fertigungssysteme 2, S. 142 f.

Fall ist es zwingend notwendig, die maximalen Abmessungen des Werkstücks sowie vorgeschriebene Sicherheitsabstände (h2, h5) zu berücksichtigen. Sofern kein Kran zur Werkstückhandhabung erforderlich ist, sind die Höhen h2 bis h5 in der Berechnung der Hallenhöhe zu vernachlässigen.

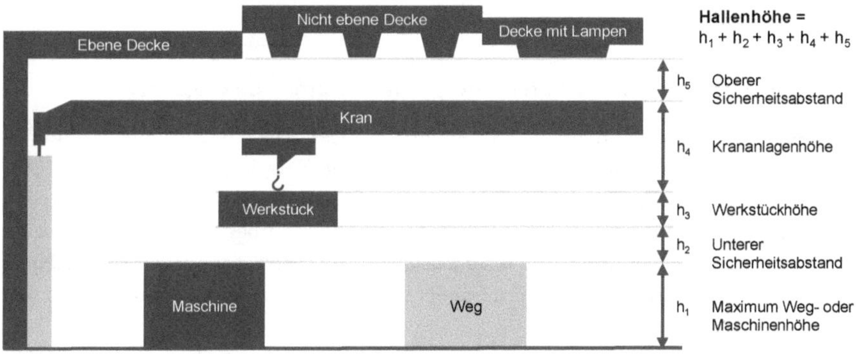

Abbildung 5-34: Betrachtungselemente zur Spezifizierung der Hallenhöhe[514]

Die Ermittlung des Maximums der Anlagen- und Weghöhe (h1) ist entweder durch die Höhe der höchsten Anlage oder die lichte Höhe des Verkehrsweges bestimmt. Letztere hängt von dem verwendeten Flurförderfahrzeug, inklusive des stehenden oder sitzenden Fahrers beziehungsweise der Ladehöhe ab. In Ergänzung zu den bestehenden Anforderungsmerkmalen ist daher ein zusätzliches Merkmal zur Erfassung notwendiger Transportmittel respektive Flurförderfahrzeuge zu berücksichtigen. Darüber hinaus ist immer ein Sicherheitszuschlag von mindestens 0,2 m hinzuzufügen. Bei ausschließlicher Fußgängernutzung beträgt die lichte Mindesthöhe des Verkehrsweges 2 Meter gemäß DIN 18225. Abbildung 5-35 fasst die lichte Höhe der Verkehrswege für verschiedene Typen von Flurförderfahrzeugen, ebenfalls basierend auf DIN 18225 zusammen.[515]

[514] vgl. VDI-Gesellschaft Fördertechnik Materialfluß Logistik (2007) VDI 2388, S. 7.

[515] vgl. Normenausschuss für Bauwesen (NABau) im DIN Deutsches Institut für Normung e.V. (1998) DIN 18225, S. 3.

Benutzungsart	Lichte Höhe über Verkehrsweg	
Fußgängerverkehr	2,0 m	
	Fahrzeughub < 1,2 m	Fahrzeughub > 1,2 m
FFZ mit Fußgängerlenkung	2,0 m	
FFZ mit Standlenkung	2,5 m	3,5 m
FFZ mit Fahrersitzlenkung	2,5 m	
Mobilkrane / Lastkraftwagen	4,0 m	

Abbildung 5-35: Lichte Höhe Verkehrswege für Flurförderfahrzeuge (FFZ)[516]

Die Spezifizierung der Krananlagenhöhe und der zugehörigen Sicherheitsabstände ist von der technischen Ausführung des Krans abhängig. Beispielsweise besitzt ein Einträgerkran mit einer Tragkraft von 10 t und einer Stützweite von 24 m eine Höhe von 2,72 m. Ein Zweiträgerkran mit ähnlichen Spezifikationen besitzt im Vergleich eine Höhe von 1,63 m.[517] Der untere Sicherheitsabstand (h2) beträgt in beiden Fällen 0,5 m. Der obere Sicherheitsabstand entspricht bei einem Einträgerkran 0,1 m und bei einem Zweiträgerkran 0,5 m.[518]

Zur Spezifikation von Stützabständen ist ein Verständnis über verschiedene Ausführungsformen von Tragwerken in Fabrikgebäuden relevant aufgrund einer starken, direkten Abhängigkeit. Um deren Berechnung zu vereinfachen, werden Tragwerke als eine Zusammenstellung von Stäben und Gelenken betrachtet. In dieser abstrahierten Perspektive ergeben sich unterschiedliche Kombinationsmöglichkeiten aus Stäben und Gelenken, die zur Formung von Tragwerken beitragen. Diese werden als Grundsysteme bezeichnet. Insbesondere das klassische Grundsystem findet häufig Anwendung. Es kann durch Hinzufügen einer Mittelstütze erweitert werden. Die Grundsysteme können in der Ausführung variieren, gemeinsam ist allerdings, dass diese aus Stützen und Dachträgern bestehen.[519] Zur Bildung breiterer Hallen können diese Grundsysteme gekoppelt werden. Die Kopplung kann dabei sowohl aus gleichen Grundsystemen, als auch aus unterschiedlichen Grundsystemen bestehen. Die Trägerweite der Grundsysteme in Hauptrichtung wird durch den Dachträger bestimmt. Dieser kann entweder als ein vollständiges Bauteil oder als Fachwerk ausgeführt sein. Wird der Dachträger als Fachwerk konstruiert, ist es sinnvoll, die Binderform des Fachwerks zu

[516] vgl. Normenausschuss für Bauwesen (NABau) im DIN Deutsches Institut für Normung e.V. (1998) DIN 18225, S. 2.

[517] vgl. VDI-Gesellschaft Fördertechnik Materialfluß Logistik (2007) VDI 2388, S. 20 ff.

[518] vgl. VDI-Gesellschaft Fördertechnik Materialfluß Logistik (2007) VDI 2388, S. 6 f.

[519] vgl. Pasternak, H. et al. (2010) Stahltragwerke, S. 78 f.

analysieren, um die maximale Trägerweite zu bestimmen. Die wissenschaftliche Literatur liefert eine Vielzahl an Binderformen, die anhand der maximalen Spannweite sortiert werden können (vgl. Abbildung 5-36).

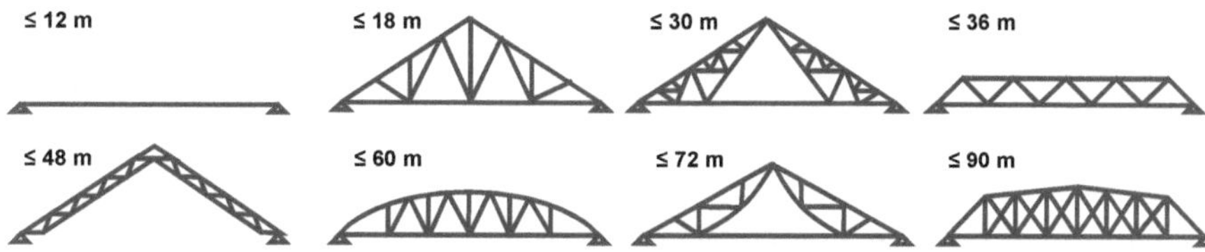

Abbildung 5-36: Typische Bindermaximalspannweiten und Binderformen[520]

An dieser Stelle wird darauf hingewiesen, dass die angegeben Werte keine technischen Begrenzungen darstellen, sondern übliche Anwendungsbereiche widerspiegeln. Nach KETTNER sind bei Geschossbauten die Stützweiten aufgrund der Ausführung aus vollen Bauteilen auf 12 m begrenzt. Die Kosten des Dachträgers steigen mit zunehmendem Stützabstand in Hauptrichtung.[521] Daher erfordert eine Kostenreduzierung grundsätzlich eine möglichst kleine Auslegung der Stützabstände. Die minimalen Stützabstände in Hauptrichtung werden durch die zwischen den einzelnen Stützen befindlichen Elemente bestimmt. Diese Elemente entsprechen den Wege- und Anlagenflächen, welche auf unterschiedliche Weise angeordnet werden können (vgl. Abbildung 5-37).

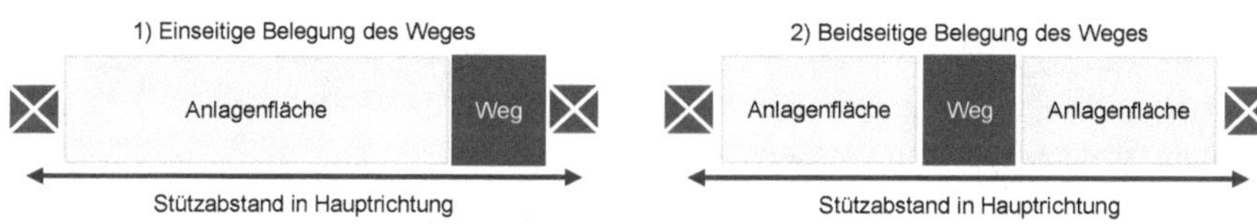

Abbildung 5-37: Verwendungsmöglichkeiten für Stützzwischenflächen

Werden größere Anlagen verortet, tendiert man zu Möglichkeit 1, während Möglichkeit 2 eine höhere Anzahl von Anlagen in der Halle ermöglicht. Die Anlagenfläche wird auf der Grundlage der Tiefe und Breite der Anlagen sowie zusätzlichen Sicherheitsaufschlägen von 1,5 m berechnet. Die Breite des Weges wird durch die Breite der zu verwendenden Flurförderfahrzeuge und den Sicherheitsabständen bestimmt (vgl. Abbildung 5-38).

[520] i.A.a. Pasternak, H. et al. (2010) Stahltragwerke, S. 170 f.

[521] vgl. Wiendahl, H.-P. (2014) Handbuch Fabrikplanung, S. 334 f.

Fahrzeugart	Notwendige Verkehrswegbreite
FFZ mit Fußgängerlenkung	0,8 – 1,3 m
FFZ mit Standlenkung	0,9 – 1,5 m
FFZ mit Fahrersitzlenkung	0,9 – 1,5 m
Mobilkran	1,5 – 2,5 m
Leichte Lastkraftwagen bis 1,5t Tragfähigkeit	1,5 – 2,4 m

Abbildung 5-38: Typische Breiten von Flurförderfahrzeugen (FFZ)[522]

Die Stützabstände in Querrichtung sollten immer in Bezug zu den Stützabständen in Hauptrichtung betrachtet werden. Grundsätzlich gibt es zwei Rasterformen: rechteckig und quadratisch. Rechteckige Raster unterscheiden zwischen Stützabstand in Haupt- und Querrichtung, während diese Unterscheidung bei quadratischen Rastern obsolet ist. Quadratische Raster besitzen den Vorteil in beide Flächendimensionen erweiterbar zu sein. Rastermaße von 12 x 12 m bis zu 24 x 24 m sind Standardbaumaßnahmen und allgemein verbreitet. Werte bis zu den Maßen von 18 x 18 m gelten jedoch als wirtschaftlich sinnvoll. Rechteckige Raster sind bei den Verhältnissen von 3:1 und 5:1 als sinnvoll und wirtschaftlich zu betrachten (vgl. Abbildung 5-39).[523]

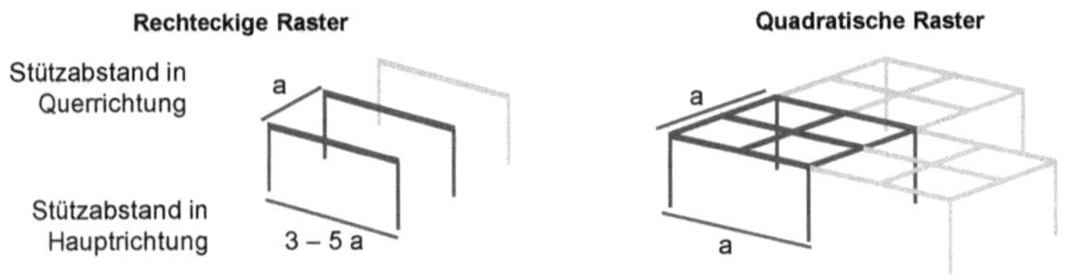

Abbildung 5-39: Typische Verhältnisse für Stützabstände[524]

Eine raumlufttechnische Anlage (RLT-Anlage) beinhaltet gemäß VDI 3803 sieben zentrale Funktionen: Luftförderung, Bereitstellung von Außenluft, Wärmerückgewinnung, Lufterwärmung und -kühlung, Luftbe- und -entfeuchtung, Luftfilterung sowie Schalldämpfung.[525] Die Dimensionierung dieser Funktionen ist essenziell für die Auslegung der RLT-Anlage. Aufgrund der weitreichenden Komplexität konzentriert sich die folgende Betrachtung jedoch ausschließlich auf Funktionen, die in direkter Beziehung zum Produkt und den Prozessen stehen und speziell diejenigen, die die Raumlufttemperatur beeinflussen. Gemäß der VDI 3802 ist der Luftstrom unmittelbar von

[522] vgl. Normenausschuss für Bauwesen (NABau) im DIN Deutsches Institut für Normung e.V. (1998) DIN 18225, S. 2.

[523] vgl. Burggräf, P. et al. (2021) Fabrikplanung, S. 465 f.

[524] vgl. Burggräf, P. et al. (2021) Fabrikplanung, S. 465.

[525] vgl. Verein deutscher Ingenieure (2020) VDI 3803 Blatt 1, S. 5.

den in der Fabrik dominierenden Technologien oder Prozessen abhängig, ebenso wie die Wärmerückgewinnung.[526] Bei der Funktion der Lufterwärmung und -kühlung wird in diesem Kontext nur die erforderliche Kühlleistung weiter berücksichtigt. Zur Ermittlung der benötigten Heiz- und Kühlleistung werden maximal beanspruchende Szenarien betrachtet. Produktionstechnologien erzeugen in der Regel Wärme und nur selten Kälte. Die maximal benötigte Wärmeleistung tritt in einem Szenario mit minimaler Außentemperatur und stillstehender Produktion auf. Der gegenteilige Fall tritt ein, wenn die maximale Kühlleistung benötigt wird, welche in einem Szenario mit maximaler Außentemperatur und aktiver Produktion entsteht. Daher besitzt die Technologie keinen Einfluss auf die Auslegung der Wärmeleistung, wohl aber auf die Auslegung der Kühlleistung. Hinsichtlich des benötigten Luftstroms können auf Grundlage von Erfahrungswerten aus der VDI-Literatur flächenbezogene Luftströme für verschiedene Bearbeitungsschritte ermittelt werden (vgl. Kapitel 8.5).[527] Sowohl die Kühlleistung als auch das Potenzial zur Wärmerückgewinnung sind abhängig von der Wärmelast der Technologie. Hierfür sind ebenfalls Erfahrungswerte für flächenbezogene Wärmelasten aus der Literatur heranzuziehen. Zur abschließenden Berechnung der erforderlichen Kühlleistung müssen die Wärmelast der Technologie, die Außentemperatur der Fabrikumgebung und die Isolierung der Fassade berücksichtigt werden. Darüber hinaus ist die Gestaltung und Dimensionierung der Wärmerückgewinnung zusätzlich zur Wärmelast der Technologie von einer kundenspezifischen Wirtschaftlichkeitsrechnung sowie kundenspezifischen CO_2-Zielen abhängig. Die notwendige Luftqualität und flächenbezogene Wärmelasten werden in dieser Arbeit gemäß der Logik auf die Anforderungen resultierend aus den benötigten Fabrikmodulen rückgeführt. Dies wird durch den starken Bezug zu den Prozesstechnologien, welche durch die (Produktions-)Module wiedergespiegelt werden begründet.

Krananlagen sind primär nicht für den Transport konzipiert, was sich durch zwei Hauptfaktoren begründen lässt. Einerseits ist deren Bewegung aufgrund räumlicher Begrenzungen auf den Innenbereich einer Halle beschränkt. Andererseits sind die Fördermengen im Vergleich zu anderen Systemen begrenzt und die Arbeitsgeschwindigkeit relativ gering. Die Notwendigkeit eines Krans ist in erster Linie durch die Anforderung an eine Handhabung gegeben, die über menschliche Fähigkeiten hinausgeht. Die Handhabung umfasst alle Bewegungsänderungsvorgänge in unmittelbarer Nähe der Fertigungsmittel, also dem Zu- und Abführen von Werkstücken im Nahbereich von Fertigung und Montage.[528] Aus Gründen der Arbeitssicherheit ist die manuelle

[526] vgl. Verein deutscher Ingenieure (2020) VDI 3803 Blatt 1, S. 41.

[527] vgl. Verein deutscher Ingenieure (2011) VDI 2262 Blatt 3, S. 63 f.

[528] vgl. Kettner, H. et al. (1984) Systematische Fabrikplanung, S. 158.

Handhabung nur im Gewichtsbereich von 0 bis 25 kg zulässig. Die Notwendigkeit der Handhabung wird an dieser Stelle im Modell der Anforderungsmerkmale durch das Produkt- und Komponentengewicht sowie der jeweiligen Dimensionen abgebildet. Brückenkräne existieren in unterschiedlichen Ausführungen, die sich insbesondere in der Tragkraft differenzieren. Einträgerkräne werden regulär für Lasten bis zu 10 Tonnen eingesetzt. Bei Gewichten über 10 Tonnen werden hingegen häufig Zweiträgerkräne verwendet, deren genormte Tragfähigkeit bis zu 100 Tonnen reicht.[529] Sollte aufgrund hoher Stückzahlen eine erhöhte Anzahl an Handhabungen erforderlich sein, kann die Anzahl an Kranbrücken pro Kranbahn erhöht werden. Ist diese Kapazitätsgrenze erreicht, bieten sich weitere Optionen an, z.B. in Form von Schwenkkränen in unmittelbarer Maschinennähe oder Greifrobotern als automatisierte Alternative zur Handhabung. Die Anzahl an Handhabungsoperationen lässt sich an dieser Stelle durch das Produktvolumen erfassen.

Für die Positionierung von TGA-Systemen in der Horizontalen wurden drei potenzielle Positionierungen identifiziert: Innerhalb des Tragwerks, unter dem Tragwerk und im Unterboden. Die Einbindung der TGA im Unterboden zeigt eine geringere Flexibilität hinsichtlich zukünftiger Umbauten aufgrund der festen Integration. Die bevorzugten Positionen für die TGA sind daher im Tragwerk und unter dem Tragwerk. Allerdings kann die Unterbringung unter dem Tragwerk zu einer Reduzierung der lichten Raumhöhe führen und somit die Kosten für ein höheres Gebäude erhöhen. In Bezug auf das Tragwerk stehen die zwei Ausführungen Fachwerk oder Vollmaterialträger zur Auswahl. Bei der Verwendung eines Trägers aus Vollmaterial bieten sich vier Möglichkeiten zur Position an: Träger mit Stegöffnungen, gestapelte Trägerlagen, Träger mit geneigten Untergurten und Träger mit Vouten (vgl. Abbildung 5-40).

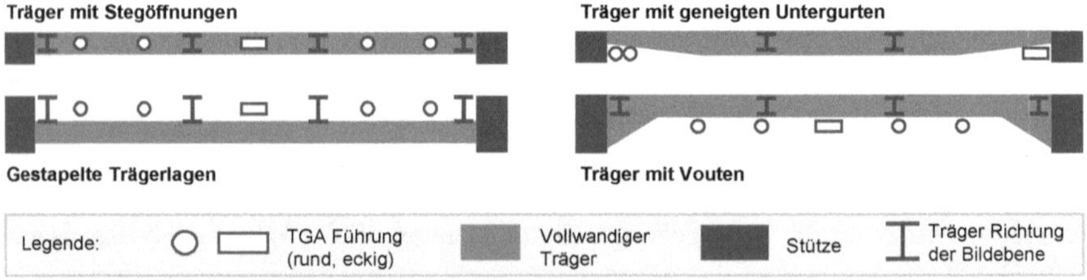

Abbildung 5-40: Positionierungsmöglichkeiten der TGA am Tragwerk (Querschnitt)[530]

[529] vgl. VDI-Gesellschaft Fördertechnik Materialfluß Logistik (2007) VDI 2388, S. 9 ff.
[530] vgl. Kindmann, R. et al. (2012) Stahl- und Verbundkonstruktionen, S. 239.

Diese vier Möglichkeiten sind nicht ausschließlich voneinander unabhängig, sondern können auch in Kombination angewendet werden. Die erste Methode zur TGA-Positionierung besteht darin, Öffnungen in den Träger zu schneiden. Dies führt zur Verringerung der Tragfähigkeit des Trägers, weshalb eine Prüfung der Resttragfähigkeit erforderlich ist. Es ist zu beachten, dass runde Aussparungen bevorzugt sind, da diese die Tragfähigkeit weniger mindern. Die reduzierte Tragfähigkeit kann durch lokale Aussteifungen kompensiert werden, allerdings führen diese zu zusätzlichen Schweiß-arbeiten und erhöhen somit die Kosten. Darüber hinaus sind TGA-Führungen im Träger weniger flexibel, da das Schneiden neuer Löcher technisch aufwändig ist. Gestapelte Trägerlagen reduzieren die lichte Raumhöhe, ermöglichen aber eine einfache und flexible Ausführung der TGA-Führungen. Diese werden in der Praxis häufig angewendet aufgrund einfacher Montageprozesse. Die verbleibenden Optionen illustrieren verschiedene Trägerformen und tendieren dazu, TGA-Führungen, wenn möglich, in Einsparungen unterzubringen, um die maximale lichte Raumhöhe zu erhalten.[531]

Für die Belüftung und TGA-Führung im Unterboden sind nach VDI 3802 drei Strömungsarten von Relevanz: Verdrängungsströmung, Mischströmung und Schichtströmung.[532] Die Verdrängungsströmung erfordert einen hohen technischen Aufwand, bietet allerdings die höchste Lüftungsqualität. Die Mischströmung ist technisch weniger aufwendig, liefert jedoch eine geringere Lüftungsqualität. Die Schichtströmung, die einen mittleren technischen Aufwand und Lüftungsqualität bietet, erfordert die Luftzuführung in geringer Höhe als besondere Anforderung. Dies kann entweder durch die TGA-Führung im Unterboden oder durch von der Decke bis zum Boden geführte Lüftungsschächte erreicht werden, wobei die technischen Lösungen in der VDI 3802 dokumentiert sind.[533] In Hallen, in denen kein Kran vorhanden ist, können Lüftungsschächte nur in der Nähe von Stützen von der Decke bis zum Boden geführt werden. Bei zu hohen Stützabständen wäre eine Schichtströmung in der Hallenmitte ohne eine TGA-Führung im Unterboden nicht möglich. In einem solchen Sonderfall wäre eine TGA-Führung im Unterboden erforderlich, wenn die drei Bedingungen der notwendigen Schichtströmung, notwendigen Bekranung und zu große Stützabstände zur Belüftung in der Hallenmitte gegeben sind.

[531] vgl. Kindmann, R. et al. (2012) Stahl- und Verbundkonstruktionen, S. 237 ff.

[532] vgl. Verein deutscher Ingenieure (2014) VDI 3802 Blatt 1, S. 31 f.

[533] vgl. Verein deutscher Ingenieure (2014) VDI 3802 Blatt 1, S. 27 f.

Den Vergleich gängiger Rampenformen im Verladebereich visualisiert Abbildung 5-41. Gemeinsam ist diesen der Zweck der Verladung von Waren auf LKWs. Dargestellt sind verschiedene Rampenarten wie Kopframpe, Sägezahnrampe, Längsrampe bzw. Seitenrampe, Dockrampe und als Alternative die Verladung ohne Rampe.

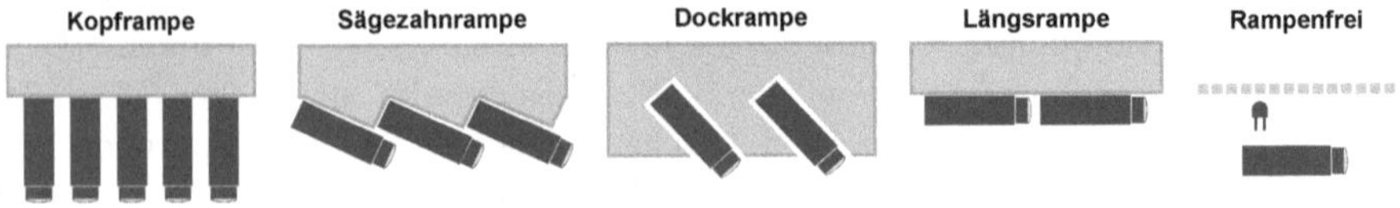

Abbildung 5-41: Mögliche Rampenformen im Vergleich[534]

Die Kopframpe erlaubt eine Abdichtung des Verladeprozesses durch eine Torabdichtung, die den Spalt zwischen LKW Luke und Tor überbrückt und dadurch den Wärme- und Feuchtigkeitsaustausch zwischen Fabrik und Umwelt verhindert.[535] Diese Dichtung ist allerdings nur bei der Kopframpe aufgrund der rückwärtigen Anfahrt der Öffnung realisierbar. Bei den anderen Verladungsarten, bei denen ein Wärme- und Feuchtigkeitsschutz erforderlich ist, muss die Verladung innerhalb der Fabrik erfolgen. Dies hat einen erhöhten Platzbedarf und potenziell höhere Raumhöhen zur Folge.[536] Die Notwendigkeit der Dichtung lässt sich auf den Standort, die Umschlagsrate der Waren, also das Produktvolumen und den kritischen Temperaturbereich zurückführen. Je komplexer die Prozesse sind, desto anfälliger sind diese für Störungen wie z.B. durch Temperaturunterschiede und Zugluft. Ein weiterer Aspekt in Bezug auf die Kopframpe ist die nur sequenzielle Be- oder Entladung, d.h. die Verladung erfolgt nur von vorne nach hinten. Im Gegensatz dazu ermöglichen andere Rampenformen eine Be- oder Entladung entlang der gesamten Länge ohne vorgegebene Reihenfolge. Die Kopframpe zeigt sich dabei als die langsamste Variante und bei Teilladung weniger flexibel. Die rampenfreie Verladung hat ein hohes Verladegeschwindigkeitspotenzial, aufgrund der Zugänglichkeit von allen Seiten.[537] Der Bedarf hinsichtlich der Verladegeschwindigkeit ist rückführbar auf das vorliegende Produktvolumen. Während die Kopframpe den größten Rangierraum erfordert, ist bei Sägezahn- und Seitenrampen eine Einbahnstraßenzufahrt parallel zur Halle geeignet. Bei rampenfreier Verladung ist die Platzgestaltung individuell umsetzbar und ein minimaler Abstand zur Ware möglich. Ein letztes Differenzierungsmerkmal ist die Verwendung von automatisierten Systemen für die Be- oder Entladung. Diese sind tendenziell einfacher bei

[534] vgl. VDI-Gesellschaft Fördertechnik Materialfluß Logistik (1992) VDI 2360, S. 9 ff.
[535] vgl. Jünemann, R. et al. (2007) Materialflusssysteme, S. 311 f.
[536] vgl. Jünemann, R. et al. (2007) Materialflusssysteme, S. 307.
[537] vgl. VDI-Gesellschaft Fördertechnik Materialfluß Logistik (1992) VDI 2360, S. 9 ff.

Kopframpen zu realisieren, in einigen Fällen aber auch bei Seitenrampen möglich. Die Entscheidung für eine automatisierte LKW-Verladung kann daher die Auswahl möglicher Rampenformen einschränken.[538] Die Notwendigkeit der Automatisierung der Verladung sowie die Verladeflexibilität sind auf das Produktvolumen, die Produkttechnologie, Produktdimensionen und -gewichte sowie den Automatisierungsgrad im Modell der Anforderungsmerkmale rückführbar.

Gemäß VDI 2498 sind Layouttyp und Anordnungsschema des Materialflusses unzertrennlich miteinander verbunden.[539] Der Materialfluss wird durch das Funktionsschema definiert, welches die Transportbeziehung zwischen den einzelnen Bearbeitungsschritten repräsentiert. Das Layout einer Fabrik wird ausgehend von diesem Funktionsschema entwickelt. Abbildung 5-42 zeigt den ersten Schritt der Layoutermittlung.

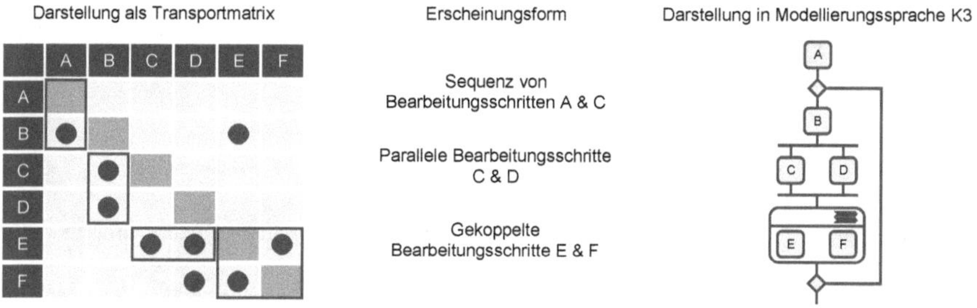

Abbildung 5-42: Ermittlung dominanter Erscheinungsformen im Materialfluss[540]

Linksseitig ist die abstrahierte Version einer Transportmatrix dargestellt, welche die Transportbeziehungen enthält und zur Ermittlung des Funktionsschemas verwendet wird. Durch eine Filterung der ursprünglichen Transportmatrix anhand der häufigen Transportbeziehungen kann eine abstrahierte Transportmatrix erstellt werden. Diese kann anschließend in ein Prozessmodell transformiert werden, welches auf der rechten Seite in Abbildung 5-42 abgebildet ist. In der Transportmatrix werden die Beziehungen zwischen den Bearbeitungsschritten in einer von drei Formen dargestellt: sequenziell, parallel oder gekoppelt. In der Realität sind diese nicht immer eindeutig zu bestimmen und je nach Abstraktionsgrad der Transportmatrix zu variieren. Die Bestimmung dieser Beziehungen ist daher subjektiv geprägt und basiert auf den identifizierten Entscheidungsformen. Sofern keine dominante Form identifizierbar ist, eignet

[538] vgl. Jünemann, R. et al. (2007) Materialflusssysteme, S. 314 ff.

[539] vgl. VDI-Gesellschaft Produktion und Logistik (2011) VDI 2498 Blatt 1, S. 10.

[540] Eigene Darstellung und Ergänzung i.A.a. Schlick, C. et al. (2007) Projektsimulation.

sich eine Werkstattfertigung durch deren hohe Flexibilität. Gleichartige Betriebsmittel werden hierbei in Einheiten bzw. Werkstätten, welche organisatorisch abgegrenzt werden, zusammengefasst (vgl. Abbildung 5-43).[541]

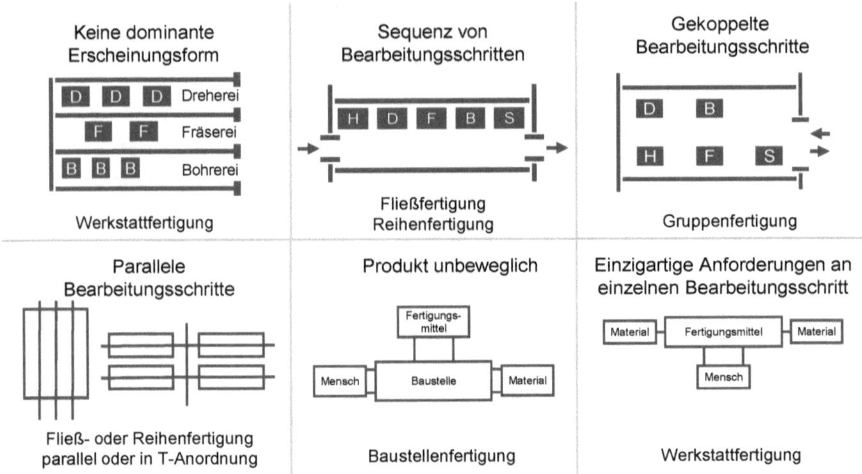

Abbildung 5-43: Beschreibung dominanter Erscheinungsformen im Materialfluss

Bei einer sequenziellen Anordnung von Bearbeitungsschritten eignet sich die Maschinenaufstellung in einer Fließ- oder Reihenfertigung, um die Vorteile von Übersichtlichkeit und kürzeren Durchlaufzeiten zu nutzen. Die Reihenfertigung ist der Zusammenschluss verschiedener Fertigungsmittel, in deren Verbünde identische Baugruppen bearbeitet werden. Hierbei ist der Materialfluss nach der Arbeitsgangfolge ausgerichtet und es besteht kein Taktzwang.[542] Im Gegensatz dazu orientiert sich die Fließfertigung klar am Produkt und die Betriebsmittel werden in der Abfolge der Produktionsschritte aufgestellt. Dieses Prinzip ist besonders für die Herstellung großer Mengen identischer Produkte geeignet.[543] Im Unterschied zur Reihenfertigung herrscht in der Fließfertigung allerdings ein Taktzwang.[544] Gekoppelte Bearbeitungsschritte erfordern aufgrund hoher Interdependenzen eine Gruppenfertigung, um Transportwege zu minimieren. Diese Fertigungsform zeichnet sich durch einen örtlichen Zusammenschluss verschiedener Bearbeitungsstationen und -maschinen aus, die als Gruppe zur

[541] vgl. Kettner, H. et al. (1984) Systematische Fabrikplanung, S. 204.
[542] vgl. Hilchner, R. (2012) Typenorientiertes Lösungsraum-Management, S. 102.
[543] vgl. Kettner, H. et al. (1984) Systematische Fabrikplanung, S. 206.
[544] vgl. Hilchner, R. (2012) Typenorientiertes Lösungsraum-Management, S. 102.

Bearbeitung gleicher oder ähnlicher Produkte geeignet sind.[545] Bei parallelen Bearbeitungsschritten kann das Layout in zwei Abschnitte unterteilt werden. Besteht jeder dieser parallelen Stränge aus sequenziellen Bearbeitungsschritten, kann eine parallele Anordnung von Fließfertigungen erfolgen. Die Zusammenführung paralleler Bearbeitungsschritte führt zu einer T-Anordnung.

Die relative Erweiterungsfläche stellt bezogen auf die Gesamtgröße der Fabrik zusätzliche Flächen im Freien dar. Dies werden bereits bei der Fabrikplanung miteinbezogen und im Rahmen der Grundstücksberechnung als Flächenzuschlag berücksichtigt. Das Ziel dieser Planung ist es, Flächen für eine spätere Nutzung freizuhalten. Die Entscheidung hinsichtlich des Umfangs dieser Erweiterungsflächen ist stark betriebsindividuell und muss daher projektspezifisch bestimmt werden. Diese Entscheidung wird sowohl von der Verfügbarkeit als auch vom Preis des Grundstücks beeinflusst. Darüber hinaus spielen die Wachstumserwartungen des Unternehmens und der Branche eine entscheidende Rolle in dieser Betrachtung. Folglich stellt die relative Erweiterungsfläche eine strategische Ressource dar, die auf zukünftige Entwicklungen und Veränderungen der Produktionsbedingungen vorbereitet. Die genaue Größe und Nutzung ist stets eine Abwägung zwischen aktuellen Kosten und potenziellen zukünftigen Anforderungen. Die verfügbare potenzielle Erweiterungsfläche ist stark standortabhängig und wird bei Anwendung des entwickelten Ansatzes als gegeben angenommen.[546] Die Bestimmung der notwendigen Erweiterungsfläche unterliegt grundsätzlich einer Abhängigkeit zum steigenden Nachfrageverhalten. Ebenso unterliegen die Wachstumserwartungen des Unternehmens stark individuellen Einflüssen. Diese können von einer Vielzahl von Faktoren beeinflusst werden, von der allgemeinen Wirtschaftslage über die spezifische Marktsituation des Unternehmens bis hin zur internen Unternehmensstrategie. Analog zur Erweiterungsfläche sind auch diese Erwartungen grundlegend vom Nachfrageverhalten abhängig. Aus diesem Grund wird das Fabrikmerkmal von weiteren Betrachtungen exkludiert.

5.4.2 Darstellung relevanter Wirkbeziehungen auf Merkmalsebene

Aufgrund des beträchtlichen Umfangs der Dimensionen, welche die Anforderungsmerkmale und Fabrikmerkmale in der resultierenden Matrix aufspannen, erfolgt die Darstellung der Ergebnisse auf die beiden Wirkbeziehungs-Teilbereiche nachfolgend zweigeteilt. Zunächst werden die Wirkbeziehungen der Anforderungsmerkmale zu den Fabrikmerkmalen, gefolgt von den Fabrikmerkmalen untereinander dargestellt.

---

[545] vgl. Kettner, H. et al. (1984) Systematische Fabrikplanung, S. 219.

[546] vgl. Podolsky, J. (1977) Flächenkennzahlen, S. 97.

Abbildung 5-44 visualisiert die Wirkbeziehungen der Anforderungsmerkmale zu den Fabrikmerkmalen. Deutlich wird, dass nicht alle in Kapitel 5.1 identifizierten Anforderungsmerkmale eine tatsächliche Relevanz für den Spezifizierungsprozess der betrachteten Fabrikmerkmale aufweisen.

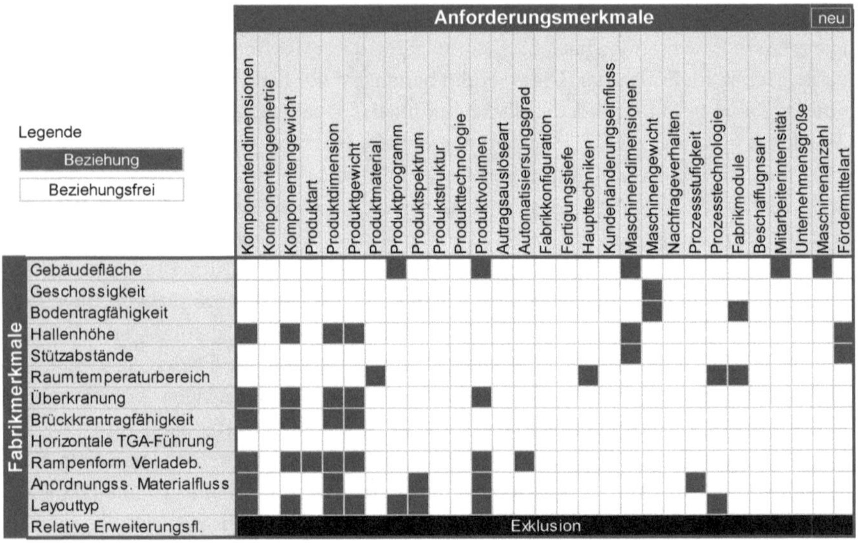

Abbildung 5-44: Wirkbeziehungen Anforderungsmerkmale zu Fabrikmerkmale

Die Analyse zeigt, dass die identifizierten und definierten Anforderungsmerkmale (Kapitel 5.1) alleine nicht ausreichend sind, um die Fabrikmerkmale vollständig zu spezifizieren. Es wird deutlich, dass für die Durchführung des Spezifikationsprozesses in der Praxis zusätzliche Informationen benötigt werden und Randbedingungen, wie z.B. die Verfügbarkeit geeigneter Grundstücke und eine gewisse Rentabilität, als gegeben erachtet werden müssen.

Auf Basis der gewonnenen Erkenntnisse zeigen 9 der 26 definierten Anforderungsmerkmale keine Abhängigkeiten zur Spezifikation der Fabrikmerkmale auf. Dies betrifft die Produktstruktur, Produkttechnologie, Auftragsauslöseart, Fabrikkonfiguration, Fertigungstiefe, Kundenänderungseinfluss, Nachfrageverhalten, Beschaffungsart und Unternehmensgröße. Darüber hinaus ist der Anforderungsbereich um zwei neue Anforderungsmerkmale, die Maschinenanzahl und Fördermittelart, zu erweitern.

Die Analysen zeigen zudem Wirkbeziehungen der Fabrikmerkmale untereinander (vgl. Abbildung 5-45). Dies betrifft insbesondere die Fabrikmerkmale Geschossigkeit, Hallenhöhe, horizontale TGA Führung und den Layouttyp.

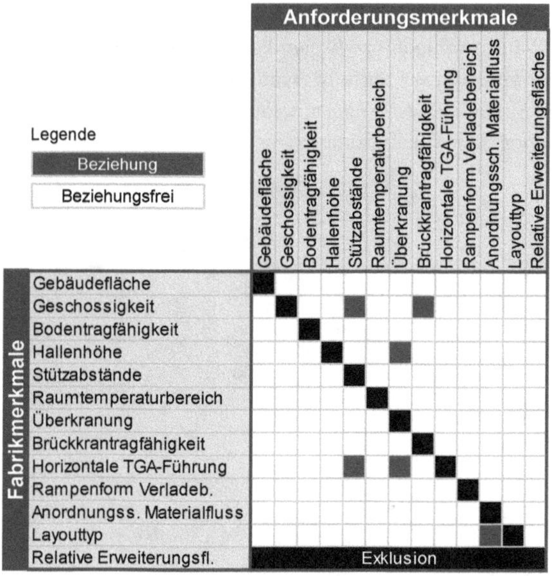

Abbildung 5-45: Wirkbeziehung Fabrikmerkmale zu Fabrikmerkmale

5.4.3 Reintegration indirekter Wirkbeziehungen und Bewertung

Die Reintegration indirekter Wirkbeziehungen, resultierend aus den Verbindungen der Fabrikmerkmale untereinander, betrifft die Geschossigkeit, Hallenhöhe, horizontale TGA Führung und den Layouttyp. Der Prozess der Reintegration erfolgt durch die Berücksichtigung der verknüpften Anforderungsmerkmale jener Fabrikmerkmale, die eine Wirkbeziehung von Fabrikmerkmal zu Fabrikmerkmal aufweisen und in der Folge als solche Verbindung identifiziert werden. So weist die Geschossigkeit z.B. eine Wirkbeziehung zu den Stützabständen und der Brückenkrantragfähigkeit auf. Die Stützabstände wiederum weisen bezogen auf die Anforderungsmerkmale eine Wirkbeziehung zu den Maschinendimensionen und zur Fördermittelart auf. Analog dazu weist die Brückenkrantragfähigkeit Verbindungen zu den Produktdimensionen und dem Produktgewicht auf. Als Resultat steht die Geschossigkeit demnach in Verbindung mit den Maschinendimensionen, der Fördermittelart, den Produktdimensionen und dem Produktgewicht.

Abbildung 5-46 stellt gesamthaft die Wirkbeziehungen nach der Reintegration dar. Dabei wird visuell unterschieden zwischen Beziehungen, die direkt resultieren respektive indirekt über alternative Fabrikmerkmalsbeziehungen resultieren. Um die Übersichtlichkeit der Darstellung zu steigern, wurde auf die Darstellung von Anforderungsmerkmalen ohne jegliche Wirkbeziehung verzichtet.

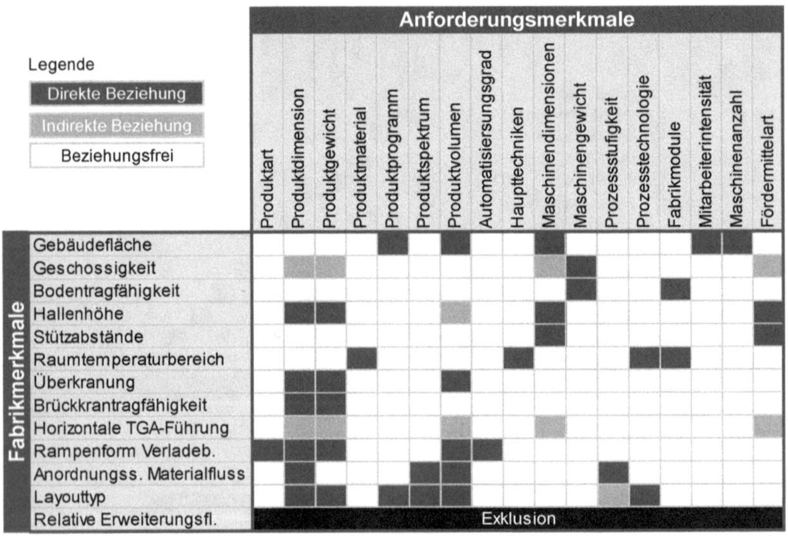

Abbildung 5-46: Darstellung direkter und indirekter Wirkbeziehungen

Die Bewertung der Intensität der vorhandenen Wirkbeziehungen erfolgt mittels einer Bewertungsskala, die „schwache Beeinflussung“ (Wert 3) und „starke Beeinflussung“ (Wert 9) unterscheidet. Durch den Verzicht auf einen Zwischenwert wird die Tendenz zur Mitte bei der Bewertung vermieden. Die Bewertung erfolgt durch den Autor dieser Arbeit auf Basis des empirischen Erfahrungswissens. Die Ergebnisse der Bewertung sind in Abbildung 5-47 dargestellt.

Fabrikmerkmale \ Anforderungsmerkmale	Produktart	Produktdimension	Produktgewicht	Produktmaterial	Produktprogramm	Produktspektrum	Produktvolumen	Automatisierungsgrad	Haupttechniken	Maschinendimensionen	Maschinengewicht	Prozessstufigkeit	Prozesstechnologie	Fabrikmodule	Mitarbeiterintensität	Maschinenanzahl	Fördermittelart	
Gebäudefläche					3		9			9					3	9		33
Geschossigkeit		3	3							9	9						3	27
Bodentragfähigkeit											9			3				12
Hallenhöhe		9	3				3			9							3	27
Stützabstände										9							9	18
Raumtemperaturbereich				3					3				3	9				18
Überkranung		9	9				3											21
Brückkrantragfähigkeit		3	9															12
Horizontale TGA-Führung		3	3				3			3							3	15
Rampenform Verladeb.	3	9	9				9	3										33
Anordnungss. Materialfluss		9				3	9					3						24
Layouttyp		9	9		9	9	3					3	3					45
Relative Erweiterungsfl.	Exklusion																	
	3	54	45	3	12	12	39	3	3	39	18	6	6	12	3	9	18	

Abbildung 5-47: Bewertete Intensität der Wirkbeziehungen

Betrachtet man die Situation aus der Perspektive der Anforderungen, so beeinflussen insbesondere die Produktdimensionen, das Produktgewicht, das Produktvolumen und die Maschinendimensionen die Fabrikmerkmale am intensivsten. Aus der Perspektive der Fabrikmerkmale sind vor allem der Layouttyp, die Gebäudefläche und die Rampenform den meisten Einflüssen unterworfen. Die Fabrikmerkmale Stützabstände, Bodentragfähigkeit, Krantraglast und Raumtemperaturbereich erfahren hingegen weniger Beeinflussung. Zur Vermeidung einer Fehlinterpretation ist es an dieser Stelle wichtig zu verstehen, dass die Beobachtungen kein direktes Indiz für die Eignung zur Standardisierung liefern. Diese Erkenntnisse werden erst im nächsten Schritt durch eine detaillierte Betrachtung der Merkmale auf der Ebene der Merkmalsausprägungen erzeugt.

5.5 Ermittlung der typenspezifischen Standardisierungseignung

In Kapitel 5.1 wurden vorläufige Anforderungsmerkmale sowie vorläufige Möglichkeiten für Merkmalsausprägungen definiert. Auf Grundlage der Erkenntnisse aus Kapitel 5.4 erfolgt eine iterative Betrachtung dieser Ausprägungen, um eine endgültige

Fassung der Merkmalsausprägungen sowohl für die Anforderungen als auch die Fabrikmerkmale zu erzielen. Ziel der Betrachtung ist der Erhalt der normativen Aussagen zur Standardisierungseignung der Fabrikmerkmale in direkter Abhängigkeit zu den Anforderungsmerkmalsausprägungen. Zur erneuten Iteration der Anforderungsmerkmalausprägungen werden die Erkenntnisse aus den vorherigen Kapiteln pro Merkmal zusammengeführt. Dabei wird für jede festgestellte Wirkbeziehung eines Merkmalpaars das Vorhandensein eines kritischen Grenzwerts, bestimmter Ausprägungen oder bestimmter Wertebereiche im Sinne einer Sensitivitätsanalyse überprüft. Im abschließenden Schritt werden die verschiedenen kritischen Grenzwerte, bestimmte Ausprägungen oder Wertebereiche auf der übergreifenden Anforderungsmerkmalsebene ganzheitlich betrachtet und zusammengeführt. Auf dieser Grundlage wird die endgültige Morphologie sowohl für die Anforderungs- als auch die Fabrikmerkmale mit standardisierungsgeeigneten Ausprägungen entwickelt.

5.5.1 Erschließung geeigneter Anforderungsmerkmalbereiche

Die Gebäudefläche ist nach den identifizierten Erkenntnissen besonders vom Produktprogramm, dem Produktvolumen, der Maschinenanzahl sowie der Mitarbeiterintensität abhängig und wird in der Regel in Quadratmetern ausgedrückt (vgl. Abbildung 5-48). Die quantifizierte Standardisierung des Wertes ist allerdings aufgrund der, in der Realität auftretenden Spanne an Werten herausfordernd. Daher wird sich im Folgenden auf die allgemeinen Ausprägungen „klein", „mittel" und „groß" beschränkt, um zumindest Tendenzen zu erzeugen. Ein wichtiger Einflussfaktor hinsichtlich der benötigten Fläche ist die Produktvielfalt. Je größer diese ist, desto mehr Raum wird in der Regel für den Einsatz unterschiedlicher Technologien und Fertigungslinien benötigt. Hinzu kommen Lagerbereiche für diverse Rohmaterialien und Fertigprodukte sowie gegebenenfalls spezifische Werkzeuge und Betriebsmittel für jedes Produkt. Mit steigendem Produktvolumen erhöht sich tendenziell auch der Platzbedarf, da die Anzahl der benötigten Maschinen sowie die Größe der Lager- und Versandbereiche wachsen, um die hergestellten Produkte aufnehmen zu können. Dies gilt ebenso für die Anlagendimensionen. Größere Anlagen erfordern mehr Platzbedarf. Zusätzlich muss bei hoher Mitarbeiterintensität zusätzliche Fläche für Pausenräume, sanitäre Anlagen, Umkleideräume und Fluchtwege eingeplant werden. Kleine Fabrikgrundflächen eignen sich dementsprechend eher für Unternehmen mit geringem Produktvolumen, spezialisierten, hochwertigen Produkten, wenigen Maschinen sowie geringen Mitarbeiteranzahlen.

Fabrikgröße	klein	mittel	mittel	mittel	groß		
Maschinendimensionen	klein	klein	mittel	groß	klein	mittel	groß
Mitarbeiterintensität	niedrig	mittel			hoch		
Maschinenanzahl	klein	groß	mittel	klein	groß		
Produktvolumen	Einmalfertigung						
	Einzel- und Kleinserienfertigung						
		Serienfertigung					
		Massenfertigung					
Produktprogramm	klein						
		mittel					
		groß					

Abbildung 5-48: Anforderungsmorphologie - Fabrikgröße

Die Geschossigkeit einer Fabrik ist unter anderem vom Maschinengewicht abhängig und erfährt indirekte Beeinflussung von den Stützabständen, der Überkranung und deren Tragfähigkeit. Grundsätzlich ist bei einem größeren, flachen Grundstück von einer eingeschossigen Bauweise auszugehen, während bei begrenzter Flächenverfügbarkeit die Mehrgeschossigkeit sinnvoll sein kann, um die Fläche optimal zu nutzen. Die Art des zu produzierenden Produkts spielt hierbei eine relevante Rolle. Größere und schwere Produkte benötigen in der Regel mehr Fläche und stärkere bauliche Strukturen in Form von Fundamenten und Tragwerken, was bei mehrstöckigen Gebäuden konstruktive Herausforderungen mit sich bringen kann. Bei kleineren und leichten Produkten entfallen diese Herausforderungen tendenziell eher. Als Grenzwert für das entscheidende Maximalgewicht wird an dieser Stelle die maximale Tragkraft einer Europalette und Standardgitterbox angenommen. Diese soll als Referenz dienen, um im Falle der Mehrgeschossigkeit eine einfache Handhabung der veritkalen Förderung als Transporthilfsmittel von Materialien z.B. in Aufzügen zu befähigen. Im Falle eines hohen Produktvolumens ist ein eingeschossiges Gebäude vorteilhafter, um die Logistik einfach zu gestalten und effiziente horizontale Produktionslinien zu ermöglichen. Lediglich bei einem geringeren Produkvolumen ist eine mehrgeschossige Ausgestaltung effizienter nutzbar. Abbildung 5-49 bildet die Ausschlusskriterien für die Mehrgeschossigkeit ab.

Geschossigkeit	Ausschluss Mehrgeschossigkeit	
Produktgröße	groß	sehr groß
Produktgewicht	> 1,5 t	
Maschinendimensionen	groß	
Maschinengewicht Flä.	> 2 t / m²	

Abbildung 5-49: Anforderungsmorphologie – Geschossigkeit

In Kapitel 5.2 wurde festgestellt, dass die Bodentragfähigkeit entscheidend von den auf dem Boden positionierten Maschinen und deren Gewicht, das sich auf die Maschinengrundfläche verteilt, beeinflusst wird. Die Standardisierungseignung ist daher stark von den verwendeten Technologien abhängig und bezieht sich auf die vorliegenden Fabrikmodule und die resultierenden Anforderungen, der darin befindlichen Anlagen (vgl. Abbildung 5-50). Zu den signifikanten Faktoren gehören dabei Kräfte, Vibrationen, Gewichtsbelastungen und die Genauigkeitsanforderungen der jeweiligen Technologie. Besondere Betrachtung findet dabei die Fundamentierung. Diese spielt die zentrale Rolle zur Sicherstellung von Stabilität, Präzision und Qualität der Prozesse. Während in manchen Fällen eine stabile und ebene Oberfläche genügt, erfordern andere spezifische Fundamente. Ein exemplarischer Anwendungsfall sind Schwerlastmaschinen wie Pressen, Scheren, Spritzgussmaschinen oder CNC-Fräsen. Aufgrund des beträchtlichen Gewichts und der erzeugten Vibrationen sind spezielle Fundamente zur Gewährleistung der Stabilität und Reduzierung von Vibrationen erforderlich. Auch Roboterarme und automatisierte Systeme profitieren oftmals von gesonderten Fundamenten, um eine präzisere Positionierung und minimierte Vibrationen sicherzustellen. Bei hochpräzisen Maschinen wie Werkzeugmaschinen, Messgeräten oder optischen Systemen werden spezielle Fundamente benötigt, um Vibrationen und äußere Störungen zu minimieren, die die Genauigkeit der Funktion beeinträchtigen können. Für Umformungsprozesse, bei denen schwere Pressen oder Schmiedehämmer zum Einsatz kommen, sind spezielle Fundamente zur Stabilisierung und Verringerung von Vibrationen erforderlich. Bei der spanenden Bearbeitung kommen schwere Maschinen zum Einsatz, deren Vibrationen die Genauigkeit der Bearbeitung beeinträchtigen können. Auch hier dämpfen die speziellen Fundamente die Vibrationen und verbessern die Stabilität der Anlage. Im Gegensatz dazu ist bei Prozessen wie dem Gießen von Metallen oder Trennen durch Sägen, Scheren oder Laserschneiden eine stabile und ebene Oberfläche ausreichend. Auch Fügeprozesse wie das Schweißen oder Kleben finden meist auf vorbereiteten Werkbänken oder in speziellen Schweiß- und Fügezellen statt, wodurch die Fundamentierung entfällt. Bei der additiven Fertigung hingegen ist eine stabile Oberfläche erforderlich, um Vibrationen während des Druckvorgangs zu minimieren, jedoch sind spezielle Fundamente in der Regel nicht notwendig. Oberflächenbearbeitungen wie Polieren, Schleifen oder Beschichten werden oft auf speziellen Arbeitstischen oder in speziellen Arbeitsstationen durchgeführt, so dass kein Fundament notwendig ist. Bei der Montage sind in der Regel keine speziellen Fundamente erforderlich, da die Vor- und Endmontagen an Arbeitsplätzen oder auf Montagetischen, bzw. innerhalb von Montagelinien stattfinden. Bei der automatisierten Montage kann jedoch die Fundamentierung erforderlich werden, um die präzise Positionierung der Roboter zu gewährleisten und Vibrationen zu minimieren.

Bodentragfähigkeit	Standardwert			Individuell	
Fabrikmodule	Trennen	Fügen	Endmontage	Gießen	Umformen
	Additive Fertigung	Oberflächen-bearbeitung	Vormontage	Spanende Bearbeitung	Automatisierte Montage
Maschinengewicht Flä.	> 2 t / m²				

Abbildung 5-50: Anforderungsmorphologie – Bodentragfähigkeit

Die Dimensionierung der Hallenhöhe ist vorwiegend von den Produktdimensionen und -gewichten, den Maschinendimensionen und der Art der Handhabung der Produkte – etwa durch einen Brückenkran oder Flurfördermittel – abhängig. Im Falle von großvolumigen und schweren Produkten, kombiniert mit hohen Anlagen, wird eine erhöhte Decke benötigt, um ausreichenden Raum für die Handhabung und Bewegung der Produkte zu gewährleisten. Ist ein Werkstücktransport über Anlagen hinweg notwendig, impliziert dies typischerweise die Verwendung von Kränen oder anderen nicht flurgebundenen Fördermitteln wie z.B. Hängebahnen. Gemäß der in Kapitel 5.4 angegeben Wertetabelle kann für Flurförderfahrzeuge eine maximale lichte Höhe von ca. 4 Metern angenommen werden. An dieser Stelle wird eine maximale Höhe von 4 Metern ebenfalls als Grenzwert für die Maschinenhöhe angenommen. Die Errechnung der notwendigen Hallenhöhe setzt sich somit zusammen aus der Basis von 4 Metern, der maximalen Werkstückhöhe, der Krananlagenhöhe sowie erforderlichen Sicherheitsabständen zwischen Kran, Werkstück und Anlage. Bei einem Einträgerkran kann die Krananlagenhöhe gemäß Kapitel 5.4 mit ca. 2 Metern angenommen werden. Die Sicherheitsabstände summieren sich zu ca. 1 Meter in der Höhe. Entsprechend liefert die Produkthöhe einen bedeutenden Einfluss auf die Standardisierungseignung. Als Referenzgrenzwerte werden hierfür typische Palettenhöhenmaße herangezogen. Die typischen Palettenhöhenmaße wiederum sind stark von den Standardabmessungen von LKWs und Lagerregalauslegungen abhängig und auf maximal 2,4 Meter begrenzt. In der Regel beträgt die Höhe allerdings 1 – 1,5 Meter, weshalb auch für die Produkthöhe einen Grenzwert am oberen Wert angenommen wird. Folglich resultieren standardisierte Hallenhöhen für eine Produktdimension von 1,5 Metern bei etwa 8,5 Metern. Erhöht sich die Produkthöhe auf maximal 2,4 Meter, ist eine Standardisierung bei 10 Metern Hallenhöhe immer noch anwendbar.

Die Notwendigkeit der Bekranung spielt eine wesentliche Rolle bei der Betrachtung der Hallenhöhe. Diese ist neben den Produktdimensionen auch vom Produktgewicht abhängig. Bei sehr geringen Produktgewichten unter 10 Kg kann auf einen Kran verzichtet werden. Bei Gewichten bis zu 2 Tonnen sind Standardkräne mit wenig Bauraumbedarf einsetzbar. Bei über 2 Tonnen werden die Kräne spezialisierter, weshalb eine Prüfung im Einzelfall empfohlen wird. Dennoch ist eine standardisierte Annahme der Hallenhöhe nicht auszuschließen. Beispielsweise kann beim Wechseln von Werkzeugen an Anlagen die Verwendung von Kränen erforderlich sein, obwohl die Dimensionen der zu transportierenden Elemente in der Regel unter 1,5 Metern Höhe liegen, das Gewicht der Werkzeuge jedoch über 2 Tonnen betragen kann. Abbildung 5-51 visualisiert die Standardisierungseignung in Abhängigkeit der Anforderungsmerkmalsausprägungen.

<table>
<tr><th>Hallenhöhe</th><th>Standard (8,5 Meter)</th><th>Standard (10 Meter)</th><th>Individuell</th></tr>
<tr><td>Produkthöhe</td><td>< 1,5 m</td><td>1,5 – 2,4 m</td><td>> 2,4 m</td></tr>
<tr><td>Produktgewicht</td><td>< 2 t</td><td colspan="2">> 2 t</td></tr>
<tr><td>Maschinenhöhe</td><td colspan="2">< 4 m</td><td>> 4 m</td></tr>
<tr><td>Fördermittelhöhe</td><td colspan="2">< 4 m Höhe</td><td>> 4 m Höhe</td></tr>
</table>

Abbildung 5-51: Anforderungsmorphologie – Hallenhöhe

Die Stützabstände sind hauptsächlich von den Dimensionen der Maschinen und den vorgesehenen Wegbreiten abhängig, welche wiederum durch die eingesetzten flurgebundenen Transportmittel vorbestimmt sind. In Kapitel 5.4 wurden mit der einseitigen oder beidseitigen Belegung des Weges zwei Möglichkeiten aufgezeigt. Der Stützabstand in Hauptrichtung ergibt sich somit aus der einfachen oder doppelten Anlagentiefe plus der Wegbreite. Für eine maximale Flexibilität in der Logistik wird empfohlen, eine beidseitige Befahrung der Wege mit flurgebundenen Transportmitteln zu ermöglichen. Die Breite dieser Wege setzt sich aus der Breite der Transportmittel und den notwendigen Sicherheitsabständen zusammen. Als Transportmittel kommen dabei z.B. Handwagen, Gabelstapler oder fahrerlose Transportsysteme in Betracht, welche mit einer maximalen Standardbreite von etwa 1,5 Metern angenommen werden. Berücksichtigt man die doppelte Breite dieser Transportmittel und addiert 0,5 Meter für Begegnungsabstände sowie jeweils 0,75 Meter für Außenabstände so ergibt sich eine standardisierte Wegbreite von 5 Metern. In Geschossbauten, wie in Kapitel 5.4 erläutert, ist aus wirtschaftlichen und baulichen Gründen ein Rastermaß von 12 Metern sinnvoll. Dies ermöglicht bei einseitiger Belegung des Weges eine maximale Anlagentiefe von rund 6 Metern und bei beidseitiger Belegung etwa 3 Metern. Größere Stützraster können durch verschiedene Binderformen realisiert werden (vgl. Kapitel 5.4). Die maximal zulässige und in der Praxis sinnvolle Breite der Stützraster in Hauptrichtung lässt sich durch die maximale Kranbrückenweite limitieren. In der Praxis sind wirtschaftlich umsetzbare Lösungen bei Zweiträgerlaufkränen auf etwa 30 Meter begrenzt. Bei Einträgerlaufkränen mit einer Kapazität von bis zu 10 Tonnen liegt die maximale sinnvolle Spannweite bei etwa 18 Metern. Dies führt zu dem Schluss, dass bei Anlagentiefen von mehr als 12 Metern und beidseitiger Belegung eine wirtschaftliche Ausgestaltung der Halle inklusive Bekranung nicht mehr möglich ist. Folglich werden an dieser Stelle die Grenzwerte definiert. Für Anlagentiefen zwischen 6 und 12 Metern lässt sich das Stützraster bei 12 und 18 Metern definieren.

Stützraster	Standardwert (12 Meter)	Standardwert (18 Meter)	Individuell
Maschinentiefe	< 6 m	6 – 12 m	> 12 m
Fördermittelbreite	< 1,5 m		> 1,5 m

Abbildung 5-52: Anforderungsmorphologie – Stützraster

Die Festlegung des Raumtemperaturbereichs in der Fabrik ist maßgeblich abhängig von der Art der herzustellenden Produkte, den Haupttechniken respektive Produktionsprozessen und den eingesetzten Prozesstechnologien. Einige Produkte, insbesondere in der chemischen und pharmazeutischen Industrie, verlangen spezifische Temperaturbedingungen, um Qualität, Haltbarkeit und Funktionalität zu gewährleisten. Des Weiteren tragen die eingesetzten Prozesstechnologien zur Definition des Raumtemperaturbereichs bei. Während bestimmte Technologien Wärme als Nebenprodukt erzeugen, benötigen andere eine streng kontrollierte Umgebungstemperatur, um die Prozessstabilität sicherzustellen. Beispiele hierfür sind die Metallverarbeitung und Schweißprozesse, bei denen spezifische Raumtemperaturen notwendig sind, um eine hohe Qualität der Endprodukte sicherzustellen. In mitarbeiterintensiven Bereichen ist zusätzlich ein idealer Temperaturbereich für die Produktivität und Gesundheit der Mitarbeiter sicherzustellen. Nach ISO 7730 liegen die Richtlinien für den thermischen Komfort in Arbeitsumgebunden zwischen etwa 20-24 Grad Celsius. Bei der Betrachtung der Prozesstechnologie zeigt sich, dass einfache Prozesse oft keine strengen Anforderungen an den Raumtemperaturbereich stellen, da die Produktionsabläufe weniger temperatursensitiv sind. Dagegen können komplexe Prozesse, wie z.B. die Verarbeitung empfindlicher Materialien, genaue Temperaturbereiche benötigen, um Produktqualität und -konsistenz sicherzustellen. Materialien spielen dabei eine wesentliche Rolle. Metallische Materialien sind aufgrund der hohen Temperaturstabilität tendenziell weniger kritisch im Vergleich zu organischen, anorganischen und Verbundwerkstoffen. Der Raumtemperaturbereich ist zudem entscheidend für die Auslegung der raumlufttechnischen Anlagen. Technologien, deren Anlagen weniger Abwärme erzeugen, sind tendenziell eher für die Verwendung standardisierter Anlagen zur Sicherstellung des Raumtemperaturbereichs geeignet. Prozesse wie das Gießen oder

Warmumformen, bei denen das Material auf hohe Temperaturen erhitzt wird, führen zu einer erheblichen Wärmeentwicklung. Prozesse zur Oberflächenbearbeitung zeigen eine unterschiedliche Wärmeentwicklung. Während Lackierprozesse keine signifikante Wärme erzeugen, entsteht bei Wärmebehandlungsprozessen eine beträchtliche Menge an Abwärme. Trenn- oder Zerspanungsverfahren führen grundsätzlich zu einer Wärmeemission der Maschinen, allerdings in einem deutlich geringeren Ausmaß zu Gieß- und Umformprozessen. Additive Fertigungs- und Montageprozesse sind hingegen als unkritisch einzustufen. Abbildung 5-53 fasst die Erkenntnisse zusammen.

<table>
<tr><th>R.Temperaturbereich</th><th colspan="3">i.O. (20-24° Celsius)</th><th colspan="3">Individuell</th></tr>
<tr><td>Produktmaterial</td><td colspan="3">metallisch</td><td>organisch</td><td>anorganisch</td><td>Verbundwerkstoff</td></tr>
<tr><td>Haupttechniken</td><td colspan="3">Fertigungstechnik</td><td colspan="3">Verfahrenstechnik</td></tr>
<tr><td>Prozesstechnologie</td><td colspan="3">einfach</td><td colspan="2">mittel</td><td>komplex</td></tr>
<tr><td rowspan="3">Fabrikmodule</td><td>Trennen</td><td>Automatisierte Montage</td><td>Spanende Bearbeitung</td><td colspan="3">Umformen</td></tr>
<tr><td>Vormontage</td><td rowspan="2">Additive Fertigung</td><td rowspan="2">Fügen</td><td colspan="3">Oberflächenbearbeitung</td></tr>
<tr><td>Endmontage</td><td colspan="3">Gießen</td></tr>
</table>

Abbildung 5-53: Anforderungsmorphologie – Raumtemperaturbereich

Die Erfordernis einer Krananlage in der Produktion ist hauptsächlich von den Dimensionen und Gewichten der Produkte abhängig. Wenn schwere oder sperrige Produkte hergestellt und gehandhabt werden, die nicht manuell oder mit einfachen Transportmitteln bewegt werden können, sind Krananlagen unerlässlich. Die Bestimmung der Grenzwerte richtet sich dabei nach den üblichen Abmessungen und Gewichtsgrenzen von Elementen, die entweder manuell oder mit einem Gabelstapler transportiert werden können. Manuelle Handhabungen sind bis zu einem Maximalgewicht von 25 Kg möglich. Wird dieser Grenzwert überschritten, ist ein Hilfsmittel für die Handhabung erfoderlich. Wenn Produkte Abmessungen kleiner als 1,2 Meter und ein Gewicht von weniger als 1,5 Tonnen aufweisen, sind diese palettenfähig und somit für den Transport per Gabelstapler geeignet. Sollte dies nicht der Fall sein, kann davon ausgegangen werden, dass eine Krananlage benötigt wird. Es ist allerdings wichtig zu beachten, dass die Handhabungsvorgänge bei einer Krananlage begrenzt sind, da Krananlagen niedrige Verfahrgeschwindigkeiten aufweisen und jeweils Zeit für die Aufnahme und Ablage der Last benötigen. Die Nutzung von Krananlagen als primäres Transportmittel in einer Massenproduktion ist daher nicht zu empfehlen. Abbildung 5-54 fasst die Erkenntnisse zusammen.

Überkranung	Erforderlich	Nicht erforderlich o. möglich	Individuell
Produktlänge	> 1,2 m	< 1,2 m	
Produktgewicht	> 1,5 t	< 25 kg	25 kg - 1,5 t
Produktvolumen	Einmalfertigung		
	Einzel- und Kleinserienfertigung		
	Serienfertigung		
		Massenfertigung	

Abbildung 5-54: Anforderungsmorphologie – Überkranung

Die Tragfähigkeit eines Brückenkrans ist maßgeblich von dem Gewicht der zu hebenden Materialien bestimmt. Der Kran muss in der Lage sein, das maximale Gewicht des Materials – seien es Fertigprodukte, Rohmaterialien oder Werkzeuge – sicher zu tragen. Wie in Kapitel 5.4 illustriert, sind bei Brückenkränen Traglasten von über 100 Tonnen realisierbar. Diese erfordern jedoch spezielle konstruktive Auslegungen. Daher sollten derart hohe Gewichtsbereiche nicht für die Betrachtung von Standardtraglasten herangezogen werden. In der Praxis sind Einträgerkräne mit einer Traglast bis zu etwa 10 Tonnen verhältnismäßig wirtschaftlich umsetzbar. Bei höheren Traglasten sind Zweiträgerkräne sinnvoller. Ein weiterer wichtiger Faktor ist die Dimension der angehängten Materialien. Beim Transport von Materialien mit langen Dimensionen in der Hauptverfahrrichtung des Krans sind teilweise Zweiträgerkräne, spezielle Hebevorrichtungen oder der Tandembetrieb von zwei Kranbrücken erforderlich, um die Stabilität und Sicherheit beim Transport zu gewährleisten. Sind die Materialien parallel zur Spannweite der Brücke größer dimensioniert, so lässt sich die Stabilität für den Transport durch eine zweite Laufkatze am Kran erhöhen. Zur Standardisierung empfiehlt sich die 10 Tonnen Grenze vollständig auszuschöpfen, um eine maximale Flexibilität für eine Vielzahl potenzieller zukünftiger Anwendungsfälle in der Fabrik zu gewährleisten. Abbildung 5-55 fasst die Erkenntnisse zusammen.

Krantragfähigkeit	Standardwert (10 t)	Individuell
Produktlänge	< 5 m	> 5 m
Produktbreite	< 5 m	> 5 m
Produktgewicht	< 10 t	> 10 t

Abbildung 5-55: Anforderungsmorphologie – Krantragfähigkeit

Die Umsetzung der horizontalen TGA Führung kann im Unterflurkanal, in der Tragkonstruktion und unterhalb der Tragkonstruktion erfolgen. Es handelt sich bei dem Fabrikmerkmal allerdings um ein Merkmal mit ausschließlich indirekter Beeinflussung, weshalb die finale Ausprägung stark von vorgelagerten Entscheidungen abhängig ist. Insbesondere Aspekte der Architektur und Struktur des Gebäudes wie z.B. das

Tragwerk und die Geschossigkeit spielen eine wesentliche Rolle sowie das Vorliegen einer Überkranung. Bezüglich der Geschossigkeit kann in mehrgeschossigen Fabriken eine vertikale Verlegung der TGA zweckmäßig sein, um Platz zu sparen. In eingeschossigen Fabriken ist die Verlegung grundsätzlich in allen Ausprägungen möglich. Allerdings kann, wenn nur eine geringe Hallenhöhe bei eingeschossigen Gebäuden zur Verfügung steht, die Verlegung der TGA im Unterflurkanal sinnvoll sein, um die nutzbare Raumhöhe zu maximieren. Dies erlaubt zudem eine leichtere Zugänglichkeit für Wartungsarbeiten. Allerdings schränkt diese Variante die Flexibilität der Layoutgestaltung bei späteren Umbaumaßnahmen ein, ebenso die maximale Bodentragfähigkeit und erhöht das Potenzial, dass Flüssigkeiten und Schmutz in die Kanäle eindringen können. Bei der Notwendigkeit eines Kranbetriebs ist es wichtig die TGA so zu führen, dass der Kranbetrieb nicht behindert wird und der Raum unter der Hallendecke für den Betrieb frei bleibt. Grundsätzlich ist allerdings tendenziell die Führung der TGA unterhalb der Tragkonstruktion zu empfehlen.

Die Gestaltung des Verladebereichs kann bezüglich der Rampenform die Ausprägungen Seitenrampe, Kopframpe, Dockrampe, Sägezahnrampe annehmen oder rampenfrei gestaltet werden. Die Auswahl ist dabei stark von den spezifischen Anforderungen und Eigenschaften des zu transportierenden Produkts abhängig. Insbesondere Seiten-, Dock- oder Sägezahnrampe kommen in Betracht, wenn das zu transportierende Produkt groß oder schwer ist und spezialisierte Transportmittel wie z.B. Gabelstapler oder Kräne eingesetzt werden. Die maximale Größe des Produkts zur Auswahl dieser Rampen lässt sich durch die Länge und Breite der Ladefläche eines typischen 40 Tonnen LKWs, sowie dessen maximalen Zuladung von ca. 25 Tonnen ableiten. Allerdings verbrauchen Dock- und Seitenrampen vergleichsweise viel Fläche, weshalb diese tendenziell eher bei kleineren Produktvolumina sinnvoll erscheinen. Die Kopframpe eignet sich besonders für Stückgüter, die leicht manuell zu bewegen sind, wie z.B. Paletten, die mittels Hubwagen transportiert werden. Darüber hinaus ist diese Rampe auch für große Produktvolumen und hohe Automatisierungsgrade geeignet. Die Dimensionen sind dabei auf eine maximale Breite von 2,4 Meter (entsprechend der LKW-Breite) und einer typischen Tragkraft von Gabelstaplern von ca. 2 Tonnen auszulegen. Automatisierte Verladesysteme verwenden in der Praxis häufig die Kopfseite von LKWs, um Materialien über spezielle Transportsysteme in den LKW zu verschieben. Daher ist die Seitenrampe in solchen Fällen als ungeeignet einzustufen. Erfolgt eine Beladung per Kran, also ab einem Gewicht von mehr als 2 Tonnen oder extrem sperrigen Materialien, ist die Verladung innerhalb der Fabrik vorzusehen. In solchen Fällen ist der Verzicht auf eine Rampe oftmals sinnvoll. Abbildung 5-56 fasst die Erkenntnisse zusammen.

<table>
<tr><th>Rampenform</th><th>Seitenrampe</th><th>Kopframpe</th><th>Dockrampe</th><th>Sägezahnr.</th><th>Individuell</th></tr>
<tr><td>Produktart</td><td>Stückgut</td><td>Stückgut</td><td>Stückgut</td><td>Stückgut</td><td>Fließgut
Schüttgut
Stückgut</td></tr>
<tr><td>Produktlänge</td><td>< 13 m</td><td>< 2 m</td><td colspan="2">< 13 m</td><td>> 13 m</td></tr>
<tr><td>Produktbreite</td><td>< 2,4 m</td><td>< 2,4 m</td><td colspan="2">< 2,4 m</td><td>> 2,4 m</td></tr>
<tr><td>Produktgewicht</td><td>< 25 t</td><td>< 2 t</td><td colspan="2">< 25 t</td><td>> 25 t</td></tr>
<tr><td rowspan="3">Automatisierungsgrad</td><td colspan="5">Keine Automatisierung</td></tr>
<tr><td rowspan="2"></td><td colspan="3">Teilautomatisierung</td><td rowspan="2"></td></tr>
<tr><td colspan="3">Vollautomatisierung</td></tr>
<tr><td rowspan="4">Produktvolumen</td><td colspan="5">Einmalfertigung</td></tr>
<tr><td colspan="5">Einzel- und Kleinserienfertigung</td></tr>
<tr><td rowspan="2"></td><td>Serienfertigung</td><td rowspan="2"></td><td colspan="2">Serienfertigung</td></tr>
<tr><td>Massenfertigung</td><td colspan="2">Massenfertigung</td></tr>
</table>

Abbildung 5-56: Anforderungsmorphologie – Rampenform

Die Auswahl des geeigneten Layouttyps ist maßgeblich abhängig von den eingesetzten Prozesstechnologien, dem Produktvolumen, Produktspektrum, Produktprogramm sowie Produktgewichten und -dimensionen. In Kapitel 5.4 wurde bereits die Argumentation zur Bestimmung der unterschiedlichen Layoutformen dargelegt. Bei der Punktfertigung handelt es sich um einen Fertigungstyp, der maßgeschneiderte und einzigartige Produkte produziert, deren Herstellung nicht kontinuierlich stattfindet. Diese ist besonders für solche Produkte geeignet, die aufgrund der spezifischen Eigenschaften eine individuelle Fertigung erfordern. Die Werkstattfertigung hingegen eignet sich zur Produktion von Produkten in Batches. Hierbei sind die Maschinen entsprechend dem Produktionsprozess angeordnet. Dieser Layouttyp eignet sich für ein moderates Produktspektrum und Produktvolumen. Die Gruppenfertigung sieht vor, dass Maschinen zu einer Einheit zusammengeschlossen werden, um eine Gruppe von ähnlichen Produkten zu fertigen. Der Vorteil liegt in der Reduktion von Bewegungen von Material und Personal. Die Reihen- und Fließfertigung ist besonders für die Massenproduktion von Produkten geeignet, die eine geringe Produktvielfalt und eine überschaubare Prozesskomplexität aufweisen. Da die Produkte von Station zu Station weitertransportiert werden, dürfen diese jedoch nicht zu schwer oder zu groß sein, um den Transportprozess nicht zu behindern. Abbildung 5-57 fasst die Erkenntnisse zusammen.

<table>
<tr><th>Layouttyp</th><th>Punktfert.</th><th>Werkstattf.</th><th>Gruppenfert.</th><th>Reihenfertigung</th><th>Fließfertigung</th></tr>
<tr><td rowspan="3">Produktlänge</td><td rowspan="3">Sehr groß</td><td colspan="4">klein</td></tr>
<tr><td colspan="4">mittel</td></tr>
<tr><td colspan="4">groß</td></tr>
<tr><td rowspan="3">Produktbreite</td><td rowspan="3">Sehr groß</td><td colspan="4">klein</td></tr>
<tr><td colspan="4">mittel</td></tr>
<tr><td colspan="4">groß</td></tr>
<tr><td rowspan="3">Produktgewicht</td><td rowspan="3">Schwer</td><td colspan="4">sehr leicht</td></tr>
<tr><td colspan="4">leicht</td></tr>
<tr><td colspan="4">mittel</td></tr>
<tr><td rowspan="3">Produktprogramm</td><td colspan="5">klein</td></tr>
<tr><td colspan="3">mittel</td><td colspan="2"></td></tr>
<tr><td colspan="3">groß</td><td colspan="2"></td></tr>
<tr><td rowspan="3">Produktspektrum</td><td colspan="3">Erzeugnisse nach Kundenspezifikation</td><td colspan="2"></td></tr>
<tr><td colspan="3">Typisierte Erzeugnisse mit kundensp. Varianten</td><td colspan="2"></td></tr>
<tr><td colspan="5">Standarderzeugnisse</td></tr>
<tr><td rowspan="4">Produktvolumen</td><td colspan="3">Einmalfertigung</td><td colspan="2"></td></tr>
<tr><td colspan="3">Einzel- und Kleinserienfertigung</td><td colspan="2"></td></tr>
<tr><td colspan="5">Serienfertigung</td></tr>
<tr><td colspan="5">Massenfertigung</td></tr>
<tr><td rowspan="3">Prozesstechnologie</td><td colspan="5">einfach</td></tr>
<tr><td colspan="5">mittel</td></tr>
<tr><td colspan="3">komplex</td><td colspan="2"></td></tr>
</table>

Abbildung 5-57: Anforderungsmorphologie – Layouttyp

Die Gestaltung des Materialflusses ist in den Ausprägungen Geradlinig, U-, L- oder T-förmig möglich. Die Auswahl des geeigneten Materialflussschemas stellt eine strategische Entscheidung dar, da es stark vom spezifischen Kontext und diversen Faktoren wie Produktivität, Effizienz, Flexibilität und Kosten abhängig ist. Insbesondere bei großen Produktdimensionen sollte in der Regel versucht werden, die Produktdrehung im Materialfluss zu verhindern oder die Anzahl zu minimieren, um die Komplexität der Materialhandhabung so gering wie möglich zu halten. Der geradlinige Materialfluss eignet sich besonders für Produktionsprozesse mit hohen Produktionsmengen und einem geringen Produktspektrum. Hierbei sollten die Prozesse gerichtet und aufeinander abgestimtm sein, um eine kontinuierliche Produktion zu ermöglichen. Die U-, L- und T-förmigen Materialflussschemata hingegen sind vorteilhafter, wenn bei verschiedenen Produkttypen die Prozesspfade variieren und eine Mehrstufigkeit vorliegt. Diese Schemata erlauben eine effektive Verteilung der Materialien auf verschiedene Prozesse und deren Rückführung zu einem zentralen Punkt in der Produktion. Darüber hinaus bieten diese die Möglichkeit, die Produktionsumgebung einfach zu verändern und die Produktionsmengen entsprechend anzupassen. Dies erhöht die Flexibilität der

Produktion und ermöglicht eine effiziente Anpassung an veränderte Produktionsbedingungen. Abbildung 5-58 fasst die Erkenntnisse zusammen.

<table>
<tr><th>Materialflussschema</th><th>Geradlinig</th><th>U-förmig</th><th>L-förmig</th><th>T-förmig</th></tr>
<tr><td rowspan="4">Produktlänge</td><td colspan="4">klein</td></tr>
<tr><td colspan="4">mittel</td></tr>
<tr><td colspan="4">groß</td></tr>
<tr><td>sehr groß</td><td colspan="3"></td></tr>
<tr><td rowspan="4">Produktbreite</td><td colspan="4">klein</td></tr>
<tr><td colspan="4">mittel</td></tr>
<tr><td colspan="4">groß</td></tr>
<tr><td>sehr groß</td><td colspan="3"></td></tr>
<tr><td rowspan="3">Produktspektrum</td><td rowspan="2"></td><td colspan="3">Erzeugnisse nach Kundenspezifikation</td></tr>
<tr><td colspan="3">Typisierte Erzeugnisse mit kundenspezifischen Varianten</td></tr>
<tr><td colspan="4">Standarderzeugnisse</td></tr>
<tr><td rowspan="4">Produktvolumen</td><td colspan="4">Einmalfertigung</td></tr>
<tr><td colspan="4">Einzel- und Kleinserienfertigung</td></tr>
<tr><td colspan="2">Serienfertigung</td><td colspan="2" rowspan="2"></td></tr>
<tr><td colspan="2">Massenfertigung</td></tr>
<tr><td rowspan="3">Prozessstufigkeit</td><td>einstufig</td><td colspan="3" rowspan="2"></td></tr>
<tr><td>zweistufig</td></tr>
<tr><td colspan="4">mehrstufig</td></tr>
</table>

Abbildung 5-58: Anforderungsmorphologie – Materialflussschema

5.5.2 Zusammenführung der Anforderungsmorphologie

Durch die Analyse und Zusammenführung der pro Fabrikmerkmal definierten Bereiche der Anforderungsmerkmalausprägungen ist es möglich eine übergreifende Anforderungsmerkmalmorphologie zu bilden. Das finale Ergebnis, welches als Grundlage zur Charakterisierung eines Planungsfalls dient, ist in Abbildung 5-59 dargestellt. Es zeigt im Ergebnis die Darstellung der 20 Anforderungsmerkmale mit in Summe 73 Ausprägungen. Hierbei zeichnet sich insbesondere ab, dass bei produktbezogenen Anforderungsmerkmalsausprägungen eine genauere Spezifizierung möglich ist. Diese spiegelt sich in der Quantifizierung der Wertebereiche der Anforderungsmerkmalsausprägungen sowie in der weiteren Unterteilung der Anforderungsmerkmale wider. So erscheint z.B. die Unterteilung der Produktdimension in Produktlänge, Produkthöhe und Produktbreite ebenso zielführend wie eine Separierung der Maschinendimensionen in Maschinenhöhe und Maschinentiefe. Darüber hinaus bietet es sich an, Produktdimensionen und Komponentendimensionen sowie Produktgewicht und Komponentengewicht in jeweils einem Merkmal zusammenzufassen. Hierbei sind sowohl die Wirkbeziehungen als auch die Grenzwerte der Anforderungsmerkmalausprägungen identisch. Das Ergebnis dieser Betrachtung legt nahe, dass es primär relevant ist, welche Materialien generell in einer Fabrik gehandhabt und prozessiert werden, eine Unterscheidung zwischen Endprodukt und Rohmaterial ist in diesem Kontext weniger von Bedeutung.

Anforderungsmerkmal	Merkmalsausprägungen				
Produktgewicht	< 25 kg	25 kg – 1,5 t	1,5 – 2 t	2 t – 10 t	10 – 25 t	> 25 t
Produkthöhe	< 1,5 m	1,5 – 2,4 m	> 2,4 m			
Produktbreite	< 1,2 m	1,2 – 2,4 m	2,4 – 5 m	> 5 m		
Produktlänge	< 1,2 m	1,2 - 2 m	2 – 5 m	5 – 13 m	> 13 m	
Maschinenhöhe	< 4 m	> 4 m				
Maschinentiefe	< 6 m	6 – 12 m	> 12 m			
Fördermittelbreite (flurg.)	< 1,5 m	> 1,5 m				
Fördermittelhöhe (flurg.)	< 4 m	> 4 m				
Produktart	Stückgut	Fließgut	Schüttgut			
Produktmaterial	metallisch	organisch	anorganisch	Verbundwerkstoff		
Produktprogramm	klein	mittel	groß			
Produktspektrum	Erzeugnisse nach Kundenspezifikation	Typisierte Erzeugnisse mit kundensp. Varianten	Standarderzeugnisse mit Varianten	Standarderzeugnisse ohne Varianten		
Produktvolumen	Einmalfertigung	Einzel- und Kleinserienfertigung	Serienfertigung	Massenfertigung		
Automatisierungsgrad	Keine Automatisierung	Teilautomatisierung	Voll- (Prod.) und Teilautomatis. (Log.)	Vollautomatisierung		
Prozessstufigkeit	einstufig	zweistufig	dreistufig			
Prozesstechnologie	einfach	mittel	komplex			
Mitarbeiterintensität	niedrig	mittel	hoch			
Maschinenanzahl	klein	mittel	groß			
Maschinengewicht (Flä.)	< 2 t / m²	> 2 t / m²				
Fabrikmodule	Trennen	Umformen	Oberflächenbearbeitung	Gießen	Additive Fertigung	
	Fügen	Spanende Bearbeitung	Vormontage	Endmontage	Automatisierte Montage	

Abbildung 5-59: Finale Anforderungsmerkmalmorphologie zur Planungsfallcharakterisierung

5.5.3 Zusammenfassung der normativen Standardisierungsaussagen

Die durchgeführte Wirkbeziehungsanalyse generiert die angestrebte Transparenz über die Wirkung von Anforderungs- und Fabrikmerkmalen auf Ausprägungsebene. Die Beurteilung der Standardisierungseignung der Fabrikmerkmale lässt sich auf Basis der Erkenntnisse differenziert betrachten. Abbildung 5-60 zeigt die finalen 35 Ausprägungen der 12 Fabrikmerkmale, welche die möglichen normativen Aussagen widerspiegeln. Unterschieden werden normative Aussagen hinsichtlich des Vorhandenseins eines standardisierten Spezifizierungswerts respektive einer Ausprägung (z.B. Stützraster 18 Meter) oder der Aussage, dass eine standardisierte Annahme nicht sinnvoll erscheint. Dies hat eine individuelle Betrachtung zur Folge. In einigen Fällen wird zudem in Abhängigkeit des Planungsfalls die Auswahl möglicher Fabrikmerkmalsausprägungen je Fabrikmerkmal eingeschränkt, was eine notwendige, individuelle Auswahl zur Folge hat.

Fabrikmerkmal	Merkmalsausprägungen				
Fabrikgröße	klein	mittel	groß		
Geschossigkeit	Ausschluss Mehrgeschossigkeit				
Bodentragfähigkeit	Standardisierbar	individuell			
Hallenhöhe	8,5 Meter	10 Meter	individuell		
Stützabstände	12 Meter	18 Meter	individuell		
Raumtemperaturbereich	Standard (20-24°)	individuell			
Kran	nicht notwendig o. möglich	notwendig	individuell		
Krantragfähigkeit	Standard (10t)	individuell			
Horizontale TGA Führung	Unter der Tragkonstruktion	individuell			
Verladerampe	Seitenrampe	Kopframpe	Dockrampe	Sägezahnform	keine Aussage / Rampe
Anordnung Materialfluss	Geradlinig	U-förmig	L-förmig	T-förmig	
Layouttyp	Punktfert.	Werkstattfert.	Gruppenfert.	Reihenfert.	Fließfert.

Abbildung 5-60: Normative Aussagen in der Fabrikmerkmalmorphologie

Gestützt auf die Erkenntnisse aus Kapitel 5.2.2 kann schließlich eine finale Darstellung der Standardisierungseignung der einzelnen Fabrikmerkmale in Abhängigkeit der finalen Anforderungsmerkmalmorphologie vorgenommen werden. Bei den Fabrikmerkmalen Gebäudefläche (Maschinendimensionen), Geschossigkeit (Produktdimensionen, Maschinendimensionen), Layouttyp (Produktdimensionen, Produktgewicht) und Materialflussschema (Produktdimensionen) lässt sich keine sinnvolle Quantifizierung der Ausprägungen in Bezug auf das spezifische Fabrikmerkmal vornehmen, weil sich keine sinnvollen Bezugsgrenzwerte identifizieren lassen. Dennoch wird eine Einordnung der nicht quantifizierten Wertebereiche bei diesen Merkmalen vorgenommen, um eine einheitliche Anwendung der Anforderungsmerkmalsausprägungen bei den Anforderungsmerkmalen zur Beschreibung von Produkt- und Maschinendimensionen sowie Produktgewichten zu gewährleisten. Die Kernergebnisse dieser Arbeit werden in der nachfolgenden Abbildung 5-61 zusammengefasst.

Fabrikgröße	klein	mittel	mittel	mittel	groß		
Maschinenhöhe	< 4 m	< 4 m		> 4 m	< 4 m		> 4 m
Maschinentiefe	< 6 m	< 6 m	6 – 12 m	> 12 m	< 6 m	6 – 12 m	> 12 m
Mitarbeiterintensität	niedrig	mittel			hoch		
Maschinenanzahl	klein	groß	mittel	klein	groß		
Produktvolumen	Einmalfertigung						
	Einzel- und Kleinserienfertigung						
		Serienfertigung					
		Massenfertigung					
Produktprogramm	klein						
		mittel					
		groß					

Mehrgeschossigkeit	Ausschluss Mehrgeschossigkeit	
Produktgröße	groß	sehr groß
Produktgewicht	> 1,5 t	
Maschinendimensionen	groß	
Maschinengewicht (Flä.)	> 2 t / m²	

Bodentragfähigkeit	Standardwert			Individuell	
Fabrikmodule	Trennen	Fügen	Endmontage	Gießen	Umformen
	Additive Fertigung	Oberflächen-bearbeitung	Vormontage	Spanende Bearbeitung	Automatisierte Montage
Maschinengewicht (Flä.)	> 2 t / m²				

Hallenhöhe	Standard (8,5 Meter)	Standard (10 Meter)	Individuell
Produkthöhe	< 1,5 m	1,5 – 2,4 m	> 2,4 m
Produktgewicht	< 2 t	> 2 t	
Maschinenhöhe	< 4 m		> 4 m
Fördermittelhöhe	< 4 m Höhe		> 4 m Höhe

Stützenraster	Standardwert (12 Meter)	Standardwert (18 Meter)	Individuell
Maschinentiefe	< 6 m	6 – 12 m	> 12 m
Fördermittelbreite	< 1,5 m		> 1,5 m

Raumtemperaturbereich	i.O. (20-24° Celsius)			Individuell		
Produktmaterial	metallisch			organisch	anorganisch	Verbundwerkst.
Haupttechniken	Fertigungstechnik			Verfahrenstechnik		
Prozesstechnologie	einfach			mittel	komplex	
Fabrikmodule	Trennen	Automatisierte Montage	Spanende Bearbeitung	Umformen		
	Vormontage			Oberflächenbearbeitung		
	Additive Fertigung	Endmontage	Fügen	Gießen		

<table>
<tr><th>Krananlage</th><th>Erforderlich</th><th>Nicht erforderlich o. möglich</th><th>Individuell</th></tr>
<tr><td>Produktlänge</td><td>> 1,2 m</td><td colspan="2">< 1,2 m</td></tr>
<tr><td>Produktgewicht</td><td>> 1,5 t</td><td>< 25 kg</td><td>25 kg - 1,5 t</td></tr>
<tr><td rowspan="4">Produktvolumen</td><td colspan="3">Einmalfertigung</td></tr>
<tr><td colspan="3">Einzel- und Kleinserienfertigung</td></tr>
<tr><td colspan="3">Serienfertigung</td></tr>
<tr><td></td><td colspan="2">Massenfertigung</td></tr>
</table>

<table>
<tr><th>Krantraglast</th><th>Standardwert (10 t)</th><th>Individuell</th></tr>
<tr><td>Produktlänge</td><td>< 5 m</td><td>> 5 m</td></tr>
<tr><td>Produktbreite</td><td>< 5 m</td><td>> 5 m</td></tr>
<tr><td>Produktgewicht</td><td>< 10 t</td><td>> 10 t</td></tr>
</table>

<table>
<tr><th>Rampenform</th><th>Seitenrampe</th><th>Kopframpe</th><th>Dockrampe</th><th>Sägezahnform</th><th>Individuell</th></tr>
<tr><td>Produktart</td><td>Stückgut</td><td>Stückgut</td><td>Stückgut</td><td>Stückgut</td><td>Fließgut
Schüttgut
Stückgut</td></tr>
<tr><td>Produktlänge</td><td>< 13 m</td><td>< 2 m</td><td colspan="2">< 13 m</td><td>> 13 m</td></tr>
<tr><td>Produktbreite</td><td>< 2,4 m</td><td>< 2,4 m</td><td colspan="2">< 2,4 m</td><td>> 2,4 m</td></tr>
<tr><td>Produktgewicht</td><td>< 25 t</td><td>< 2 t</td><td colspan="2">< 25 t</td><td>> 25 t</td></tr>
<tr><td rowspan="3">Automatisierungsgrad</td><td colspan="5">Keine Automatisierung</td></tr>
<tr><td rowspan="2"></td><td colspan="3">Teilautomatisierung</td><td rowspan="2"></td></tr>
<tr><td colspan="3">Vollautomatisierung</td></tr>
<tr><td rowspan="4">Produktvolumen</td><td colspan="5">Einmalfertigung</td></tr>
<tr><td colspan="5">Einzel- und Kleinserienfertigung</td></tr>
<tr><td rowspan="2"></td><td>Serienfertigung</td><td rowspan="2"></td><td colspan="2">Serienfertigung</td></tr>
<tr><td>Massenfertigung</td><td colspan="2">Massenfertigung</td></tr>
</table>

<table>
<tr><th>Materialflussschema</th><th>Punktfertigung</th><th>Werkstattfert.</th><th>Gruppenfert.</th><th>Reihenfert.</th><th>Fließfertigung</th></tr>
<tr><td rowspan="3">Produktlänge</td><td rowspan="3">Sehr groß</td><td colspan="4">klein</td></tr>
<tr><td colspan="4">mittel</td></tr>
<tr><td colspan="4">groß</td></tr>
<tr><td rowspan="3">Produktbreite</td><td rowspan="3">Sehr groß</td><td colspan="4">klein</td></tr>
<tr><td colspan="4">mittel</td></tr>
<tr><td colspan="4">groß</td></tr>
<tr><td rowspan="3">Produktgewicht</td><td rowspan="3">Schwer</td><td colspan="4">sehr leicht</td></tr>
<tr><td colspan="4">leicht</td></tr>
<tr><td colspan="4">mittel</td></tr>
<tr><td rowspan="3">Produktprogramm</td><td colspan="5">klein</td></tr>
<tr><td colspan="3">mittel</td><td colspan="2" rowspan="2"></td></tr>
<tr><td colspan="3">groß</td></tr>
<tr><td rowspan="3">Produktspektrum</td><td colspan="3">Erzeugnisse nach Kundenspezifikation</td><td colspan="2" rowspan="2"></td></tr>
<tr><td colspan="3">Typisierte Erzeugnisse mit kundensp. Varianten</td></tr>
<tr><td colspan="5">Standarderzeugnisse</td></tr>
<tr><td rowspan="4">Produktvolumen</td><td colspan="3">Einmalfertigung</td><td colspan="2" rowspan="2"></td></tr>
<tr><td colspan="3">Einzel- und Kleinserienfertigung</td></tr>
<tr><td colspan="5">Serienfertigung</td></tr>
<tr><td colspan="5">Massenfertigung</td></tr>
<tr><td rowspan="3">Prozesstechnologie</td><td colspan="5">einfach</td></tr>
<tr><td colspan="5">mittel</td></tr>
<tr><td colspan="3">komplex</td><td colspan="2"></td></tr>
</table>

<table>
<tr><th>Layouttyp</th><th>Geradlinig</th><th>U-förmig</th><th>L-förmig</th><th>T-förmig</th></tr>
<tr><td rowspan="4">Produktlänge</td><td colspan="4">klein</td></tr>
<tr><td colspan="4">mittel</td></tr>
<tr><td colspan="4">groß</td></tr>
<tr><td>sehr groß</td><td colspan="3"></td></tr>
<tr><td rowspan="4">Produktbreite</td><td colspan="4">klein</td></tr>
<tr><td colspan="4">mittel</td></tr>
<tr><td colspan="4">groß</td></tr>
<tr><td>sehr groß</td><td colspan="3"></td></tr>
<tr><td rowspan="3">Produktspektrum</td><td rowspan="2"></td><td colspan="3">Erzeugnisse nach Kundenspezifikation</td></tr>
<tr><td colspan="3">Typisierte Erzeugnisse mit kundenspezifischen Varianten</td></tr>
<tr><td colspan="4">Standarderzeugnisse</td></tr>
<tr><td rowspan="4">Produktvolumen</td><td colspan="4">Einmalfertigung</td></tr>
<tr><td colspan="4">Einzel- und Kleinserienfertigung</td></tr>
<tr><td colspan="2">Serienfertigung</td><td colspan="2" rowspan="2"></td></tr>
<tr><td colspan="2">Massenfertigung</td></tr>
<tr><td rowspan="3">Prozessstufigkeit</td><td>einstufig</td><td colspan="3" rowspan="2"></td></tr>
<tr><td>zweistufig</td></tr>
<tr><td colspan="4">mehrstufig</td></tr>
</table>

Abbildung 5-61: Fabrikmerkmalsabhängige Planungsfallcharakteristik

Für die praktische Anwendung der Plattformbasierten Fabrikplanung ist es sinnvoll, die Verbindungen zwischen Anforderungs- und Fabrikmerkmalen in einer zweidimensionalen Matrix abzubilden. Zur Anwendung der Plattformbasierten Fabrikplanung in der Praxis sind im ersten Schritt die spezifischen Ausprägungen der Anforderungsmerkmale zu erfassen, um die Planungsfallcharakteristik zu bestimmen. Anschließend werden die normativen Aussagen für jedes einzelne Fabrikmerkmal ausgewertet.

Sofern die vorliegenden Ausprägungen der Anforderungsmerkmale in einer eindeutigen Wechselwirkung mit einer Fabrikmerkmalsausprägung stehen, so entspricht dies einem klar definierten Fall. In diesem Fall wird die spezifische Fabrikmerkmalsausprägung in der Plattform als Lösung integriert. Sofern allerdings keine eindeutige Aussage möglich ist, wird die Auswahl der Fabrikmerkmalsausprägung über die bewerteten Intensitäten einzelner Anforderungsmerkmale innerhalb eines Fabrikmerkmals entschieden, bevor die Integration in die Plattform erfolgt. In Fällen, in denen eine reduzierte Mehrfachauswahl vorliegt, erfolgt keine Plattformintegration. Die auszuwählende Lösung ist im Kundenkontakt abzustimmen und festzulegen (vgl. Kapitel 4.3). Weitere Details zur praktischen Anwendung werden im nachfolgenden Kapitel detailliert.

6 Validierung und kritische Reflexion

Im Rahmen dieses Kapitels wird das konzipierte und detaillierte einzelkundenentkoppelte Planungsvorgehen gemäß dem gewählten explorativen Forschungsansatz validiert. Um die Problemstellung dieser Arbeit zu lösen, wurden sowohl inhaltliche als auch formale Anforderungen an das Planungsvorgehen definiert. Es ist notwendig, deren Erfüllung zu überprüfen. Durch die Validierung des Modells soll dessen Nutzen und Anwendbarkeit im Praxiszusammenhang nachgewiesen werden. Dies gewährleistet den für die angewandten Wissenschaften essenziellen Praxisbezug und ermöglicht die Implementierung des Modells als Lösung in der Praxis. Zuerst wird die zur Validierung des Modells zur Plattformbasierten Fabrikplanung verwendete Methodik dargelegt. Im Anschluss daran werden die Ergebnisse der durchgeführten Validierung präsentiert, bevor das Modell im Anwendungszusammenhang der Praxis kritisch reflektiert wird.

6.1 Methodik zur Validierung

Im Fokus der Validierung steht die Untersuchung der festgelegten Wirkbeziehungen zwischen Anforderungs- und Fabrikmerkmalen. Besonderes Augenmerk wird auf die normativen Aussagen gelegt, die sich aus diesen Beziehungen ergeben und von der jeweiligen Planungsfallcharakteristik abhängen. Im Rahmen der Validierung werden Kundenanforderungen verwendet, die von produzierenden Unternehmen als empirische Daten erfasst wurden. Die Kunden werden in die erstellte Anforderungsmorphologie (vgl. Kapitel 5.5.2) eingeordnet, um die Planungsfallcharakteristik darzustellen. Anschließend werden auf Basis des Wirkbeziehungsmodells die normativen Aussagen hinsichtlich der Standardisierungseignung der Fabrikmerkmale für den jeweilig identifizierten Planungsfall abgeleitet.

Das primäre Ziel dieser Validierung besteht darin, die normativen Aussagen auf Richtigkeit zu überprüfen, um dadurch einen Rückschluss auf die Wirksamkeit der Wirkbeziehungen zu ermöglichen. Das Testen und Bewerten der normativen Aussagen erfolgt durch eine Deltabetrachtung. Dabei werden die Empfehlungen für standardisierte Fabrikmerkmale, die das Modell liefert, mit den tatsächlichen Planungsergebnissen verglichen, die im Rahmen der empirischen Datenerhebung festgestellt wurden (vgl. Abbildung 6-1).

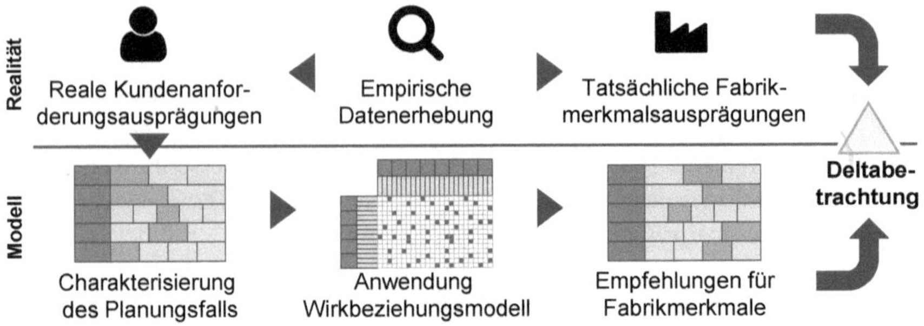

Abbildung 6-1: Methodisches Validierungsvorgehen

Die Validierung wird in zwei Teilen durchgeführt. Im ersten Teil steht die praktische Anwendung im Vordergrund, die anhand eines konkreten empirischen Fallbeispiels umfassend demonstriert wird. Ziel ist es, durch die detaillierte Demonstration der Funktionsweise der Plattformgenerierung, die Praxistauglichkeit und semantische Gültigkeit der Methode zu überprüfen. Das gewählte Fallbeispiel bezieht sich auf ein Greenfield-Planungsprojekt, das unter maßgeblicher Beteiligung des Autors dieser Arbeit durchgeführt wurde. Das betreffende Planungsprojekt fand bei einem international führenden Hersteller von längsnahtgeschweißten Edelstahlrohren statt. Das beinahe 200-jährige Unternehmen mit Sitz in Deutschland beschäftigt über 800 Mitarbeiter und verzeichnet einen Jahresumsatz von etwa 230 Mio. Euro. Die Produktpalette beinhaltet WIG- und lasergeschweißte Edelstahlrohe, nachgezogene Präzisionsrohre in geraden und angenäherten Standardlängen sowie gewickelte Rohre, die in vielfältigen Anwendungen im Automobil- und Industriebreich zum Einsatz kommen. Der Autor dieser Arbeit war von Beginn der Greenfield-Planung bis zum Bauantrag im Projekt involviert.

Der zweite Teil zielt darauf ab, die Reliabilität der Methode durch Verwendung einer umfangreichen Datengrundlage zur Validierung sicherzustellen. Durch wiederholte Datenanalysen unter identischen Bedingungen sollen konsistente Ergebnisse erzielt werden. Somit liegt der Fokus nicht nur auf der Überprüfung der Stabilität der Methode, sondern auch darauf, die Reproduzierbarkeit der Ergebnisse zu gewährleisten.

Dies trägt zur höheren Präzision der Validierungsergebnisse und Aussagekraft der Schlussfolgerung bei. Als Datengrundlage dienen 20 Planungsfälle, die auf den Daten einer empirischen Umfrage basieren, die der Autor im Jahr 2021 durchführte. Im Zuge dieser Datenerhebung wurden 55 Fragebögen von Mitarbeitern produzierender Unternehmen aus verschiedenen Industriebranchen ausgefüllt (vgl. Abbildung 6-2). Um eine sinnvolle Vergleichbarkeit der Daten sicherzustellen, konzentriert sich die nachfolgende Betrachtung auf die drei am stärksten vertretenen Branchen der Datenerhebung: Maschinenbau, Automotive, Elektronik. Aus diesen Branchen wurden wiederum 20 Unternehmen ausgewählt, für die ausreichende Informationen sowohl zu den Anforderungen als auch zu den Fabrikmerkmalen vorlagen.

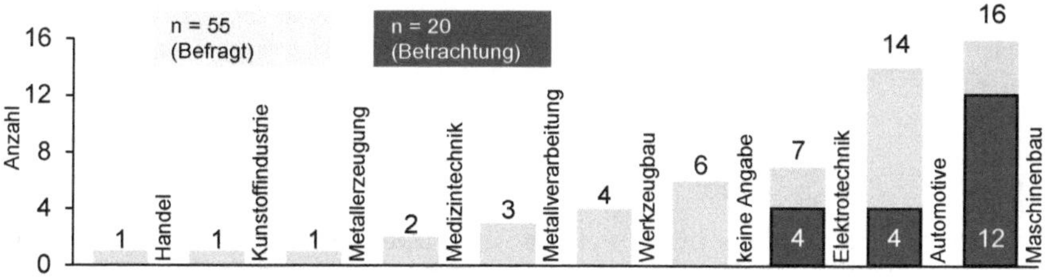

Abbildung 6-2: Übersicht befragter und betrachteter Unternehmen

Zur erleichterten Anwendung und Darstellung des Modells und um die gewonnenen Erkenntnisse für die Validierung besser zugänglich zu machen, wurde das Wirkbeziehungsmodell in einem Plattformgenerierungs-Tool implementiert, das in einer Microsoft Excel Umgebung betrieben wird. Ein zentrales Element dieses Tools ist die zweidimensionale Matrix als Ergebnis aus Kapitel 5.5.3. Die Matrix ist so organisiert, dass die Zeilen alle Anforderungsmerkmale einschließlich der Ausprägungen abbilden, während die Spalten entsprechend alle Fabrikmerkmale mit deren Ausprägungen darstellen. In Summe umfasst die Matrix 74 x 27 Zellen. Innerhalb der Matrixzellen ist die potenzielle Beziehung zwischen einer Anforderungs- und Fabrikmerkmalsausprägung festgehalten (vgl. Abbildung 6-3).

Die Interpretation der Matrix erfolgt nach einem klaren Prinzip. Ein Eintrag in einer Zelle zeigt an, dass eine spezifische Anforderungsmerkmalausprägung ein Argument für eine bestimmte Fabrikmerkmalausprägung darstellt. Das Tool gibt diejenige Ausprägung je Fabrikmerkmal als Ergebnis aus, die in der Spalte die meisten Argumente aufsummiert besitzt. Um entgegenzuwirken, dass alle Argumente gleichbehandelt werden, wird an dieser Stelle die Gewichtungsmatrix aus Kapitel 5.4.3 integriert. Mit dieser Gewichtung werden die Argumente unterschiedlich stark in die Gesamtbewertung einbezogen, wodurch eine größere Realitätsnähe erreicht wird. Zudem besteht die Möglichkeit, das Modell basierend auf neueren Erkenntnissen im Nachgang einfacher anzupassen. Dies stärkt sowohl die Validität als auch die Praktikabilität des Tools, da die Komplexität und Vielfalt der Beziehungen angemessener berücksichtig werden.

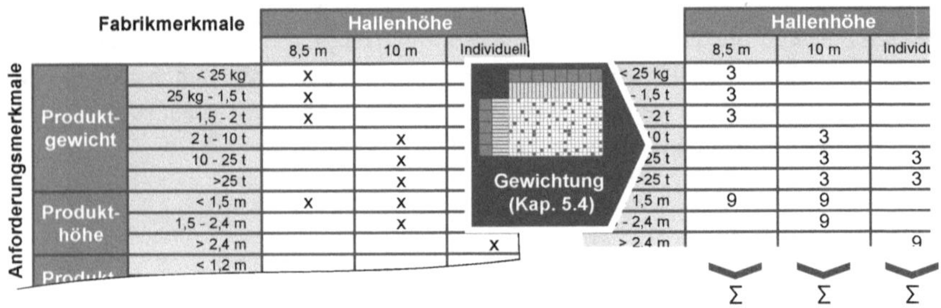

Abbildung 6-3: Exemplarische Darstellung der Wirkbeziehungsmatrix

Wenn nur eine Ausprägung innerhalb eines Fabrikmerkmals die höchste Gesamtsumme aufweist, wird durch das Tool eine Einzelaussage als Ergebnis generiert. Falls jedoch mehrere Ausprägungen die gleiche, höchste Summe besitzen, gibt das Tool eine Mehrfachauswahl dieser Ausprägungen als Empfehlung aus. An dieser Stelle sei erneut darauf hingewiesen, dass nur Einzelaussagen als standardisiertes Fabrikmerkmal in der Plattform Berücksichtigung finden. Empfehlungen mit Mehrfachauswahl oder die Empfehlung „individuell" erfordern eine tiefere Untersuchung und weitere Analyse des Merkmals.

6.2 Ergebnisse der Validierung

Nachfolgend erfolgt die umfassende Demonstration des einzelnen Fallbeispiels, anschließend die Ergebnisdarstellung der umfassenden Deltabetrachtung von 20 Unternehmen.

Ausführliche Demonstration am einzelnen Fallbeispiel

Im ersten Schritt erfolgt die Erfassung der tatsächlichen Kundenanforderungen und Einordnung in den morphologischen Kasten, welcher in Kapitel 5.5.2 als Ergebnis entstanden ist. Die Einordnung stellt die Planungsfallcharakteristik dar. Das betrachtete

Unternehmen verfügt über Produkte mit Längen von 10 bis 22 Metern und zu transportierenden Gewichten von bis zu 1.500 kg. Die Fertigung erfolgt aus hochwertigen metallischen Materialien, insbesondere Austenit und Edelstahl. Die Edelstahlrohre werden in Massenfertigung hergestellt, wobei eine Teilautomatisierung vorliegt. Die Prozesstechnologie ist komplex und umfasst verschiedene Stufen, um die gewünschte Qualität und Präzision zu erreichen. Die Herstellung erfordert große Maschinen- und Anlagenmaße, die schwere Gewichte aufweisen. Das Schweißen und Umformen dominiert die Produktionsprozesse. Die Produktionsumgebung erfordert entsprechende Fabrikbereiche, wobei rund 190 Anlagen eingesetzt werden. Als Transportmittel dienen sowohl standardisierte Hubwagen als auch Gabelstapler. Abbildung 6-4 visualisiert die erhobenen, realen Anforderungsdaten des Fallbeispiels und die daraus resultierende, im Modell abgebildete Planungsfallcharakteristik.

Anforderungs-merkmal	Reale Gegebenheit	Planungsfallcharakteristik (Anforderungsmorphologie)					
Produktgewicht	1.500 kg	< 25 kg	25 kg – 1,5 t	1,5 – 2t	2 – 10 t	10 – 25 t	> 25 t
Produkthöhe	2 m	< 1,5 m	1,5 – 2,4 m	> 2,4m			
Produktbreite	2 m	< 1,2 m	1,2 – 2,4 m	2,4 – 5 m	> 5 m		
Produktlänge	15 m	< 1,2 m	1,2 - 2 m	2 – 5 m	5 – 13 m	> 13 m	
Maschinenhöhe	4 m	< 4 m	> 4 m				
Maschinentiefe	6 m	< 6 m	6 – 12 m	> 12 m			
Fördermittelbreite	2m	< 1,5 m	> 1,5 m				
Fördermittelhöhe	2 m	< 4 m	> 4 m				
Produktart	Stückgut	Stückgut	Fließgut	Schüttgut			
Produktmaterial	metallisch	metallisch	organisch	anorganisch	Verbundwerkst.		
Produktprogramm	mittel	klein	mittel	groß			
Produktspektrum	Kundensp. Erzeugnisse	Kundensp. Erzeugnisse	Typ. Erz. mit kundensp. Varianten	Standarderz. mit Varianten	Standarderz. ohne Varianten		
Produktvolumen	Massenfertigung.	Einmalfertigung	Einzel- u. Kleinserienfert.	Serienfertigung	Massenfertigung		
Automatisierungsgrad	Teilautomat.	Keine Automat.	Teilautomat.	Voll- & Teilaut.	Vollautomat.		
Prozessstufigkeit	mehrstufig	einstufig	zweistufig	dreistufig			
Prozesstechnologie	komplex	einfach	mittel	komplex			
Mitarbeiterintensität	mittel	niedrig	mittel	hoch			
Maschinenanzahl	mittel	klein	mittel	groß			
Maschinengewicht	2 t/m²	< 2 t / m²	> 2 t / m²				
Fabrikmodule	Umformen, Fügen	Trennen	Umformen	Oberflächen-bearbeitung	Gießen	Additive Fertigung	
		Fügen	Spanende Bearbeitung	Vormontage	Endmontage	Automat. Montage	

Abbildung 6-4: Darstellung der Planungsfallcharakteristik

Im zweiten Schritt werden Empfehlungen mithilfe des Plattform-Tools generiert. Diese basieren auf dem Wirkbeziehungsmodell und der dahinterliegenden Logik zur Generierung der Aussagen. Abbildung 6-5 visualisiert die Empfehlungen für alle 11 betrachteten Fabrikmerkmale. Dabei werden sowohl die Ergebnisse mit als auch ohne Berücksichtigung der Gewichtung dargestellt.

Fabrikmerkmal	Empfehlungen des Modells ohne Gewichtung	#	mit Gewichtung	#
Fabrikgröße	Mittel	1	Mittel	1
Geschossigkeit	Ausschluss Mehrgeschossig.	1	Ausschluss Mehrgeschossigk.	1
Bodentragfähigkeit	Individuell	1	Individuell	1
Hallenhöhe	8,5 m | 10 m	2	10 m	1
Stützabstände	18 m | individuell	2	18 m | individuell	2
Raumtemperaturbereich	20 – 24° C. | individuell	2	Individuell	1
Kran	Nicht notwendig / möglich | indiv.	2	notwendig	1
Krantragfähigkeit	Standard (10t)	1	Standard (10t)	1
Verladerampe	Kopframpe | Sägezahnform	2	Kopframpe | Sägezahnform	2
Layouttyp	Werkstattfert. | Gruppenfert.	2	Werkstattfert. | Gruppenfert.	2
Anordnung Materialfluss	Geradlinig | U-förmig	2	Geradlinig	1

Abbildung 6-5: Darstellung der Empfehlungen

Es wird deutlich, dass durch die Verwendung der Gewichtungsmatrix die Aussagen präzisiert werden. Bei vier Merkmalen, die ohne Gewichtung zur Mehrfachauswahlen führen, wird durch die Gewichtung eine Reduktion der Mehrfachauswahl auf eine einzelne Aussage erreicht.

Bei der Betrachtung der Empfehlungen unter Einfluss der Gewichtung, lassen sich von den 11 Aussagen in Summe sechs konkrete Einzelaussagen, drei Mehrfachauswahlen und zwei individuelle Aussagen differenzieren. Die sechs konkreten Einzelaussagen, welche dem Umfang der Plattform entsprechen, umfassen die Aspekte der Fabrikgröße, Geschossigkeit, Hallenhöhe, Krananlage, Krantragfähigkeit und Materialflussschema. Folgende Merkmale sind nicht Teil der Plattform: Bodentragfähigkeit, Verladerampe, Layouttyp, Stützabstand und Raumtemperaturbereich.

Abbildung 6-6 zeigt die Deltabetrachtung zwischen Ergebnissen des Plattformgenerierungstools und der tatsächlich vorliegenden Planungsergebnisse auf Basis der erhobenen, empirischen Daten. Im Zuge der Deltabetrachtung lassen sich die Ergebnisse des Tools in verschiedene Kategorien einteilen. Zum einen gibt es die korrekten Empfehlungen, zu denen die Fabrikgröße, Geschossigkeit, Hallenhöhe, Bodentragfähigkeit, Raumtemperaturbereich, Krananlage, Materialflussschema, Verladerampe sowie der Layouttyp zählen. Dabei sind die letzten beiden Merkmale als Mehrfachauswahl einzustufen. Zum anderen gibt es Empfehlungen, die zwar richtig sind, aber eine Überdimensionierung aufweisen, wie der empfohlene Stützabstand und die Krantragfähigkeit. Die Empfehlungen des Tools weisen an dieser Stelle keine falschen Aussagen auf.

Fabrikmerkmal	Empfehlung des Modells mit Gewichtung	▲ Delta	Tats. Planungsergebnis (Realität)
Fabrikgröße	Mittel	Nein	Mittel
Geschossigkeit	Ausschluss Mehrgeschossigk.	Nein	Ausschluss Mehrgeschossigk.
Bodentragfähigkeit	Individuell	(Ja)	1000 kg/m²
Hallenhöhe	10 m	Nein	10 m
Stützabstände	18 m | individuell	(Ja)	12 m
Raumtemperaturbereich	Individuell	(Ja)	20 – 24° C.
Kran	notwendig	Nein	Ja
Krantragfähigkeit	Standard (10t)	(Ja)	3,2 t
Verladerampe	Kopframpe | Sägezahnform	Nein	Kopframpe
Layouttyp	Werkstattfert. | Gruppenfert.	Nein	Werkstattfert.
Anordnung Materialfluss	Geradlinig	Nein	Geradlinig

Abbildung 6-6: Auswertung der Deltabetrachtung

Die Aussagen des Plattform-Tools sind in Übereinstimmung mit den realen Gegebenheiten, wie aus den vorgelegten Auswertungen ersichtlich wird. Insbesondere bei der Einfachauswahl zeigt sich, dass die Empfehlungen des Tools die Realität präzise abbilden. Es gibt allerdings eine Diskrepanz bei der empfohlenen Krantragfähigkeit. Das Tool empfiehlt den standardisierten Wert von 10 Tonnen, während der tatsächlich Wert allerdings nur 3,2 Tonnen beträgt. Das Tool empfiehlt zudem für die Verladerampe als Mehrfachauswahl die Kopframpe oder Sägezahnform. In der Realität liegt eine Kopframpe vor. Aufgrund der Mehrfachauswahl kann zwar keine direkte Integration einer einzelnen Ausprägung in die Plattform erfolgen. Dennoch erweist sich diese Reduzierung der Ausprägungsmöglichkeiten als nützlich, da der Lösungsraum reduziert und damit der Aufwand in der Planung reduziert wird. Bei individuellen Empfehlungen, insbesondere bei der Bodentragfähigkeit und den Stützabständen, zeigt sich eine besondere Dynamik. Hierbei werden spezifische Empfehlungen basierend auf individuellen Gegebenheiten abgegeben. Dies verhindert deren direkte Integration als Standard in die Plattform und erfordert eine weitergehende Untersuchung.

Ergebnisdarstellung der umfassenden Deltabetrachtung

Im Folgenden sind die Ergebnisse der umfassenden Deltabetrachtung von 20 Planungsfällen sowie die zugehörigen Analysen und Erkenntnisse zusammengefasst dargestellt. Die Erschließung und Aufbereitung der Ergebnisse erfolgt analog dem Vorgehen aus Kapitel 6.2.1 und stellt den Vergleich zwischen der Empfehlung des Plattform-Tools und der Realität dar. Eine detaillierte Übersicht der realen Kundenanforderungen, erfassten Planungsfallcharakteristiken, Empfehlungen des Plattformgenerierungstools und der tatsächlich vorliegenden Lösungen für alle 20 betrachteten Unternehmen ist dem Kapitel 8.7 zu entnehmen.

Aus der Analyse von 10 Fabrikmerkmalen über 20 Fabrikplanungsfälle hinweg, lassen sich theoretisch 200 Aussagen erschließen. Bei 16 Fabrikmerkmalen wurden allerdings keine Angaben durch die Befragten getätigt, wodurch sich die Anzahl auf 184 Aussagen reduziert. Davon sind 128 als korrekt (70%), 10 als vom Tool überdimensioniert (5%) und 46 als falsch (25%) einzustufen (vgl. Abbildung 6-7). Im Falle einer Überdimensionierung, wird die Aussage in diesem Kontext als korrekt eingestuft, so dass in Summe drei Viertel aller Aussagen als richtig einzustufen sind. Unter den 184 Aussagen gibt es 116 Einzelaussagen (63%), 50 Mehrfachauswahlen (27%) und in 18 Fällen ist eine individuelle Betrachtung erforderlich (10%).

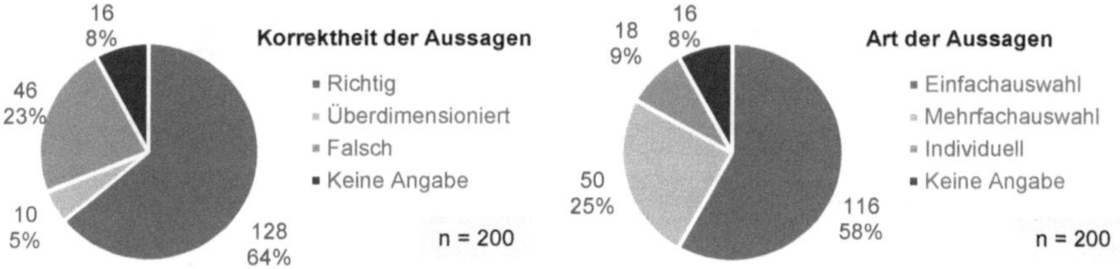

Abbildung 6-7: Übergreifende Auswertung der 20 Deltabetrachtungen

Abbildung 6-8 zeigt die Ergebnisse der Auswertung auf einer detaillierteren Betrachtungsstufe. Dabei werden pro Fabrikmerkmal die Aussagen bezüglich deren Korrektheit und Art im Vergleich zu anderen Merkmalen dargestellt. Ein hoher Anteil von mehr als 70% korrekten Aussagen ist bei den Merkmalen Raumtemperaturbereich, Materialflussschema, Fabrikgröße, Krannotwendigkeit, Krantragfähigkeit und Hallenhöhe zu verzeichnen. Einen geringeren Anteil an korrekten Aussagen haben die Merkmale Geschossigkeit, Verladerampe, Layouttyp und Hallenhöhe. Auffällig ist, dass es bei der Verladerampe und dem Layouttyp keine Einzelaussagen gibt, sondern ausschließlich Mehrfachauswahlen. Lediglich Einzelaussagen sind bei den Merkmalen Geschossigkeit und Krantragfähigkeit vorhanden. Bei den Merkmalen Fabrikgröße, Hallenhöhe, Raumtemperaturbereich, Stützabstände und Materialflussschema gibt es viele Einzelaussagen und wenige individuelle Empfehlungen. Dies ist bereits ein Indiz dafür, dass bei Fabrikmerkmalen mit mehr Einzelaussagen die unterschiedlichen Ausprägungen besser anhand von Anforderungsmerkmalen differenziert werden können als bei denjenigen mit Mehrfachauswahlen. Ein Grund dafür könnte sein, dass die bei diesen Fabrikmerkmalen zugrundeliegenden Anforderungsmerkmale nicht differenziert genug sind.

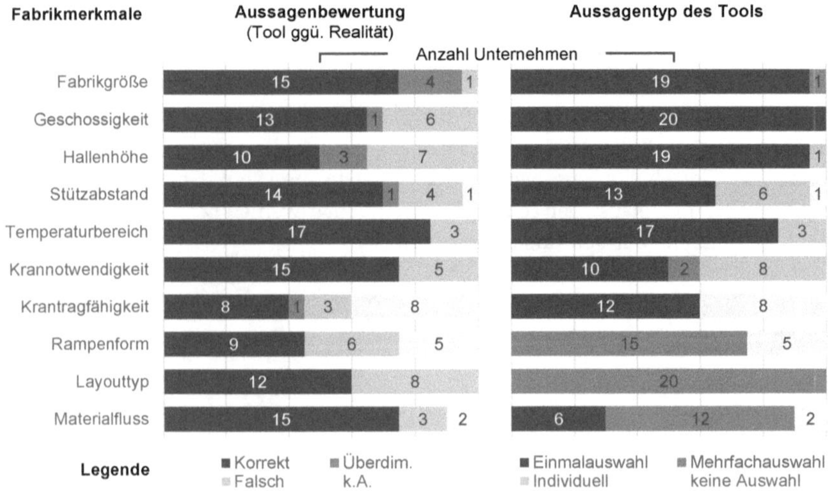

Abbildung 6-8: Merkmalsbezogene Auswertung der 20 Deltabetrachtungen

Bislang lag der Fokus auf der Analyse absoluter Zahlen einschließlich der Unternehemen, die keine Angaben machten. Die kann ohne genaueres Hinsehen zu einer Verfälschung der Ergebnisse führen. Deshalb wird im Folgenden Merkmal für Merkmal ein gezielter Vergleich zwischen den Aussagen des Plattform-Tools und der Realität durchgeführt.

Detaillierte Deltabetrachtung auf Merkmalsebene

Bei der Analyse des Merkmals Fabrikgröße wurden 20 spezifische Aussagen zu dem Merkmal berücksichtigt (vgl. Abbildung 6-9). Von diesen sind 75% der Aussagen korrekt, 20% als überdimensioniert eingestuft und 5% als falsch bewertet worden. Das Plattform-Tool empfiehlt insgesamt eine Mehrfachauswahl. Es fällt auf, dass das Tool zu keinem Zeitpunkt eine Empfehlung für eine „kleine" Fabrikgröße abgibt. Stattdessen empfiehlt es in 20 Fällen „mittlere" Fabrikgrößen und in einem Fall eine „große" Fabrikgröße. Die tatsächliche Umsetzung sieht allerdings in vier Fällen „klein", 15 Fällen „mittel" und einmal „groß" vor. Somit überrepräsentiert das Plattform-Tool die Ausprägung „mittel" und vernachlässigt die Kategorie „klein" gänzlich.

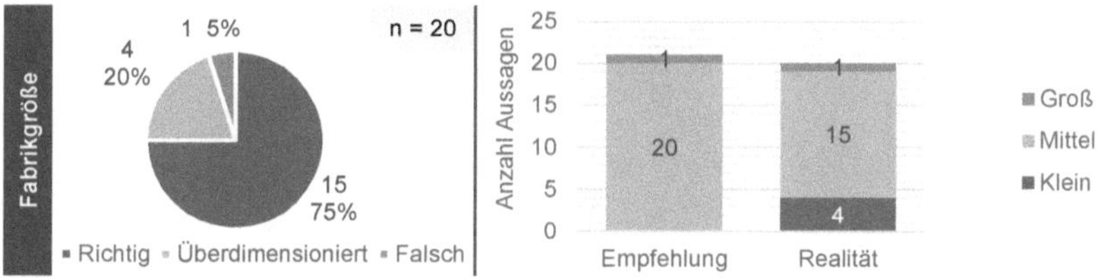

Abbildung 6-9: Validierung des Merkmals Fabrikgröße

Hinsichtlich der Geschossigkeit liegen Auswertungen von 20 Unternehmen vor (vgl. Abbildung 6-10). 19 der Unternehmen geben an, dass deren Produktionshallen ebenerdig sind. Lediglich in einem Fall ist eine mehrgeschossige Produktion ausgewiesen. Das Plattform-Tool rät in 14 Fällen von einer mehrgeschossigen Bauweise ab und empfiehlt diese in 6 Fällen. Insgesamt stimmen 65% der Empfehlungen mit den tatsächlichen Gegebenheiten überein. Es liegt eine Überdimensionierung in 5% der Fälle vor. Dies bedeutet, dass das Tool eine mehrgeschossige Bauweise vorschlägt, obwohl in Wirklichkeit ebenerdige Hallen vorliegen. Weiterhin sind 30% der Empfehlungen inkorrekt, was bedeutet, dass das Tool eine mehrgeschossige Bauweise nicht für umsetzbar einschätzt, obwohl diese tatsächlich gegeben ist.

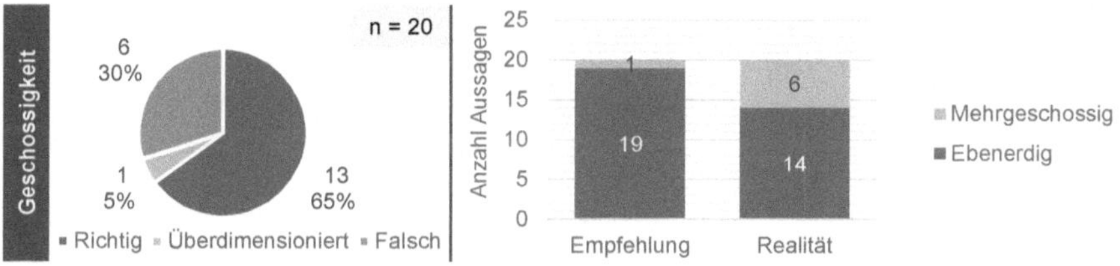

Abbildung 6-10: Validierung des Merkmals Geschossigkeit

Für das Merkmal Hallenhöhe liegen 20 Auswertungen vor (vgl. Abbildung 6-11). Dabei besitzen 5 Unternehmen eine Hallenhöhe von bis zu 8,5 Metern, 10 Unternehmen weisen eine Höhe von 10 Metern auf und die verbleibenden 5 Unternehmen berichten von einer Hallenhöhe von mehr als 10 Metern. Das Plattformtool empfiehlt häufig eine Hallenhöhe von 8,5 Metern, obwohl nur wenige tatsächliche Unternehmensangaben in diese Richtung gehen. Dennoch stimmt die Anzahl der Empfehlungen mit der Anzahl der Unternehmen überein, was darauf hindeutet, dass jedem Unternehmen eine klare Empfehlung gegeben wird. Insgesamt sind 50% der Aussagen korrekt. Bei 15% der Fälle zeigt sich eine Überdimensionierung und 35 % der Empfehlungen werden als falsche Aussage, also als unterdimensioniert, bewertet.

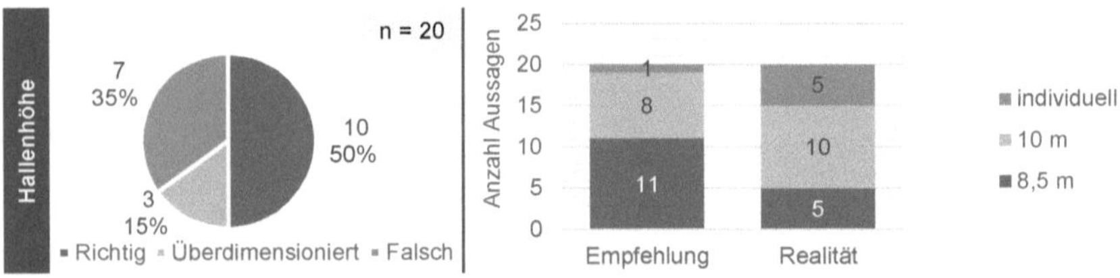

Abbildung 6-11: Validierung des Merkmals Hallenhöhe

Bezüglich der Stützabstände liegen Aussagen von 19 Unternehmen vor (vgl. Abbildung 6-12). 74% der Unternehmensangaben stimmen mit den Empfehlungen des Plattform-Tools überein. 5% der Empfehlungen sind als überdimensioniert einzuschätzen und bei 21% liegt eine fehlerhafte Einschätzung vor. Das Plattform-Tool schlägt am häufigsten einen Stützabstand von 12 Meter vor. Dies wurde in 17 Fällen empfohlen. Allerdings trifft diese Empfehlung in der Praxis nur bei 12 Unternehmen zu. Auffällig ist, dass Empfehlungen für Stützabstände im mittleren Bereich zwischen 12 und 18 Metern vom Plattform-Tool nur selten ausgesprochen werden. Konkret wurde dieser Abstand lediglich einmal empfohlen, obwohl tatsächlich 5 Unternehmen in diesen Bereich fallen. In Summe hat das Plattform-Tool 23 Empfehlungen ausgesprochen, was auf eine Tendenz zur Mehrfachauswahl hinweist.

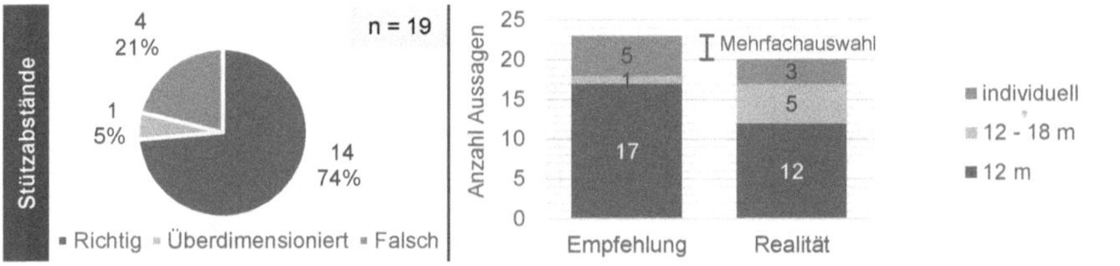

Abbildung 6-12: Validierung des Merkmals Stützabstände

Hinsichtlich des Raumtemperaturbereichs liegen 20 Aussagen vor (vgl. Abbildung 6-13). 85% der Empfehlungen des Plattform-Tools decken sich mit den tatsächlichen Angaben der Unternehmen. In den übrigen 15% der Fälle wurden Fehleinschätzungen getroffen. Bei näherer Betrachtung zeigt sich, dass das Tool in 17 Fällen einen Raumtemperaturbereich von 20 bis 24 ° Celsius empfiehlt. In der Realität geben allerdings lediglich 18 Unternehmen diesen Bereich an. Das Plattform-Tool weist genau 20 Empfehlungen aus, so dass lediglich klare Einzelaussagen vorliegen.

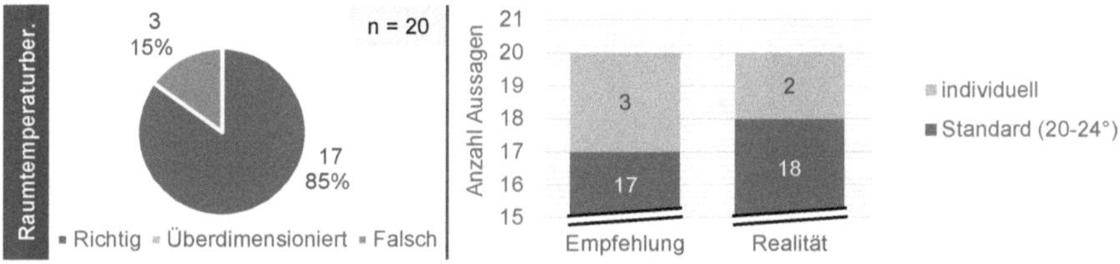

Abbildung 6-13: Validierung des Merkmals Raumtemperaturbereich

Von den 20 Unternehmen, die Angaben zu deren Kranbesitz machen, besitzen 12 einen Kran, während die anderen 8 Unternehmen keinen Kran besitzen (vgl. Abbildung 6-14). Die Übereinstimmung zwischen den Empfehlungen des Plattform-Tools und der Realität beträgt 75%. Die verbleibenden 25% der Empfehlungen sind als falsch zu bewerten. Eine detaillierte Gegenüberstellung der Daten zeigt eine nahezu ausgeglichene Verteilung zwischen Unternehmen mit und ohne Kran. In zwei Fällen bietet das Tool eine Mehrfachauswahl an. Die Gründe, die für oder gegen einen Kran sprechen, sind in diesen Fällen so ausgewogen, dass das Tool keine klare Empfehlung abgeben kann.

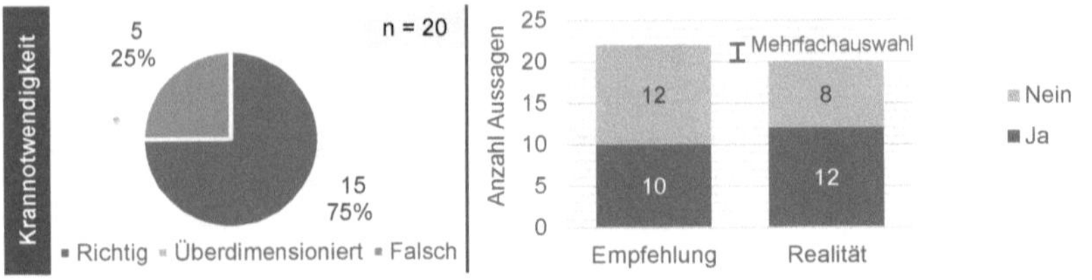

Abbildung 6-14: Validierung des Merkmals Krannotwendigkeit

Bezüglich der Krantragfähigkeit liegen Aussagen von den 12 Unternehmen vor, die über Krananlagen verfügen (vgl. Abbildung 6-15). Für 11 dieser Unternehmen empfiehlt das Plattform-Tool eine Standard-Krantragfähigkeit von 10 Tonnen. Nur in einem Fall wird eine individuelle Betrachtung der Tragfähigkeit vorgeschlagen. Tatsächlich besitzen 9 dieser Unternehmen einen Kran, deren Tragfähigkeit 10 Tonnen oder weniger beträgt. Drei Unternehmen verfügen über Kräne mit einer Tragfähigkeit von über 10 Tonnen. Der direkte Vergleich der Tool-Empfehlungen mit den tatsächlichen Gegebenheiten zeigt eine Übereinstimmungsrate von 67%. Dabei werden 8% der Empfehlungen als überdimensioniert und 25% als falsch eingestuft.

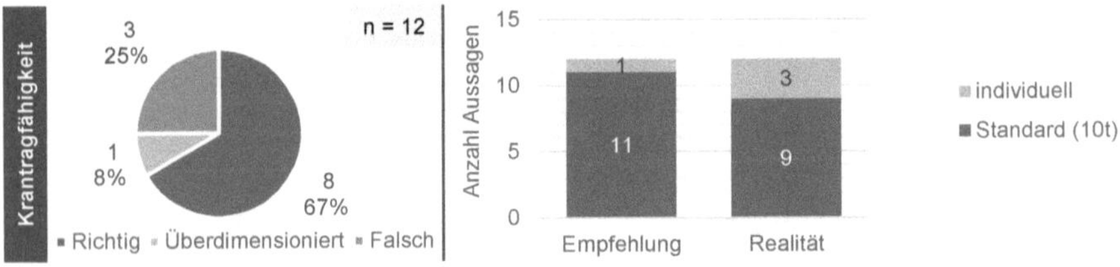

Abbildung 6-15: Validierung des Merkmals Krantragfähigkeit

Von 15 Unternehmen gibt es Aussagen bezüglich deren Verladerampen (vgl. Abbildung 6-16). Dabei nutzen 11 Unternehmen eine Kopframpe, während je 2 Unternehmen eine Seitenrampe bzw. Sägezahnrampe verwenden. 60% dieser Angaben stimmen mit den Empfehlungen des Plattform-Tools überein. Problematisch ist jedoch, dass unter den 15 Empfehlungen keine klaren Einzelaussagen getroffen werden. Es werden ausschließlich Mehrfachauswahlen vorgeschlagen. Trotz nur 15 untersuchten Fällen gibt das Tool insgesamt 35 Empfehlungen ab. Auffällig ist außerdem, dass das Tool bei jeder individuellen Empfehlung die Sägezahnrampe mit aufführt. Ein Grund hier könnten möglicherweise zu große, zugelassene Bereiche von Anforderungsmerkmalausprägungen bei diesem Fabrikmerkmal sein.

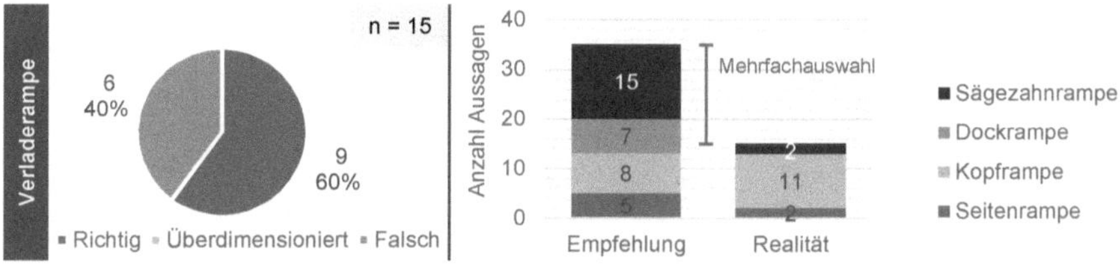

Abbildung 6-16: Validierung des Merkmals Verladerampe

Hinsichtlich des Layouttyps fällt auf, dass das Plattform-Tool für insgesamt 20 Unternehmen mehr als 60 Empfehlungen ausspricht (vgl. Abbildung 6-17). Das bedeutet, dass im Durchschnitt fast drei verschiedene Layouttypen pro Unternehmen empfohlen werden. Trotz dieser Vielzahl an Empfehlungen, welche die Wahrscheinlichkeit erhöhen sollte, dass das tatsächlich vorliegende Layout in den Empfehlungen berücksichtigt wird, erreicht die Übereinstimmungsrate nur 60%. Dies zeigt, dass das Layout ein hochkomplexes Planungsergebnis darstellt, welches viele Abhängigkeiten und Bewertungskriterien besitzt, welche das Modell nicht vollumfassend abbildet.

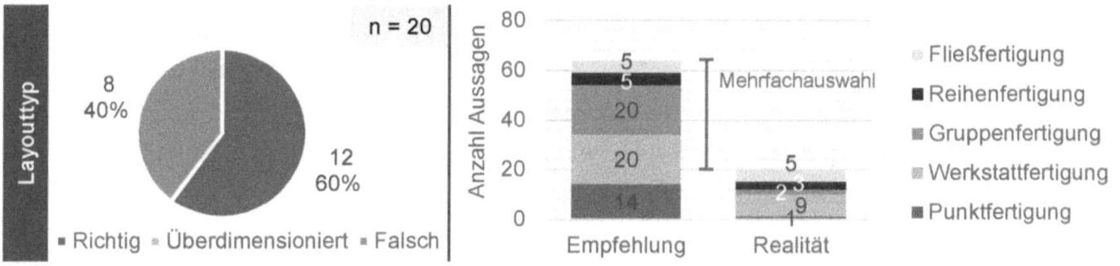

Abbildung 6-17: Validierung des Merkmals Layouttyp

Hinsichtlich des Materialflusses haben von 18 der 20 Unternehmen konkrete Angaben gemacht (vgl. Abbildung 6-18). Die Empfehlungen des Plattform-Tools stimmen in 83% der Fälle mit den tatsächlichen Umsetzungen der Unternehmen überein. Die restlichen 17% der Aussagen sind nicht zutreffend. Auffällig ist die Tendenz des Tools zu Mehrfachempfehlungen. Obwohl nur 18 Unternehmen Aussagen machen, gibt das Tool insgesamt 39 verschiedene Anordnungsmöglichkeiten aus. Dabei wird die „U-förmige“ Anordnung in allen 18 Fällen empfohlen. Auch dies zeigt, die Komplexität des Planungsprozesses von einem Materialflussschema in der Praxis. Das Modell differenziert die Anforderungen nicht ausreichend und grenzt die Ausprägungsbereiche nicht präzise genug ab.

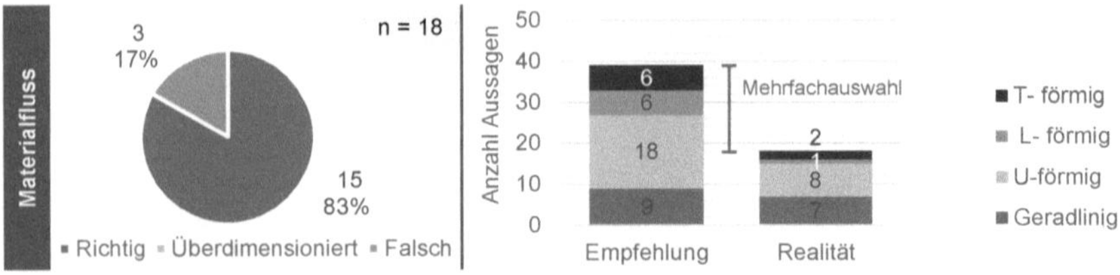

Abbildung 6-18: Validierung des Merkmals Materialflussschema

Nach Abschluss der Analyse aller zehn Fabrikmerkmale in analoger Vorgehensweise werden abschließend jene Merkmale untersucht und reflektiert, die eine Übereinstimmungsrate von weniger als 70% aufweisen. Konkret betrifft dies die vier Merkmale Geschossigkeit, Hallenhöhe, Kran und Layouttyp (vgl. Abbildung 6-19).

In der Praxis verfügen sechs Unternehmen über mehrstöckige Produktionshallen. Für diese Unternehmen empfiehlt das Tool fälschlicherweise immer eine ebenerdige Anordnung. Das Tool sollte dahingehend angepasst werden, dass es die Bedürfnisse für mehrstöckige Produktionsgebäude besser erkennt. Dabei sollten zu strenge Kriterien vermieden werden, die eine mehrstöckige Anordnung von vornherein ausschließen. Es ist jedoch auch zu bedenken, dass Unternehmen sich möglicherweise aus Platzmangel für mehrstöckige Hallen entschieden haben, was nicht unbedingt den Idealzustand widerspiegelt. Dies unterstreicht die Herausforderung, in Bezug auf die Mehrgeschossigkeit eine passende Empfehlung abzugeben.

Bei den Verladerampen neigt das Plattform-Tool dazu, mehrere Optionen gleichzeitig zu empfehlen, was oft zu einer Überzahl an Empfehlungen führt. Auffällig ist, dass das Tool, unabhängig von der realen Ausführung, stets die Sägezahnrampe vorschlägt, sowohl für tatsächliche vorhandene Seiten- als auch Kopframpen. In vier Fällen empfiehlt das Tool fälschlicherweise eine Dockrampe für tatsächliche Kopframpen und in zwei Fällen für Seitenrampen. Zudem wird in einem Fall die Kopframpe anstelle der tatsächlichen Seitenrampe vorgeschlagen und in vier Fällen wird die Seitenrampe fälschlicherweise für die Kopframpe empfohlen. Diese Fehleinschätzungen unterstreichen deutlich Notwendigkeit, die Anforderungsmerkmale und zugehörigen Ausprägungen im Kontext dieses Fabrikmerkmals genauer mit weiterem Expertenwissen untersuchen. Die Auswahl und mögliche Erweiterung relevanter Anforderungen sind kritisch zu hinterfragen und die zugelassenen Anforderungsbereiche je Rampenform enger abzugrenzen. Zudem weist die Ausgestaltung der Verladerampen weiterhin einen starken Bezug zu externen Randbedingungen auf, wie z.B. die Beschaffenheit des Grundstücks und die Anbindung an das öffentliche Straßennetz. Da das Modell diese

Randbedingungen allerdings nicht berücksichtigt, ist es möglich, dass die vorgeschlagene Rampenform zwar ideal ist, allerdings in der Realität nicht umsetzbar ist. Dies könnte auf vorliegende Randbedingungen zurückzuführen sein.

Bezüglich des Layouttyps fällt auf, dass das Plattform-Tool durchgängig die Werkstattfertigung und Gruppenfertigung empfiehlt, unabhängig vom tatsächlichen Layouttyp. Die Reihenfertigung und Fließfertigung werden hingegen nur zusammen vorgeschlagen. Bei der Punktfertigung, die nur von einem Unternehmen verwendet wird, ist die Empfehlung des Tools fehlerhaft, da es lediglich alle alternativen Ausprägungen vorschlägt. Bei der Reihenfertigung sind 67% der Empfehlungen unzutreffend, bei der Fließfertigung sogar 80%. Statt pauschaler Vorschläge zur Werkstatt- und Gruppenfertigung sollte das Tool die Unterschiede zwischen den Layouts präziser betrachten und flexibler auf individuelle Anforderungen reagieren. Da klare Abgrenzungen zwischen den Layouttypen oft nicht vorhanden sind, wäre ein dynamischerer Ansatz sinnvoll. Für das Tool bedeutet dies, gezieltere und genauere Empfehlungen bereitzustellen. Ein besseres Verständnis der verschiedenen Layout-Formen und eine sensiblere Anpassung an spezifische Anforderungen sind essenziell für fundierte Layoutentscheidungen.

Hinsichtlich der Hallenhöhe ergeben sich besondere Herausforderungen, insbesondere, wenn die Hallenhöhe zwischen 8,5 und 10 Metern liegt. Von fünf Unternehmen in diesem Bereich sind drei Empfehlungen des Tools unzutreffend. Das Tool schlägt eine zu geringe Höhe von 8,5 Metern vor. Die Beschränkungen des Tools sind bei Hallenhöhen über 10 Metern noch deutlicher. In 80% der Fälle empfiehlt das Tool zu niedrige Höhen, die nicht den tatsächlichen Anforderungen entsprechend. Es ist möglich, dass zusätzliche Faktoren und Umstände die Entscheidung seitens der Unternehmen für eine bestimmte Hallenhöhe beeinflusst haben. Unternehmen könnten strategische Planungen für zukünftige Anforderungen getroffen haben, die eine höhere Halle erfordern. In einigen Fällen könnte auch die historische Entwicklung von Prozessen in der Halle einen Einfluss gehabt haben, insbesondere, wenn früher besondere Anforderungen bestanden, die heute nicht mehr relevant sind.

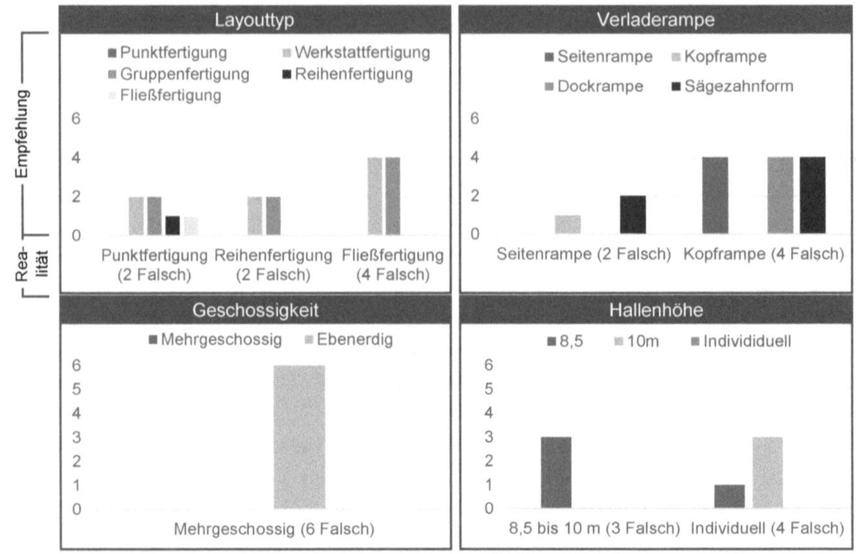

Abbildung 6-19: Merkmalsbezogene Detailbetrachtung von Falschaussagen

6.3 Kritische Reflexion des Plattformbasierten Fabrikplanungsvorgehens

Nach Anwendung der Validierungsmethodik zeigt sich, dass die in der Arbeit befindliche Methode zur Plattformbasierten Fabrikplanung eine wertvolle Unterstützung in frühen Phasen von Planungsprojekten bietet. Die normativen Aussagen, die im Plattform-Tool abgebildet werden, liefern eine klare Handlungsrichtung für die nachfolgenden Entwicklungsaktivitäten der Anwender. Dieses Kapitel dient nicht nur der Überprüfung der in Kapitel vier formulierten inhaltlichen und formalen Anforderungen an die Methodik, sondern auch einer kritischen Reflektion der Anwendung der Methode.

Kritische Reflexion der formalen Anforderungen

In Kapitel 4.1 sind formale Anforderungen an die Plattformbasierte Fabrikplanung formuliert worden: empirische Richtigkeit, formale Richtigkeit, hohe Produktivität, gute Handhabbarkeit, geringer Aufwand. Die vorgestellten Anforderungen konnten erfüllt werden. Die Anforderung der empirischen Richtigkeit wurde nach Meinung des Autors durch die erfolgreiche Implementierung des einzelkundenentkoppelten Planungsvorgehens realisiert. Mittels Deltabetrachtungen wurde eine Übereinstimmung des Modellverhaltens mit den Beobachtungen des empirischen Phänomens nachgewiesen. Die formale Richtigkeit verlangt eine widerspruchsfreie Beschreibung, die möglichst quantitative Ergebnisse liefert. Diese Widerspruchsfreiheit wurde durch die erfolgreiche Anwendung im vorherigen Kapitel demonstriert. Die normativen Aussagen des Modells sind aufgrund der im Modell dargestellten Beziehungen und der beschriebenen Logik zur Implementierung des Tools reproduzierbar und überprüfbar. Der Anforderung nach quantitativen Ergebnissen kann allerdings nur teilweise entsprochen werden. Das fünfte Teilmodell sieht vor, diese Anforderung zu erfüllen. Aufgrund der Beschaffenheit einiger Merkmale, konnte dieser Anforderung allerdings nicht bei allen Fabrikmerkmalen entsprochen werden. Die Produktivität, also Zweckbezogenheit des einzelkundenentkoppelten Planungsvorgehens, wurde im Rahmen der Fallbeispiele belegt. Sowohl die formale Struktur als auch die inhaltliche Ausarbeitung wurden so gestaltet, dass durch die Planungsfallcharakterisierung Antworten auf spezifisch formulierte Fragen geboten werden. Das Plattform-Tool ermöglicht dadurch die Anwendung der Methode in jeglichen Fabrikplanungsfällen. Exemplarisch wurden in der Validierung drei verschiedene Branchen untersucht. Eine hohe Nutzerfreundlichkeit und Handhabbarkeit der Methodik wird durch das bereitgestellte Entscheidungsmodell gewährleistet, welches im Plattform-Tool implementiert wurde. Darüber hinaus wird auch die Anforderung der Wirksamkeit hierdurch erfüllt, da der Aufwand für den Anwender in einem ausgewogenen Verhältnis zum Nutzen steht. Dem Planer werden klare Empfehlungen gegeben, welche Planungsumfänge standardisiert angenommen werden können, welche weiter betrachtet werden müssen oder die einer vollständigen Planung bedürfen.

Kritische Reflexion der inhaltlichen Anforderungen

In der vorliegenden Arbeit wurde die Zielsetzung verfolgt, ein effizientes Planungsvorgehen für die Fabrikplanung in einem instabilen Wettbewerbsumfeld zu entwickeln. Der Fokus liegt dabei auf der Erzielung von Kosteneinsparungen und Zeitersparnissen, während die Fabrik optimal sowohl für aktuelle Kundenbedürfnisse als auch für zukünftige Herausforderungen ausgerichtet ist. Die durchgeführte Validierung zeigt, dass das entwickelte Modell weitestgehend korrekte Aussagen generiert. Dennoch kann an dieser Stelle nicht quantitativ nachgewiesen werden, inwiefern die normativen Aussagen des Models einen effektiven Mehrwert hinsichtlich der Kosten und Zeitersparnis liefern. Dennoch ist ein Mehrwert zu erwarten, da durch die Einzelaussagen bestimmte Planungsaufwände obsolet werden. Aussagen, welche die Optionen in einer Mehrfachauswahl reduzieren, eliminieren zwar nicht direkt die Planungsaufwände im Gesamten, geben jedoch wichtige Richtungstendenzen vor. Dadurch könnten letztlich sowohl Zeit als auch Kosten in der Planung und Realisierung verringert werden.

Aus Sicht der Praxis wurden Anforderungen hinsichtlich der Kommunalitätsorientierung, der erfahrungsbasierten Herangehensweise, der situationsspezifischen Anpassungsfähigkeit und der Werterhaltung gestellt.

Durch gezielte Definition standardisierter Fabrikmerkmale wurde der Plattformlösungsraum beschränkt. Dies führte zu einer eingeschränkten Lösungsbreite und einer Erhöhung der Gemeinsamkeiten von Fabriken. Dies reduziert wiederum individuelle Planungsaspekte und minimiert die Planungskomplexität. Inwiefern einzelne Fabrikmerkmale im Vergleich zu anderen die Planungsumfänge im Rahmen eines Gesamtplanungsvorgehens reduzieren können, konnte allerdings nicht nachgewiesen werden.

Durch die Vorgabe von standardisierten Fabrikmerkmalen wird das erforderliche Erfahrungswissen für Planungsprojekte verringert, vorausgesetzt, der Anwender vertraut den Empfehlungen. Dies reduziert den Aufwand für Bewertungen und Entscheidungen und entlastet den Planer. Es sollte jedoch kritisch betrachtet werden, dass nicht zweifelsfrei nachgewiesen werden kann, ob die im Modell angenommenen Lösungen das tatsächliche Optimum bereits widerspiegeln. Es besteht die Möglichkeit, dass wirtschaftlich sinnvollere Lösungen bei geringfügig abweichenden Ausprägungswerten existieren. Weitere Untersuchungen und Expertenaustausche können dazu beitragen, die Lösungen zu präzisieren und dadurch auch das Vertrauen in die vorgegebenen Lösungen zu stärken.

Mit dem Werkzeug der Planungsfallcharakterisierung können verschiedene Plattformkonfigurationen erstellt werden. Validierungen zeigen, dass unterschiedliche Charakteristiken zu unterschiedlichen Plattformen führen. Damit wird ein ideales Verhältnis von Standardisierung und Individualisierung angestrebt, das situationsspezifisch auf Basis der Anforderungen verschiedene Fabrikmerkmale in die Plattform integriert. Untersuchungen wurden lediglich anhand des empirischen Datensatzes durchgeführt. Welche Planungsfallcharakteristik das optimale Verhältnis oder den häufigsten Anwendungsfall aufweist, wurde allerdings an dieser Stelle nicht untersucht.

Weiter ist das Modell so konzipiert, dass auch bei quantifizierbaren Fabrikmerkmalen eine gezielte Überdimensionierung vorgenommen werden kann. Diese wurde anhand von empirischen Daten erfolgreich demonstriert. Die Überdimensionierung mag auf den ersten Blick als ineffizient erscheinen, jedoch bietet diese auf lange Sicht die benötigte Flexibilität und Anpassungsfähigkeit für andere, nicht antizipierbare, Nutzungszwecke. Eine umfassende Nachhaltigkeits- und Wirtschaftlichkeitsbetrachtung konnte an dieser Stelle jedoch nicht vorgenommen werden, da hierfür eine Analyse mit einem langfristigen Zeithorizont erforderlich wäre. Dennoch ist davon auszugehen, dass z.B. durch die Verwendung von identischen Komponenten, die Herstellprozesse dieser spezifischen Teile in der Lieferkette optimiert werden können.

Aus dem theoretischen Zusammenhang heraus sollte der Ansatz eine modulare Produktarchitektur berücksichtigen. Das Vorgehen sollte situationsabhängig vordefinierte Lösungen in einer zentralen Planungsbasis kombinieren, die Inhalte für frühe Planungsphasen bereitstellt, ohne dass eine intensive Kundenwahrnehmung dieser Lösungen erfolgt. Kunden sollten in einer vereinfachten Form im Planungsprozess eingebunden werden, um ein Gefühl von Individualität zu erfahren. Die Teilmodelle 3 und 4 wurden so entwickelt, dass für die Planungsbasis situationsabhängig standardisierte Fabrikmerkmale bereitgestellt werden. Ergänzungen werden erst im Rahmen der anschließenden Individualplanung vorgenommen. Durch den Fokus auf Fabrikmerkmale des Industriebaus wurde die direkte Einzelkundeneinbindung in frühen Phasen der Planung reduziert. Durch den Kunden ist in dieser Phase lediglich die Einordnung in die vorliegende Planungsfallcharakteristik erforderlich. Die Validierung hat gezeigt, dass die Einordnung nutzer- und anwenderfreundlich funktioniert. Kritisch ist an dieser Stelle allerdings zu hinterfragen, wie schwierig es sein kann, die Methode konsequent anzuwenden, wenn sich Referenzprozesse und -produkte aufgrund von Faktoren wie einer hohen Produktverschiedenheit in der Fabrik schwer identifizieren lassen. Eine Option wäre, die Methode für verschiedene Referenzproesse durchzuführen und einen „größten gemeinsamen Teiler“ zu finden.

Insgesamt kann die Validierung der Methode in der Praxis als erfolgreich bezeichnet werden. Die in Kapitel 4.1 gestellten inhaltlichen sowie formalen Anforderungen und somit das Bedürfnis nach Erklärung und Gestaltung weisen einen hohen Erfüllungsgrad auf. Allerdings bestehen auch Verbesserungsmöglichkeiten. Es besteht ein Bedarf, die Wirkbeziehungen mit zusätzlichem Expertenwissen kontinuierlich weiter zu entwickeln sowie die definierten Fabrikmerkmalsausprägungen aus weiteren, unterschiedlichen Perspektiven zu überprüfen, um letztlich eine genauere Bestimmung der quantitativen Werte zu erreichen. Dabei sollten Planer, Realisier und Anwender eingebunden werden.

Generell generiert die durchgeführte Methodik zur Erarbeitung des Plattformbasierten Fabrikplanungsvorgehens einen Mehrwert durch die transparente Erklärung der Wirkzusammenhänge. Zudem wurde mit der Implementierung des Modells im Plattformgenerierungstool ein wichtiger Grundstein für die zukünftige Fabrikplanung geschaffen. Das Tool ermöglicht eine effektive Planung, berücksichtigt Erfahrungen und Gemeinsamkeiten und passt sich spezifischen Situationen an, bei gleichzeitigem Bestreben einen langfristigen Wert für die Stakeholder des produzierenden Unternehmens zu schaffen.

7 Zusammenfassung und Ausblick

In der Weltwirtschaft gewinnt das produzierende Gewerbe aufgrund zunehmenden Konsumverhaltens weiterhin an Bedeutung. Für produzierende Unternehmen wird die Fabrikplanung daher immer entscheidender, um am Markt zum richtigen Produktionszeitpunkt, mit der richtigen Produktionsmenge und zum richtigen Produktionspreis erfolgreich zu sein. Die konventionelle Fabrikplanung ist geprägt durch eine individuelle Fokussierung auf Kundenanforderungen, was hochkomplexe Planungsprozesse zur Folge hat. Das Ergebnis sind prototypische Fabriken, welche erhebliche Zeit- und Kostenaufwände in Planung und Realisierung verursachen. Obwohl Kunden die maßgeschneiderten Lösungen als erforderlich erachten, wird gleichzeitig eine schnelle Umsetzung, trotz hochkomplexer Planungsprozesse aufgrund der Individualität, erwartet. Dies stellt den Planer vor eine Herausforderung und erzeugt ein Spannungsfeld. Vor dem Hintergrund sich verändernder Marktbedingungen und zunehmender Unsicherheiten, die sich ebenso in den Kundenanforderungen widerspiegeln, wurde hinterfragt, ob ein weniger kundenspezifisches Planungsvorgehen, das stärker auf Standardisierung fokussiert ist, ohne dabei wahrnehmbare Kundenbedürfnisse zu vernachlässigen, einen Mehrwert in Bezug auf Zeit, Kosten und langfristige Produktivität erzeugen kann.

Vor diesem Hintergrund ist im ersten Kapitel als Ziel dieser Arbeit der Entwurf eines einzelkundenentkoppelten Planungsvorgehens für die Fabrikplanung definiert worden. Dabei wurde die Forschungsfrage formuliert, ob sich Standardlösungen als Grundlage in einem Plattformbasierten Fabrikplanungsvorgehen etablieren lassen, um sowohl die Effizienz als auch Effektivität von Fabrikplanungsprojekten zu steigern.

Das zweite Kapitel verknüpfte das Grundverständnis von Produktentwicklung und Fabrikplanung, um den kundenindividuellen Entwicklungsprozess von Fabriken in Analogie zur klassischen Produktentwicklung darzustellen. Anhand einer Analyse der Grundlagen und den Erkenntnissen einer vom Autor durchgeführten Studie wurde der praktische Handlungsbedarf abgeleitet. Die zentrale Erkenntnis ist die Notwendigkeit, den Individualisierungszeitpunkt in der Fabrikplanung zu verschieben und sich den

Prinzipien der klassischen Produktentwicklung anzunähern. Dabei sind auf Erfahrungswissen basierte Kommunalitäten in den Produkten zur Standardisierung zu verwenden, welche Kundenbedürfnisse berücksichtigen und gleichzeitig den Bedarf an Individualisierung reduzieren.

Im dritten Kapitel wurden die Konzepte der Produktgestaltung, Möglichkeiten zur Erzeugung von Gemeinsamkeiten und der Umgang mit dem Individualisierungszeitpunkt sowohl im klassischen Produktentwicklungskontext als auch im fabrikplanerischen Kontext betrachtet. Es wurde festgestellt, dass Produktarchitekturen und Modularisierung in der Fabrikplanung zu effizienteren Prozessen beitragen können, insbesondere, wenn Plattformen als hybrider Ansatz aus Standardisierung und individuellen Ergänzungen ihren Einsatz finden. Dabei sollte die Plattform insbesondere diejenigen standardisierte Elemente enthalten, die in frühen Planungsphasen von Betrachtungsrelevanz sind, vom Kunden jedoch kaum wahrgenommen werden.

Im vierten Kapitel wurde die Grundlage der Plattformstrategie herangezogen, um ein einzelkundenentkoppeltes Planungsvorgehen für die Fabrik zu konzipieren mit dem Ziel eine Zeit- und Kostenreduktion zu erreichen bei gleichzeitiger, langfristiger Werterhaltung des Planungsergebnisses. Dazu erfolgte ein Perspektivwechsel in der Fabrikplanung. Statt einer vollständigen, individuellen Planung wird auf eine Planungsbasis mit standardisierten Fabrikmerkmalen zugegriffen, welche um individuelle Planungsumfänge ergänzt wird. Um dem Spannungsdreieck zwischen dem optimalen Umfang der Plattform, dem Entwicklungsaufwand und der Berücksichtigung heterogener Kundenanforderungen gerecht zu werden, wurde als zentrales Werkzeug die Planungsfallcharakterisierung zur Auflösung der Einzelkundenbeziehung eingeführt. Diese ermöglicht es, durch Homogenisierung der Kundenanforderungen typenspezifische Plattformen unter Anwendung eines Entscheidungsmodells zu erstellen. Das Entscheidungsmodell beruht auf den Beziehungen zwischen Anforderungen und Fabrikmerkmalen und ermöglicht es, den idealen Grad von Standardisierung und Individualisierung zu bestimmen und somit über die Plattformzusammensetzung zu entscheiden.

Im fünften Kapitel erfolgte die Ausgestaltung des beschriebenen Vorgehens. Anhand von fünf Teilmodellen wurde die gesamte Methodik der Plattformbasierten Fabrikplanung beschrieben. Zunächst wurden Anforderungsmerkmale identifiziert und Ausprägungen festgelegt. Im Anschluss wurde die funktionelle und physische Struktur der Fabrik analysiert, woraus eine Produktarchitektur sowie eine modulare Struktur für die Fabrikbeschreibung abgeleitet wurde. Darauf folgte die systematische Erfassung von Fabrikmerkmalen und deren Eingrenzung hinsichtlich der Relevanz für Plattformen. Danach wurden die Wirkbeziehungen ebendieser zu den Anforderungsmerkmalen untersucht. Zum Abschluss wurde für jedes Fabrikmerkmal und deren Ausprägungen die Standardisierungseignung in Abhängigkeit der Anforderungsmerkmalsausprägungen bestimmt. Als Kernergebnis wurde dadurch die Möglichkeit geschaffen, normative Aussagen zur Standardisierungseignung der Fabrikmerkmale abzuleiten.

Im sechsten Kapitel wurde die Gesamtmethodik an einem realen Fallbeispiel demonstriert, mit empirisch erhobenen Daten validiert und die Erkenntnisse anhand des in Kapitel vier definierten Anforderungsprofils kritisch reflektiert. Dabei konnte gezeigt werden, dass der Ansatz dem Anforderungsprofil gerecht wird und die Ergebnisse des Modells mit der Realität übereinstimmen. Somit reduzieren sich durch den Ansatz die Planungsumfänge, was die Zeit- und Kostenziele positiv beeinflusst.

Zum Abschluss dieser Arbeit wird ausgehend von der entwickelten Lösung ein Ausblick auf mögliche nächste Schritte sowie sich potenziell anschließende Forschungsaktivitäten gewagt.

Ein zentraler Schwerpunkt sollte auf der Weiterentwicklung der statischen Plattform hin zu einer dynamischen Struktur liegen, die vom einem kontinuierlichen Austausch mit Stakeholdern aus Planung und Realisierung von Fabriken geprägt ist. Dies setzt eine intensive Zusammenarbeit mit Fachplanern, Produktionsausrüstern, Bauherren, Generalplanern und Bauunternehmern voraus. Ein weiteres Ziel sollten Untersuchungen der Integration und des Zusammenspiels ergänzender Module in einer modularen Baukastenstruktur mit der Plattform sein. Hierbei ist es essentiell, klare Schnittstellen für den Austausch mit den beteiligten Akteuren zu definieren und die Art und Umfänge der Module (z.B. Kompressor unterschiedlicher Leistungsklassen) kontinuierlich zu evaluieren und weiterzuentwickeln. Im Zuge dessen sollten auch potenzielle Erweiterungen der Plattform, vor allem bezogen auf Aspekte außerhalb des reinen Industriebaus, in Betracht gezogen und untersucht werden, inwiefern der Ansatz möglicherweise bei Brownfield Projekten anwendbar ist. Ein weiterer wesentlicher Aspekt betrifft die Feinjustierung der Wirkbeziehungen und der standardisierten Lösungen, die sich auf die Fabrikmerkmale beziehen. Es ist von entscheidender Bedeutung in den engen Austausch mit den für die Realisierung verantwortlichen Personen zu treten. Untersuchungen, die beispielsweise klären, welche physischen Stützen für das Stützraster verwendet werden oder welcher Bodentyp die Bodentragfähigkeit sicherstellt, sind hierbei unerlässlich. Diese Erkenntnisse ermöglichen es, das Modell unter wirtschaftlichen Gesichtspunkten zu optimieren, etwa um die ideale Hallenhöhe (9, 10 oder 11 Meter) zu bestimmen oder zu entscheiden, ob weitere standardisierte Varianten als Abstufungen pro Fabrikmerkmal im Modell berücksichtigt werden sollen. Darüber hinaus sollten Analysen durchgeführt werden, die einerseits Planungsfälle identifizieren, die einen besonders hohen Anteil standardisierungsgeeigneter Fabrikmerkmalen aufweisen. Andererseits sollte untersucht werden, welcher Planungsfall in der Praxis am häufigsten vorkommt. Beiden Aspekten sollte in nachfolgenden Untersuchungen und bei der Präzisierung der Standards besondere Aufmerksamkeit gewidmet werden. Schließlich sollte umfassend untersucht werden, inwiefern der Mehrwert dieses Ansatzes quantifizierbar und nachweisbar ist. Um den Mehrwert zu steigern, ist zudem ein Ökosystem zu etablieren, bei dem die Plattform im Zentrum steht und ein Plattform-Anbieter die koordinierende Rolle einnimmt. Rund um dieses Ökosystem können anschließend Geschäftsmodelle entwickelt werden.

8 Anhang

8.1 Ergänzende Informationen zum Handlungsbedarf (Studie)

Kundenindividualität in der fabrikplanerischen Praxis

Kapitel 2.2 zeigte auf, dass die Fabrik als ein komplexes Produkt zu verstehen ist. Der Grad der Wiederverwendung von Planungsergebnissen in der Fabrikplanung ist gering. Die Produktentwicklung erfolgt hochindividuell als Einzelentwicklung. Den Startpunkt eines Fabrikplanungsprojekts bildet der Eingang einer konkreten Kundenanfrage. Im Produktentwicklungsprozess findet eine enge Kundeneinbindung statt. Die Fabrik ist entsprechend als Engineer-to-Order Produkt einzustufen (Kapitel 2.1.3).

Es stellt sich allerdings die Frage, ob die fabrikplanerischen Lösungen, welche die Kunden benötigen, die Individualität im Produktentwicklungsprozess erfordern. Es ist zu hinterfragen, ob das wiederholende Durchlaufen des gesamten Produktentwicklungsprozesses unter enger Kundeneinbeziehung zu Fabriken führt, die sich signifikant voneinander unterscheiden.

Um diese Fragestellung tiefergehend zu untersuchen, wurde am Werkzeugmaschinenlabor (WZL) der RWTH Aachen University durch den Autor dieser Arbeit eine quantitative empirische Studie durchgeführt.[547] Hierbei wurde der empirische Forschungsprozess nach DÖRING UND BORTZ angewendet. Dieser beschreibt ein sequentielles Vorgehen in neun Phasen und umfasst z.B. die Formulierung des Forschungsproblems, die Festlegung des Untersuchungsdesigns, den Aufbau von Hypothesen und reicht bis hin zur Datenauswertung und Ergebnispräsentation.[548] Dieses Kapitel beschreibt das Studiendesign, den Studienaufbau und die Studienergebnisse.

Studiendesign

Mit der Studie wurde das Ziel verfolgt, die Verschiedenheit von Fabriken zu untersuchen. Hierzu wurden deutschlandweit Personen von produzierenden Unternehmen

---

[547] vgl. Dackweiler, J. et al. (2023) Fabrikplanungsplattformen.

[548] vgl. Döring, N. (2016) Forschungsmethoden und Evaluation, S. 23 f.

zu deren Fabriken befragt. Die Studie weist einen explanativen Charakter auf und wurde in zwei inhaltliche Teilbereiche separiert.

Der erste Themenbereich zielt auf die Erfassung der Charakteristik der teilnehmenden Unternehmen sowie deren Anforderung an deren Fabrik ab und besteht aus zehn Fragen. Um das vorliegende Produkt- und Prozessspektrum zu erfassen, wurden die Teilnehmer zu Angaben zur Unternehmensbranche, Anzahl der Mitarbeiter, prozentualen Aufteilung von Funktionsflächen, Produktarten, Produktionsstufen, Produktionsmengen, Produktstandardisierung, Produktgewicht und Produktgrößen befragt.

Der zweite Themenbereich verfolgt die Erhebung von Daten hinsichtlich der umgesetzten Planungsergebnisse. Hierfür wurden sogenannte Fabrikmerkmale herangezogen, welche einer systematischen Literaturrecherche fabrikplanerischer Standardwerke entstammen. Bei der Recherche wurde eine theoretische Sättigung erreicht, so dass die Einbeziehung weiterer Quellen keine weiteren, neuen Erkenntnisse erzeugte und folglich abgerochen wurde. In Summe wurden 81 relevante Fabrikmerkmale identifiziert, welche sich vorwiegend der Gebäude- und Bereichsstrukturebene zuordnen lassen. Die Fabrikmerkmale beschreiben z.B. Logistiksysteme, Produktionsanordnungen, Raumanforderungen, Immissionen und Emissionen, Raumstrukturen, verwendete Technologien, die technische Gebäudeausstattung oder die Auslegung von Verkehrswegen. Aufgrund der umfangreichen Anzahl an identifizierten Fabrikmerkmalen, erfolgte eine expertenbasierte Priorisierung um den Betrachtungsbereich für die Studie einzugrenzen. Es wurden Fabrikmerkmale priorisiert, welche laut den beiden befragten Experten aus dem Bereich Fabrik- und Gebäudeplanung ein erfahrungsbasiert, erhöhtes Potential zur Vereinheitlichung in der Praxis aufweisen könnten. Die Eingrenzung fokussiert 15 Fabrikmerkmale, auf deren Basis 25 Fragestellungen zur Erfassung dieser erarbeitet wurden. Im Fragebogen wurden als Antwortmöglichkeiten entweder konkrete, unterschiedliche Merkmalsausprägungen zur Auswahl vorgegeben oder Eingabemasken zur Angabe konkreter Datenwerte. Bei ausgewählten Fragestellungen erfolgte zusätzlich eine Zufriedenheitseinschätzung hinsichtlich der vorliegenden Lösung im Vergleich zu möglichen Alternativlösungen.

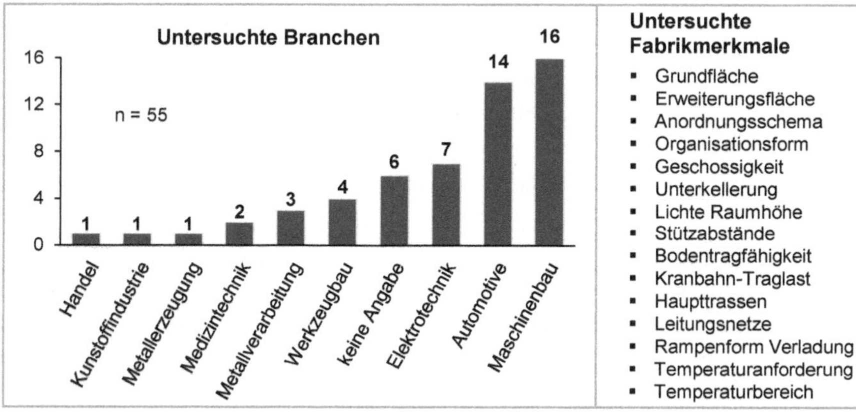

Abbildung 8-1: Empirisch untersuchte Branchen und Fabrikmerkmale

Empirische Erhebung und statistische Auswertungsmethoden

Die Datenerhebung erfolgte durch einen Fragebogen im Online Tool soscisurvey.de. Die Befragung wurde im Herbst 2021 über einen Zeitraum von sechs Wochen durchgeführt. Auf Basis einer umfassenden Kontaktdatenbank des WZLs erfolgte die Kontaktaufnahme von ca. 4.000 Studienteilnehmern via E-Mail. Zieladressaten waren vorwiegend Führungskräfte und Planer mit Expertise in der Planung, Umsetzung und dem Betrieb von Produktionen und Produktionsstätten. Die Bearbeitungszeit des Fragebogens betrug ca. 20 Minuten. Der Gesamtrücklauf umfasste 55 vollständig beantwortete Fragebögen. Der Großteil der Rückläufer stammt aus den Branchen Maschinenbau (16 von 55), Automotive (14 von 55) und Elektronik (7 von 55). Die verbleibenden Rückläufer verteilen sich auf die Branchen Werkzeugbau, Metallverarbeitung, Medizintechnik, Kunststoffindustrie, Metallerzeugung und Handel. Bei sechs Teilnehmern erfolgte keine Angabe zur Branchenzugehörigkeit.

Die Daten der Studienergebnisse wurden mit Hilfe von Microsoft Excel ausgewertet. Zuvor wurden die Rohdaten aus dem Online-Tool ausgeleitet und anonymisiert. Zur Analyse der Daten wurden sowohl Methoden der deskriptiven Statik und schließenden Statistik angewendet. Deskriptiv wurden die Daten in Diagrammen visuell ausgewertet und Median, Minimal- und Maximalwerte sowie Anteile an der Gesamtmenge berechnet. Bei der nachfolgenden Ergebnisdarstellung werden vereinzelt Ergebnisse in Relation zu ihrer Branchenzugehörigkeit dargestellt, um die Verschiedenheitsanalyse in einem fokussierten Betrachtungsbereich zu ermöglichen. Die Maschinenbaubranche wird aufgrund der Stichprobengröße bei den Auswertungen bevorzugt im Detail betrachtet. Nachfolgend erfolgt zunächst die Darstellung der Ergebnisse des ersten Themenbereichs (Unternehmenscharakteristik), gefolgt vom zweiten Themenbereich (Fabrikmerkmale).

Studienergebnisse

Die Resultate des ersten Themenbereichs der Studie besagen, dass der von den Befragten beschriebene Gebäudekomplex meist zwischen 21 bis 100 Mitarbeiter aufweist (42 %). In selteneren Fällen liegt der Wert zwischen 1 bis 20 (11 %), 101 bis 250 (16 %), 251 bis 500 (16%) oder über 500 Mitarbeitern (18 %). Der verbleibende Rest tätigte keine Angaben diesbezüglich (vgl. Abbildung 8-2). Die Auswertungen hinsichtlich der Flächennutzung ergab eine über 50 %ige Verwendung der Gebäudegrundfläche für Fertigungszwecke über alle Branchen hinweg. Die verbleibenden Flächen verteilen sich im Durchschnitt zu etwa 25 % auf Montageflächen, 20 % auf Lagerflächen und 13 % auf Verkehrsflächen. Etwa ein Viertel der befragten Unternehmen produzieren Fließgut, etwa 70 % Stückgut und der verbleibende Rest Schüttgut. Der Maschinenbau ist vorwiegend im Bereich Stückgut zu verorten.

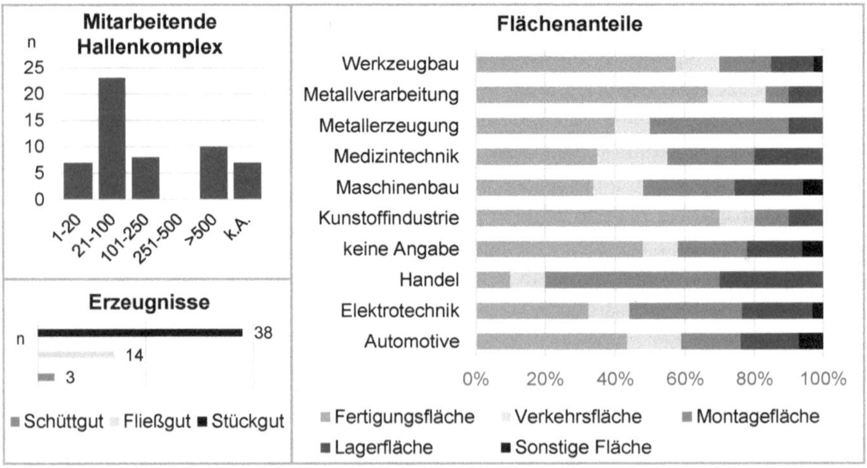

Abbildung 8-2: Anzahl Mitarbeitende, Flächenanteile und Erzeugnisse der befragten Unternehmen

Bezogen auf die Jahresproduktionsmenge produzieren knapp ein Drittel der Befragten mehr als 100.000 Stück pro Jahr. Lediglich 10 % der Befragten produzieren in einer Kleinserienproduktion weniger als 100 Stück pro Jahr. Der Maschinenbau ist in allen Stückzahlbereichen vertreten. Die Kosten der zu produzierenden Produkte verorten sich im Bereich zwischen 10 bis 1.000 Euro (20 %) sowie 1.000 bis 100.000 Euro (20 %). Nur wenige Produkte befinden sich unterhalb von 10 Euro (7 %) oder über 500.000 Euro (5 %). Mehr als die Hälfte der Befragten aus der Maschinenbaubranche befinden sich in der Preisspanne von 1.000 bis 100.000 Euro. Die Produkte aller Befragten sind überwiegend eher standardisierte Produkte (32 %), eher kundenindividuelle Produkte (21 %), kundenindividuelle Produkte (25 %) oder standardisierte Produkte (16 %). Die Maschinenbaubranche produziert nach Angaben der Befragten vorwiegend eher standardisierte oder kundenindividuelle Produkte.

Die Resultate im zweiten Themenbereich zeigen, dass die Befragten eine durchschnittliche Gebäudegrundfläche von 12.500 Quadratmetern aufweisen. Die Maschinenbaubranche positioniert sich mit einer durchschnittlichen Grundfläche von 6.800 Quadratmetern unter dem Gesamtdurchschnitt bei einer Standardabweichung von 3.000 Quadratmetern. Etwa zwei Drittel der Befragten verfügen nach eigenen Angaben über eine ausreichende Erweiterungsfläche. Bei etwa einem Viertel der Befragten besteht aufgrund nachbarschaftlicher Restriktionen keine Möglichkeit des weiteren Wachstums. Kein weiteres Wachstum am Standort planen 15 % der Befragten. Hinsichtlich des Anordnungsschemas der Gebäude weisen die die meisten Befragten ein U-förmiges Schema (38 %) auf, gefolgt von einem geradlinigen Schema (31 %). Weniger vertreten sind das T-förmige und L-förmige Schema (12 % und 4 %) sowie sonstige Schemata (15 %). Während 20 % ein Verbesserungspotential hinsichtlich des vorliegenden Anordnungsschemas angaben, zeigten sich 80 % der Befragten zufrieden. Der Maschinenbau weist vorwiegend und zu gleichen Anteilen das U- oder geradlinige Schema auf. Im Hinblick auf die Organisationsform ist eine Präferenz zur Fließfertigung und Werkstattfertigung zu identifizieren (36 % und 28 %). Der Anteil der Reihenfertigung beträgt unter den Befragten 15 %, die Punkt- und Gruppenfertigung ist bei 11 % vorzufinden (vgl. Abbildung 8-3). In der Maschinenbaubranche ist vorwiegend die Werkstattfertigung vorzufinden.

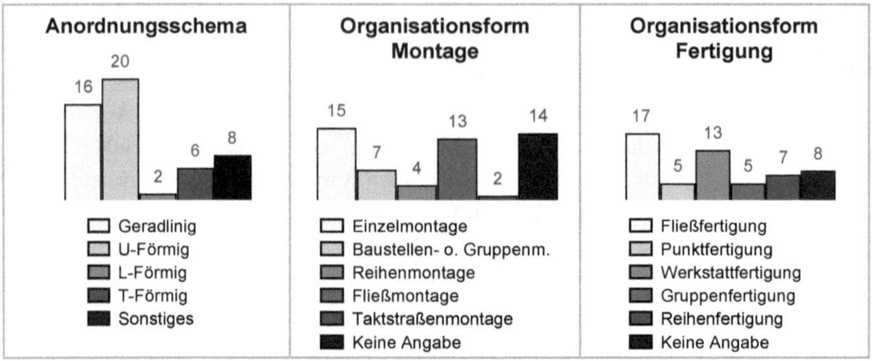

Abbildung 8-3: Anordnungsschema und Organisationsformen der befragten Unternehmen

Die Befragung zeigt, dass mehr als drei Viertel der Teilnehmer ebenerdige Produktionsgebäude ohne Unterkellerung besitzt. Liegt eine Unterkellerung vor, so handelt es sich überwiegend um eine Teilunterkellerung. Die lichte Raumhöhe bis zu Deckenunterkante beträgt im Durchschnitt aller Befragten etwa 10 Meter bei einer Standardabweichung von etwa 3 Metern (vgl. Abbildung 8-4). Der Maschinenbau weist eine durchschnittliche lichte Höhe von 8,5 Metern bei einer Standardabweichung von 2 Metern auf. Drei Viertel der Befragten sind mit der angegeben Raumhöhe zufrieden, während der verbleibende Rest eine höhere Raumhöhe bevorzugen würde. Die Untersuchungen hinsichtlich der Stützabstände zeigen, dass über 90 % der Befragten mit dem vorhandenen Stützraster in ihren Produktionsstätten zufrieden sind. Während eine Verkleinerung nicht in Betracht gezogen wird, ist die Vergrößerung als denkbare Möglichkeit angegeben. In der Maschinenbaubranche variieren die Rasterweiten in Hauptstützrichtung zwischen 5,5 und 15 Metern sowie in der Querstützrichtung zwischen 5,5 und 35 Metern. Die durchschnittliche Stützrasterweite über alle Branchen hinweg beträgt in Hauptstützrichtung 10 Meter und in Querstützrichtung 17 Meter. Die Bodentragfähigkeiten der Produktionsgebäude weisen im Durchschnitt einen Wert von 3.600 Kilogramm pro Quadratmeter bei einer Standardabweichung von 2.200 Kilogramm pro Quadratmeter auf. Während für drei Viertel der Befragten die vorhandenen Bodentragfähigkeiten ausreichend sind, wünschen sich die übrigen Befragten höhere Werte. Im Durchschnitt verfügen die Gebäudekomplexe über alle Branchen hinweg drei Kranbahnen und in Summe fünf Kranbrücken. Die Maschinenbaubranche weist einen etwas niedrigeren Durchschnitt mit zwei Kranbahnen und vier Kranbrücken auf. Die Haupttrassen- und Leitungsversorgung erfolgt vorwiegend unterhalb der Tragstruktur (65 %), innerhalb der Tragstruktur (35 %) und in wenigen Fällen (5 %) in Unterflurkanälen. Bezogen auf den Verladebereich ist die am häufigsten vertretene Gestaltungsform die Kopframpe (61 %). Am seltensten vorzufinden ist die Sägezahnrampe. In der Maschinenbaubranche werden die Materialien gemäß den Befragten hauptsächlich innerhalb des Produktionsgebäudes verladen. Eine Verwendung von Verladerampen findet eher selten statt. Die Solltemperatur in den Produktionsgebäuden beträgt mit der Ausnahme von sechs Ausreißern stets 20 bis 22 Grad Celsius. Die Mindesttemperatur weist im Mittel einen Wert von 18 Grad Celsius bei einer Standardabweichung von 2 Grad Celsius auf. Die erlaubte Maximaltemperatur beträgt 27 Grad Celsius bei einer Standardabweichung von 4 Grad Celsius. Die Maschinenbaubranche befindet sich gemäß den Auswertungen genau im Durchschnitt.

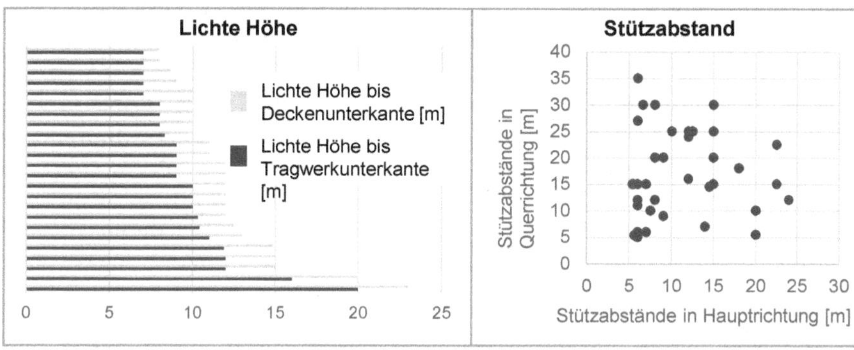

Abbildung 8-4: Übersicht der lichten Höhe und Stützabstände der befragten Unternehmen

Mit den dargestellten Ergebnissen wird eine Transparenz in Bezug auf die Verschiedenheit umgesetzter Fabriken erzeugt. Ein Einbezug der gewonnenen Ergebnisse und die Interpretation folgen im nachfolgenden Kapitel im Zusammenhang mit den vorgestellten Grundlagen, um den Entwicklungsbedarf aus Sicht der Praxis abzuleiten.

8.2 Ergänzende Informationen zum Plattformbegriff

Plattformbegriff in der Kommunikationswissenschaft

In der Kommunikationswissenschaft bieten Plattformen eine homogene, institutionelle Infrastruktur zum gegenseitigen Austausch, welche kommerzieller oder unkommerzieller Natur sein kann.[549] Im Gegensatz zur klassischen Kommunikation ist im Falle der Plattformkommunikation nicht eindeutig, wer mit wem kommuniziert, bedingt durch die Vielzahl an beteiligten Akteuren.[550] Die Plattformnutzung zeichnet sich durch drei Merkmale aus: Auf Plattformen interagieren identifizierbare Profile, welche die Plattform selbst mit Inhalt füllen. Außerdem sind Verbindungen zwischen Nutzern einsehbar und nachvollziehbar deren Interaktion mit dem Netzwerk und anderen Nutzern als Inhalt anbieten.[551] Entgegen klassischer Medien haben Plattformen zudem die Eigenschaft, dass diese zugeschnittene Inhalte für die Nutzer präsentieren, sodass jeder Nutzer unterschiedliche Inhalte konsumiert.[552] Plattformen als Teil der kommunikativen Infrastruktur der Gesellschaft haben einen unmittelbaren Einfluss auf die Wissens-, Kommunikations- und Medienordnung und sehen sich in diesem Zusammenhang zunehmender Kritik ausgesetzt.[553] So sehen manche Autoren diese als Grund für den Verdrängungsprozess von Massenmedien.[554] Zusätzlich fungieren Plattformen zunehmend als Machtfaktor in der politischen Öffentlichkeit, die einen Transformationsprozess bei den publizistischen Massenmedien hervorrufen.[555]

Plattformbegriff in der Politikwissenschaft

Im Englischen findet der Begriff „party platfrom“ für Parteiprogramme Anwendung. Diese „party platforms“ reflektieren die Positionen und Einstellungen der Parteimitglieder.[556] Eine andere Anwendung des Begriffs im politischen Kontext erfolgt in Rahmen von Stakeholderevents. Diese Plattformtreffen fungieren als Katalysator für den Informationsaustausch zwischen Teilnehmern. Der Ausrichter ist diesbezüglich lediglich dafür verantwortlich die nötige Infrastruktur für die inhaltliche Debatte zu stellen.[557]

[549] vgl. Autenrieth, U. et al. (2011) Microblogging-Plattformen, S. 213; Seemann, M. (2014) Neues Spiel, S. 115.
[550] vgl. Maireder, A. et al. (2015) Digitale Methoden Kommunikationswissenschaft, S. 11.
[551] vgl. Dutton, W. et al. (2013) Social Network Sites, S. 158; Wampfler, P. (2021) Digitale Plattformen, S. 105.
[552] vgl. Wampfler, P. (2021) Digitale Plattformen, S. 105.
[553] vgl. Lobigs, F. (2020) Plattform-Revolution, S. 155.
[554] vgl. Lobigs, F. (2020) Plattform-Revolution, S. 156.
[555] vgl. Jarren, O. et al. (2022) Transformation, S. 183.
[556] vgl. Oliver, W. et al. (2008) Political Party Platforms, S. 399.
[557] vgl. Winter, C. et al. (2020) Plattformen für den Austausch, S. 1 ff.

Plattformbegriff in der Informatikwissenschaft

Die Relevanz des Plattformbegriffs hat im Zuge der steigenden Bedeutung der Informationstechnik an Bedeutung gewonnen. Während der siebziger und achtziger Jahre wurden unter dem Begriff Plattform verschiedene Rechnertypen verstanden, welche eigenständige Programme benötigten. Die jeweiligen Rechner bildeten somit eine Plattform, die den Zugriff auf rechnerspezifische Programme ermöglichten. Heute versteht man unter Plattformen verschiedene Betriebssysteme, welche Schnittstellen für den Zugriff auf verschiedene Programme zur Verfügung stellen.[558] Somit stellen Plattformen eine technische Integrationsschicht dar, welche wichtige Grundfunktionen bereitstellen, um heterogene Systeme und Dienste zu integrieren.[559] Damit legen sie eine wichtige Grundlage, um z.B. Anwendungsprogramme auszuführen. Hinter dem Plattformbegriff verbergen sich zwei unterschiedliche Prinzipien: Zum einen als Baukasten bezogen auf den Aufbau von Hard- und Softwareprodukten, welcher über eine modulare Bauweise und standardisierte Schnittstellen charakterisiert ist. Zum anderen als Schnittstelle, welche die Kompatibilität von Softwareprogrammen ermöglicht.[560]

Plattformbegriff in der Transaktionswissenschaft

Durch die Informationstechnik wurden die nötigen technischen Voraussetzungen geschaffen, um digitale Plattformen zu realisieren, welche mit Millionen von Nutzern Unternehmen zu großen Erfolgen und einer ausgeprägten Marktdominanz verholfen haben. Dabei beinhalten diese zwei wesentliche Komponenten: Zum einen den Plattformkern samt technologischer Infrastruktur und betriebswirtschaftlichen Regelwerk und zum anderen eine Peripherie, welche externe Dienstleister umfasst.[561] Häufig wird der Plattformbegriff in diesem Zusammenhang synonym mit den Begriffen zwei- oder mehrseitige Märkte verwendet.[562] Integraler Bestandteil dieser Märkte sind Intermediäre, welche auf den einzelnen Märkten zwei oder mehr Nutzergruppen zusammenbringen und das Zusammenspiel koordinieren respektive organisieren.[563] Zwischen den Nutzergruppen kommt es zu einem sogenannten direkten Netzeffekt, welcher besagt, dass der Nutzen der einzelnen Nutzer mit der Anzahl an Nutzern der Plattform steigt.[564] Ein indirekter Netzeffekt beschreibt die Nutzenzunahme durch das Angebot

---

558 vgl. Anding, M. et al. (2003) Produktplattformen für Medienunternehmen, S. 544.

559 vgl. Engels, G. et al. (2017) IT-Plattformen, S. 12.

560 vgl. Anding, M. et al. (2003) Produktplattformen für Medienunternehmen, S. 544 f.

561 vgl. Winter, J. (2017) Plattformökonomie, S. 77 f.

562 vgl. Haucap, J. (2020) Plattformökonomie, S. 20.

563 vgl. Clement, R. et al. (2019) Internet-Ökonomie, S. 262.

564 vgl. Clement, R. et al. (2019) Internet-Ökonomie, S. 28.

komplementärer Güter, welche bei einem gemeinschaftlichen Anbieten einen größeren Nutzen stiften als Einzelgüter.[565]

Grundsätzlich lässt sich der Plattformbegriff hier in Transaktions- und Informationsplattformen aufteilen.[566] Transaktionsplattformen vermitteln dabei Transaktionen während Informationsplattformen einen Informationsaustausch forcieren. Transaktionsplattformen existierten bereits im Mittelalter in Form von Märkten, welche der Vermittlung und Organisation von Transaktionen dienten.[567] Beide Plattformtypen haben gemein, dass Plattformbetreiber darauf abzielen Transaktionskosten zu reduzieren und Transaktionsvolumina zu erhöhen, da dies die Provisionsansprüche der Plattformbetreiber steigert.[568] Gleichzeitig haben die Betreiber Zugang zu allen getätigten Transaktionen und Daten, sodass Informations- und Machtasymmetrien entstehen.[569] Des Weiteren werden unternehmerische, soziale und rechtliche Risiken weitestgehend anderen Parteien zugewiesen.[570]

---

565 vgl. Clement, R. et al. (2019) Internet-Ökonomie, S. 45.

566 vgl. Winter, J. (2017) Plattformökonomie, S. 71; Haucap, J. (2020) Plattformökonomie, S. 20.

567 vgl. Haucap, J. (2020) Plattformökonomie, S. 20 f.

568 vgl. Haucap, J. (2020) Plattformökonomie, S. 21.

569 vgl. Schmidt, F. (2016) Arbeitsmärkte Plattformökonomie, S. 5; Winter, J. (2017) Plattformökonomie, S. 73.

570 vgl. Schmidt, F. (2016) Arbeitsmärkte Plattformökonomie, S. 5.

8.3 Ergänzende Informationen zu den Anforderungsmerkmalen

Nr.	Merkmal	Relevanz	Quelle[571]
1	Auftragsauslöseart // Erzeugnis-/Komponentenbedarf	Relevant	Hilchner; Schenk
2	Automatisierungsgrad // Automatisierung	Relevant	Büdenbender
3	Beschaffungsart	Relevant	Hilchner
4	Fabrikkonfiguration	Relevant	Hilchner
5	Fertigungstiefe	Relevant	Schenk
6	Haupttechniken	Relevant	Schenk
7	Komponentendimension	Relevant	Aachener ML
8	Komponentengeometrie	Relevant	Grundig
9	Komponentengewicht	Relevant	Aachener ML
10	Kundenänderungseinfluss	Relevant	Büdenbender
11	Maschinen- und Anlageneigendimensionen	Relevant	Aachener ML
12	Maschinen- und Anlagengewicht	Relevant	Aachener ML
13	Mitarbeiterintensität	Relevant	Aachener ML
14	Nachfrageverhalten	Relevant	Hilchner
15	Produktart	Relevant	Schenk
16	Produktdimension // Erzeugnisgröße	Relevant	Hilchner; Schenk
17	Produktgewicht	Relevant	Aachener ML
18	Produktmaterial	Relevant	Aachener ML
19	Produktprogramm // Produktvarianten	Relevant	Hilchner; Aachener ML
20	Produktspektrum	Relevant	Hilchner, Büdenbender
21	Produktstruktur // Produktaufbau // Produktionsstufen	Relevant	Hilchner; Büdenbender; Grundig; Schenk
22	Produkttechnologie	Relevant	Hilchner
23	Produktvolumen // Produktionsumfang und Wiederholungsgrad // Fertigungsart	Relevant	Grundig; Hilchner; Büdenbender

571 vgl. Burggräf, P. et al. (2021) Aachener Modullandkarte; Grundig, C.-G. (2018) Fabrikplanung; Schenk, M. (2014) Fabrikplanung und Fabrikbetrieb; Büdenbender, W. (1991) Ganzheitliche Produktionsplanung; Hilchner, R. (2012) Typenorientiertes Lösungsraum-Management.

24	Prozessstufigkeit	Relevant	Grundig
25	Prozesstechnologie	Relevant	Hilchner
26	Unternehmensgröße	Relevant	Schenk
27	Aufbauorganisation	Ausschluss	Schenk
28	Auslösung des Sekundärbedarfs	Ausschluss	Büdenbender
29	Betreibermodelle	Ausschluss	Schenk
30	Bevorratung	Ausschluss	Büdenbender
31	Energieflusssysteme	Ausschluss	Grundig
32	Fabrikorientierung	Ausschluss	Schenk
33	Fabrikrealität	Ausschluss	Schenk
34	Fertigungsorganisition // Ablaufart Fertigung	Ausschluss	Hilchner; Büdenbender
35	Fertigungsstruktur	Ausschluss	Büdenbender
36	Fertigungsverfahren // Benötige Fabrikprozesse	Ausschluss	Grundig
37	Informationsflusssysteme	Ausschluss	Schenk
38	Investitionszeitraum	Ausschluss	Schenk
39	Logistiketten (Prozessverbindend)	Ausschluss	Grundig
40	Materialflussvernetzung	Ausschluss	Grundig
41	Montageorganisation // Ablaufart Montage	Ausschluss	Hilchner; Büdenbender
42	Nutzung	Ausschluss	Schenk
43	Personenflusssysteme	Ausschluss	Grundig
44	Prozessvernetzung	Ausschluss	Schenk
45	Ressourceneffizienz	Ausschluss	Schenk
46	Standortstrategie	Ausschluss	Schenk
47	Standortveränderungen	Ausschluss	Schenk
48	Stoffflusssysteme	Ausschluss	Grundig
49	Wert- und Kostenzuwachs der Wertschöpfungskette	Ausschluss	Grundig
50	Wertschöpfungsstufen	Ausschluss	Schenk

8.4 Ergänzende Informationen zur Produktarchitektur

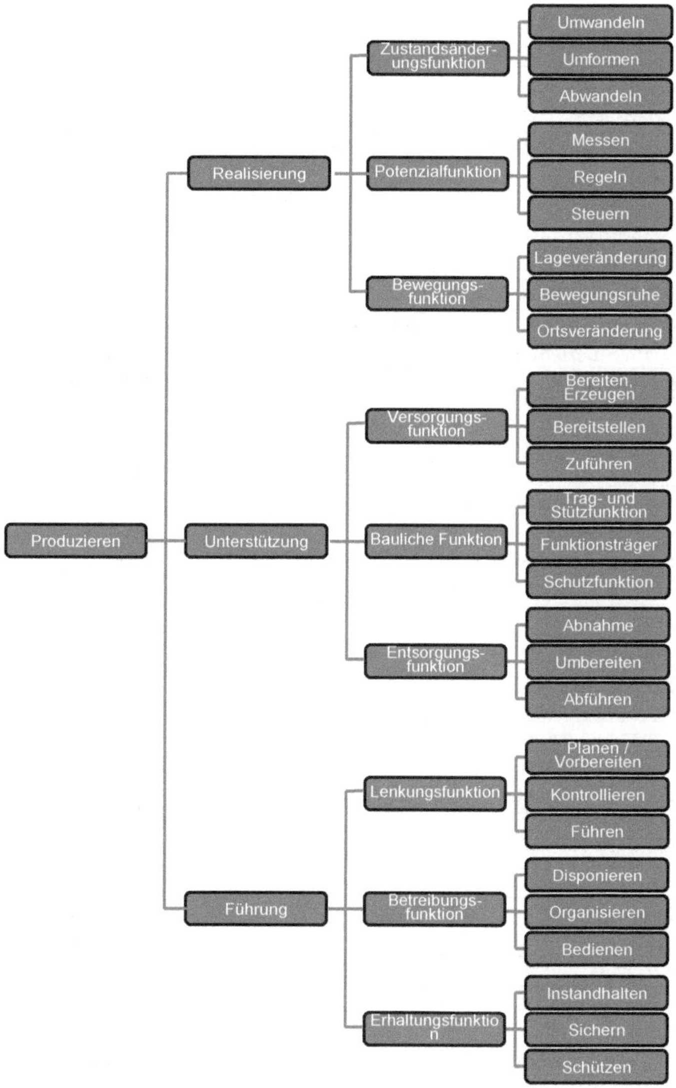

Abbildung 8-5: Funktionsarchitektur

8.5 Ergänzende Informationen zu den Fabrikmerkmalen

Relevante Aspekte (vor Entfernen der Duplikate)

Nr.	Relevanter Aspekt	Quelle	S.
1	Abtransports von Emissionen	Krunke	121
2	Affinitätsmatrix	Nöcker	160
3	Aggregation der wichtigsten Medien in Technikzentrale	Wiendahl et al.	346
4	Analagentechnische Anforderungen	VDI-Richtlinie 5200	14
5	Anforderungen an Belichtung	WZL der RWTH	-
6	Anforderungen an TGA	Krunke	122
7	Anordnung "erweiterungsverdächtiger" Bereiche	Kettner et al.	241
8	Anordnung der Struktureinheiten	Wiendahl et al.	500
9	Anordnung Funktions- und Sozialbereiche	Grundig	172
10	Antipathie-Beziehungen	Pawellek	209
11	Antipathie-Beziehungen	Schenk et al.	342
12	Anschlüsse & Auslässe	Krunke	123
13	Anschlüsse (Medien)	Krunke	122
14	Anschlusswerte	Grundig	170
15	Arbeitsstätten- und Sozialräume	Felix	133
16	Auslegung der Verkehrswege	Wirth et al.	51
17	Auslegung von Ladezonen	Grundig	283
18	Auswahl & Dimensionierung Logistikelemente	Grundig	172
19	Auswahl der Lagerart	Grundig	194
20	Auswahl der verfahrens- bzw. fertigungstechnischen Maschinen und Anlagen	Felix	124
21	Auswahl und Dimensionierung der Fördersysteme	Grundig	190
22	Automatisierungsgrad	VDI-Richtlinie 5200	13
23	Batterie-Ladestation	Felix	135
24	Bauform des Gebäudes	Grundig	281
25	Bauphysikalische Anforderung von Böden	Wiendahl et al.	362
26	Bauphysikalische Anforderung von Decken	Wiendahl et al.	365
27	Bauphysikalische Anforderung von Wänden	Wiendahl et al.	363
28	Bekranung	Kettner et al.	239
29	Beleuchtung	Grundig	283
30	Beleuchtung	Wirth et al.	61
31	Belüftung	Grundig	283
32	Benötigte Zusatzflächen	Pawellek	210
33	Bereiche mit externer Anbindung	Wirth et al.	32
34	Betriebsmittel	Krunke	117
35	Binderabstände (Stützraster)	Grundig	282

36	Bodenbelastungsprofil	Krunke	121
37	Bodenlasten	Grundig	170
38	Bodenlasten	Grundig	282
39	Bodentragfähigkeit	Pawellek	210
40	Brandabschnittbildung	Felix	132
41	Brandabschnitte	Pawellek	182
42	Brandabschnitte	Krunke	121
43	Brandlast-Ermittlung	Felix	132
44	Brandschutzklasse	Felix	132
45	Büro-, Sozial-, Nebenbereichsflächen	Krunke	121
46	Büroflächen	Nöcker	160
47	Deckenlasten	Grundig	282
48	Deckentragfähigkeit	Grundig	174
49	Deckentragfähigkeit	Wirth et al.	50
50	Deckentragfähigkeit	Kettner et al.	238
51	Deckenbelastungsprofil	Krunke	121
52	Dimensionierung Türe, Tore und Durchfahrten	Grundig	172
53	Ebenerdigkeit	Grundig	171
54	Ein- oder mehrstöckige Anordnung	Aggteleky	108
55	Ein- und Ausgänge	Pawellek	210
56	Einsatz innovativer Fördersysteme	Grundig	282
57	Energie- und Datenleitungen	Wiendahl et al.	501
58	Energiearten	Kettner et al.	238
59	Energieflussbeziehungen	Krunke	119
60	Entfernung zu Ausgängen (Türe und Tore)	Wirth et al.	52
61	Entsorgungstechnik	Krunke	122
62	Entwurf der Gebäudehülle	VDI-Richtlinie 5200	14
63	Erforderliche Lichtverhältnisse	Pawellek	210
64	Energieversorgungsnetz Produktion	WZL der RWTH	-
65	Erschließungsmuster	Wiendahl et al.	397
66	Erweiterungsflächen	Pawellek	223
67	Erweiterungsrichtung	Wiendahl et al.	501
68	Erweiterungsrichtung & -flächen	Krunke	119
69	Etagenanzahl	Wiendahl et al.	503
70	Fabrik-Materialflussmatrix	Krunke	117
71	Fertigungs-Ablaufpläne	Felix	123
72	Fertigungsprinzip	Kettner et al.	238
73	Fertigungssegmente	WZL der RWTH	-
74	Flächenbedarf je Einheit	VDI-Richtlinie 5200	13

75	Flächenbedarfsermittlung durch generalisierte Zuschlags-faktoren	Grundig	105
76	Flächenbedarfskalkulation mittels Kennzahlen	Wirth et al.	28
77	Flächenberechnungen	WZL der RWTH	-
78	Flächenkennzahlen	Pawellek	212
79	Flächenmaßstäbliches Funktionsschema	VDI-Richtlinie 5200	13
80	Fluchtweglängen	Pawellek	182
81	Fördertechnik	Felix	133
82	Fundamente	Pawellek	209
83	Fundamente	Schenk et al.	342
84	Fundamente	Wirth et al.	50
85	Funktionsschema	Krunke	119
86	Fußbodentragfähigkeit	Wirth et al.	50
87	Gebäudeabmessungen	Kettner et al.	238
88	Gebäudeform	Krunke	119
89	Gebäudegrundriss	Krunke	119
90	Gebäudekonstruktion	Nöcker	165
91	Gebäudeprinzip	Wiendahl et al.	501
92	Gesamtmedienbedarf (Verbrauch)	Krunke	123
93	Gestaltung und Anordnung der Leitungsnetze	Aggteleky	118
94	Gestaltung und Dimensionierung von Sozialflächen	Pawellek	211
95	Grundgestalt der Gesamtstruktur	Schenk et al.	336
96	Grundstücks- und Planungsflächenform	Pawellek	210
97	Grundstücksgrundriss	Wiendahl et al.	501
98	Hallenhöhe	Pawellek	209
99	Hallenhöhe	Schenk et al.	342
100	Hauptrasse	Krunke	121
101	Hauptrassen	Krunke	123
102	Hauptverkehrsflächen	Nöcker	161
103	Hilfsfunktionen wie Betriebsbüros, Servicebereiche, Werk-zeugausgaben	Pawellek	182
104	Höhenbedarfe	Grundig	170
105	Höhenprofil	Krunke	121
106	Ideales Funktionsschema	VDI-Richtlinie 5200	13
107	Ideales Funktionsschema	Nöcker	162
108	Informationsfluss	Nöcker	154
109	Informationsflussbeziehungen	Krunke	119
110	Informationsflusskonzept	VDI-Richtlinie 5200	13
111	Informationsflussmatrix	WZL der RWTH	-
112	Innerbetrieblicher Transport	Pawellek	219

113	Installation von Böden	Wiendahl et al.	362
114	Installation von Decken	Wiendahl et al.	365
115	Installation von Wänden	Wiendahl et al.	363
116	Installationsart	Krunke	123
117	Installationsraster der Medien	Grundig	171
118	Installationsraster und Medientrassen	Grundig	284
119	Installationssysteme	Nöcker	162
120	Klimabereiche	Krunke	123
121	Klimatechnik	Krunke	123
122	Kommissionierbereich	Krunke	121
123	Kommissionierungsbereichsgröße	WZL der RWTH	-
124	Kommunikationskonzept	VDI-Richtlinie 5200	13
125	Krananlagen	Felix	138
126	Ladedocks	Krunke	121
127	Ladestation Logistikmittel	WZL der RWTH	-
128	Lage der Technikzentralen	Wiendahl et al.	330
129	Lage und Ausbildung von Haupttrassen zur Medienerzeugung	Nöcker	166
130	Lage von Hauptver- und Hauptentsorgungsleitungen	Wirth et al.	50
131	Lage von Türen, Toren und Haupttransportwegen	Wirth et al.	50
132	Lage zu Energiezentrale und Unterstationen	Kettner et al.	238
133	Lager- und Logistikflächen	Nöcker	160
134	Lager- und Pufferstruktur	Pawellek	219
135	Lagergröße	WZL der RWTH	-
136	Lagermittel	Krunke	117
137	Lagersysteme für Stückgüter	Wiendahl et al.	197
138	Lagertechnik	Felix	133
139	Lagertechnik/ -einrichtung	Nöcker	159
140	Layouttypen	Grundig	131
141	Leitungsnetz	Krunke	121
142	Leitungsnetz	Krunke	123
143	Lichte Tormaße	Wiendahl et al.	510
144	Logistikkonzept	VDI-Richtlinie 5200	13
145	Logistikkosten	WZL der RWTH	-
146	Logistikstrategien	Pawellek	195
147	Luft- & Klimasystem	Krunke	123
148	Maschinen- und Anlagen	Felix	133
149	Maschinen- und Anlageneigenschaften Abmessungen	WZL der RWTH	-
150	Maschinen- und Anlageneigenschaften Anforderungen und Restriktionen	WZL der RWTH	-

151	Maschinen- und Anlagenkatalog	WZL der RWTH	-
152	Materialfluss	Felix	138
153	Materialflussbeziehungen	Krunke	119
154	Materialflusskonzept	VDI-Richtlinie 5200	13
155	Materialflussmatrix	WZL der RWTH	-
156	Materialflussplanung	Nöcker	162
157	Medienabhängungen	Wiendahl et al.	330
158	Medienbedarf	Nöcker	163
159	Medienbereitstellung	Nöcker	166
160	Nebenbereiche	Felix	132
161	Niveauunterschiede	Wirth et al.	50
162	Oberfläche von Böden	Wiendahl et al.	362
163	Oberfläche von Decken	Wiendahl et al.	365
164	Oberfläche von Wänden	Wiendahl et al.	363
165	Örtliche Anordnung der Energieverbraucher	Aggteleky	117
166	Pausenräume	Wirth et al.	50
167	Personenwege	Krunke	121
168	Positionierung des WE / WA	Krunke	121
169	Produktionsanordnung	Pawellek	219
170	Produktionsbereiche	Krunke	119
171	Produktionsfläche - Linie / Einheit	Krunke	121
172	Produktionsfläche - Segment	Krunke	121
173	Produktionsflächen	Nöcker	160
174	Prozess-Anforderungs-Faktoren	Felix	123
175	Prozess-Vorschriften	Felix	123
176	Puffer / Lager	Krunke	121
177	Puffer- und Zwischenlagerflächen	Pawellek	182
178	Pufferflächen	Pawellek	206
179	Pufferflächengröße	WZL der RWTH	-
180	Rampen für Lkws	Kettner et al.	239
181	Raumbedarf für Technikzentralen	Wiendahl et al.	347
182	Raumhöhe	Pawellek	210
183	Raumhöhe	Wirth et al.	50
184	Raumhöhe	Nöcker	160
185	Räumliche Verbraucheranordnung der Medien	Grundig	110
186	Raumstruktur & -anforderungen	Krunke	121
187	Sanitärräume	Wirth et al.	50
188	Säulen und Zwischenwände	Wirth et al.	50
189	Schallschutz- und Raumakustik	Felix	130
190	Schwingungsdämpfung	Nöcker	161

191	Sicherung der Erweiterungsfähigkeit	Grundig	174
192	Soll-Puffer- und Lagerreichweiten je Segment (Wertstrom)	WZL der RWTH	-
193	Soll-Technologiekette je Segment (Wertstrom)	WZL der RWTH	-
194	Sozialbereiche	Krunke	119
195	Sozialflächen	Nöcker	160
196	Spannweite	Wiendahl et al.	334
197	Spannweite	Grundig	282
198	Spannweite	Kettner et al.	238
199	Spätere Erweiterung	Schenk et al.	342
200	Strukturtyp des Ideallayouts	Grundig	161
201	Strukturtypen der Flusssysteme	Wirth et al.	12
202	Stützenabstand	Kettner et al.	238
203	Stützenabstände	Pawellek	210
204	Stützenraster	Grundig	171
205	Stützenrasterweite	Grundig	174
206	Stützraster	Krunke	121
207	Sympathie-Beziehungen	Pawellek	209
208	Sympathie-Beziehungen	Schenk et al.	342
209	Sympathie-Beziehungen	Grundig	171
210	Technikzentrale	Grundig	284
211	Technikzentrale	Krunke	123
212	Thermische Bauphysik	Felix	130
213	Tragfähigkeit	Nöcker	160
214	Transporthäufigkeit	Nöcker	159
215	Transportkonzept	Nöcker	159
216	Transportmittel	Nöcker	159
217	Transportmittel	Krunke	117
218	Transportmittelkatalog	WZL der RWTH	-
219	Transportwege	WZL der RWTH	-
220	Transportwege	Nöcker	159
221	Transportwege	Krunke	121
222	Überkranung	Pawellek	209
223	Überkranung	Schenk et al.	342
224	Umschlagsbereich	Krunke	121
225	Unveränderliche Fixpunkte	Wiendahl et al.	501
226	Varianten der Medienführung in der Vertikalen	Wiendahl et al.	397
227	Ver- / Entsorgungselemente	Krunke	121
228	Ver- und Entsorgung der Systeme	Schenk et al.	332
229	Ver- und Entsorgungsbereiche	Krunke	119
230	Ver- und Entsorgungssystem	Krunke	123

231	Ver- und Entsorgungssysteme	Nöcker	166
232	Ver- und Entsorgungstechnik	Grundig	171
233	Ver- und Entsorgungstechnik	Nöcker	163
234	Verfahrens- und Fertigungsablauf	Felix	122
235	Verkehrserschließung	Pawellek	210
236	Versorgung mit benötigten Medien	Krunke	121
237	Versorgungstechnik	Krunke	122
238	Verteilungs- und Entsorgungssystem	Grundig	108
239	Wareneingang / Lkw-Wage	Felix	135
240	Wegbreite	WZL der RWTH	-
241	Wegbreiten für Gehverkehr	Wirth et al.	51
242	Wege- und Transportflächen	Pawellek	182
243	Werks- & Fabriklager	Krunke	117
244	Werks- oder branchenbezogene Kenngrößen des Flächenbedarfs	Aggteleky	118
245	Zentrale oder dezentrale Anordnung der Technikzentrale	Wiendahl et al.	347
246	Zentrales oder dezentrales Techniksystem	Krunke	123
247	Zukünftige Erweiterungen	Nöcker	161
248	Zulässige Bodenbelastung	Wirth et al.	50
249	Zusatzflächen	Kettner et al.	238

Relevante Aspekte (nach Entfernen der Duplikate)

Nr.	Aspekt	Nr.	Aspekt
1	Abtransports von Emissionen	45	Ladestationen der Logistikmittel
2	Affinitätsmatrix	46	Lager- und Pufferflächen
3	Anforderungen an Maschinen u. Anlagen	47	Lagertechnik
4	Antipathie-Beziehungen	48	Layout-Grundform
5	Automatisierungsgrad	49	Leitungsnetz
6	Bauphysikalische Anforderung Böden	50	Logistikstrategien
7	Bauphysikalische Anforderung Decken	51	Luft- & Klimasystem
8	Bauphysikalische Anforderung Wänden	52	Maschinen- und Anlagenkatalog
9	Be- und Entladung	53	Materialflussmatrix
10	Beleuchtung	54	Medienanschlüsse
11	Bereiche mit externer Anbindung	55	Oberfläche von Böden
12	Bodentragfähigkeit	56	Oberfläche von Decken
13	Brandabschnittbildung	57	Oberfläche von Wänden
14	Brandlast-Ermittlung	58	Personenwege
15	Brandschutzklasse	59	Positionierung der Technikzentrale

16	Büro-, Sozial-, Nebenbereichsflächen	60	Positionierung der Tore und Türen
17	Deckentragfähigkeit	61	Positionierung des WE / WA
18	Dim. der Kommissionierungsflächen	62	Produktionsanordnung
19	Dimensionierung der Pufferflächen	63	Produktionsflächen
20	Dimensionierung Tore und Türen	64	Prozess-Anforderungs-Faktoren
21	Ebenerdigkeit	65	Raumbedarf der Technikzentrale
22	Energieflussbeziehungen	66	Räuml. Anordnung der Energieverbraucher
23	Entwurf der Gebäudehülle	67	Raumstruktur & -anforderungen
24	Erweiterungsflächen	68	Schallschutz- und Raumakustik
25	Etagenanzahl	69	Schwingungsdämpfung
26	Fertigungssegmente	70	Soll-Puffer- und Lagerreichweiten
27	Fixpunkte	71	Soll-Technologiekette
28	Flächenkennzahlen	72	Spannweite
29	Fluchtweglängen	73	Stützenabstände
30	Fördertechnik	74	Stützenraster
31	Fundamente	75	Sympathie-Beziehungen
32	Funktionsschema	76	Technikzentrale
33	Gebäudebauform	77	TGA
34	Gesamtmedienbedarf (Verbrauch)	78	Thermische Bauphysik
35	Hallenhöhe	79	Transporthäufigkeit
36	Hauptrassen	80	Transportkosten
37	Hauptverkehrsflächen	81	Transportmittelkatalog
38	Informationsflussbeziehungen	82	Transportwege
39	Installation von Böden	83	Überkranung
40	Installation von Decken	84	Umschlagsflächen
41	Installation von Wänden	85	Ver- und Entsorgungsbereiche
42	Installationsart	86	Verteilungs- und Entsorgungssystem
43	Klimabereiche	87	Zentrales oder dez. Techniksystem
44	Kommissionierungsflächen		

Relevanzbestimmung zur weiteren Betrachtung

Merkmal	Person 1	Person 2	Person 3	Ø Bewertung	Auswahl
Fabrikgrundfläche	5	5	5	5,0	Ja
Geschossigkeit (Produktionsbereich)	5	5	5	5,0	Ja
Bodentragfähigkeit	5	5	5	5,0	Ja
Hallenhöhe	5	5	5	5,0	Ja
Stützabstände in Hauptrichtung	5	5	5	5,0	Ja
Stützabstände in Querrichtung	5	5	5	5,0	Ja
Raumtemperaturbereich	5	5	5	5,0	Ja
Überkranung	5	5	4	4,7	Ja
Maximale Tragfähigkeit (Brückenkran)	5	5	4	4,7	Ja
Lagerart	4	5	5	4,7	
Hakenhöhe (Brückenkran)	4	5	5	4,7	
Horizontale Führung	5	4	4	4,3	Ja
Verringerung der nutzbaren Raumhöhe	3	5	5	4,3	
Grundstücksgrundfläche	3	4	5	4,0	
Benötigte Fabrikbereiche	2	5	5	4,0	Ja
Notwendige Maschinenfundamente	2	5	5	4,0	
Benötigte Medien	3	4	5	4,0	
Breite der Transportwege	5	2	5	4,0	
Bereich der relativen Luftfeuchtigkeit	4	5	3	4,0	
Rampenform im Verladebereich	2	5	5	4,0	Ja
Anordnungsschema des Materialflusses	5	4	3	4,0	Ja
Layouttyp (konventionelle Teilefertigung)	5	4	3	4,0	Ja
Rel. Erweiterungsfläche bez. auf Fabrikgröße	3	5	3	3,7	Ja
Deckentragfähigkeit	4	5	2	3,7	
Grober Raumbedarf der Maschinen & Anlagen	2	4	5	3,7	
Systemumsetzung (Technikzentrale)	4	3	4	3,7	
Anordnung (Technikzentrale)	3	4	4	3,7	
Raumbedarf (Technikzentrale)	3	4	4	3,7	
Vertikale Führung	3	4	4	3,7	
Verringerung der lichten Raumhöhe	3	5	3	3,7	
Breite der Personenwege	4	2	5	3,7	
Aggressive Medien	3	5	3	3,7	
Transportmittel	4	3	4	3,7	
Werksstrukturvariante	5	2	4	3,7	
Automatisierungsgrad	4	3	3	3,3	
Relative Flächengröße bezogen auf Fabrikgröße	1	4	5	3,3	
Dimensionierung je Tortyp	1	4	5	3,3	

Lager- und Pufferstrategie	4	2	4	3,3	
Layouttyp (integrierte Teilefertigung)	3	4	3	3,3	
Layouttyp (Montage)	3	4	3	3,3	
Typ der Teilefertigung	3	4	3	3,3	
Verkettung der Fließfertigung	3	4	3	3,3	
Anordnung des Versorgungsriegels	2	4	3	3,0	
Ebenheit der Bodenplatte	2	5	2	3,0	
Sauberkeitsbereich	1	3	5	3,0	
Schwingungen	1	5	3	3,0	
Vibration	1	5	3	3,0	
Schadstoffen i. d. Luft	1	5	3	3,0	
Feuergefahr	1	5	3	3,0	
Kommissionierungs-System	3	3	3	3,0	
Fördersystem	2	3	4	3,0	
Zeitliche Organisation	4	2	3	3,0	
Formen der Fließfertigung	3	3	3	3,0	
Erweiterungsverdächtige Bereiche	1	4	3	2,7	
Bereiche mit externer Anbindung	1	3	4	2,7	
Anordnung der Büroflächen	2	2	4	2,7	
Etagenanzahl (Produktion)	1	2	5	2,7	
Raumhöhe des Versorgungsriegels	2	5	1	2,7	
Maximaler Tages-Lärmexpositionspegel	1	3	4	2,7	
Wärme	1	4	3	2,7	
Staub	1	4	3	2,7	
Beschaffungsstrategie	3	2	3	2,7	
Stützstärke	1	4	2	2,3	
Benötigte Tortypen	1	3	3	2,3	
Verbrauch je Medienart (Schätzwerte)	1	2	4	2,3	
Strahlung	1	3	3	2,3	
Gebäudebauform	1	3	3	2,3	
Größe der Brandabschnitte	1	3	2	2,0	
Maschinen- und Anlagenkatalog	1	1	4	2,0	
Lärm	1	2	3	2,0	
Dampf	1	2	3	2,0	
Geruch	1	2	3	2,0	
Ladungsträger	1	2	3	2,0	
Art des Fördersystems	2	1	3	2,0	
Dimensionierung der Türen	1	3	1	1,7	
Benötigte Beleuchtung	2	2	1	1,7	
Notwendigkeit von Ladestationen	1	1	3	1,7	

Flächenbedarf der Ladestationen	1	1	3	1,7	
Variante der IGFA	1	1	3	1,7	
Soll-Technologiekette	1	2	1	1,3	
Aufzug	1	1	1	1,0	

8.6 Ergänzende Informationen zum Spezifikationsprozess

Platzbedarf für Werkzeugmaschinen

Werkzeugmaschine	Platzbedarf in m^2
Kleine Maschineneinheit	10 - 15
Schwere Maschinen	15 – 20
Revolver- und Spitzendrehmaschine	16
Fräsmaschine, klein und mittel	20
Radialbohrmaschine bis 2.500 mm Ausladung	15
Rund- und Flächenschleifmaschine, klein und mittel	20
Horizontalbohrwerke bis 125 mm Spindeldurchmesser	40
Langhobel- und Portalfräsmaschine	80 – 230
Montage und Revolverdrehmaschine	26
Montage und Halbautomat	40
Montage und Mehrspindelautomat	30
Arbeitsplatz für Schlosser mit Werkbank	12 – 16
+ Weganteil	30%

Abbildung 8-6: Erfahrungswerte für den Platzbedarf von Werkzeugmaschinen nach PODOLSKY[572]

[572] vgl. Podolsky, J. (1977) Flächenkennzahlen, S. 204.

Gebäudefläche pro Beschäftigten

Bearbeitungsschritt	Grenzwerte in m²/Beschäftigtem	Mittelwert
Maschinenwerkstätten		*≈ 9*
Revolverdrehereien	6 – 7	6,5
Automatendrehereien	12 – 15	13,5
Allgemeine Maschinenwerkstätten	5,5 – 7,5	6,5
Montage		*≈ 4*
Teilmontage	3,2 – 4,5	3,8
Montage	4 – 5,2	4,8
Prüffelder	4,5 – 6	5,2
Spulereien	2,5 – 3,2	3
Lötereien	3 – 3,5	3,2
Lagerräume		-
Gemischte Werkstätten		*≈ 7*
Schlosserei	5,5 – 8,5	7
Vorrichtereien	8,5 – 11,5	10
Maschinenbauwerkstätten	5,5 – 6,5	6
Sonderfertigungswerkstätten	5,5 – 6,5	6
Sonderwerkstätten		*≈ 18*
Galvanische Werkstätten	18 – 20	19
Malereien	15 – 20	18
Härtereien	15 – 20	18
Laboratorien		*≈ 12*
Laboratoriums- und Messräume	7 – 9	8
Laborversuchsräume	12 – 18	15

Abbildung 8-7: Erfahrungswerte Gebäudefläche pro Bearbeitungsschritt nach PODOLSKY[573]

[573] vgl. Podolsky, J. (1977) Flächenkennzahlen, S. 203.

Flächenbezogene Luftströme

Bearbeitungsschritt	Flächenbezogener Luftstrom **[m³/h*m²]**	Mittel-wert
Gießerei		
Sandaufbereitung	50 – 60	55
Kernherstellung und -lagerung	60 – 80	70
Schmelzbetrieb	90 – 140	115
Abguss und Gusskühlung		
Formguss	100 – 200	150
Druckguss	60 – 80	70
Mechanische Fertigung	20 – 75 meist 35 – 45	40
Härterei	80 – 100	90
Karosserierohbau	20 – 30	25
Umformtechnik		
Kaltverformen (z.B. Tiefziehen)	20 – 30	25
Warmverformen (z.B. Schmieden)	30 – 50	40
Montage	20 – 30	25
Lagerhallen	0 – 10	5
Druckereien	50 – 70	60
Galvanik	60	60
Kunststoffteilefertigung	40 – 60	50
Lackierereien	20 – 30	25
Labore	Ca. 25	25
Wertstoffsortierkabinen	1000	1000

Abbildung 8-8: Flächenbezogene Zuluftströme nach VDI 2262[574]

[574] vgl. Verein deutscher Ingenieure (2011) VDI 2262 Blatt 3, S. 3 f.

8.7 Ergänzende Informationen zur Validierung

Unternehmen 1

Anforderungen	Realität	Planungsfallcharakteristik
Produktgewicht	10 kg	< 25 kg
Produkthöhe	1,6 m	1,5 - 2,4 m
Produktbreite	2 m	1,2 - 2,4 m
Produktlänge	2,5 m	2 - 5 m
Maschinenhöhe	4,1 m	> 4 m
Maschinentiefe	11 m	6- 12 m
Fördermittelbreite	1,5 m	> 1,5 m
Fördermittelhöhe	3 m	< 4 m
Produktart	Stückgut	Stückgut
Produktmaterial	Metallisch	metallisch
Produktprogramm	groß	groß
Produktspektrum	Standarderzeugnisse ohne Varianten	Standarderzeugnisse ohne Varianten
Produktvolumen	Einmalfertigung	Einmalfertigung
Automatisierungsg.	Teilautomatisierung	Teilautomatisierung
Prozessstufigkeit	mehrstufig	mehrstufig
Prozesstechnologie	komplex	komplex
Mitarbeiterintensität	mittel	mittel
Maschinenanzahl	mittel	mittel
Maschinengewicht	2 t / m2	>2 t / m2
Fabrikmodule	Spanende Bearbeitung	Spanende Bearbeitung

Unternehmen 1

Fabrikmerkmal	Empfehlung	Realität
Fabrikgröße	mittel	mittel
Geschossigkeit	Ausschluss Mehrgeschossigkeit	Mehrgeschossig
Hallenhöhe	10 m	10 m
Stützabstände	18 m und individuell	12 m
Raumtemperatur	Standard (20-24°C)	20 °C
Kran	notwendig und individuell	Ja
Krantragfähigkeit	Standard (10t)	30 t
Verladerampe	Seitenrampe Dockrampe Sägezahnform	Kopframpe
Layouttyp	Werkstattfertigung Gruppenfertigung	Fließfertigung
Materialfluss	Geradlinig U-förmig L-förmig T-förmig	Geradlinig

Unternehmen 2

Anforderungen	Realität	Planungsfallcharakteristik
Produktgewicht	10 kg	< 25 kg
Produkthöhe	0,12 m	< 1,5 m
Produktbreite	0,25 m	< 1,2 m
Produktlänge	0,35 m	< 1,2 m
Maschinenhöhe	2,5 m	< 4 m
Maschinentiefe	2,5 m	< 6 m
Fördermittelbreite	1 m	< 1,5 m
Fördermittelhöhe	1,4 m	< 4 m
Produktart	Stückgut	Stückgut
Produktmaterial	Metallisch	metallisch
Produktprogramm	Groß	groß
Produktspektrum	Standarderzeugnisse ohne Varianten	Standarderzeugnisse ohne Varianten
Produktvolumen	Serienfertigung	Serienfertigung
Automatisierungsg.	Voll- (Prod.) und Teilautomatisierung (Log.)	Voll- (Prod.) und Teilautomatisierung (Log.)
Prozessstufigkeit	Mehrstufig	mehrstufig
Prozesstechnologie	Komplex	komplex
Mitarbeiterintensität	mittel	mittel
Maschinenanzahl	mittel	mittel
Maschinengewicht	2 t / m2	>2 t / m2
Fabrikmodule	Spanende Bearbeitung	Spanende Bearbeitung

Unternehmen 2

Fabrikmerkmal	Empfehlung	Realität
Fabrikgröße	mittel	mittel
Geschossigkeit	Ausschluss Mehrgeschossigkeit	Mehrgeschossig
Hallenhöhe	8,5 m	4,5 m
Stützabstände	12 m	9 m
Raumtemperatur	Standard (20-24°C)	21 °C
Kran	nicht notwendig / nicht möglich	nein
Krantragfähigkeit	Standard (10t)	nicht vorhanden
Verladerampe	Kopframpe Sägezahnform	Kopframpe
Layouttyp	Werkstattfertigung Gruppenfertigung	Werkstattfertigung
Materialfluss	Geradlinig U-förmig	Geradlinig

Unternehmen 3

Anforderungen	Realität	Planungsfallcharakteristik
Produktgewicht	174 kg	25 kg - 1,5 t
Produkthöhe	2,2 m	1,5 - 2,4 m
Produktbreite	2,2 m	1,2 - 2,4 m
Produktlänge	9 m	5 - 13 m
Maschinenhöhe	2,3 m	< 4 m
Maschinentiefe	9 m	6- 12 m
Fördermittelbreite	1 m	< 1,5 m
Fördermittelhöhe	1,4 m	< 4 m
Produktart	Stückgut	Stückgut
Produktmaterial	metallisch	metallisch
Produktprogramm	groß	groß
Produktspektrum	Typisierte Erzeugnisse	Typisierte Erzeugnisse
Produktvolumen	Einzel- und Kleinserienfertigung	Einzel- und Kleinserienfertigung
Automatisierungsg.	Keine Automatisierung	Keine Automatisierung
Prozessstufigkeit	mehrstufig	mehrstufig
Prozesstechnologie	komplex	komplex
Mitarbeiterintensität	mittel	mittel
Maschinenanzahl	mittel	mittel
Maschinengewicht	1 t /m2	<2 t / m2
Fabrikmodule	Spanende Bearbeitung	Spanende Bearbeitung

Unternehmen 3

Fabrikmerkmal	Empfehlung	Realität
Fabrikgröße	mittel	mittel
Geschossigkeit	Ausschluss Mehrgeschossigkeit	ebenerdig
Hallenhöhe	10 m	8 m
Stützabstände	18 m	keine Angabe
Raumtemperatur	Standard (20-24°C)	20 °C
Kran	notwendig und individuell	Ja
Krantragfähigkeit	Standard (10t)	5 - 10 t
Verladerampe	Seitenrampe Dockrampe Sägezahnform	Keine Angabe
Layouttyp	Werkstattfertigung Gruppenfertigung	Gruppenfertigung
Materialfluss	U-förmig L-förmig T-förmig	U-förmig

Unternehmen 4

Anforderungen	Realität	Planungsfallcharakteristik
Produktgewicht	100 kg	25 kg - 1,5 t
Produkthöhe	1 m	< 1,5 m
Produktbreite	1 m	< 1,2 m
Produktlänge	1 m	< 1,2 m
Maschinenhöhe	3 m	< 4 m
Maschinentiefe	3 m	< 6 m
Fördermittelbreite	1,3 m	< 1,5 m
Fördermittelhöhe	3 m	< 4 m
Produktart	Stückgut	Stückgut
Produktmaterial	metallisch	metallisch
Produktprogramm	mittel	mittel
Produktspektrum	Typisierte Erzeugnisse	Typisierte Erzeugnisse
Produktvolumen	Serienfertigung	Serienfertigung
Automatisierungsg.	Teilautomatisierung	Teilautomatisierung
Prozessstufigkeit	zweistufig	zweistufig
Prozesstechnologie	mittel	mittel
Mitarbeiterintensität	mittel	mittel
Maschinenanzahl	mittel	mittel
Maschinengewicht	0,5 t / m2	<2 t / m2
Fabrikmodule	Spanende Bearbeitung	Spanende Bearbeitung

Unternehmen 4

Fabrikmerkmal	Empfehlung	Realität
Fabrikgröße	mittel	mittel
Geschossigkeit	Ausschluss Mehrgeschossigkeit	Ebenerdig
Hallenhöhe	8,5 m	5 m
Stützabstände	12 m	15 m
Raumtemperatur	Standard (20-24°C)	20 °C
Kran	nicht notwendig / nicht möglich	nein
Krantragfähigkeit	Standard (10t)	nein
Verladerampe	Kopframpe Sägezahnform	Kopframpe
Layouttyp	Werkstattfertigung Gruppenfertigung	Werkstattfertigung
Materialfluss	U-förmig	U-förmig

Unternehmen 5

Anforderungen	Realität	Planungsfallcharakteristik
Produktgewicht	300 kg	25 kg - 1,5 t
Produkthöhe	1,6 m	1,5 - 2,4 m
Produktbreite	1,6 m	1,2 - 2,4 m
Produktlänge	2 m	1,2 - 2 m
Maschinenhöhe	2 m	< 4 m
Maschinentiefe	5 m	< 6 m
Fördermittelbreite	1 m	< 1,5 m
Fördermittelhöhe	1,4 m	< 4 m
Produktart	Stückgut	Stückgut
Produktmaterial	metallisch	metallisch
Produktprogramm	mittel	mittel
Produktspektrum	Erzeugnisse nach Kundenspezifikation	Erzeugnisse nach Kunden-spezifikation
Produktvolumen	Serienfertigung	Serienfertigung
Automatisierungsg.	Keine Automatisierung	Keine Automatisierung
Prozessstufigkeit	mehrstufig	mehrstufig
Prozesstechnologie	komplex	komplex
Mitarbeiterintensität	mittel	mittel
Maschinenanzahl	mittel	mittel
Maschinengewicht	0,4 t /m2	<2 t / m2
Fabrikmodule	Spanende Bearbeitung	Spanende Bearbeitung

Unternehmen 5

Fabrikmerkmal	Empfehlung	Realität
Fabrikgröße	mittel	mittel
Geschossigkeit	Ausschluss Mehrgeschossigkeit	Ebenerdig
Hallenhöhe	10 m	12 m
Stützabstände	12 m	6 m
Raumtemperatur	Standard (20-24°C)	21 °C
Kran	notwendig und individuell	Ja
Krantragfähigkeit	Standard (10t)	5 t
Verladerampe	Kopframpe Sägezahnform	Kopframpe
Layouttyp	Werkstattfertigung Gruppenfertigung	Reihenfertigung
Materialfluss	U-förmig	U-förmig

Unternehmen 6

Anforderungen	Realität	Planungsfallcharakteristik
Produktgewicht	1 kg	< 25 kg
Produkthöhe	0,5 m	< 1,5 m
Produktbreite	0,8 m	< 1,2 m
Produktlänge	0,8 m	< 1,2 m
Maschinenhöhe	2,5 m	< 4 m
Maschinentiefe	6 m	6- 12 m
Fördermittelbreite	1,4 m	< 1,5 m
Fördermittelhöhe	2 m	< 4 m
Produktart	Stückgut	Stückgut
Produktmaterial	metallisch	metallisch
Produktprogramm	mittel	mittel
Produktspektrum	Standarderzeugnisse ohne Varianten	Standarderzeugnisse ohne Varianten
Produktvolumen	Massenfertigung	Massenfertigung
Automatisierungsg.	Teilautomatisierung	Teilautomatisierung
Prozessstufigkeit	mehrstufig	mehrstufig
Prozesstechnologie	mittel	mittel
Mitarbeiterintensität	mittel	mittel
Maschinenanzahl	mittel	mittel
Maschinengewicht	0,5 t/ m2	<2 t / m2
Fabrikmodule	Oberflächenbearbeitung	Oberflächenbearbeitung

Unternehmen 6

Fabrikmerkmal	Empfehlung	Realität
Fabrikgröße	mittel	mittel
Geschossigkeit	Ausschluss Mehrgeschossigkeit	Mehrgeschossig
Hallenhöhe	8,5 m	6 m
Stützabstände	18 m	15 m
Raumtemperatur	individuell	22 °C
Kran	nicht notwendig / nicht möglich	Ja
Krantragfähigkeit	Standard (10t)	3 t
Verladerampe	Kopframpe Sägezahnform	Seitenrampe
Layouttyp	Werkstattfertigung Gruppenfertigung	Gruppenfertigung
Materialfluss	Geradlinig U-förmig	U-förmig

Unternehmen 7	Anforderungen	Realität	Planungsfallcharakteristik
	Produktgewicht	100 kg	25 kg - 1,5 t
	Produkthöhe	0,6 m	< 1,5 m
	Produktbreite	1 m	< 1,2 m
	Produktlänge	2 m	1,2 - 2 m
	Maschinenhöhe	3 m	< 4 m
	Maschinentiefe	2 m	< 6 m
	Fördermittelbreite	1,4 m	< 1,5 m
	Fördermittelhöhe	2 m	< 4 m
	Produktart	Stückgut	Stückgut
	Produktmaterial	metallisch	metallisch
	Produktprogramm	mittel	mittel
	Produktspektrum	Erzeugnisse nach Kundenspezifikation	Erzeugnisse nach Kundenspezifikation
	Produktvolumen	Massenfertigung	Massenfertigung
	Automatisierungsg.	Keine Automatisierung	Keine Automatisierung
	Prozessstufigkeit	mehrstufig	mehrstufig
	Prozesstechnologie	mittel	mittel
	Mitarbeiterintensität	mittel	mittel
	Maschinenanzahl	klein	klein
	Maschinengewicht	0,25 t / m2	<2 t / m2
	Fabrikmodule	Endmontage	Endmontage

Unternehmen 7	Fabrikmerkmal	Empfehlung	Realität
	Fabrikgröße	mittel	mittel
	Geschossigkeit	Ausschluss Mehrgeschossigkeit	Ebenerdig
	Hallenhöhe	10 m	10 m
	Stützabstände	12 m	6 m
	Raumtemperatur	Standard (20-24°C)	20 °C
	Kran	individuell	nein
	Krantragfähigkeit	Standard (10t)	nein
	Verladerampe	Kopframpe Sägezahnform	Kopframpe
	Layouttyp	Werkstattfertigung Gruppenfertigung	Punktfertigung
	Materialfluss	U-förmig	U-förmig

Unternehmen 8	Anforderungen	Realität	Planungsfallcharakteristik
	Produktgewicht	10000 kg	10 - 25 t
	Produkthöhe	1 m	< 1,5 m
	Produktbreite	1,5 m	1,2 - 2,4 m
	Produktlänge	1,5 m	1,2 - 2 m
	Maschinenhöhe	2 m	< 4 m
	Maschinentiefe	4 m	< 6 m
	Fördermittelbreite	1,4 m	< 1,5 m
	Fördermittelhöhe	2 m	< 4 m
	Produktart	Stückgut	Stückgut
	Produktmaterial	metallisch	metallisch
	Produktprogramm	mittel	mittel
	Produktspektrum	Erzeugnisse nach Kundenspezifikation	Erzeugnisse nach Kundenspezifikation
	Produktvolumen	Einmalfertigung	Einmalfertigung
	Automatisierungsg.	Keine Automatisierung	Keine Automatisierung
	Prozessstufigkeit	mehrstufig	mehrstufig
	Prozesstechnologie	komplex	komplex
	Mitarbeiterintensität	niedrig	niedrig
	Maschinenanzahl	mittel	mittel
	Maschinengewicht	0.8 t / m2	>2 t / m2
	Fabrikmodule	Spanende Bearbeitung	Spanende Bearbeitung

Unternehmen 8

Fabrikmerkmal	Empfehlung	Realität
Fabrikgröße	mittel	mittel
Geschossigkeit	Ausschluss Mehrgeschossigkeit	Mehrgeschossig
Hallenhöhe	10 m	4 m
Stützabstände	12 m	8 m
Raumtemperatur	Standard (20-24°C)	21 °C
Kran	Notwendig	Ja
Krantragfähigkeit	Individuell	3 t
Verladerampe	Seitenrampe Dockrampe Sägezahnform	Kopframpe
Layouttyp	Werkstattfertigung Gruppenfertigung	Werkstattfertigung
Materialfluss	U-förmig L-förmig T-förmig	T-förmig

Unternehmen 9

Anforderungen	Realität	Planungsfallcharakteristik
Produktgewicht	10 kg	< 25 kg
Produkthöhe	0,5 m	< 1,5 m
Produktbreite	0,4 m	< 1,2 m
Produktlänge	0,2 m	< 1,2 m
Maschinenhöhe	2 m	< 4 m
Maschinentiefe	1 m	< 6 m
Fördermittelbreite	1,2 m	< 1,5 m
Fördermittelhöhe	2 m	< 4 m
Produktart	Stückgut	Stückgut
Produktmaterial	metallisch	metallisch
Produktprogramm	klein	klein
Produktspektrum	Standarderzeugnisse ohne Varianten	Standarderzeugnisse ohne Varianten
Produktvolumen	Massenfertigung	Massen-fertigung
Automatisierungsg.	Voll- (Prod.) und Teilautomatisierung (Log.)	Voll- (Prod.) und Teilautomatisierung (Log.)
Prozesstufigkeit	zweistufig	zweistufig
Prozesstechnologie	mittel	mittel
Mitarbeiterintensität	niedrig	niedrig
Maschinenanzahl	groß	groß
Maschinengewicht	0,5 t / m2	<2 t / m2
Fabrikmodule	Umformen	Umformen

Unternehmen 9

Fabrikmerkmal	Empfehlung	Realität
Fabrikgröße	mittel	mittel
Geschossigkeit	Ausschluss Mehrgeschossigkeit	Mehrgeschossig
Hallenhöhe	8,5 m	10 m
Stützabstände	12 m	8 m
Raumtemperatur	individuell	15 m
Kran	nicht notwendig / nicht möglich	Ja
Krantragfähigkeit	Standard (10t)	3 t
Verladerampe	Kopframpe Sägezahnform	keine Angabe
Layouttyp	Werkstattfertigung Gruppenfertigung Reihenfertigung Fließfertigung	Fließfertigung
Materialfluss	U-förmig	Geradlinig

Unternehmen 10	Anforderungen	Realität	Planungsfallcharakteristik
	Produktgewicht	1000 kg	25 kg - 1,5 t
	Produkthöhe	2 m	1,5 - 2,4 m
	Produktbreite	3 m	2,4 - 5 m
	Produktlänge	5 m	5 - 13 m
	Maschinenhöhe	2 m	< 4 m
	Maschinentiefe	2 m	< 6 m
	Fördermittelbreite	2 m	> 1,5 m
	Fördermittelhöhe	2 m	< 4 m
	Produktart	Stückgut	Stückgut
	Produktmaterial	metallisch	metallisch
	Produktprogramm	groß	groß
	Produktspektrum	Erzeugnisse nach Kundenspezifikation	Erzeugnisse nach Kundenspezifikation
	Produktvolumen	Einzel- und Kleinserien-fertigung	Einzel- und Kleinserienfertigung
	Automatisierungsg.	Teilautomatisierung	Teilautomatisierung
	Prozessstufigkeit	mehrstufig	mehrstufig
	Prozesstechnologie	komplex	komplex
	Mitarbeiterintensität	mittel	mittel
	Maschinenanzahl	mittel	mittel
	Maschinengewicht	2,5 t / m2	>2 t / m2
	Fabrikmodule	Endmontage	Endmontage

Unternehmen 10	Fabrikmerkmal	Empfehlung	Realität
	Fabrikgröße	mittel	mittel
	Geschossigkeit	Ausschluss Mehrgeschossigkeit	Ebenerdig
	Hallenhöhe	10 m	12 m
	Stützabstände	12 m und individuell	15 m
	Raumtemperatur	Standard (20-24°C)	21 °C
	Kran	notwendig und individuell	Ja
	Krantragfähigkeit	Standrad (10t)	10 t
	Verladerampe	Seitenrampe Dockrampe Sägezahnform	Kopframpe
	Layouttyp	Werkstattfertigung Gruppenfertigung	Werkstattfertigung
	Materialfluss	U-förmig L-förmig T-förmig	U-fömig

Unternehmen 11	Anforderungen	Realität	Planungsfallcharakteristik
	Produktgewicht	1000 kg	25 kg - 1,5 t
	Produkthöhe	1 m	< 1,5 m
	Produktbreite	1 m	< 1,2 m
	Produktlänge	3 m	2 - 5 m
	Maschinenhöhe	3 m	< 4 m
	Maschinentiefe	2 m	< 6 m
	Fördermittelbreite	1,2 m	< 1,5 m
	Fördermittelhöhe	2 m	< 4 m
	Produktart	Stückgut	Stückgut
	Produktmaterial	metallisch	metallisch
	Produktprogramm	mittel	mittel
	Produktspektrum	Erzeugnisse nach Kundenspezifikation	Erzeugnisse nach Kundenspezifikation
	Produktvolumen	Einzel- und Kleinserienfertigung	Einzel- und Kleinserienfertigung
	Automatisierungsg.	Keine Automatisierung	Keine Automatisierung
	Prozessstufigkeit	einstufig	einstufig
	Prozesstechnologie	mittel	mittel
	Mitarbeiterintensität	mittel	mittel
	Maschinenanzahl	mittel	mittel
	Maschinengewicht	1 t / m2	<2 t / m2
	Fabrikmodule	Spanende Bearbeitung	Spanende Bearbeitung

Unternehmen 11

Fabrikmerkmal	Empfehlung	Realität
Fabrikgröße	mittel	mittel
Geschossigkeit	Ausschluss Mehrgeschossigkeit	Ebenerdig
Hallenhöhe	8,5 m	8 m
Stützabstände	12 m	14 m
Raumtemperatur	Standard (20-24°C)	21 °C
Kran	notwendig und individuell	Ja
Krantragfähigkeit	Standard (10t)	20 t
Verladerampe	Seitenrampe Dockrampe Sägezahnform	keine Angabe
Layouttyp	Werkstattfertigung Gruppenfertigung	Werkstatt-fertigung
Materialfluss	U-förmig L-förmig T-förmig	Aufstellung nach Verrichtungsprinzip

Unternehmen 12

Anforderungen	Realität	Planungsfallcharakteristik
Produktgewicht	10000 kg	10 - 25 t
Produkthöhe	3 m	> 2,4 m
Produktbreite	3 m	2,4 - 5 m
Produktlänge	3 m	2 - 5 m
Maschinenhöhe	4 m	> 4 m
Maschinentiefe	4 m	< 6 m
Fördermittelbreite	2 m	> 1,5 m
Fördermittelhöhe	3 m	< 4 m
Produktart	Stückgut	Stückgut
Produktmaterial	metallisch	metallisch
Produktprogramm	mittel	mittel
Produktspektrum	Erzeugnisse nach Kundenspezifikation	Erzeugnisse nach Kundenspezifikation
Produktvolumen	Einmalfertigung	Einmalfertigung
Automatisierungsg.	Voll- (Prod.) und Teilautomatisierung (Log.)	Voll- (Prod.) und Teilautomatisierung (Log.)
Prozessstufigkeit	mehrstufig	mehrstufig
Prozesstechnologie	komplex	komplex
Mitarbeiterintensität	mittel	mittel
Maschinenanzahl	mittel	mittel
Maschinengewicht	2 t / m2	>2 t / m2
Fabrikmodule	Endmontage	Endmontage

Unternehmen 12

Fabrikmerkmal	Empfehlung	Realität
Fabrikgröße	mittel	klein
Geschossigkeit	Mehrgeschossigkeit	Ebenerdig
Hallenhöhe	10 m	5,5 m
Stützabstände	12 m	5,5 m
Raumtemperatur	Standard (20-24°C)	20 °C
Kran	nicht notwendig / nicht möglich	nein
Krantragfähigkeit	individuell	nein
Verladerampe	Seitenrampe Dockrampe Sägezahnform	Kopframpe
Layouttyp	Werkstattfertigung Gruppenfertigung	Werkstattfertigung
Materialfluss	U-förmig L - förmig T - förmig	U-förmig

Unternehmen 13

Anforderungen	Realität	Planungsfallcharakteristik
Produktgewicht	10 kg	< 25 kg
Produkthöhe	0,4 m	< 1,5 m
Produktbreite	0,4 m	< 1,2 m
Produktlänge	0,4 m	< 1,2 m
Maschinenhöhe	2,5 m	< 4 m
Maschinentiefe	2 m	< 6 m
Fördermittelbreite	1,2 m	< 1,5 m
Fördermittelhöhe	2 m	< 4 m
Produktart	Stückgut	Stückgut
Produktmaterial	metallisch	metallisch
Produktprogramm	klein	klein
Produktspektrum	Erzeugnisse nach Kundenspezifikation	Erzeugnisse nach Kundenspezifikation
Produktvolumen	Massenfertigung	Massenfertigung
Automatisierungsg.	Teilautomatisierung	Teilautomatisierung
Prozessstufigkeit	zweistufig	zweistufig
Prozesstechnologie	einfach	einfach
Mitarbeiterintensität	niedrig	niedrig
Maschinenanzahl	klein	klein
Maschinengewicht	0,6 t /m2	<2 t / m2
Fabrikmodule	Spanende Bearbeitung	Spanende Bearbeitung

Unternehmen 13

Fabrikmerkmal	Empfehlung	Realität
Fabrikgröße	mittel	klein
Geschossigkeit	Ausschluss Mehrgeschossigkeit	Ebenerdig
Hallenhöhe	8,5 m	6,05 m
Stützabstände	12 m	6 m
Raumtemperatur	Standard (20-24°C)	22 °C
Kran	nicht notwendig / nicht möglich	nein
Krantragfähigkeit	Standard (10t)	nein
Verladerampe	Kopframpe Sägezahnform	keine Angabe
Layouttyp	Werkstattfertigung Gruppenfertigung	Reihenfertigung
Materialfluss	U-förmig	U-förmig

Unternehmen 14

Anforderungen	Realität	Planungsfallcharakteristik
Produktgewicht	1 kg	< 25 kg
Produkthöhe	0,2 m	< 1,5 m
Produktbreite	0,3 m	< 1,2 m
Produktlänge	0,4 m	< 1,2 m
Maschinenhöhe	4 m	> 4 m
Maschinentiefe	2 m	< 6 m
Fördermittelbreite	1,4 m	< 1,5 m
Fördermittelhöhe	2 m	< 4 m
Produktart	Stückgut	Stückgut
Produktmaterial	organisch	organisch
Produktprogramm	klein	klein
Produktspektrum	Standarderzeugnisse ohne Varianten	Standarderzeugnisse ohne Varianten
Produktvolumen	Massenfertigung	Massenfertigung
Automatisierungsg.	Teilautomatisierung	Teilautomatisierung
Prozessstufigkeit	zweistufig	zweistufig
Prozesstechnologie	einfach	einfach
Mitarbeiterintensität	niedrig	niedrig
Maschinenanzahl	mittel	mittel
Maschinengewicht	0,4 t / m2	<2 t / m2
Fabrikmodule	Spanende Bearbeitung	Spanende Bearbeitung

Unternehmen 14

Fabrikmerkmal	Empfehlung	Realität
Fabrikgröße	mittel	klein
Geschossigkeit	Ausschluss Mehrgeschossigkeit	Ebenerdig
Hallenhöhe	8,5 m	11 m
Stützabstände	12 m	6,6 m
Raumtemperatur	Standard (20-24°C)	21 °C
Kran	nicht notwendig / nicht möglich	Ja
Krantragfähigkeit	Standard (10t)	10 t
Verladerampe	Kopframpe Sägezahnform	Kopframpe
Layouttyp	Werkstattfertigung Gruppenfertigung Reihenfertigung Fließfertigung	Punktfertigung
Materialfluss	Geradlinig U-förmig	Geradlinig

Unternehmen 15

Anforderungen	Realität	Planungsfallcharakteristik
Produktgewicht	100 kg	25 kg - 1,5 t
Produkthöhe	1,5 m	1,5 - 2,4 m
Produktbreite	2 m	1,2 - 2,4 m
Produktlänge	2 m	1,2 - 2 m
Maschinenhöhe	3 m	< 4 m
Maschinentiefe	2 m	< 6 m
Fördermittelbreite	1,4 m	< 1,5 m
Fördermittelhöhe	2 m	< 4 m
Produktart	Stückgut	Stückgut
Produktmaterial	metallisch	metallisch
Produktprogramm	mittel	mittel
Produktspektrum	Erzeugnisse nach Kundenspezifikation	Erzeugnisse nach Kundenspezifikation
Produktvolumen	Massenfertigung	Massenfertigung
Automatisierungsg.	Teilautomatisierung	Teilautomatisierung
Prozessstufigkeit	mehrstufig	mehrstufig
Prozesstechnologie	mittel	mittel
Mitarbeiterintensität	hoch	hoch
Maschinenanzahl	mittel	mittel
Maschinengewicht	0,4 t / m2	<2 t / m2
Fabrikmodule	Endmontage	Endmontage

Unternehmen 15

Fabrikmerkmal	Empfehlung	Realität
Fabrikgröße	mittel	mittel
Geschossigkeit	Ausschluss Mehrgeschossigkeit	Ebenerdig
Hallenhöhe	10 m	12,5 m
Stützabstände	12 m	22,5 m
Raumtemperatur	Standard (20-24°C)	22 °C
Kran	individuell	nein
Krantragfähigkeit	Standard (10t)	nein
Verladerampe	Kopframpe Sägezahnform	Sägezahnform
Layouttyp	Werkstattfertigung Gruppenfertigung	Gruppenfertigung
Materialfluss	U-förmig	U-förmig

Unternehmen 16

Anforderungen	Realität	Planungsfallcharakteristik
Produktgewicht	1000 kg	25 kg - 1,5 t
Produkthöhe	2 m	1,5 - 2,4 m
Produktbreite	2 m	1,2 - 2,4 m
Produktlänge	3,5 m	2 - 5 m
Maschinenhöhe	4 m	> 4 m
Maschinentiefe	3 m	< 6 m
Fördermittelbreite	2 m	> 1,5 m
Fördermittelhöhe	4 m	> 4 m
Produktart	Stückgut	Stückgut
Produktmaterial	Metallisch	metallisch
Produktprogramm	mittel	mittel
Produktspektrum	Standarderzeugnisse ohne Varianten	Standarderzeugnisse ohne Varianten
Produktvolumen	Massenfertigung	Massenfertigung
Automatisierungsg.	Teilautomatisierung	Teilautomatisierung
Prozessstufigkeit	Mehrstufig	mehrstufig
Prozesstechnologie	mittel	mittel
Mitarbeiterintensität	Hoch	hoch
Maschinenanzahl	Groß	groß
Maschinengewicht	2 t / m2	>2 t / m2
Fabrikmodule	Endmontage	Endmontage

Unternehmen 16

Fabrikmerkmal	Empfehlung	Realität
Fabrikgröße	mittel und groß	mittel
Geschossigkeit	Ausschluss Mehrgeschossigkeit	Ebenerdig
Hallenhöhe	individuell	14,9 m
Stützabstände	12 m und individuell	24 m
Raumtemperatur	Standard (20-24°C)	19 °C
Kran	individuell	Nein
Krantragfähigkeit	Standard (10t)	Nein
Verladerampe	Sägezahnform	Seitenrampe
Layouttyp	Werkstattfertigung Gruppenfertigung	Fließfertigung
Materialfluss	Geradlinig U-förmig	Geradlinig

Unternehmen 17

Anforderungen	Realität	Planungsfallcharakteristik
Produktgewicht	10 kg	< 25 kg
Produkthöhe	0,8 m	< 1,5 m
Produktbreite	0,4 m	< 1,2 m
Produktlänge	0,5 m	< 1,2 m
Maschinenhöhe	2,5 m	< 4 m
Maschinentiefe	2,5 m	< 6 m
Fördermittelbreite	2 m	> 1,5 m
Fördermittelhöhe	2 m	< 4 m
Produktart	Stückgut	Stückgut
Produktmaterial	Metallisch	metallisch
Produktprogramm	mittel	mittel
Produktspektrum	Standarderzeugnisse ohne Varianten	Standarderzeugnisse ohne Varianten
Produktvolumen	Massenfertigung	Massenfertigung
Automatisierungsg.	Teilautomatisierung	Teilautomatisierung
Prozessstufigkeit	Zweistufig	zweistufig
Prozesstechnologie	mittel	mittel
Mitarbeiterintensität	mittel	mittel
Maschinenanzahl	mittel	mittel
Maschinengewicht	0,4 t / m2	<2 t / m2
Fabrikmodule	Endmontage	Endmontage

Unternehmen 17

Fabrikmerkmal	Empfehlung	Realität
Fabrikgröße	mittel	mittel
Geschossigkeit	Ausschluss Mehrgeschossigkeit	Ebenerdig
Hallenhöhe	8,5 m	8 m
Stützabstände	12 m und individuell	12 m
Raumtemperatur	Standard (20-24°C)	21,5 °C
Kran	nicht notwendig / nicht möglich	Ja
Krantragfähigkeit	Standard (10t)	15 t
Verladerampe	Kopframpe Sägezahnform	Sägezahnform
Layouttyp	Werkstattfertigung Gruppenfertigung	Fließfertigung
Materialfluss	Geradlinig U-förmig	L-förmig

Unternehmen 18

Anforderungen	Realität	Planungsfallcharakteristik
Produktgewicht	1000 kg	25 kg - 1,5 t
Produkthöhe	3 m	> 2,4 m
Produktbreite	1,5 m	1,2 - 2,4 m
Produktlänge	2 m	1,2 - 2 m
Maschinenhöhe	3 m	< 4 m
Maschinentiefe	2 m	< 6 m
Fördermittelbreite	2 m	> 1,5 m
Fördermittelhöhe	2 m	< 4 m
Produktart	Stückgut	Stückgut
Produktmaterial	Metallisch	metallisch
Produktprogramm	mittel	mittel
Produktspektrum	Standarderzeugnisse ohne Varianten	Standarderzeugnisse ohne Varianten
Produktvolumen	Einmalfertigung	Einmalfertigung
Automatisierungsg.	Teilautomatisierung	Teilautomatisierung
Prozessstufigkeit	Mehrstufig	mehrstufig
Prozesstechnologie	mittel	mittel
Mitarbeiterintensität	mittel	mittel
Maschinenanzahl	mittel	mittel
Maschinengewicht	0,6 t / m2	<2 t / m2
Fabrikmodule	Endmontage	Endmontage

Unternehmen 18

Fabrikmerkmal	Empfehlung	Realität
Fabrikgröße	mittel	groß
Geschossigkeit	Ausschluss Mehrgeschossigkeit	Ebenerdig
Hallenhöhe	8,5 m	10 m
Stützabstände	12 m und individuell	22,5 m
Raumtemperatur	Standard (20-24°C)	20 °C
Kran	notwendig und individuell	nein
Krantragfähigkeit	Standard (10t)	nein
Verladerampe	Seitenrampe Kopframpe Dockrampe Sägezahnform	Kopframpe
Layouttyp	Werkstattfertigung Gruppenfertigung	Fließfertigung
Materialfluss	Geradlinig U-förmig L - förmig T - förmig	U-förmig

Unternehmen 19

Anforderungen	Realität	Planungsfallcharakteristik
Produktgewicht	1 kg	< 25 kg
Produkthöhe	0,5 m	< 1,5 m
Produktbreite	0,7 m	< 1,2 m
Produktlänge	0,5 m	< 1,2 m
Maschinenhöhe	2 m	< 4 m
Maschinentiefe	2 m	< 6 m
Fördermittelbreite	1,4 m	< 1,5 m
Fördermittelhöhe	2 m	< 4 m
Produktart	Stückgut	Stückgut
Produktmaterial	organisch	organisch
Produktprogramm	Klein	klein
Produktspektrum	Standarderzeugnisse ohne Varianten	Standarderzeugnisse ohne Varianten
Produktvolumen	Massenfertigung	Massenfertigung
Automatisierungsg.	Teilautomatisierung	Teilautomatisierung
Prozessstufigkeit	Zweistufig	zweistufig
Prozesstechnologie	Einfach	einfach
Mitarbeiterintensität	mittel	mittel
Maschinenanzahl	mittel	mittel
Maschinengewicht	0,6 t / m2	<2 t / m2
Fabrikmodule	Endmontage	Endmontage

Unternehmen 19

Fabrikmerkmal	Empfehlung	Realität
Fabrikgröße	mittel	Mittel
Geschossigkeit	Ausschluss Mehrgeschossigkeit	Ebenerdig
Hallenhöhe	8,5 m	10 m
Stützabstände	12 m	15 m
Raumtemperatur	Standard (20-24°C)	20°C
Kran	nicht notwendig / nicht möglich	Ja
Krantragfähigkeit	Standrad (10t)	5 t
Verladerampe	Kopframpe Sägezahnform	Kopframpe
Layouttyp	Werkstattfertigung Gruppenfertigung Reihenfertigung Fließfertigung	Reihenfertigung
Materialfluss	Geradlinig U-förmig	Geradlinig

Unternehmen 20

Anforderungen	Realität	Planungsfallcharakteristik
Produktgewicht	1 kg	< 25 kg
Produkthöhe	0,6 m	< 1,5 m
Produktbreite	1,5 m	1,2 - 2,4 m
Produktlänge	1,5 m	1,2 - 2 m
Maschinenhöhe	3 m	< 4 m
Maschinentiefe	3 m	< 6 m
Fördermittelbreite	2 m	> 1,5 m
Fördermittelhöhe	2 m	< 4 m
Produktart	Stückgut	Stückgut
Produktmaterial	Metallisch	metallisch
Produktprogramm	Klein	klein
Produktspektrum	Erzeugnisse nach Kundenspezifikation	Erzeugnisse nach Kundenspezifikation
Produktvolumen	Massenfertigung	Massenfertigung
Automatisierungsg.	Teilautomatisierung	Teilautomatisierung
Prozessstufigkeit	Mehrstufig	mehrstufig
Prozesstechnologie	mittel	mittel
Mitarbeiterintensität	Niedrig	niedrig
Maschinenanzahl	Klein	klein
Maschinengewicht	0,6 t / m2	<2 t / m2
Fabrikmodule	Oberflächenbearbeitung	Oberflächenbearbeitung

Unternehmen 20

Fabrikmerkmal	Empfehlung	Realität
Fabrikgröße	mittel	klein
Geschossigkeit	Ausschluss Mehrgeschossigkeit	Mehrgeschossig
Hallenhöhe	8,5 m	7 m
Stützabstände	12 m und individuell	7 m
Raumtemperatur	individuell	20 °C
Kran	nicht notwendig / nicht möglich und individuell	Ja
Krantragfähigkeit	Standrad (10t)	5 t
Verladerampe	Kopframpe Sägezahnform	keine Angabe
Layouttyp	Werkstattfertigung Gruppenfertigung	Werkstattfertigung
Materialfluss	U-förmig	Geradlinig

9 Literaturverzeichnis

Abele, E.; Liebeck, T.; Wörn, A. (2006)
Measuring Flexibility in Investment Decisions for Manufacturing Systems. In: CIRP Annals, Nr. 1, 55. Jg., 2006, S. 433 - 436.

Aggteleky, B. (1987)
Fabrikplanung, 2., durchges. Aufl. der Neuausg; Hanser, München, 1987.

Ahrens, G. (2000)
Das Erfassen und Handhaben von Produktanforderungen - Methodische Voraussetzungen und Anwendung in der Praxis, Dissertation, Technische Universität Berlin, 2000.

Aichele, C. (2014)
IT-Projektmanagement - Effiziente Einführung in das Management von Projekten, Springer Vieweg, Wiesbaden, 2014.

Akao, Y. (1990)
Quality function deployment - Integrating customer requirements into product design, Productivity Press, New York, 1990.

Albers, S.; Herrmann, A. (2007)
Handbuch Produktmanagement, Gabler Verlag, Wiesbaden, 2007.

Anding, M.; Köhler, L.; Hess, T. (2003)
Produktplattformen für Medienunternehmen - ein konzeptioneller Rahmen. In: 6. Internationale Tagung Wirtschaftsinformatik 2003 - Band 2, 2003, S. 541 - 560.

Andreasen, M. M.; Kähler, S.; Lund, T. (1985)
Montagegerechtes Konstruieren, Springer, Berlin, Heidelberg, 1985.

Arnoscht, J. (2011)
Beherrschung von Komplexität bei der Gestaltung von Baukastensystemen, 1. Aufl.; Apprimus-Verl., Aachen, 2011.

ASME 2000 (2000)
International Design Engineering Technical Conferences and Computers and Information in Engineering Conference, 10.09.2000 - 13.09.2000. American Society Of Mechanical Engineers (2000)

Autenrieth, U.; Herwig, J. (2011)
Zwischen begrenzten Mitteln und komplexen Strukturen: Gemeinschaftsorientierte Kommunikation und Interaktion auf Microblogging-Plattformen am Beispiel Twitter. In: Autenrieth, U. P./Neumann-Braun, K. (Hrsg.): Freundschaft und Gemeinschaft im Social Web, Nomos Verlagsgesellschaft mbH & Co KG, 2011, S. 211 - 233.

Autenrieth, U.; Neumann-Braun, K. (2011)
Freundschaft und Gemeinschaft im Social Web, Nomos Verlagsgesellschaft mbH & Co KG, 2011.

Babbage, C. (1832)
On the Economy of Machinery and Manufactures, Cambridge University Press; publisher not identified, Cambridge, Place of publication not identified, 1832.

Backhaus, K. (2003)
Industriegütermarketing, 7., erw. und überarb. Aufl.; Vahlen, München, 2003.

Bailey, K. D. (1994)
Typologies and taxonomies - An introduction to classification techniques, Sage, Thousand Oaks, Calif., 1994.

Baldwin, C.; Woodard, C. (2008)
The Architecture of Platforms: A Unified View. In: SSRN Electronic Journal, 2008

Baldwin, C. Y.; Clark, K. B. (2000)
Design Rules - Volume 1. The Power of Modularity, The MIT Press, Cambridge, Massachusetts, London, 2000.

Barg, S. (2018)
Kontextbezogene Auslegung von Produktbaukästen, Dissertation, Rheinisch-Westfälische Technische Hochschule Aachen; Apprimus Verlag, 2018.

Baumeister, M. (2003)
Fabrikplanung im turbulenten Umfeld - Methodik zur Zielplanung einer Fabrik

unter Berücksichtigung eines turbulenten Unternehmensumfeldes und der übergeordneten Unternehmensziele, Dissertation, Universität Karlsruhe (TH), 2003.

Bellemare, J.; Carrier, S.; Nielsen, K.; Piller, F. T. (2017)
Managing Complexity, Springer International Publishing, Cham, 2017.

Bergholz, M. (2006)
Objektorientierte Fabrikplanung, Shaker, Aachen, 2006.

Bibliographisches Institut (2015)
Duden - Deutsches Universalwörterbuch, 8. Auflage; Duden, Berlin, 2015.

Biedermann, H. (2016)
Industrial Engineering und Management - Beiträge des Techno-Ökonomie-Forums der TU Austria, 1. Aufl. 2016; Springer Gabler, Wiesbaden, 2016.

Binder, V. A.; Kantowsky, J. (1996)
Technologiepotentiale - Neuausrichtung der Gestaltungsfelder des Strategischen Technologiemanagements, Deutscher Universitätsverlag, Wiesbaden, s.l., 1996.

Blecker; T. (2005)
Information and management systems for product customization, Springer, New York, Heidelberg, 2005.

Blum, U. (2001)
Entrepreneurship und Unternehmertum - Denkstrukturen Für eine Neue Zeit, Springer Gabler. in Springer Fachmedien Wiesbaden GmbH, Wiesbaden, 2001.

Bohl, A. (2015)
Kennlinien der Produkt- und Produktionskomplexität, 1. Aufl.; Apprimus-Verl., Aachen, 2015.

Borowski, K.-H. (1961)
Das Baukastensystem in der Technik, Springer, Berlin, Heidelberg, 1961.

Bowman, D. (2006)
Effective Product Platform Planning in the Front End. In: Simpson, T. W./Siddique, Z./et al. (Hrsg.): Product Platform and Product Family Design, Springer US, New York, NY, 2006, S. 19 - 26.

Brecher, C. (2011)
Integrative Produktionstechnik für Hochlohnländer, Springer Berlin Heidelberg, Berlin, Heidelberg, 2011.

Brecher, C.; Weck, M. (2016)
Werkzeugmaschinen Fertigungssysteme 2 - Konstruktion, Berechnung und messtechnische Beurteilung, 9. Aufl. 2016; Springer Berlin, Berlin, s.l., 2016.

Brockhoff, K. (1999)
Produktpolitik, 4., neubearb. und erw. Aufl.; Lucius & Lucius, Stuttgart, 1999.

Bruhn, M.; Hadwich, K. (2017)
Dienstleistungen 4.0, Springer Fachmedien Wiesbaden, Wiesbaden, 2017.

Büdenbender, W. (1991)
Ganzheitliche Produktionsplanung und -steuerung, Springer Berlin Heidelberg, Berlin, Heidelberg, 1991.

Bullinger, H.-J.; Spath, D.; Warnecke, H.-J.; Westkämper, E. (2009)
Handbuch Unternehmensorganisation - Strategien, Planung, Umsetzung, 3. Aufl. 2009; Springer Berlin Heidelberg, Berlin, Heidelberg, 2009.

Bundesministerium der Justiz (2022)
Gesetz zum Schutz vor schädlichen Umwelteinwirkungen durch Luftverunreinigungen, Geräusche, Erschütterungen und ähnliche Vorgänge - Bundes-Immissionsschutzgesetz - BImSchG,, 2022.

Bürgel, H. D.; Haller, C.; Binder, M. (1996)
F-&-E-Management, Vahlen, München, 1996.

Burggräf, P. (2013)
Wertorientierte Fabrikplanung, 1. Aufl.; Apprimus Verlag, Aachen, 2013.

Burggräf, P.; Adlon, T.; Schupp, S.; Fölling, C.; Dannapfel, M. (2021)
Die Modullandkarte des Aachener Fabrikplanungsvorgehens. In: Zeitschrift für wirtschaftlichen Fabrikbetrieb, Nr. 12, 116. Jg., 2021, S. 866 - 871.

Burggräf, P.; Schuh, G. (2021)
Fabrikplanung - Handbuch Produktion und Management 4, 2nd ed.; Springer Berlin /Heidelberg, Berlin, Heidelberg, 2021.

Cameron, B.; Crawley, E. (2014)
Crafting Platform Strategy Based on Anticipated Benefits and Costs. In: Simpson, T. W./Jiao, J./et al. (Hrsg.): Advances in Product Family and Product Platform Design, Springer New York, New York, NY, 2014, S. 49 - 70.

Carnap, R. (1935)
Formalwissenschaft und Realwissenschaft. In: Erkenntnis, Nr. 1, 5. Jg., 1935, S. 30 - 37.

Cisek, R.; Habicht, C.; Neise, P. (2002)
Gestaltung wandlungsfähiger Produktionssysteme. In: Zeitschrift für wirtschaftlichen Fabrikbetrieb, Nr. 9, 97. Jg., 2002, S. 441 - 445.

Clausing, D. (1998)
Total quality development - A step-by-step guide to world-class concurrent engineering, American Society Of Mechanical Engineers, New York, New York (ASME, Three Park Avenue. New York, NY 10016), 1998.

Clement, R.; Schreiber, D.; Bossauer, P.; Pakusch, C. (2019)
Internet-Ökonomie - Grundlagen und Fallbeispiele der digitalen und vernetzten Wirtschaft, 4., aktualisierte und überarbeitete Auflage; Springer Gabler, Berlin, Heidelberg, 2019.

Constantinescu, C.; Westkämper, E. (2010)
A Reference Model for Factory Engineering and Design. In: Huang, G. Q./Mak, K. L./et al. (Hrsg.): Proceedings of the 6th CIRP-Sponsored International Conference on Digital Enterprise Technology, Springer Berlin Heidelberg, Berlin, Heidelberg, 2010, S. 1551 - 1564.

Czaya, A. (2007)
Das Europäische Normungssystem aus der Perspektive der Neuen Institutionenökonomik, Zugl.: Hamburg, Univ. der Bundeswehr, Diss., Helmut-Schmidt-Universität, 2007.

D. Robertson; K. Ulrich (1998)
Planning for Product Platforms. In: Sloan Management Review, 1998

Dackweiler, J.; Burggräf, P.; Adlon, T.; Dannapfel, M. (2023)
Plattformen für die Fabrikplanung. In: wt Werkstattstechnik online, Nr. 04, 113. Jg., 2023, S. 105 - 109.

Dannapfel, M. (2019)
Ein systemisches Management-Modell für die Fabrikplanung, Dissertation, Rheinisch-Westfälische Technische Hochschule Aachen, 2019.

Davis, S. M. (1987)
Future perfect, First printing; Addison-Wesley Publishing Company Inc, Reading,

Mass., Menlo Park, Calif., New York, Don Mills, Ontario, Wokingham, August 1987.

Dellanoi, R. (2006)
Kommunalitäten bei der Entwicklung variantenreicher Produktfamilien, Dissertation, Hochschule St. Gallen, 2006.

DFX (2019)
Proceedings of the 30th Symposium Design for X, 30th Symposium Design for X, 18th-19th September 2019. The Design Society (2019)

DIN Deutsches Institut für Normung e.V. (2012)
DIN 45646, DIN 45646-2 Beuth Verlag, Berlin, 2012.

DIN Deutsches Institut für Normung e.V. (2015)
DIN EN ISO 9000, DIN EN ISO 9000, 2015.

DIN Deutsches Institut für Normung e.V. (2019)
DIN EN 12464, DIN EN 12464-1 Beuth Verlag, Berlin, 2019.

DIN Deutsches Institut für Normung e.V. (2021)
DIN 55350, DIN 55350, 2021.

Dombrowski, U.; Quack, S. (2007)
Kontinuierliche und systematische Tuning- und Anpassungsmaßnahmen während des Fabrikbetriebs. In: Zeitschrift für wirtschaftlichen Fabrikbetrieb, Nr. 12, 102. Jg., 2007, S. 839 - 843.

Döring, N. (2016)
Forschungsmethoden und Evaluation in den Sozial- und Humanwissenschaften, 5. vollständig überarbeitete, aktualisierte und erweiterte Auflage 2016; Springer, Berlin, Heidelberg, 2016.

Dudenredaktion (2010)
Duden - Das Fremdwörterbuch, 10., aktualisierte Aufl.; Dudenverl., Mannheim, Zürich, 2010.

Dutton, W. H.; Ellison, N. B.; Boyd, D. M. (2013)
Sociality through Social Network Sites, Oxford University Press, 2013.

Ebert, C. (2012)
Systematisches Requirements Engineering - Anforderungen ermitteln, spezifizieren, analysieren und verwalten, 4., überarb. Aufl.; dpunkt-Verl., Heidelberg, 2012.

Ehrlenspiel, K. (2003)
Integrierte Produktentwicklung - Denkabläufe, Methodeneinsatz, Zusammenarbeit, 2., überarb. Aufl.; Hanser, München, Wien, 2003.

Ehrlenspiel, K. (2009)
Integrierte Produktentwicklung - Denkabläufe, Methodeneinsatz, Zusammenarbeit, 4., aktualisierte Aufl., [elektronische Ressource]; Hanser, München, 2009.

Ehrlenspiel, K. (2013)
Kostengünstig Entwickeln und Konstruieren - Kostenmanagement bei der integrierten Produktentwicklung, 7th ed.; Springer, Dordrecht, 2013.

Ehrlenspiel, K.; Meerkamm, H. (2013)
Integrierte Produktentwicklung - Denkabläufe, Methodeneinsatz, Zusammenarbeit, 5., überarb. und erw. Aufl., [elektronische Ressource]; Hanser Verlag, München, 2013.

Eigner, M.; Stelzer, R. H. (2009)
Product-lifecycle-Management - Ein Leitfaden für Product Development und Life-cycle-Management, 2., neu bearb. Aufl.; Springer, Berlin, Heidelberg, 2009.

Engelhardt, R.; Birkhofer, H.; Kloberdanz, H.; Mathias, J. (2009)
Uncertainty-Mode- and Effects-Analysis – an Approach to Analyze and Estimate Uncertainty in the Product Life Cycle. In: Proceedings of ICED 09, the 17th International Conference on Engineering Design, Nr. Vol. 2, 2009, S. 191 - 202.

Engeln, W. (2006)
Methoden der Produktentwicklung, Oldenbourg-Industrieverlag, München, 2006.

Engels, G.; Plass, C.; Rammig, F.-J. (2017)
IT-Plattformen für die Smart Service Welt - Verständnis und Handlungsfelder, Herbert Utz Verlag GmbH, München, 2017.

Erixon, G. (1998)
Modular Function Deployment – A Method for Product Modularisation, Dissertation, The Royal Institute of Technology, 1998.

European Commission (2023)
Growing consumption | Knowledge for policy. URL: https://knowledge4policy.ec.europa.eu/growing-consumerism_en, zuletzt geprüft am 23.05.2023.

Eurostat (2023)
Kleine und mittlere Unternehmen (KMU) - Strukturelle Unternehmensstatistiken. URL: https://ec.europa.eu/eurostat/de/web/structural-business-statistics/information-on-data/small-and-medium-sized-enterprises, zuletzt geprüft am 27.07.2023.

Eversheim, W.; Bergholz, M.; Gather, M. (2002)
Die Fabrik von morgen - vernetzt und wandlungsfähig. In: Wettbewerbsfaktor Produktionstechnik: Aachener Perspektiven; [Tagungsband, 24. Aachener Werkzeugmaschinen-Kolloquium, 6. bis 7. Juni 2002], 2002. Jg., 2002, S. 73 - 96.

Feldhusen, J.; Gebhardt, B. (2008)
Product Lifecycle Management für die Praxis - Ein Leitfaden zur modularen Einführung, Umsetzung und Anwendung, Springer Berlin Heidelberg, Berlin, Heidelberg, 2008.

Feldhusen, J.; Grote, K.-H. (2013)
Der Produktentstehungsprozess (PEP). In: Feldhusen, J./Grote, K.-H. (Hrsg.): Konstruktionslehre, Springer Berlin Heidelberg, Berlin, Heidelberg, 2013, S. 11 - 24.

Feldhusen, J.; Grote, K.-H. (2013)
Konstruktionslehre, Springer Berlin Heidelberg, Berlin, Heidelberg, 2013.

Feldhusen, J.; Grote, K.-H. (2013)
Konstruktionslehre, Springer Berlin Heidelberg, Berlin, Heidelberg, 2013.

Feldhusen, J.; Grote, K.-H. (2013)
Lösungsfindung. In: Feldhusen, J./Grote, K.-H. (Hrsg.): Konstruktionslehre, Springer Berlin Heidelberg, Berlin, Heidelberg, 2013, S. 281 - 457.

Feldhusen, J.; Grote, K.-H.; Göpfert, J.; Tretow, G. (2013)
Technische Systeme. In: Feldhusen, J./Grote, K.-H. (Hrsg.): Konstruktionslehre, Springer Berlin Heidelberg, Berlin, Heidelberg, 2013, S. 237 - 279.

Feldhusen, J.; Grote, K.-H.; Nagarajah, A.; Pahl, G.; Beitz, W.; Wartzack, S. (2013)
Vorgehen bei einzelnen Schritten des Produktentstehungsprozesses. In: Feldhusen, J./Grote, K.-H. (Hrsg.): Konstruktionslehre, Springer Berlin Heidelberg, Berlin, Heidelberg, 2013, S. 291 - 409.

Felix, H. (1998)
Unternehmens- und Fabrikplanung - Planungsprozesse, Leistungen und Beziehungen, 1. Auflage; Carl Hanser Verlag, München, 1998.

Fiedler, R. (2013)
Controlling von Projekten - Mit konkreten Beispielen aus der Unternehmenspraxis - Alle Aspekte der Projektplanung, Projektsteuerung und Projektkontrolle, 6th ed.; Springer, Dordrecht, 2013.

Firchau, N.; Franke, H.-J.; Huch, B.; Menge, M. (2002)
Variantenmanagement - Variantenvielfalt in Produkten und Prozessen erfolgreich beherrschen. In: Franke, H.-J. (Hrsg.): Variantenmanagement in der Einzel- und Kleinserienfertigung - Mit 33 Tabellen, Hanser, München, Wien, 2002, S. 1 - 25.

Firchau, N. L. (2003)
Variantenoptimierende Produktgestaltung, 1. Aufl.; Cuvillier, Göttingen, 2003.

Fixson, S. K. (2003)
The Multiple Faces of Modularity - A Literature Analysis of a Product Concept for Assembled Hardware Products,, 2003.

Franke, H.-J. (2002)
Variantenmanagement in der Einzel- und Kleinserienfertigung - Mit 33 Tabellen, Hanser, München, Wien, 2002.

Franke, H.-J. (2011)
Anforderungsmanagement für kundenindividuelle Produkte - Methodische Lösungsansätze, praxisorientierte Tools, industrielle Anwendungen ; Ergebnisse der BMBF-Projekte DIALOG und KOMSOLV, Shaker Verl., Aachen, 2011.

Freeman, R. E. (1984)
Strategic management - A stakeholder approach, [Nachdr.]; Pitman, Boston, Mass., 1984.

Gawer, A. (2014)
Bridging differing perspectives on technological platforms: Toward an integrative framework. In: Research Policy, Nr. 7, 43. Jg., 2014, S. 1239 - 1249.

Gebhart, N.; Kruse, M.; Krause, D. (2016)
Gleichteile-, Modul- und Plattformstrategie. In: Lindemann, U. (Hrsg.): Handbuch Produktentwicklung, Hanser, München, 2016, S. 111 - 149.

GOLDBECK (2023)
Das GOLDBECK-System. URL: https://www.goldbeck.de/unternehmen/goldbeck-system, zuletzt geprüft am 15.08.2023.

Göpfert, J. (1998)
Modulare Produktentwicklung - Zur gemeinsamen Gestaltung von Technik und Organisation, Deutscher Universitätsverlag, Wiesbaden, s.l., 1998.

Götze, U. (1993)
Szenario-Technik in der Strategischen Unternehmensplanung, 2nd ed.; Deutscher Universitäts Verlag, Wiesbaden, 1993.

Grande, M. (2014)
100 Minuten für Anforderungsmanagement - Kompaktes Wissen nicht nur für Projektleiter und Entwickler, 2., aktualisierte Aufl.; Springer Vieweg, Wiesbaden, 2014.

Große-Oetringhaus, W. F. (1974)
Fertigungstypologie - Unter dem Gesichtspunkt der Fertigungsablaufplanung, Duncker & Humblot, Berlin, 1974.

Grundig, C.-G. (2009)
Fabrikplanung - Planungssystematik - Methoden - Anwendungen, 3., neu bearb. Aufl.; Hanser, München, 2009.

Grundig, C.-G. (2015)
Fabrikplanung - Planungssystematik - Methoden - Anwendungen, 5., aktualisierte Aufl.; Hanser, München, 2015.

Grundig, C.-G. (2018)
Fabrikplanung - Planungssystematik - Methoden - Anwendungen, 6., neu bearbeitete Auflage; Hanser, München, 2018.

Hahn, J. (2017)
Eigenschaftsbasierte Fahrzeugkonzeption, Springer Fachmedien Wiesbaden, Wiesbaden, 2017.

Haucap, J. (2020)
Plattformökonomie: neue Wettbewerbsregeln - Renaissance der Missbrauchsaufsicht. In: Wirtschaftsdienst, Nr. S1, 100. Jg., 2020, S. 20 - 29.

Hauck-Thum, U.; Noller, J. (2021)
Was ist Digitalität?, Springer Berlin Heidelberg, Berlin, Heidelberg, 2021.

Haug, A.; Ladeby, K.; Edwards, K. (2009)
From engineer-to-order to mass customization. In: Management Research News, Nr. 7, 32. Jg., 2009, S. 633 - 644.

Haupt, R. (2000)
Industriebetriebslehre - Einführung Management im Lebenszyklus industrieller Geschäftsfelder, Gabler Verlag, Wiesbaden, 2000.

Hauser, J. (1988)
The House of Quality. In: Harvard Business School Publ., Nr. Vol. 66.1988, 3, 1988, S. 63 - 73.

Heina, J. (1999)
Variantenmanagement - Kosten-Nutzen-Bewertung Zur Optimierung der Variantenvielfalt, Deutscher Universitäts Verlag, Wiesbaden, 1999.

Helbing, K. W.; Mund, H.; Reichel, M. (2010)
Handbuch Fabrikprojektierung, Springer Berlin Heidelberg, Berlin, Heidelberg, 2010.

Hernández Morales, R. (2003)
Systematik der Wandlungsfähigkeit in der Fabrikplanung, Als Ms. gedr; VDI-Verl., Düsseldorf, 2003.

Herold, C.
Ein Vorgehenskonzept zur Unternehmensstrukturierung: Eine heuristische Anwendung des Modells Lebensfähiger Syndrome, Dissertation, Hochschule St. Gallen, [**Jahr ermittelt fehlt!**].

Herrmann, A.; Huber, F. (2013)
Produktmanagement - Grundlagen, Methoden, Beispiele, 3., vollst. überarb. und erw. Aufl.; Springer Gabler, Wiesbaden, 2013.

Heuer, T.; Tatjana Maier, J.; Seitz, M.; Schmidt, M.; Nyhuis, P. (2020)
Auslegung der Auftragsabwicklungsstrategie. In: Zeitschrift für wirtschaftlichen Fabrikbetrieb, Nr. 6, 115. Jg., 2020, S. 399 - 404.

Hight, T. (1994)
Design theory and methodology, ASME 1994 Design Technical Conferences collocated with the ASME 1994 International Computers in Engineering Conference and Exhibition and the ASME 1994 8th Annual Database Symposium, 9/11/1994 - 9/14/1994. American Soc. of Mechanical Engineers, New York, NY (1994)

Hilchner, R. (2012)
Typenorientiertes Lösungsraum-Management in der Fabrikplanung, 1. Aufl.; Apprimus-Verl., Aachen, 2012.

Hildebrand, T.; Günther, U.; Müller, E. (2004)
Die Fabrik als Produkt - Neue Leitbilder für die Fabrikplanung. In: wt Werkstatttechnik online, Nr. 7/8, 94. Jg., 2004, S. 355 - 362.

Hildebrand, T.; Mäding, K.; Günther, U. (2005)
PLUG+PRODUCE - Gestaltungsstrategien für die wandlungsfähige Fabrik, IBF - Inst. für Betriebswiss. und Fabriksysteme Techn. Univ, Chemnitz, 2005.

Hirt, K. (1990)
PPS beim Einsatz flexibler Fertigungssysteme - Voraussetzungen und Gestaltungshinweise für eine effiziente Auftragsabwicklung, Springer Berlin Heidelberg, Berlin, Heidelberg, s.l., 1990.

Hood, C. (2008)
Requirements management - The interface between requirements development and all other systems engineering processes, Springer, Berlin, Heidelberg, 2008.

Huang, G.; Mak, K.; Maropoulos, P. (2010)
Proceedings of the 6th CIRP-Sponsored International Conference on Digital Enterprise Technology, Springer Berlin Heidelberg, Berlin, Heidelberg, 2010.

Hvam, L.; Herbert-Hansen, Z.; Haug, A.; Kudsk, A.; Mortensen, N. (2017)
A framework for determining product modularity levels. In: Advances in Mechanical Engineering, Nr. 10, 9. Jg., 2017, 1-14.

Inkermann, D.; Hanna, M.; Richter, T.; Wortmann, N.; Vietor, T.; Krause, D. (2019)
Die Produktarchitektur als zentrales Konzept in der Produktentwicklung. In: DFX (Hrsg.): Proceedings of the 30th Symposium Design for X, The Design Society, 2019, S. 263 - 278.

Jacob, F. (1995)
Produktindividualisierung - Ein Ansatz zur innovativen Leistungsgestaltung im Business-to-Business-Bereich, Gabler, Wiesbaden, 1995.

Jakoby, W. (2015)
Projektmanagement für Ingenieure - Ein praxisnahes Lehrbuch für den systematischen Projekterfolg, 3., aktualisierte u. erw. Aufl.; Springer Vieweg, Wiesbaden, 2015.

Jarren, O.; Fischer, R. (2022)
Transformation der politischen Öffentlichkeit? Der Einfluss von Plattformen auf das gesellschaftliche Vermittlungssystem. In: KZfSS Kölner Zeitschrift für Soziologie und Sozialpsychologie, Nr. S1, 74. Jg., 2022, S. 183 - 207.

Jarren, O.; Neuberger, C. (2020)
Gesellschaftliche Vermittlung in der Krise, Nomos Verlagsgesellschaft mbH & Co. KG, 2020.

Jiao, J.; Tseng, M. (2000)
Fundamentals of product family architecture. In: Integrated Manufacturing Systems, Nr. 7, 11. Jg., 2000, S. 469 - 483.

Jochem, R.; Landgraf, K. (2011)
Anforderungsmanagement in der Produktentwicklung - Komplexität reduzieren, Prozesse optimieren, Qualität sichern, 1. Auflage; Symposion Publishing GmbH, Düsseldorf, 2011.

Jünemann, R.; Hompel, M. ten; Schmidt, T.; Nagel, L. (2007)
Materialflusssysteme - Förder- und Lagertechnik ; mit 36 Tabellen, 3., völlig. neu bearb. Aufl.; Springer, Berlin, Heidelberg, 2007.

Jung, C. (2006)
Anforderungsklärung in interdisziplinärer Entwicklungsumgebung, Dissertation, Technische Universität München, 2006.

Junge, H. (1991)
Beitrag zur technischen Gestaltung eines Baukastensystems für Handhabungsgeräte, Dissertation, Universität Dortmund, 1991.

Jutta, K. (2007)
Markteinführung neuer Produkte, DUV, Wiesbaden, 2007.

Kartika, S. I. (2010)
Methodik zur Analyse des Baukastenpotentials bei bestehender Produktvielfalt, Shaker, Aachen, 2010.

Kelle, U. (2010)
Vom Einzelfall zum Typus - Fallvergleich und Fallkontrastierung in der qualitativen Sozialforschung, 2., überarbeitete Auflage; VS Verlag für Sozialwissenschaften, Wiesbaden, 2010.

Kessler, E.; Bierly, P. (2002)
Is faster really better? An empirical test of the implications of innovation speed. In: IEEE Transactions on Engineering Management, Nr. 1, 49. Jg., 2002, S. 2 - 12.

Kettner, H.; Schmidt, J.; Greim, H.-R. (1984)
Leitfaden der systematischen Fabrikplanung - Mit zahlreichen Checklisten, Unveränd. Nachdr. der Ausg. 1984; Hanser, München, 1984.

Kieser, A. (1995)
Handwörterbuch der Führung, 2., neu gestaltete und erg. Aufl.; Schäffer-Poeschel, Stuttgart, 1995.

Kindmann, R.; Krahwinkel, M. (2012)
Stahl- und Verbundkonstruktionen - Entwurf, Konstruktion, Berechnungsbeispiele ; mit 107 Tabellen, 2., vollst. überarb. und aktualisierte Aufl.; Springer Vieweg, Wiesbaden, 2012.

Kinkel, S. (2009)
Erfolgsfaktor Standortplanung - In- und ausländische Standorte richtig bewerten, 2. Aufl. 2009; Springer Berlin Heidelberg, Berlin, Heidelberg, 2009.

Kipp, T. (2013)
Methodische Unterstützung der variantengerechten Produktgestaltung, TUHH Universitätsbibliothek, 2013.

Kleinaltenkamp, M.; Fließ, S.; Jacob, F. (1996)
Customer Integration - Von der Kundenorientierung zur Kundenintegration, Gabler Verlag, Wiesbaden, 1996.

Kluge, F. (1989)
Etymologisches Wörterbuch der deutschen Sprache, 22. Aufl.; De Gruyter, Berlin, 1989.

Kluge, S. (1999)
Empirisch begründete Typenbildung - Zur Konstruktion von Typen und Typologien in der qualitativen Sozialforschung, VS Verlag für Sozialwissenschaften, Wiesbaden, 1999.

Koch, H. (1977)
Aufbau der Unternehmensplanung, Gabler Verlag, Wiesbaden, s.l., 1977.

Köhler, R. (1977)
Empirische und handlungstheoretische Forschungskonzeptionen in der Betriebswirtschaftslehre - Bericht über d. Tagung in Aachen, März 1976, 1. Aufl.; Poeschel, Stuttgart, 1977.

Kohlhase, N. (1997)
Strukturieren und Beurteilen von Baukastensystemen - Strategien, Methoden, Instrumente, Als Ms. gedr; VDI-Verl., Düsseldorf, 1997.

Koller, R. (1998)
Konstruktionslehre für den Maschinenbau - Grundlagen zur Neu- und Weiterentwicklung technischer Produkte mit Beispielen, neubearbeitete und erweiterte Auflage; Springer Berlin Heidelberg, Berlin, Heidelberg, 1998.

Koren, Y.; Shpitalni, M.; Gu, P.; Hu, S. (2015)
Product Design for Mass-Individualization. In: Procedia CIRP, 36. Jg., 2015, S. 64 - 71.

Kotler, P.; Keller, K. L.; Zawiślak, M.; Środa, J. (2021)
Marketing - Na podstawie najnowszego czternastego wydania oryginału, Dodruk; Rebis, Poznań, 2021.

Kristjansson, A.; Jensen, T.; Hildre, H. (2004)
The term platform in the context of a product developing company. In: DS 32: Proceedings of DESIGN 2004, the 8th International Design Conference, Dubrovnik, Croatia, 2004, S. 325 - 330.

Krunke, M. (2017)
Reifegradmanagement in der Fabrikplanung, 1. Auflage, 2017.

Krusche, T. (2000)
Strukturierung von Anforderungen für eine effiziente und effektive Produktentwicklung, Dissertation, TU Braunschweig, 2000.

Kubicek, H. (1977)
Heuristische Bezugsrahmen und heuristisch angelegte Forschungsdesign als Elemente einer Konstruktionsstrategie empirischer Forschung. In: Köhler, R. (Hrsg.): Empirische und handlungstheoretische Forschungskonzeptionen in der Betriebswirtschaftslehre - Bericht über d. Tagung in Aachen, März 1976, 1. Aufl.; Poeschel, Stuttgart, 1977, S. 3 - 36.

Kuhn, T. S. (2009)
The structure of scientific revolutions, 3. ed., [Nachdr.]; Univ. of Chicago Press, Chicago, 2009.

Lakatos, I.; Musgrave, A. (1970)
Criticism and the growth of knowledge, Cambridge University Press, London, 1970.

Landes, D. S. (1973)
Der entfesselte Prometheus - Technologischer Wandel und industrielle Entwicklung in Westeuropa von 1750 bis zur Gegenwart, Kiepenheuer & Witsch, Köln, 1973.

Landgraf, K. (2011)
Requirements Management & Engineering - ein Überblick. In: Jochem, R./Landgraf, K. (Hrsg.): Anforderungsmanagement in der Produktentwicklung - Komplexität reduzieren, Prozesse optimieren, Qualität sichern, 1. Auflage; Symposion Publishing GmbH, Düsseldorf, 2011, S. 15 - 33.

Landwehr, R. (2007)
Berufsbild Fabrikplaner. In: wt Werkstatttechnik online, Nr. 97, 2007, S. 175 - 177.

Lenders, M. (2009)
Beschleunigung der Produktentwicklung durch Lösungsraum-Management, Apprimus-Verl., Aachen, 2009.

Lindemann, U. (2009)
Methodische Entwicklung technischer Produkte - Methoden flexibel und situationsgerecht anwenden, 3., korrigierte Aufl.; Springer, Dordrecht, Heidelberg, 2009.

Lindemann, U. (2016)
Handbuch Produktentwicklung, Hanser, München, 2016.

Lindemann, U. (2016)
Handbuch Produktentwicklung, Hanser, München, 2016.

Litke, H.-D. (2007)
Projektmanagement - Methoden, Techniken, Verhaltensweisen, evolutionäres Projektmanagement, 5., erw. Aufl.; Hanser, München, 2007.

Lobigs, F. (2020)
Plattform-Revolution der öffentlichen Kommunikation und Krise der Vermittlung aus institutionenökonomischer Perspektive. In: Jarren, O./Neuberger, C. (Hrsg.): Gesellschaftliche Vermittlung in der Krise, Nomos Verlagsgesellschaft mbH & Co. KG, 2020, S. 155 - 188.

Lösch, J. (2001)
Controlling der Variantenvielfalt - Eine koordinationsorientierte Konzeption zur Steuerung von Produktvarianten, Shaker, Aachen, 2001.

MacDuffie, J.; Sethuraman, K.; Fisher, M. (1996)
Product Variety and Manufacturing Performance: Evidence from the International Automotive Assembly Plant Study. In: Management Science, Nr. 3, 42. Jg., 1996, S. 350 - 369.

Mack, R. P. (1971)
Planning on uncertainty - Decision making in business and government administration, Wiley-Interscience, New York, 1971.

Maireder, A.; Ausserhofer, J.; Schumann, C.; Taddicken, M. (2015)
Digitale Methoden in der Kommunikationswissenschaft, ifpuk - Institute for Media and Communication Studies at FU Berlin, 2015.

Martin, M.; Ishii, K. (2000)
Design for Variety: A Methodology for Developing Product Platform Architec-

tures. In: ASME 2000 (Hrsg.): International Design Engineering Technical Conferences and Computers and Information in Engineering Conference, American Society Of Mechanical Engineers, 2000, S. 57 - 71.

Mayer-Bachmann, R. (2007)
Integratives Anforderungsmanagement - Konzept und Anforderungsmodell am Beispiel der Fahrzeugentwicklung, KIT Scientific Publishing, Erscheinungsort nicht ermittelbar, 2007.

Meckelnborg, A. (2015)
Integrative Fabrikplanung durch effiziente Koordinationsmodelle, 1. Aufl.; Apprimus Verlag, Aachen, 2015.

Menge, M. (2001)
Ein Beitrag zur Beherrschung der Variantenvielfalt in der auftragsbezogenen Einzel- und Kleinserienfertigung komplexer Produkte, Vulkan-Verl., Essen, 2001.

Meyer, M. H.; Lehnerd, A. P. (1997)
The power of product platforms - Building value and cost leadership, Free Press, New York, NY, 1997.

Much, D. (1997)
Harmonisierung von technischer Auftragsabwicklung und Produktionsplanung und -steuerung bei Unternehmenszusammenschlüssen, Als Ms. gedr; Shaker, Aachen, 1997.

Nasvytis, A. (1953)
Die Gesetzmäßigkeiten kombinatorischer Technik, Springer Berlin Heidelberg, Berlin, Heidelberg, s.l., 1953.

Negele, H. (2014)
Systemtechnische Methodik zur ganzheitlichen Modellierung am Beispiel der integrierten Produktentwicklung, 3., unveränderte Auflage; Utz, Herbert, München, 2014.

Nöcker, J. C. (2012)
Zustandsbasierte Fabrikplanung, 1. Aufl.; Apprimus-Verl., Aachen, 2012.

Normenausschuss für Bauwesen (NABau) im DIN Deutsches Institut für Normung e.V. (1998)
DIN 18225, DIN 18225 Beuth Verlag GmbH, Berlin, 1998.

Nyhuis, P. (2010)
Wandlungsfähige Produktionssysteme, GITO-Verl., Berlin, 2010.

Oliver, W.; Marion, N. (2008)
Political Party Platforms. In: Criminal Justice Policy Review, Nr. 4, 19. Jg., 2008, S. 397 - 413.

Pahl, G.; Beitz, W.; Feldhusen, J.; Grote, K.-H. (2007)
Konstruktionslehre - Grundlagen erfolgreicher Produktentwicklung; Methoden und Anwendung, 7. Aufl.; Springer, Berlin, Heidelberg, 2007.

Palluck, M. (2011)
Unternehmenszielorientierte Fabrikplanung im Kontext eines Ganzheitlichen Produktionssystems, Shaker-Verl., Aachen, 2011.

Pasternak, H.; Hoch, H.-U.; Füg, D. (2010)
Stahltragwerke im Industriebau, Ernst, Berlin, 2010.

Patzak, G. (1982)
Systemtechnik - Planung komplexer innovativer Systeme - Grundlagen, Methoden, Techniken, Springer, Berlin, 1982.

Patzak, G.; Rattay, G. (2018)
Projektmanagement - Projekte, Projektportfolios, Programme und projektorientierte Unternehmen, 7., aktualisierte Auflage; Linde international; Ciando, Wien, München, 2018.

Paulukuhn, L. (2005)
Typologisierung von Entwicklungsprojekten im Maschinenbau, Shaker, Aachen, 2005.

Pawellek, G. (2014)
Ganzheitliche Fabrikplanung - Grundlagen, Vorgehensweise, EDV-Unterstützung, 2nd ed.; Springer Berlin /Heidelberg, Berlin, Heidelberg, 2014.

Peppers, D. (2004)
Managing customer relationships - A strategic framework, John Wiley & Sons, Hoboken, New Jersey, 2004.

Picot, A.; Reichwald, R.; Nippa, M. (1988)
Zur Bedeutung der Entwicklungsaufgabe für die Entwicklungszeit - Ansätze für

die Entwicklungsgestaltung. In: Zeitschrift für betriebswirtschaftliche Forschung, Nr. SH 23, 1988, S. 112 - 137.

Piller, F. (2007)
Mass Customization. In: Albers, S./Herrmann, A. (Hrsg.): Handbuch Produktmanagement, Gabler Verlag, Wiesbaden, 2007, S. 941 - 968.

Piller, F. T. (2008)
Mass Customization - Ein wettbewerbsstrategisches Konzept im Informationszeitalter, 4., überarb. und erw. Aufl., Nachdr; Dt. Univ.-Verl., Wiesbaden, 2008.

Pimmler, T.; Eppinger, S. (1994)
Integration Analysis of Product Decompositions. In: Hight, T. K. (Hrsg.): Design theory and methodology, American Soc. of Mechanical Engineers, New York, NY, 1994, S. 343 - 351.

Pine, B. J. (1994)
Maßgeschneiderte Massenfertigung - Neue Dimensionen im Wettbewerb, Wirtschaftsverl. Ueberreuter, Wien, 1994.

Podolsky, J. P. (1977)
Flächenkennzahlen für die Fabrikplanung - Planungskatalog für metallverarbeitende Fertigungen, Beuth Verlag, Berlin, 1977.

Pohl, K. (1994)
The three dimensions of requirements engineering: A framework and its applications. In: Information Systems, Nr. 3, 19. Jg., 1994, S. 243 - 258.

Ponn, J.; Lindemann, U. (2008)
Konzeptentwicklung und Gestaltung technischer Produkte, Springer Berlin Heidelberg, Berlin, Heidelberg, 2008.

Ponn, J.; Lindemann, U. (2011)
Konzeptentwicklung und Gestaltung technischer Produkte, Springer Berlin Heidelberg, Berlin, Heidelberg, 2011.

Popper, K. (1935)
Logik der Forschung - Zur Erkenntnistheorie der Modernen Naturwissenschaft, Springer Vienna, Vienna, s.l., 1935.

Ramsauer, C.; Rabitsch, C. (2016)
Agile Produktion - Ein Produktionskonzept für gesteigerten Unternehmenserfolg

in volatilen Zeiten. In: Biedermann, H. (Hrsg.): Industrial Engineering und Management - Beiträge des Techno-Ökonomie-Forums der TU Austria, 1. Aufl. 2016; Springer Gabler, Wiesbaden, 2016, S. 63 - 81.

Rapp, T. (1999)
Produktstrukturierung - Komplexitätsmanagement durch modulare Produktstrukturen und -plattformen, 2. Aufl.; Books on Demand, Norderstedt, 1999.

Rathnow, P. J. (1993)
Integriertes Variantenmanagement - Bestimmung, Realisierung und Sicherung der optimalen Produktvielfalt, Vandenhoeck & Ruprecht, Göttingen, 1993.

Raubold, U. (2011)
Lebenszyklusmanagement in der Automobilindustrie - Ein Optimierungsansatz auf Basis der auf den Lebenszyklus wirkenden Einflussfaktoren,, 2011.

REFA (1985)
Methodenlehre der Planung und Steuerung, 4. Aufl.; Hanser, München, 1985.

REFA - Verband für Arbeitsstudien und Betriebsorganisation (1985)
Methodenlehre der Planung und Steuerung, 4. Aufl.; Hanser, München, 1985.

Reger, G. (1997)
Koordination und Strategisches Management Internationaler Innovationsprozesse, Physica-Verlag, Heidelberg, 1997.

Reichwald, R.; Piller, F. T. (2009)
Interaktive Wertschöpfung - Open Innovation, Individualisierung und neue Formen der Arbeitsteilung, 2., vollständig überarbeitete und erweiterte Auflage; Gabler, Wiesbaden, 2009.

Reinhart, G. (1996)
Qualitätsmanagement - Ein Kurs Für Studium und Praxis, Springer Berlin /Heidelberg, Berlin, Heidelberg, 1996.

Renner, I. (2006)
Methodische Unterstützung funktionsorientierter Baukastenentwicklung am Beispiel Automobil, Dissertation, Technische Universität München, 2006.

Riepe, B. (2003)
Integrierte Produktstrukturmodellierung in den frühen Phasen der Produktentstehung - Eine Methode zur Modularisierung variantenreicher mechatronischer Produkte, Books on Demand, Norderstedt, 2003.

Riesener, M. (2015)
Ähnlichkeitsbasierte Produktkonfiguration im Maschinenbau, Apprimus Verlag, Aachen, 2015.

Rockstroh, W. (1980)
Technologische Betriebsprojektierung - Band 1: Grundlagen und Methoden der Projektierung, Verlag Technik, Berlin, 1980.

Röttger, U.; Donges, P.; Zerfaß, A. (2020)
Handbuch Public Affairs, Springer Fachmedien Wiesbaden, Wiesbaden, 2020.

Rudberg, M.; Wikner, J. (2004)
Mass customization in terms of the customer order decoupling point. In: Production Planning & Control, Nr. 4, 15. Jg., 2004, S. 445 - 458.

Rudolf, S. (2013)
Produktionsgerechte Baukastengestaltung, 1. Aufl.; Apprimus-Verl., Aachen, 2013.

Rüegg-Stürm, J. (2005)
Das neue St. Galler Management-Modell - Grundkategorien einer integrierten Managementlehre ; der HSG-Ansatz, 8. Nachdr. d. 2. durchgesehenen u. korr. Aufl.; Haupt, Bern, 2005.

Salvador, F. (2007)
Toward a Product System Modularity Construct: Literature Review and Reconceptualization. In: IEEE Transactions on Engineering Management, Nr. 2, 54. Jg., 2007, S. 219 - 240.

Schanz, G. (1995)
Wissenschaftstheoretische Grundfragen der Führungsforschung. In: Kieser, A. (Hrsg.): Handwörterbuch der Führung, 2., neu gestaltete und erg. Aufl.; Schäffer-Poeschel, Stuttgart, 1995, S. 2189 - 2197.

Schäppi, B. (2005)
Handbuch Produktentwicklung, Hanser, München, Wien, 2005.

Schenk, M. (2014)
Fabrikplanung und Fabrikbetrieb - Methoden für die wandlungsfähige, vernetzte und ressourceneffiziente Fabrik, 2., vollst. überarb. u. erw. Aufl. 2014; Springer Vieweg, Berlin, Heidelberg, 2014.

Schenk, M.; Wirth, S.; Müller, E. (2014)
Factory Planning Manual - Situation-Driven Production Facility Planning, Aufl. 2010; Springer Berlin, Berlin, 2014.

Schienmann, B. (2002)
Kontinuierliches Anforderungsmanagement - Prozesse, Techniken, Werkzeuge ; [mit Muster für Lasten- und Pflichtenheft, Addison-Wesley, München, Boston, 2002.

Schlick, C.; Kausch, B.; Tackenberg, S. (2007)
Projektsimulation als Planungsunterstützung. In: Zeitschrift für wirtschaftlichen Fabrikbetrieb: ZWF, Nr. RWTH-CONV-032030, 102. Jg., 2007

Schmidt, F. A. (2016)
Arbeitsmärkte in der Plattformökonomie - Zur Funktionsweise und den Herausforderungen von Crowdwork und Gigwork, Friedrich-Ebert-Stiftung, Abteilung Wirtschafts- und Sozialpolitik, Bonn, 2016.

Schmigalla, H. (1995)
Fabrikplanung - Begriffe und Zusammenhänge, 1. Auflage; Hanser, München, Wien, 1995.

Schömann, S. O. (2012)
Produktentwicklung in der Automobilindustrie - Managementkonzepte vor dem Hintergrund gewandelter Herausforderungen, Gabler Verlag, Wiesbaden, 2012.

Schuh, G. (1989)
Gestaltung und Bewertung von Produktvarianten - Ein Beitrag zur systematischen Planung von Serienprodukten, Dissertation, Techn. Hochschule, 1989.

Schuh, G. (2005)
Produktkomplexität managen - Strategien, Methoden, Tools, 2., überarb. und erw. Aufl.; Hanser, München, Wien, 2005.

Schuh, G. (2012)
Innovationsmanagement, Springer Berlin Heidelberg, Berlin, Heidelberg, 2012.

Schuh, G.; Franzkoch, B.; Burggräf, P.; Nöcker, J.; Wesch-Potente, C. (2009)
Frei konfigurierbare Planungsprozesse in der Fabrikplanung. In: wt Werkstattstechnik online, Nr. 99, 2009, S. 193 - 198.

Schuh, G.; Gottschalk, S.; Höhne, T. (2007)
High Resolution Production Management. In: CIRP Annals, Nr. 1, 56. Jg., 2007, S. 439 - 442.

Schuh, G.; Gulden, A.; Gottschalk, S.; Kamkper, A. (2006)
Komplexitätswissenschaft in der Fabrikplanung. In: wt Werkstatttechnik online, Nr. 96, 2006, S. 167 - 170.

Schuh, G.; Lenders, M.; Nußbaum, C.; Rudolf, S. (2012)
Produktarchitekturgestaltung. In: Schuh, G. (Hrsg.): Innovationsmanagement, Springer Berlin Heidelberg, Berlin, Heidelberg, 2012, S. 115 - 160.

Schuh, G.; Müller, J.; Rauhut, M. (2012)
Gestaltung von Produktentwicklungsprozessen. In: Schuh, G. (Hrsg.): Innovationsmanagement, Springer Berlin Heidelberg, Berlin, Heidelberg, 2012, S. 161 - 247.

Schwaber, K. (2007)
Agiles Projektmanagement mit Scrum, Microsoft Press, Unterschleißheim, 2007.

Seemann, M. (2014)
Das neue Spiel - Strategien für die Welt nach dem digitalen Kontrollverlust, Orange-Press, Freiburg, 2014.

Sekolec, R. (2005)
Produktstrukturierung als Instrument des Variantenmanagements in der methodischen Entwicklung modularer Produktfamilien, ETH Zurich, 2005.

Sikhwal, R.; Childs, P. (2021)
Towards Mass Individualisation: setting the scope and industrial implication. In: Design Science, 7. Jg., 2021, e16.

Simpson, T.; Jiao, J.; Siddique, Z.; Hölttä-Otto, K. (2014)
Advances in Product Family and Product Platform Design, Springer New York, New York, NY, 2014.

Simpson, T.; Siddique, Z.; Jiao, J. (2006)
Product Platform and Product Family Design, Springer US, New York, NY, 2006.

Slamanig, M. (2011)
Produktwechsel als Problem im Konzept der Mass Customization - Theoretische Überlegungen und empirische Befunde, Gabler, Wiesbaden, 2011.

Spath, D.; Baumeister, M. (2002)
Wandlungsfähigkeit und Planung von Fabriken. Ein Ansatz durch Fabriktypologisierung und unterstützenden Strukturbaukasten. In: ZWF Zeitschrift für wirtschaftlichen Fabrikbetrieb, Nr. 1/2, 97. Jg., 2002, S. 28.

Springer Fachmedien (2011)
Gabler Kompakt-Lexikon Wirtschaft, Springer Fachmedien, Wiesbaden, 2011.

Sredic, V. (2011)
Ganzheitliche Wertschöpfung und unbegrenzte Wandlungsfähigkeit durch „Bluefield Plug & Produce". In: wt Werkstattstechnik online, Nr. 4, 101. Jg., 2011, S. 194 - 199.

Stachowiak, H. (1973)
Allgemeine Modelltheorie, Springer, Wien, New York, 1973.

Stang, S.; Hesse, L.; Warnecke, G. (2002)
Plattformkonzepte. In: Zeitschrift für wirtschaftlichen Fabrikbetrieb, Nr. 3, 97. Jg., 2002, S. 110 - 115.

Statistisches Bundesamt (2023)
Produktionsindex, Industrie. URL: https://www.destatis.de/DE/Themen/Wirtschaft/Konjunkturindikatoren/Produktion/kpi117.html#355032, zuletzt geprüft am 23.05.2023.

Stegemann, P. (2010)
Integrierte Komplexitätsbeherrschung in der Produktentwicklung durch Produktkommunalitäten, Dissertation, Helmut-Schmidt-Universität, 2010.

Steinmeier, E. (1999)
Realisierung eines systemtechnischen Produktmodells - Einsatz in der PKW-Entwicklung, Als Ms. gedr; Shaker, Aachen, 1999.

Steward, D. (1981)
The design structure system: A method for managing the design of complex systems. In: IEEE Transactions on Engineering Management, Nr. 3, EM-28, 1981, S. 71 - 74.

Suh, E.; Weck, O. de; Chang, D. (2007)
Flexible product platforms: framework and case study. In: Research in Engineering Design, Nr. 2, 18. Jg., 2007, S. 67 - 89.

Tomczak, T. (1992)
Forschungsmethoden in der Marketingwissenschaft - Ein Plädoyer für den qualitativen Forschungsansatz. In: Marketing ZFP, 2. Jg., 1992

Uhl, K. (2015)
Räume der Arbeit - Von der frühneuzeitlichen Werkstatt zur modernen Fabrik. URL: http://ieg-ego.eu/de/threads/crossroads/technisierte-lebenswelten/karsten-uhl-raeume-der-arbeit-von-der-fruehneuzeitlichen-werkstatt-zur-modernen-fabrik, zuletzt geprüft am 01.08.2022.

Ulrich, H.; Dyllick, T.; Probst, G. (1984)
Management, Haupt, Bern, Stuttgart, 1984.

Ulrich, K. (1995)
The role of product architecture in the manufacturing firm. In: Research Policy, Nr. 3, 24. Jg., 1995, S. 419 - 440.

Ulrich, K. (1995)
The Role of Product Architecture in the Manufacturing Firm, 1995, S. 419 - 440.

Ulrich, K. T.; Eppinger, S. D. (2016)
Product design and development, Sixth edition; McGraw-Hill Education, New York, NY, 2016.

Ulrich, P.; Hill, W. (1976)
Wissenschaftstheoretische Grundlagen der Betriebswirtschaftslehre. In: Wirtschaftswissenschaftliches Studium: Zeitschrift für Ausbildung und Hochschulkontakt, Nr. 7+8, 5. Jg., 1976

Vajna, S. (2022)
Integrated Design Engineering - Interdisziplinäre und ganzheitliche Produktentwicklung, 2. Auflage; Springer Vieweg, Berlin, Heidelberg, 2022.

VDI - Gesellschaft für Produktionstechnik (2009)
VDI 5200, VDI 5200 Blatt 1 Verein Deutscher Ingenieure, 2009.

VDI-Gesellschaft Fördertechnik Materialfluß Logistik (1992)
VDI 2360, VDI 2360 Beuth Verlag GmbH, Berlin, 1992.

VDI-Gesellschaft Fördertechnik Materialfluß Logistik (2007)
VDI 2388, VDI 2388 Beuth Verlag GmbH, Berlin, 2007.

VDI-Gesellschaft Produktion und Logistik (2010)
VDI 3644, VDI 3644, August 2010.

VDI-Gesellschaft Produktion und Logistik (2011)
VDI 2498 Blatt 1, VDI 2498 Blatt 1 Beuth Verlag GmbH, Berlin, 2011.

Verein deutscher Ingenieure (2011)
VDI 2262 Blatt 3, VDI 2262 Blatt 3 Beuth Verlag GmbH, Berlin, 2011.

Verein deutscher Ingenieure (2014)
VDI 3802 Blatt 1, VDI 3802 Blatt 1 Beuth Verlag GmbH, Berlin, 2014.

Verein deutscher Ingenieure (2019)
VDI 2221, VDI 2221, 2019.

Verein deutscher Ingenieure (2020)
VDI 3803 Blatt 1, VDI 3803 Blatt 1 Beuth Verlag GmbH, Berlin, 2020.

Vester, F. (2015)
Die Kunst vernetzt zu denken - Ideen und Werkzeuge für einen neuen Umgang mit Komplexität ; ein Bericht an den Club of Rome ; [der neue Bericht an den Club of Rome, 10. Aufl.; Dt. Taschenbuch-Verl., München, 2015.

Vietor, T.; Stechert, C. (2013)
Produktarten zur Rationalisierung des Entwicklungs- und Konstruktionsprozesses. In: Feldhusen, J./Grote, K.-H. (Hrsg.): Konstruktionslehre, Springer Berlin Heidelberg, Berlin, Heidelberg, 2013, S. 817 - 871.

Voet, H. (2018)
Baukastensysteme für die Fabrikplanung in kleinen und mittleren Unternehmen, Dissertation, Rheinisch-Westfälische Technische Hochschule Aachen, 2018.

Wampfler, P. (2021)
Netz-Gespräche und „marketplace of ideas" – was digitale Plattformen für politische Kommunikation bedeuten. In: Hauck-Thum, U./Noller, J. (Hrsg.): Was ist Digitalität?, Springer Berlin Heidelberg, Berlin, Heidelberg, 2021, S. 97 - 116.

Wang, Y.; Ma, H.-S.; Yang, J.-H.; Wang, K.-S. (2017)
Industry 4.0: a way from mass customization to mass personalization production. In: Advances in Manufacturing, Nr. 4, 5. Jg., 2017, S. 311 - 320.

Warnecke, H.-J. (1996)
Die Fraktale Fabrik - Revolution der Unternehmenskultur, Neuaufl.; Rowohlt, Reinbek bei Hamburg, 1996.

Weiß, M. (1993)
Planung der Fertigungstiefe, Deutscher Universitätsverlag, Wiesbaden, 1993.

Welter, M. (2006)
Die Forschungsmethode der Typisierung. In: WiSt - Wirtschaftswissenschaftliches Studium, Nr. 2, 35. Jg., 2006, S. 113 - 116.

Westkämper, E. (2006)
Einführung in die Organisation der Produktion, Springer Berlin Heidelberg, Berlin, Heidelberg, 2006.

Westkämper, E. (2013)
Digitale Produktion, 1st ed.; Springer Berlin /Heidelberg, Berlin, Heidelberg, 2013.

Westkämper, E.; Löffler, C. (2016)
Strategien der Produktion - Technologien, Konzepte und Wege in die Praxis, 1. Aufl. 2016; Springer Berlin Heidelberg, Berlin, Heidelberg, 2016.

Wiendahl, H.-P. (2014)
Betriebsorganisation für Ingenieure, 8., überarb. Aufl.; Hanser, München, 2014.

Wiendahl, H.-P. (2014)
Handbuch Fabrikplanung - Konzept, Gestaltung und Umsetzung wandlungsfähiger Produktionsstätten, 2., überarbeitete und erweiterte Auflage; Hanser; Ciando, München, Wien, München, 2014.

Wiendahl, H.-P.; Hernández, R.; Grienitz, V. (2002)
Planung wandlungsfähiger Fabriken. In: Zeitschrift für wirtschaftlichen Fabrikbetrieb, Nr. 1-2, 97. Jg., 2002, S. 12 - 17.

Wiendahl, H.-P.; Nofen, D.; Klußmann, J. H.; Breitenbach, F. (2005)
Planung modularer Fabriken - Vorgehen und Beispiele aus der Praxis, Hanser, München, Wien, 2005.

Wildemann, H. (2005)
Produktordnungssysteme - Leitfaden zur Standardisierung und Individualisierung

des Produktprogramms durch intelligente Plattformstrategien, 4. Aufl.; TCW Transfer-Centrum Verl., München, 2005.

Winter, C.; Wixforth, D.; Siemers, R. (2020)
Plattformen für den Austausch: Stakeholder-Events und innovative Formate der Public Affairs. In: Röttger, U./Donges, P./et al. (Hrsg.): Handbuch Public Affairs, Springer Fachmedien Wiesbaden, Wiesbaden, 2020, S. 1 - 15.

Winter, J. (2017)
Europa und die Plattformökonomie – Wie datengetriebene Geschäftsmodelle Wertschöpfungsketten verändern. In: Bruhn, M./Hadwich, K. (Hrsg.): Dienstleistungen 4.0, Springer Fachmedien Wiesbaden, Wiesbaden, 2017, S. 71 - 88.

Wirth, S.; Erfurth, R.; Olschewski, T. (2003)
Mobilitätsstufenabhängige Fabrikplattformen - Flexibilisierung bestehender Fabrikstrukturen. In: wt Werkstattstechnik online, Nr. 4, 93. Jg., 2003

Wirth, S.; Mann, H.; Otto, R. (2000)
Layoutplanung betrieblicher Funktionseinheiten - Leitfaden, Chemnitz, 2000.

In der Reihe **Ergebnisse aus der Produktionstechnik** zuletzt erschienen:

Dackweiler, Jonas:
Planungseffizienz und -effektivität durch Plattformbasierte Fabrikplanung
ISBN: 978-3-98555-220-7
Erscheinungsdatum: 27.05.2024

Löffler, Bernd:
Additiv gefertigte Kunststoffwerkzeuge für das Tiefziehen von Feinblech
ISBN: 978-3-98555-211-5
Erscheinungsdatum: 27.05.2024

Schopen, Marco:
Datenbasierte hybride Analyse und Gestaltung von Geschäftsprozessen
ISBN: 978-3-98555-217-7
Erscheinungsdatum: 22.05.2024

Scholzen, Philipp:
Auslegung geräuschoptimierter pulvermetallurgischer Stirnradverzahnungen
ISBN: 978-3-98555-216-0
Erscheinungsdatum: 21.05.2024

Seelbach, Tobias:
Prädiktion der Maßhaltigkeit beim Räumen von Profilnuten
ISBN: 978-3-98555-213-9
Erscheinungsdatum: 21.05.2024

Fiedler, Falko:
Produkt- und prozessseitige Auslegung von bauteilintegrierten Vorrichtungsfunktionen
ISBN: 978-3-98555-206-1
Erscheinungsdatum: 02.04.2024

Theling, Julian:
Auslegung von Planetengetrieben im elastischen Verzahnungsumfeld unter Berücksichtigung der Wechselwirkungen des Mehrfacheingriffes
ISBN: 978-3-98555-205-4
Erscheinungsdatum: 26.03.2024

Hohenstein, Steffen:
Multidirektionaler Aufbau in der additiven Fertigung von Kunststoffen
ISBN: 978-3-98555-203-0
Erscheinungsdatum: 05.03.2024

Schukat, Esben:
Kapazitätsorientierte Auftragsfreigabe in matrixstrukturierten Montagesystemen
ISBN: 978-3-98555-189-9
Erscheinungsdatum: 20.02.2024

Ochel, Janis:
Datengetriebene Strukturierung von NC-Zerspanprozessen
ISBN: 978-3-98555-204-7
Erscheinungsdatum: 14.02.2024

Edition Wissenschaft
Apprimus

Metzmacher, Amelie Isabel:
Beschäftigungsfähigkeit im produzierenden Sektor – Entwicklung des Predictive Model of Industrial Employability
ISBN: 978-3-98555-201-6
Erscheinungsdatum: 13.02.2024

Olivier, Marcel:
Abtragmechanismen beim drahtfunkenerosiven Bearbeiten elektrisch leitfähiger Keramiken im kohlenwasserstoffbasierten Dielektrikum
ISBN: 978-3-98555-200-9
Erscheinungsdatum: 30.01.2024

Landwehr, Markus:
Modellierung und Vorhersage des eigenspannungsbedingten Bauteilverzugs bei der Fräsbearbeitung
ISBN: 978-3-98555-194-1
Erscheinungsdatum: 09.01.2024

Goergen, Fabian:
Analogieversuch zur Erzeugung von Zahnflankenbrüchen an Stirnrädern
ISBN: 978-3-98555-191-0
Erscheinungsdatum: 11.12.2023

Studerus, Bastian:
Gestaltung von Kooperationen zwischen Technologiekonzernen und Start-ups
ISBN: 978-3-98555-186-6
Erscheinungsdatum: 04.12.2023

Riedel, Jörn:
Scannendes Verfahren zur flexiblen Messung asphärischer Optiken
ISBN: 978-3-98555-177-4
Erscheinungsdatum: 31.10.2023

Schulz, Malena:
Digital Twin Methodology for the Automated Fiber Placement with In-situ Consolidation of Thermoplastic Tape
ISBN: 978-3-98555-195-8
Erscheinungsdatum: 30.01.2024

Schweins, Julian:
Datengestützte Gestaltung des nachhaltigen Werkzeuglebenszyklus
ISBN: 978-3-98555-197-2
Erscheinungsdatum: 22.01.2024

Ecker, Christian:
Flexible Inbetriebnahme roboterbasierter Montagesysteme durch Prozessdemonstration
ISBN: 978-3-98555-189-7
Erscheinungsdatum: 11.12.2023

Padberg, Melanie:
Ansätze der inhärent sicheren Konstruktion modifizierbarer, cyberphysischer Produktionssysteme
ISBN: 978-3-98555-184-2
Erscheinungsdatum: 07.12.2023

Wlecke, Shari:
Industrialisierung hochiterativ entwickelter Produkte
ISBN: 978-3-98555-171-2
Erscheinungsdatum: 13.11.2023

Müller, Clemens:
Elektrische Widerstandserwärmung von Blechwerkstoffen zur Steigerung der Umformbarkeit
ISBN: 978-3-98555-175-0
Erscheinungsdatum: 16.10.2023

Edition Wissenschaft
Apprimus

FSC
www.fsc.org
MIX
Papier | Fördert
gute Waldnutzung
FSC® C083411

Zeitfracht Medien GmbH
Ferdinand-Jühlke-Straße 7
99095 Erfurt, Deutschland
produktsicherheit@kolibri360.de